互联网+

国家级职业教育专业教学资源库配套教材
山东省在线精品课程配套教材

土木建筑类新形态融媒体教材·建筑工程技术专业群系列教材

建筑施工技术

主　编　王广军

副主编　韩　琪　刘可壮　宋　强

参　编　赵　倩　桑方方　李　菊
　　　　魏鼎峰　周建刚　王　成

主　审　周建亮

科学出版社

北　京

内 容 简 介

本书是国家级职业教育专业教学资源库配套教材、山东省在线精品课程配套教材，是由山东省青年技能名师、首届山东省职业教育课程思政教学名师牵头编写的新形态融媒体教材。

本书采用“项目引领、任务驱动”和“基于工作过程”的编写理念，包括土石方工程施工、地基与基础工程施工、砌体结构工程施工、混凝土结构工程施工、预应力混凝土结构工程施工、结构安装工程施工、防水工程施工、装饰装修工程施工 8 个项目，共 28 个任务。

本书强调“工学结合”，体现以人为本，落实课程思政，注重“岗课赛证”融通和信息化资源配套，既可作为高职高专“建筑施工技术”课程的教学用书，也可供工程技术人员参考。

图书在版编目(CIP)数据

建筑施工技术/王广军主编. —北京：科学出版社，2024.6
土木建筑类新形态融媒体教材 建筑工程技术专业群系列教材
ISBN 978-7-03-078530-5

Ⅰ. ①建… Ⅱ. ①王… Ⅲ. ①建筑施工-技术 Ⅳ. ①TU74

中国国家版本馆 CIP 数据核字（2024）第 098005 号

责任编辑：张振华 / 责任校对：马英菊
责任印制：吕春珉 / 封面设计：东方人华平面设计部

科学出版社出版
北京东黄城根北街 16 号
邮政编码：100717
http://www.sciencep.com
三河市中晟雅豪印务有限公司 印刷
科学出版社发行 各地新华书店经销
*
2024 年 6 月第 一 版 开本：787×1092 1/16
2024 年 6 月第一次印刷 印张：21 3/4
字数：500 000

定价：68.00 元

（如有印装质量问题，我社负责调换）
销售部电话 010-62136230 编辑部电话 010-62135120-2005

前　言

教育是国之大计、党之大计。教育、科技、人才是全面建设社会主义现代化国家的基础性、战略性支撑。随着国家政策的调整和市场环境的变化，传统建筑行业的发展空间逐渐缩小，竞争日趋残酷和白热化，现代建筑企业对施工从业人员的职业道德、文化知识、职业技能等综合职业能力提出了更高要求。为此，“建筑施工技术”课程急需创新教学理念，更新教学内容，强化实践教学，以培养出适合行业转型需求的高素质技术技能人才。

党的二十大报告深刻指出：“加快建设国家战略人才力量，努力培养造就更多大师、战略科学家、一流科技领军人才和创新团队、青年科技人才、卓越工程师、大国工匠、高技能人才。”为了适应建筑行业高质量发展和教学改革的需要，编者根据二十大报告和《职业院校教材管理办法》《高等学校课程思政建设指导纲要》《“十四五”职业教育规划教材建设实施方案》等相关文件精神编写了本书。

本书编写紧紧围绕“培养什么人、怎样培养人、为谁培养人”这一教育的根本问题，以落实立德树人为根本任务，以学生综合职业能力培养为中心，以培养卓越工程师、大国工匠、高技能人才为目标，以“科学、实用、新颖”为基本编写原则。

与同类图书相比，本书的体例更加合理和统一，概念阐述更加严谨和科学，内容重点更加突出，文字表达更加简明易懂，工程案例和思政元素更加丰富，配套资源更加完善。具体而言，主要具有以下几个方面的突出特点。

1. 校企“双元”联合编写，行业特色鲜明

本书是在行业专家、企业专家和课程开发专家的指导下，由山东省青年技能名师、首届山东省职业教育课程思政教学名师牵头，校企“双元”联合编写的新形态融媒体教材。编者均来自教学或企业一线，具有多年的教学、大赛或实践经验。在编写过程中，编者紧扣“建筑施工技术”课程实践性强、知识面广、综合性强、发展快的特点，遵循教育教学规律和技术技能人才培养规律，将建筑行业发展的新技术、新理论、新标准、新规范融入教材，符合当前企业对人才综合素质的要求。

2. 项目引领、任务驱动，突出“工学结合”

本书采用“项目引领、任务驱动”和“基于工作过程”的编写理念，以真实施工项目、典型工作任务、案例等为载体组织教学内容，共安排土石方工程施工、地基与基础工程施工、砌体结构工程施工、混凝土结构工程施工、预应力混凝土结构工程施工、结构安装工程施工、防水工程施工、装饰装修工程施工 8 个项目，内容涵盖建筑工程施工技术的一般规律，以及建筑工程各主要工种的施工工艺、技术和方法。在编写过程中，注重“工程案例”的引入，强调基本理论、基本工艺和基本方法的学习和应用，突出“工学结合”。

3. 体现“岗课赛证”融通，对接最新标准

本书编写基于技术技能人才成长规律和学生认知特点，以施工员等岗位（群）知识、能力、素养要求为导向，以“建筑施工技术”课程为中心，将全国职业院校技能大赛相关赛项内容、要求融入课程教学内容、课程评价，注重对接“1+X 建筑工程施工工艺实施与管理”职业技能等级证书，将岗位、课程、竞赛、职业技能等级证书进行系统融合。

本书内容对接《建筑工程施工质量验收统一标准》（GB 50300—2013）及现行工程施工质量验收系列规范，对相应的工程施工质量验收标准和方法及各主要工种的施工工艺、技术、方法做了相应的修改，同时强调了保证施工质量、安全生产的措施。

4. 融入思政元素，落实课程思政

为落实立德树人根本任务，充分发挥教材承载的思政教育功能，本书凝练思政要素，融入精益化生产管理理念，将创新意识、安全意识、职业素养、工匠精神的培养与教学内容相结合，可潜移默化地提升学生的思想政治素养。

5. 立体化资源配套，便于实施信息化教学

本书是国家级职业教育专业教学资源库“建设工程管理专业教学资源库”配套教材，是山东省在线精品课程“建筑施工技术（千年土木 小筑拾遗）”配套教材，配套资源丰富，读者可通过 https://zyk.icve.com.cn、https://www.zhihuishu.com 检索获取相关资源。

为方便教师教学和学生自主学习，本书还免费提供多媒体课件、教学设计等教学资源包（下载地址：https://www.abook.cn）。书中穿插有丰富的二维码资源链接，通过手机等终端扫描后，可观看微课视频。

本书由潍坊工程职业学院王广军任主编；潍坊工程职业学院韩琪、刘可壮，青岛酒店管理职业技术学院宋强任副主编；潍坊工程职业学院赵倩、桑方方、李菊、魏鼎峰、周建刚，青州市第一建筑工程有限公司王成参与编写。编写分工如下：项目 1 由王广军、宋强编写，项目 2 由韩琪编写，项目 3 由周建刚编写，项目 4 由李菊编写，项目 5 由刘可壮编写，项目 6 由魏鼎峰、王成编写，项目 7 由赵倩编写，项目 8 由桑方方编写；王广军、宋强、周建刚负责全书统稿。

中国矿业大学博士生导师周建亮教授对全书进行审定。

潍坊市建筑业发展服务中心、潍坊昌大建设集团有限公司和青州市第一建筑工程有限公司为本书编写提供了案例支持，在此一并表示诚挚的谢意。

由于编者水平有限，书中难免有不足之处，恳请广大读者批评指正。

目　录

项目 1 土石方工程施工

项目导读

在工业与民用建筑工程施工中，常见的土方工程包括场地平整、基坑（槽）与管沟的开挖、人防工程及地下建筑物的土方开挖、路基填土及碾压等。土方工程的施工过程包括土的开挖或爆破、运输、填筑、平整和压实等主要环节，以及排水、降水和土壁支撑等准备工作与辅助施工工作。

学习目标

知识目标

1. 掌握土方工程施工的施工特点及土的性质。
2. 掌握填土压实质量的检查方法。

能力目标

1. 能进行土方工程量计算。
2. 能正确选用土方开挖时边坡的支护方法。
3. 能根据土方工程施工条件正确选择降水、排水方法。
4. 能正确选择土方施工机械，选择地基回填土的填方土料及填筑压实方法。
5. 能分析影响填土压实的主要因素。

素养目标

1. 坚定技能报国、民族复兴的信念，立志成为行业拔尖人才。
2. 树立正确的学习观，培养职业认同感、责任感和荣誉感。
3. 牢固树立安全第一、质量至上的理念，自觉践行行业规范。

思维导图

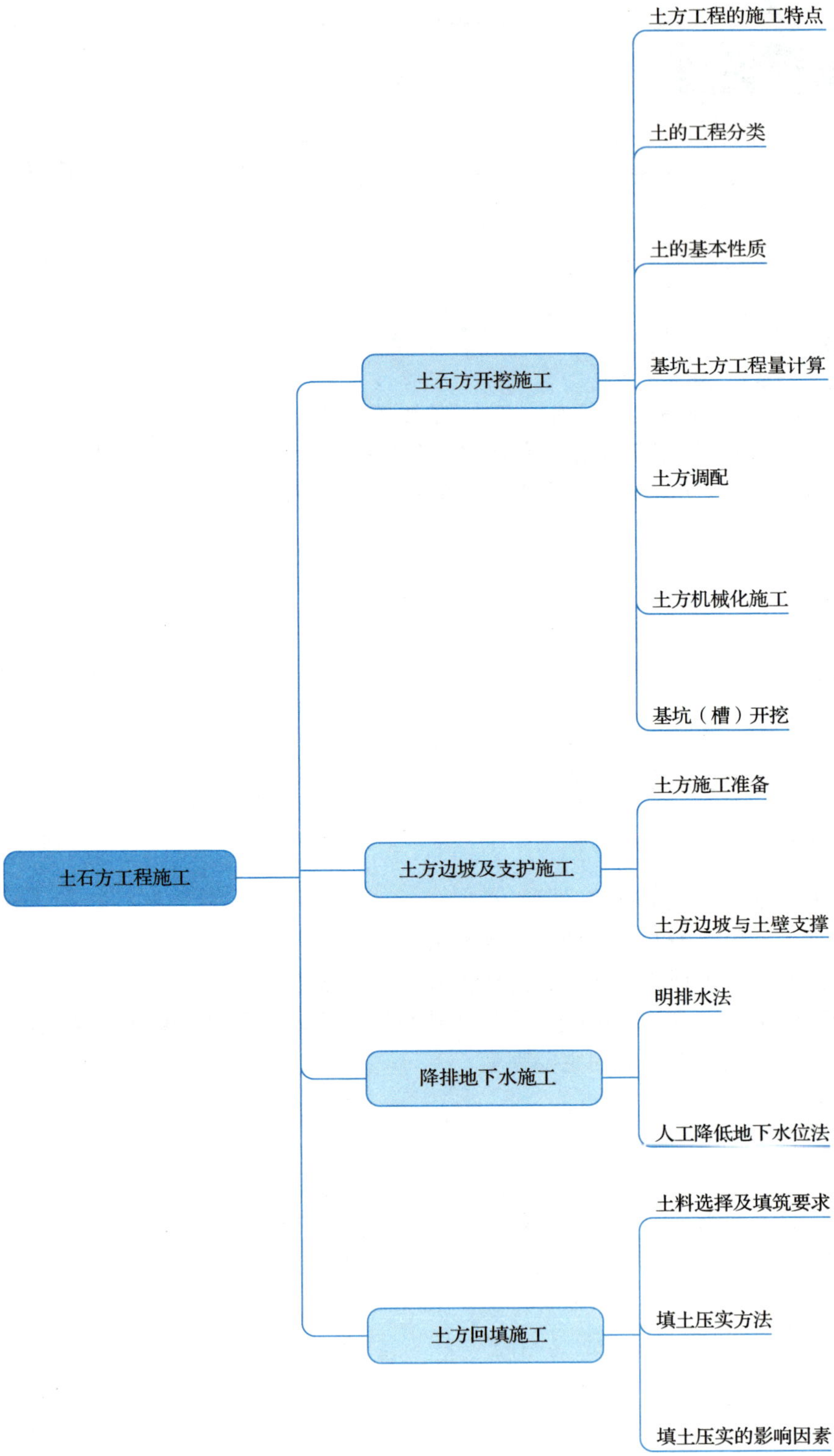
土石方工程施工
土石方开挖施工
土方工程的施工特点
土的工程分类
土的基本性质
基坑土方工程量计算
土方调配
土方机械化施工
基坑（槽）开挖
土方边坡及支护施工
土方施工准备
土方边坡与土壁支撑
降排地下水施工
明排水法
人工降低地下水位法
土方回填施工
土料选择及填筑要求
填土压实方法
填土压实的影响因素

任务 1.1 土石方开挖施工

1.1.1 土方工程的施工特点

土方工程是建筑工程中的主要分部工程之一，它包括土的开挖、运输和填筑等主要施工过程，以及排水、降水和土壁支撑等准备工作与辅助工作，具有工程面广、工程量大、劳动强度高、施工工期长、施工条件复杂等特点。

1）工程量大、施工工期长。建筑工程的场地平整，面积往往很大，例如，某些大型工矿企业的工地面积可达数平方千米，机场的工地面积可达数十平方千米。在大型基坑开挖中，土方工程量可达几百万立方米，若采用人工开挖、运输、填筑压实，劳动强度很大。

2）施工条件复杂。土方工程施工多为露天作业，土又是成分较为复杂的天然物质，且地下情况难以确切把握，所以施工中直接受到地区气候、水文和地质等条件及周围环境的影响。

因此，在组织土方工程施工前，必须进行详尽的施工组织设计，选择合适的施工方法和机械设备，制定合理的土方调配方案，实施有效的科学管理，以保证工程质量，并取得良好的经济效益。

1.1.2 土的工程分类

土的分类方法较多，如根据土的颗粒级配或塑性指数分类、根据土的沉积年代分类和根据土的工程特点分类等。土的工程性质对土方工程施工方法的选择、劳动量和机械台班的消耗及工程费用都有较大的影响，应予以高度重视。在土方施工中，通常根据土的坚硬程度和开挖方法将土分为 8 类，如表 1-1 所示。

表 1-1 土的分类与现场鉴别方法

土的分类	土的名称	可松性系数		开挖方法及工具
		K_s	K_s'	
一类土（松软土）	砂；粉土；冲积砂土层；种植土；泥炭（淤泥）	1.08～1.17	1.01～1.03	用锹、锄头挖掘
二类土（普通土）	粉质黏土；潮湿的黄土；夹有碎石、卵石的砂；填筑土及粉土混卵（碎石）	1.14～1.28	1.02～1.05	用锹、锄头挖掘，小部分用镐翻松
三类土（坚土）	中等密实黏土；重粉质黏土；粗砾石；干黄土及含碎石、卵石的黄土、粉质黏土；压实的填筑土	1.24～1.30	1.04～1.07	主要用镐，小部分用锹、锄头挖掘
四类土（砂砾坚土）	坚硬密实的黏性土及含碎石、卵石的黏土；粗卵石；密实的黄土；天然级配砂石；软泥灰岩及蛋白石	1.26～1.32	1.06～1.09	主要用镐、锄头挖掘，小部分用撬棍挖掘
五类土（软石）	硬质黏土；中等密实的页岩、泥灰岩、白垩土；胶结不紧的砾岩；软的石灰岩	1.30～1.45	1.10～1.20	用镐或撬棍、大锤挖掘，部分用爆破方法挖掘
六类土（次坚石）	泥岩；砂岩；砾岩；坚实的页岩；泥灰岩；密实的石灰岩；风化花岗石；片麻岩	1.30～1.45	1.10～1.20	用爆破方法开挖，部分用风镐开挖

续表

土的分类	土的名称	可松性系数		开挖方法及工具
		K_s	K_s'	
七类土（坚石）	大理岩；辉绿岩；玢岩；粗、中粒花岗石；坚实的白云岩、砂岩、砾岩、片麻岩、石灰岩、微风化的安山岩、玄武岩	1.30～1.45	1.10～1.20	用爆破方法开挖
八类土（特坚石）	安山岩；玄武岩；花岗片麻岩、坚实的细粒花岗石、闪长岩、石英岩、辉长岩、辉绿岩、玢岩	1.45～1.50	1.20～1.30	用爆破方法开挖

1.1.3 土的基本性质

1. 土的组成

土一般由土颗粒（固相）、水（液相）和空气（气相）3 部分组成，这 3 部分之间的比例关系随着周围条件的变化而变化，三者相互间的比例不同，反映出土的物理状态也不同，如干燥、稍湿或很湿，密实、稍密或松散。这些指标是最基本的物理性质指标，对评价土的工程性质，进行土的工程分类具有重要意义。

土的三相物质是混合分布的，为阐述方便，一般用三相图（图 1-1）表示，三相图中，把土的固体颗粒、水、空气各自划分开来。

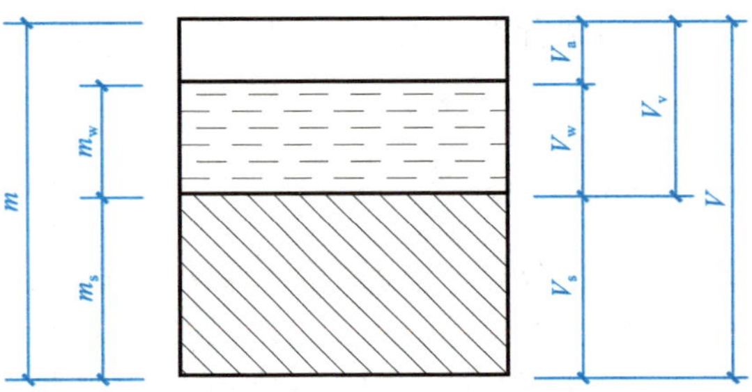

图 1-1　三相图

图 1-1 中：

m——土的总质量（kg），$m=m_w+m_s$；

m_s——土中固体颗粒的质量（kg）；

m_w——土中水的质量（kg）；

V——土的总体积（m^3），$V=V_a+V_w+V_s$；

V_a——土中空气体积（m^3）；

V_s——土中固体颗粒体积（m^3）；

V_w——土中水所占的体积（m^3）；

V_v——土中孔隙体积（m^3），$V_v=V_a+V_w$。

2. 土的物理性质

（1）土的可松性与可松性系数

天然土经开挖后，其体积因松散而增加，虽经振动夯实，仍然不能完全复原，这种现象称为土的可松性。土的可松性用可松性系数表示，即

最初可松性系数：

$$K_s=\frac{V_2}{V_1} \tag{1-1}$$

最后可松性系数：

$$K_s'=\frac{V_3}{V_1} \tag{1-2}$$

式中，K_s、K_s'——土的最初、最后可松性系数；

V_1——土在天然状态下的体积（m^3）；

V_2——土被挖后松散状态下的体积（m^3）；

V_3——土经压（夯）实后的体积（m^3）。

可松性系数对土方的调配、土方运输量的计算都有影响。各类土的可松性系数如表 1-1 所示。

（2）土的天然含水量

在天然状态下，土中水的质量与固体颗粒质量之比称为土的天然含水量，反映了土的干湿程度，用 w 表示，即

$$w=\frac{m_w}{m_s}\times 100\% \tag{1-3}$$

式中，m_w——土中水的质量（kg）；

m_s——土中固体颗粒的质量（kg）。

（3）土的天然密度和干密度

土在天然状态下单位体积的质量称为土的天然密度（简称密度）。一般黏土的密度为 1800～2000kg/m^3，砂土的密度为 1600～2000kg/m^3。土的密度的计算公式如下：

$$\rho=\frac{m}{V} \tag{1-4}$$

干密度是土的固体颗粒质量与总体积的比值，其公式如下：

$$\rho_d=\frac{m_s}{V} \tag{1-5}$$

式中，ρ、ρ_d——土的天然密度和干密度；

m——土的总质量（kg）；

V——土的总体积（m^3）；

m_s——土中固体颗粒的质量（kg）。

（4）土的孔隙比和孔隙率

孔隙比和孔隙率反映了土的密实程度。孔隙比和孔隙率越小，土越密实。孔隙比 e 是土的孔隙体积 V_v 与固体体积 V_s 的比值，其公式如下：

$$e=\frac{V_v}{V_s} \tag{1-6}$$

孔隙率 n 是土的孔隙体积 V_v 与总体积 V 的比值，用百分率表示，即

$$n=\frac{V_v}{V}\times 100\% \tag{1-7}$$

（5）土的渗透系数

土的渗透系数表示单位时间内水穿透土层的能力，用 K 表示，单位为 m/d。根据土的渗透系数不同，可分为透水性土（如砂土）和不透水性土（如黏土）。土的渗透系数影响施工降水与排水的速度，一般土的渗透系数如表 1-2 所示。

表 1-2　土的渗透系数

名称	渗透系数 K/（m/d）	名称	渗透系数 K/（m/d）
黏土	<0.005	中砂	5.00～20.00
粉质黏土	0.005～0.10	均质中砂	35～50
粉土	0.10～0.50	粗砂	20～50
黄土	0.25～0.50	圆砾石	50～100
粉砂	0.50～1.00	卵石	100～500
细砂	1.00～5.00		

1.1.4 基坑土方工程量计算

在土方工程施工之前，必须计算土方的工程量。由于各种土方工程的外形通常较为复杂且不规则，因此一般会将其划分为一定的几何形状，然后采用具有一定精度且和实际情况近似的方法进行计算。

基坑土方量计算（图 1-2）可采用立体几何中的拟柱体体积公式，即

$$V=\frac{H}{6}\left(A_1+4A_0+A_2\right) \tag{1-8}$$

式中，H——基坑深度（m）；

A_1、A_2——基坑的上、下底面积（m^2）；

A_0——基坑中截面的面积（m^2）。

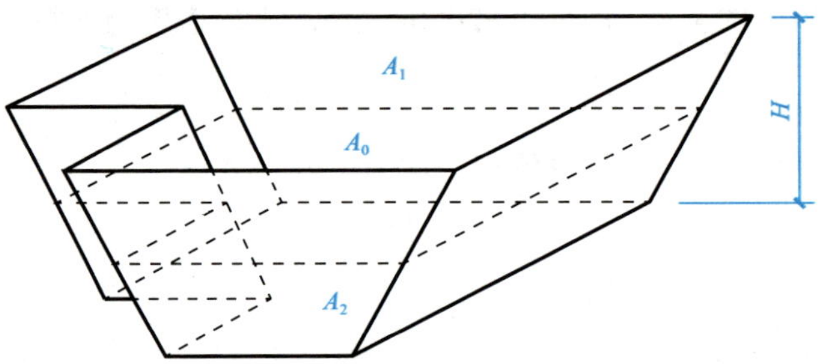

图 1-2 基坑土方量计算

基槽、路堤和管沟的土方量可以先沿长度方向分段，再用同样方法计算（图 1-3），计算公式为

$$V_i=\frac{L_i}{6}\left(A_1+4A_0+A_2\right) \tag{1-9}$$

式中，V_i——第 i 段的土方量（m^3）；

L_i——第 i 段的长度（m）。

将各段土方量相加即得总土方量 $V_{总}$：

$$V_{总}=\sum V_i$$

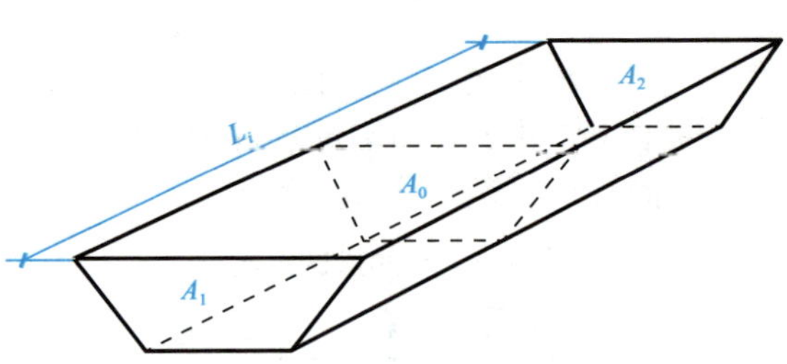

图 1-3 基槽、路堤和管沟土方量计算

1.1.5 土方调配

土方量计算完成后，即可着手土方的调配工作。土方调配，就是对挖土的利用、堆弃

和填土的取得三者之间的关系进行综合协调的处理。好的土方调配方案，应该是不仅使土方运输量或费用达到最小，而且方便施工。

1. 土方调配原则

1）力求达到挖方与填方基本平衡和运距最短。使挖方量与运距的乘积之和最小，即土方运输量或费用最小，降低工程成本。有时仅局限于一个场地范围内的挖填平衡难以满足上述原则，可根据场地和周围地形条件，考虑就近借土或就近堆弃。

2）近期施工与后期利用相结合。当工程分期分批施工时，若先期工程有土方余额，则应结合后期工程的需求来考虑利用量与堆放位置，以便就近调配。

3）应分区与全场结合。分区土方的余额或欠额的调配必须考虑全场土方的调配，不可只顾局部平衡而妨碍全局。

4）尽可能与大型建筑物的施工相结合。当大型建筑物位于填土区时，应将开挖的部分土体予以保留，待基础施工后再进行填土，以避免土方重复挖填和运输。

5）合理布置挖、填方分区线，选择恰当的调配方向、运输线路，使土方机械和运输车辆的性能得到充分发挥。

6）好土用在回填质量要求高的地区。

总之，进行土方调配必须依据现场具体情况、有关技术资料、工期要求、土方施工方法与运输方法等，综合考虑上述原则，并经计算比较，选择经济合理的调配方案。

2. 土方调配图表的编制

场地土方调配，需做成相应的土方调配图，如图 1-4 所示。

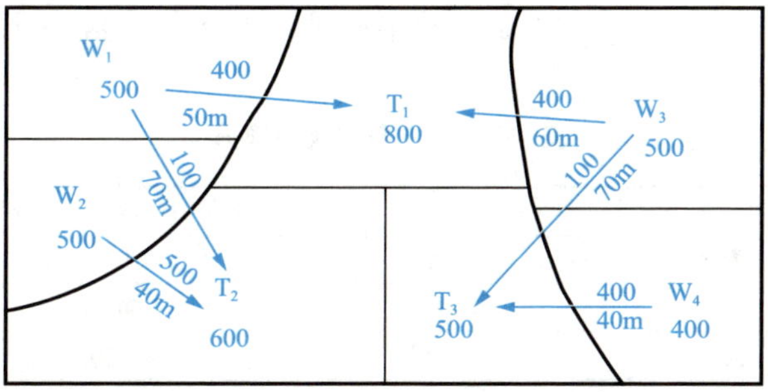

注：箭身下方数量表示平均运距（m）；其他数字表示土方调配量（m^3）；W 为挖方区；T 为填方区。

图 1-4　土方调配图

土方调配图编制方法如下。

（1）划分调配区

在划分调配区时应注意：

1）调配区的划分应与房屋或构筑物的位置相协调，满足工程施工顺序和分期分批施工的要求，使近期施工与后期利用相结合。

2）调配区的大小应使土方机械和运输车辆的功效得到充分发挥。

3）当土方运距较大或场区内土方不平衡时，可根据附近地形，考虑就近借土或就近弃土，每一个借土区或弃土区均可作为一个独立的调配区。

（2）计算土方量

按前述计算方法，求得各调配区的挖填方量，并标写在图上。

（3）计算调配区之间的平均运距

平均运距即挖方区土方重心至填方区土方重心的距离。因此，确定平均运距需先求出各个调配区土方的重心。其方法如下：

取场地或方格网中的纵横两边为坐标轴，分别求出各区土方的重心位置，即

$$\overline{X}=\frac{\sum V_x}{\sum V},\quad \overline{Y}=\frac{\sum V_y}{\sum V} \tag{1-10}$$

式中，$\overline{X}$、$\overline{Y}$——挖方或填方调配区的重心坐标；

V——各个方格的土方量（m^3）；

x、y——各个方格的重心坐标；

V_x、V_y——坐标为x、y的各方格的土方量。

为了简化计算，可用作图法近似地求出形心位置来代替重心位置。重心求出后，标于相应的调配区图上，然后用比例尺量出每对调配区之间的平均运距。

（4）确定土方最优调配方案

土方最优调配方案的确定，是以线性规划为理论基础的，常用“表上作业法”求得。

（5）绘制土方调配图、调配平衡表

根据由表上作业法求得的土方最优调配方案，在场地地形图上绘出土方调配图，图上应标出土方调配方向、土方数量及平均运距，如图 1-4 所示。

除土方调配图外，还应列出土方量调配平衡表。表 1-3 是按图 1-4 所示调配方案编制的土方量调配平衡表。

表 1-3　土方量调配平衡表

挖方区编号	挖方数量/m^3	各填方区填方数量/m^3		
		T_1	T_2	T_3
		800	600	500
W_1	500	400（<u>50</u>）	100（<u>70</u>）	
W_2	500		500（<u>40</u>）	
W_3	500	400（<u>60</u>）		100（<u>70</u>）
W_4	400			400（<u>40</u>）
合计	1900	800	600	500

注：表中填方数量栏括号中带有下画线的数字为平均运距，也可为土方的单方运价。

思政案例

绿水青山就是金山银山

“绿水青山就是金山银山”的理念在土方工程施工中得到实践。我国要求施工现场控制噪声和降尘，并对土方运输车辆进行严格管理，同时监测空气质量、雾霾天气和PM2.5，以加强环境保护。目前，我国的 PM2.5 标准值为 24 小时平均浓度小于 75μg/m^3。PM2.5 日均浓度在 0～35μg/m^3 之间为优，在 35～75μg/m^3 之间为良，在 75～115μg/m^3 之间为轻度污染，在 115～150μg/m^3 之间为中度污染，在 150～250μg/m^3 之间为重度污染，在 250μg/m^3 以上为严重污染。

我国对 PM2.5 警戒信号也有明确规定，通常分为三级，分别以黄色、橙色和红色表示，对应预报等级用语的中度霾、重度霾和严重霾。

黄色预警信号：①能见度小于 3000m 且相对湿度小于 80%的霾；②能见度小于 3000m 且相对湿度大于等于 80%，同时 PM2.5 浓度在 115～150μg/m^3 之间。

橙色预警信号：①能见度小于 2000m 且相对湿度小于 80%的霾；②能见度小于 2000m 且相对湿度大于等于 80%，同时 PM2.5 浓度在 150～250μg/m^3 之间。

红色预警信号：①能见度小于 1000m 且相对湿度小于 80%的霾；②能见度小于 1000m 且相对湿度大于等于 80%，同时 PM2.5 浓度在 250～500μg/m^3 之间。

1.1.6 土方机械化施工

在土方施工中，人工开挖只适用于小型基坑（槽）、管沟及土方量少的场所，对大量土方一般应采用机械化施工。

土方工程的施工过程主要包括：土方开挖、运输、填筑与压实等。常用的施工机械有推土机、铲运机、单斗挖土机、装载机、压实机械等，施工时应正确选用施工机械，加快施工进度。

1. 推土机施工

推土机是土方工程施工的主要机械之一，是在拖拉机上安装推土板等工作装置而成的机械。推土板有用钢丝绳操纵和用油压操纵两种。图 1-5 所示是油压操纵的 T-180 型推土机外形图，油压操纵推土板的推土机除了可以升调推土板，还可调整推土板的角度，因此具有更大的灵活性。

推土机操纵灵活，运转方便，所需工作面较小、行驶速度快、易于转移，能爬 30°左右的缓坡，因此应用较广。它多用于场地清理和平整、开挖深度 1.5m 以内的基坑、填平沟坑，以及配合铲运机、挖土机工作等。此外，在推土机后面可安装松土装置，破、松硬土和冻土，也可拖挂羊足碾进行土方压实工作。推土机可以推挖一～三类土，经济运距 100m 以内，效率最高为 60m。

推土机的推土效率主要取决于推土刀推移土的体积及切土、推土、回程等工作的循环时间。为了提高推土机的推土效率，可采取下坡推土、并列推土、多刀送土和利用前次推土的槽形推土等方法，缩短推土时间和减少土的失散。

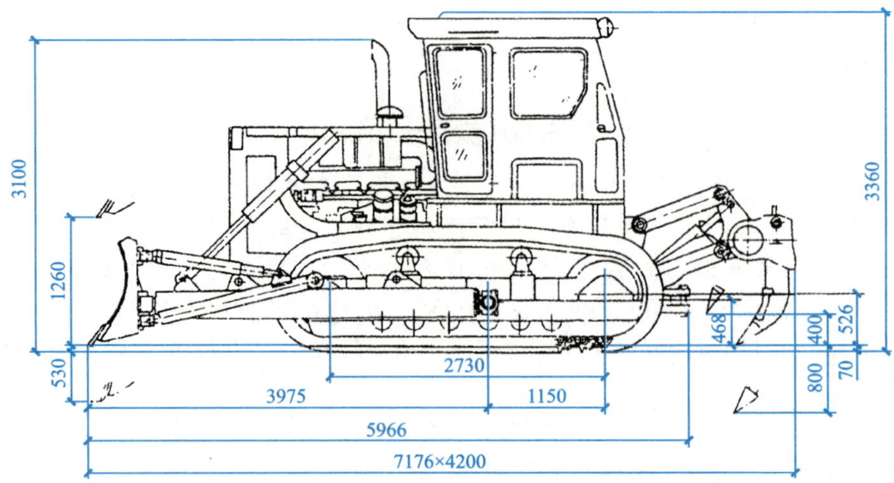

图 1-5　T-180 型推土机外形图

1）下坡推土。在斜坡上推土机顺下坡方向切土与推运［图 1-6（a）］可以提高生产率，但坡度不宜超过 15°，以免后退时爬坡困难。下坡推土也可与其他推土方法结合使用。

2）并列推土。用 2～3 台推土机并列作业［图 1-6（b）］，铲刀相距 15～30cm，可减少土的散失，提高生产率。一般采用两机并列推土可增加 15%～30%的推土量；采用三机并列可增大 30%～40%的推土量。平均运距不宜超过 50～75m，也不宜小于 20m。

（a）下坡推土　　（b）并列推土

图 1-6　推土机的推土方法

3）多刀推土。在硬质土中，切土深度不大，可将土先堆积在一处，然后集中推送到卸土区。这样可以有效提高推土的效率，缩短运土时间。但堆积距离不宜大于 30m，堆土高度以 2m 内为宜。

4）槽形推土。推土机重复在一条作业线上切土和推土，使地面逐渐形成一条浅槽，在槽中推运土可减少土的散失，可增加 10%～30%的推运土量。槽的深度在 1m 左右为宜，土埂宽约 50cm。当推出多条槽后，再将土埂推入槽中运出。当推土层较厚、运距远时，采用此法较为适宜。

2. 铲运机施工

铲运机由牵引机械和土斗组成，按行走方式分为拖式和自行式两种（图 1-7 和图 1-8），其操纵机构分为油压式和索式。拖式铲运机由拖拉机牵引；自行式铲运机的行驶和工作，都靠自身的动力设备，不需要其他机械的牵引和操纵。

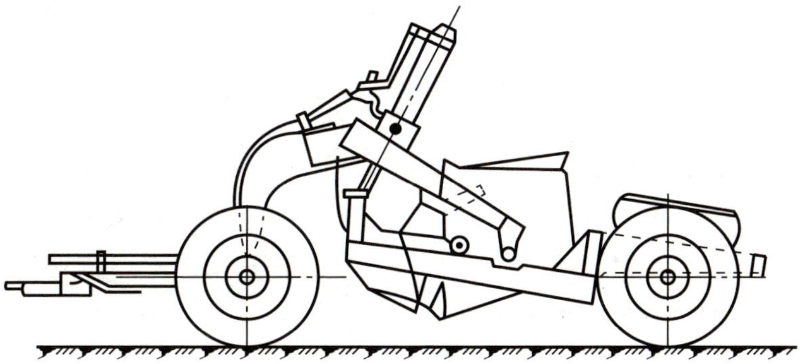

图 1-7　C6-2.5 型拖式铲运机

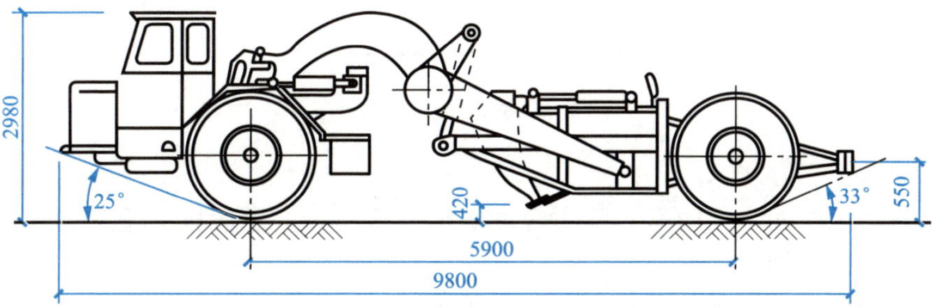

图 1-8　CL7 型自行式铲运机

铲运机的特点是能综合完成挖土、运土、平土或填土等全部土方施工工序，对行驶道路要求较低；操纵灵活、运转方便、生产率高，在土方工程中常应用于大面积场地平整，开挖大基坑、沟槽及填筑路基、堤坝等工程。它适宜于铲运含水量不大于 27%的松土和普通土，不适于在砾石层和冻土地带及沼泽区工作，当铲运三、四类较坚硬的土时，宜用推土机助铲或用松土机配合将土翻松 0.2～0.4m，以减少机械磨损，提高生产效率。

在工业与民用建筑施工中，常用铲运机的斗容量为 1.5～7m^3。自行式铲运机的经济运距以 800～1500m 为宜，拖式铲运机的运距以在 600m 内为宜，当运距为 200～300m 时效率最高。在规划铲运机的开行路线时，应力求符合经济运距的要求。

在选定铲运机斗容量之后，其生产率的高低主要取决于机械的开行路线和施工方法。

（1）铲运机的开行路线

铲运机的开行路线应根据填方、挖方区的分布情况并结合当地具体条件进行合理选择，主要有环形路线和 8 字形路线两种形式。

1）环形路线。环形路线是一种简单而常用的开行路线。根据铲土与卸土的相对位置不同，可分为如图 1-9（a）、（b）所示的两种情况。每一个循环只完成一次铲土与卸土。当挖填交替而挖填方之间的距离又较短时，则可采用大环形路线［图 1-9（c）］，其特点是一次循环可完成两次铲土与回填的作业，减少转弯次数，提高生产效率。采用环形路线，为了防止机件单侧磨损，应避免仅向一侧转弯。

2）8 字形路线。这种开行路线的铲土与卸土，轮流在两个工作面上进行［图 1-9（d）］，机械上坡是斜向开行，受地形坡度限制小。每一个循环完成两次挖土和卸土的作业，比环形路线运行时间短，从而提高了生产效率。同时每循环两次转弯方向不同，可避免机械行驶时的单侧磨损。这种开行路线适用于取土坑较长的路基填筑及坡度较大的场地平整。

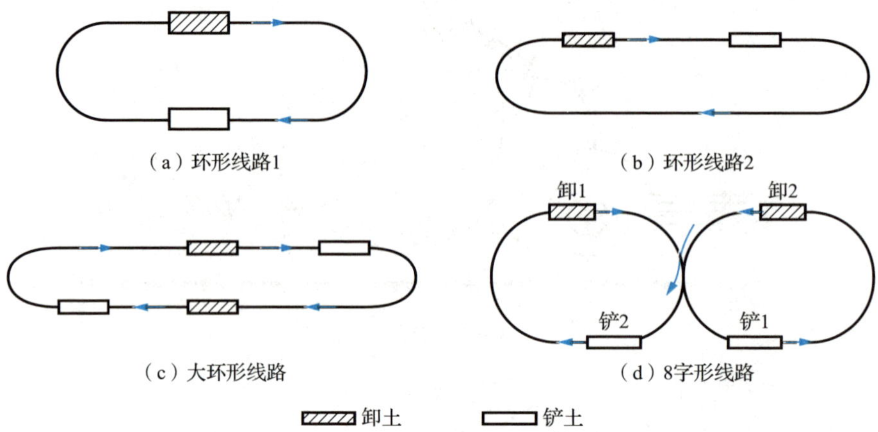

图 1-9 铲运机开行路线

(2) 铲运机施工方法

为了提高铲运机的生产效率，除了合理确定开行路线，还应根据施工条件选择施工方法。常用的施工方法如下：

1）下坡铲土。铲运机铲运时，尽量采用有利地形进行下坡铲土，这样可以借助铲运机的重力来加大铲土能力，缩短装土时间，提高生产效率。一般地面坡度以5°～7°为宜。平坦地形可将取土地段的一端先铲低，然后保持一定坡度向后延伸，人为创造下坡铲土条件。

2）跨铲法。在较坚硬的土层中挖土时，可采用预留土埂间隔铲土的方法。这样，铲运机在挖土槽时可减少向外撒土量，挖土埂时增加了两个自由面，阻力减小，达到“铲土快，铲斗满”的效果。土埂高度应不大于300mm，宽度以不大于铲土机两履带间的净距为宜。

3）助铲法。在坚硬的土层中铲土时，可另配一台推土机在铲运机的后拖杆上进行顶推，协助铲土，以缩短铲土的时间。此法的关键是安排好铲运机和推土机的配合，一般一台推土机可配合3～4台铲运机助铲。推土机在助铲的空隙时间可做松土或场地平整等工作，为铲运机创造良好的工作条件。

3. 单斗挖土机施工

单斗挖土机在土方工程中应用较广，种类很多，按其行走装置的不同，分为履带式和轮胎式两类。单斗挖土机还可根据工作的需要，更换其工作装置。单斗挖土机按其工作装置的不同，分为正铲、反铲、拉铲和抓铲等。按其操纵机械的不同，可分为机械式和液压式两类，机械式现在使用较少，液压式单斗挖土机如图1-10所示。

(1) 正铲挖土机

液压式正铲挖土机的外形如图1-11所示。正铲挖土机的挖土特点是“向前向上，强制切土”。其挖掘能力大，生产效率高，适用于开挖停机面以上的一～三类土。它与运土汽车配合能完成整个挖运任务，可用于开挖大型干燥基坑及土丘等。

根据挖土机的开挖路线与运输工具的相对位置不同，可分为正向挖土侧向卸土和正向挖土后方卸土两种开挖方式。

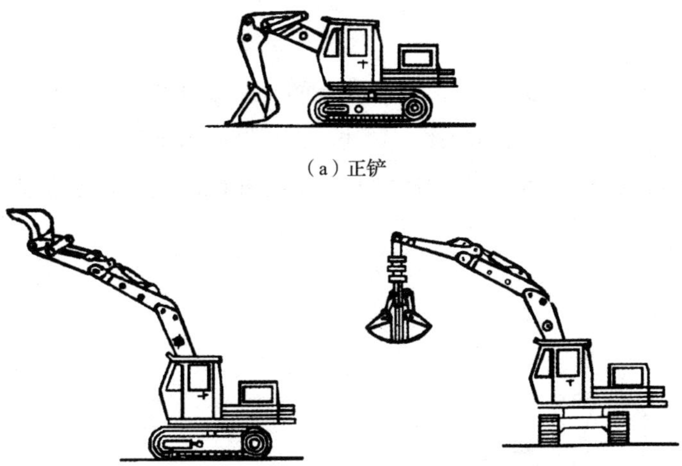

（a）正铲

（b）反铲　　（c）抓铲

图 1-10　液压式单斗挖土机

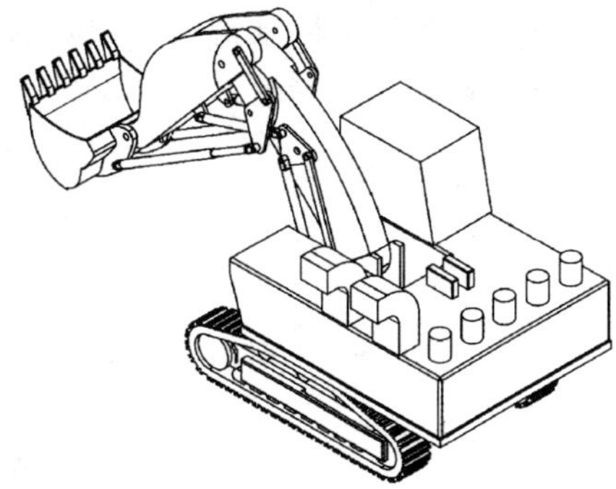

图 1-11　液压式正铲挖土机的外形

1）正向挖土侧向卸土。挖土机沿前进方向挖土，运输工具停在侧面装土［图 1-12（a）]。采用这种作业方式，挖土机卸土时动臂回转角度小，运输工具行驶方便，生产效率高，使用广泛。

2）正向挖土后方卸土。挖土机沿前进方向挖土，运输工具停在挖土机后方装土［图 1-12（b）]。这种作业方式所开挖的工作面较大，但挖土机卸土时动臂回转角大，生产效率低，运输车辆要倒车开入，一般只适宜开挖工作面较狭小且较深的基坑。

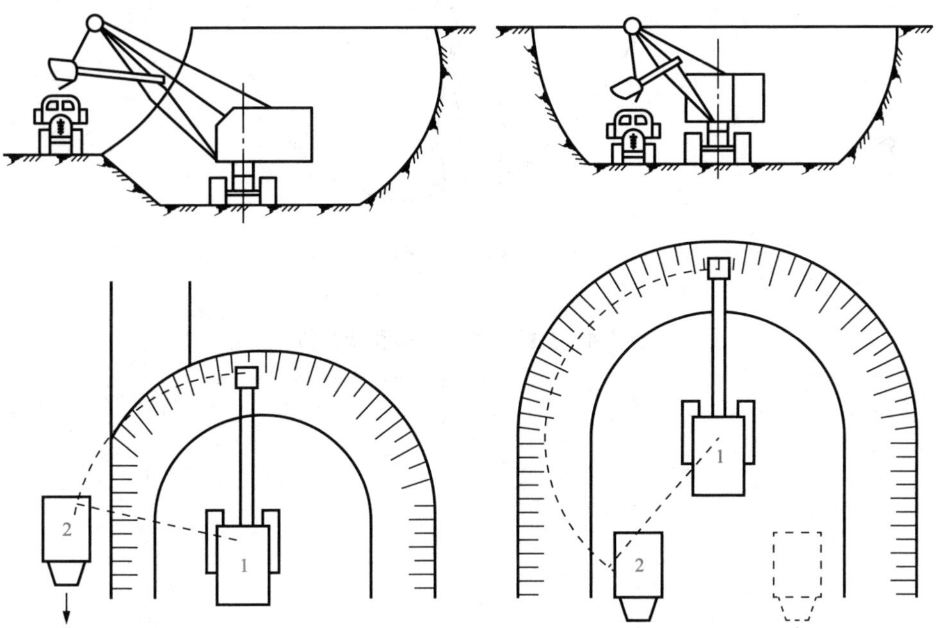

（a）正向挖土侧向卸土　　（b）正向挖土后方卸土

1—正铲挖土机；2—自卸汽车。

图 1-12　正铲挖土机的开挖方式

（2）反铲挖土机

反铲挖土机的工作范围如图 1-13 所示，参数符号、名称和参数值如表 1-4 所示。反铲挖土机的挖土特点是“后退向下，强制切土”。其挖掘力比正铲小，能开挖停机面以下的一～三类土，适用于挖基坑、基槽和管沟、有地下水的土或泥泞土。一次开挖深度取决于最大挖掘深度的技术参数。

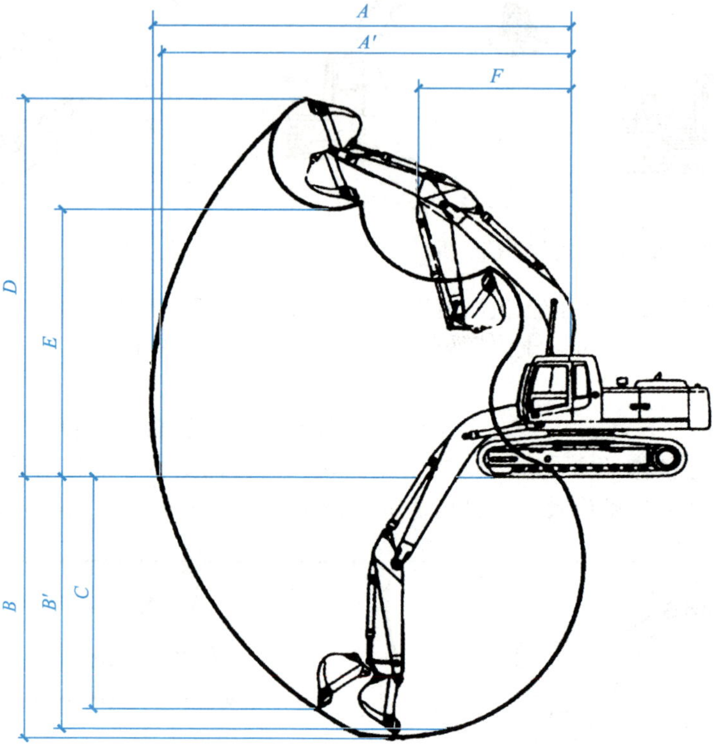

图 1-13　反铲挖土机的外形

表 1-4　参数符号、名称和参数值

参数符号	参数名称	参数值/mm
A	最大挖掘半径	9970
A′	停机面上最大挖掘半径	9812
B	最大挖掘深度	6707
B′	停机面上最大挖掘深度（2438mm 水平）	6523
C	最大垂直挖掘深度	6107
D	最大挖掘高度	9665
E	最大卸载高度	6803
F	最小前部回转半径	3560

反铲挖土机挖土时可采用沟端开挖和沟侧开挖两种方式，如图 1-14 所示。

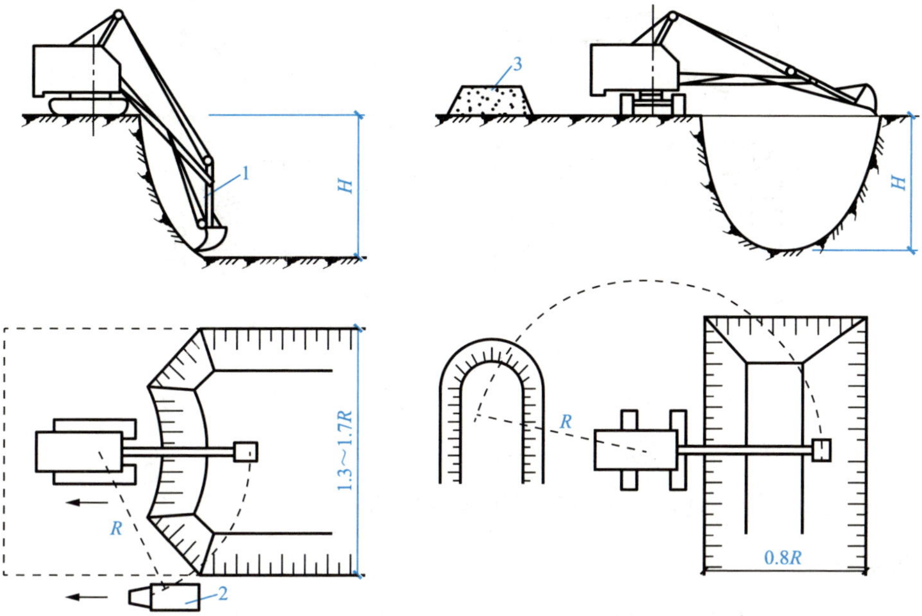

（a）沟端开挖　　（b）沟侧开挖

1—反铲挖土机；2—自卸汽车；3—弃土堆。

H—垂直最大挖掘深度；R—回转半径。

图 1-14　反铲挖土机的开挖方式

1）沟端开挖。挖土机停在基槽（坑）的端部，向后侧退挖土，汽车停在基槽两侧装土，如图 1-14（a）所示。沟端开挖工作面宽度：单面装土时为 1.3R，双面装土时为 1.7R。基坑较宽时，可多次开行开挖或按 Z 字形路线开挖。为了能很好地控制所挖边坡的坡度或直立的边坡，反铲的一侧履带应靠近边线向后移动挖土。

2）沟侧开挖。挖土机沿基槽的一侧移动挖土，如图 1-14（b）所示。沟侧开挖能将土弃于距基槽边较远处，但开挖宽度受限制（一般为 0.8R），且不能很好地控制边坡，机身停在沟边稳定性较差，因此只在无法采用沟端开挖或所挖的土不需运走时采用该方法。

（3）拉铲挖土机

拉铲挖土机的挖土特点是“后退向下，自重切土”，其挖土半径和挖土深度较大，但不如反铲灵活，开挖精确性差。它适用于开挖停机面以下的一、二类土，可用于大而深的基坑或水下挖土。

拉铲挖土机的开挖方式与反铲挖土机的开挖方式相似，可沟侧开挖也可沟端开挖，如图 1-15 所示。

（4）抓铲挖土机

抓铲挖土机的外形如图 1-10（c）所示。其挖土特点是“直上直下，自重切土”，挖掘力较小，适用于开挖停机面以下的一、二类土，如挖窄而深的基坑、疏通旧有渠道及挖取水中淤泥等，或用于装卸碎石、矿渣等松散材料。它在软土地基的地区，常用于开挖基坑等。

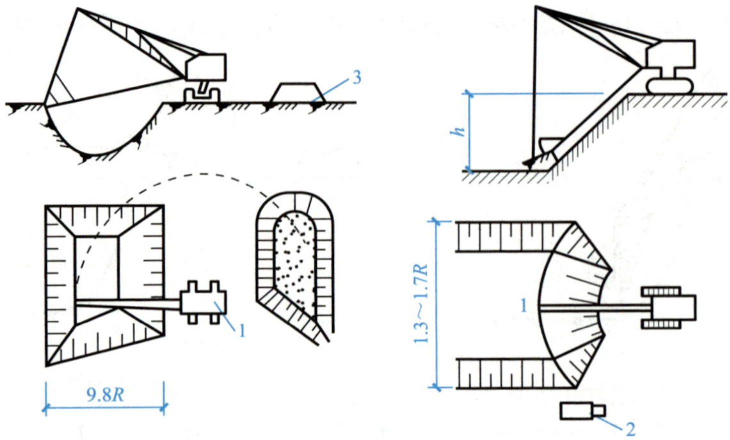

（a）沟侧开挖　　（b）沟端开挖

1—拉铲挖土机；2—汽车；3—弃土堆。

h—垂直最大挖掘深度；R—回转半径。

图 1-15　拉铲挖土机的开挖方式

4. 装载机

装载机按行走方式分为履带式和轮胎式两种，按工作方式分为单斗式、链式和轮斗式装载机。土方工程主要使用单斗铰接式轮胎装载机。它具有操作轻便、灵活、转运方便、快速等特点，适用于装卸土方和散料，也可用于松软土的表层剥离、地面平整和场地清理等工作。常用国产铰接式轮胎装载机的主要技术性能参数及规格如表 1-5 所示。

表 1-5　常用国产铰接式轮胎装载机的主要技术性能参数及规格

参数名称	参数值				
	ZL20	ZL30	ZL40	ZL50	ZL50K
铲斗容量/m^3	1.0	1.5	2.0	3.0	2.7
装载量/t	2	3	4	5	5
卸料高度/m	2.6	2.7	2.8	2.85	2.78
发动机功率/kW	60	73.5	100	162	
行走速度/（km/h）	0～30	0～32	0～35	10～35	7.8～55
最大牵引力/t	6.4	7.5	10.5	16	
爬坡能力/（°）	30	25	28～30	30	25
回转半径/m	5.03	5.5	5.9	6.5	6.24
离地间隙/m	0.393	0.4	0.45	0.305	
转向方式	铰接液压缸	铰接液压缸	铰接液压缸	铰接液压缸	铰接液压缸
外形尺寸	5.7m×2.2m×2.8m	6m×2.4m×2.8m	6.4m×2.5m×3.2m	6.7m×2.8m×2.7m	7.61m×2.94m×3.22m
总质量/t	7.6	9.2	11.5	16.8	17

注：ZL××为装载机型号。

5. 压实机械

压实机械根据压实的原理不同，可分为冲击式、碾压式和振动压实机械三大类。

（1）冲击式压实机械

冲击式压实机械主要有蛙式打夯机和内燃式打夯机两类，蛙式打夯机一般以电为动力。

这两种打夯机适用于狭小的场地和沟槽作业，也可用于室内地面的夯实及大型机械无法到达的边角的夯实。

（2）碾压式压实机械

碾压式压实机械按行走方式分为自行式压路机和牵引式压路机两类。自行式压路机常用的有光轮压路机、轮胎压路机，主要用于土方、砾石、碎石的回填压实及沥青混凝土路面的施工。牵引式压路机的行走一般采用推土机（或拖拉机）牵引，常用的有光面碾、羊足碾。光面碾用于土方的回填压实；羊足碾适用于黏性土的回填压实，不能用在砂土和面层土的压实。

（3）振动压实机械

振动压实机械利用机械的高频振动把能量传给被压土，降低土颗粒间的摩擦力，在压实能量的作用下达到较大的密实度。振动压实机械按行走方式分为手扶平板式振动压实机和振动压路机两类。手扶平板式振动压实机主要用于小面积的地基夯实。振动压路机按行走方式分为自行式和牵引式两种。振动压路机的生产效率高，压实效果好，能压实多种性质的土，主要用于工程量大的大型土石方工程中。常用压路机的主要技术性能参数如表 1-6 所示。

表 1-6　常用压路机的主要技术性能参数

技术参数	单位	参数值				3Y221 铰接式三轮机械驱动静碾压路机
		YZ14B	YZ16B	YZ16	YZ18	
工作质量	kg	13600	15500	15200	18000	21000
发动机功率	kW	73.5	88.2	96.0	138.0	88
静线压力	N/cm	320	368		557	1200
理论振幅	mm	1.7/0.82	1.8/1.0	1.8/0.9	1.8/1.0	
振动频率	Hz	30	28	28/32	30/34	
激振力	kN	270～135	290～170	294～192	360～210	
压实宽度	mm	2130				2320
行驶速度	km/h	0～8.9	0～9.2	0～9.8	0～12	0～19
转弯半径	mm	6000	6500	6000	5400	5800
爬坡能力	°	25	25	40	49	25

注：YZ××为压路机型号。

6. 土方机械的选择

土方机械的选择，通常先根据工程特点和技术条件提出几种可行方案，然后进行技术经济比较，选择效率高、费用低的机械进行施工，一般可选用土方单价最小的机械。

现总结土方机械的选择要点如下：

1）当地形起伏不大、坡度在 20° 以内、挖填平整土方的面积较大、土的含水量适当、平均运距短（一般在 1km 以内）时，采用铲运机较为合适。如果土质坚硬或冬季冻土层厚度达到 100～150mm，则必须由其他机械辅助翻松土再铲运。当一般土的含水量大于 25%或坚硬的黏土含水量超过 30%时，铲运机要陷车，必须使水疏干后再施工。

2）在地形起伏较大的丘陵地带，一般当挖土高度在 3m 以上、运输距离超过 1km、工程量较大且又集中时，可采用下述 3 种方式进行挖土和运土。

① 正铲挖土机配合自卸汽车进行施工，并在弃土区配备推土机平整土堆。选择铲斗容量时，应考虑到土质情况、工程量和工作面高度。当开挖普通土，集中工程量在 1.5 万 m^3 以下时，可采用 0.5m^3 的铲斗；当开挖集中工程量为 1.5 万～5 万 m^3 时，以选用 1.0m^3 的铲斗为宜，此时，普通土和硬土都能开挖。

② 用推土机将土推入漏斗，并用自卸汽车在漏斗下盛土并运走。这种方法适用于挖土层厚度在 5～6m 的地段。漏斗上口尺寸为 3m 左右，由宽 3.5m 的框架支承。漏斗位置应选择在挖土段的较低处，并预先挖平。漏斗左右及后侧土壁应予支撑。使用 73.5kW 的推土机两次可装满 8t 自卸汽车，效率较高。

③ 用推土机预先把土推成一堆，然后用装载机把土装到汽车上运走，效率也很高。

3）开挖基坑时根据下述原则选择机械。

① 土的含水量较小，可结合运距长短、挖掘深浅，分别采用推土机、铲运机或正铲挖土机配合自卸汽车进行施工。当基坑深度在 1～2m、基坑不太长时，可采用推土机；对于深度在 2m 以内、长度较大的线状基坑，宜由铲运机开挖；当基坑较大、工程量集中时，可选用正铲挖土机挖土。

② 若地下水位较高，又不采用降水措施，或土质松软，可能造成正铲挖土机和铲运机陷车时，则采用反铲、拉铲或抓铲挖土机配合自卸汽车较为合适，挖掘深度见有关机械的性能表。

③ 移挖作填及基坑和管沟的回填，运距在 60～100m 以内时可用推土机。

1.1.7 基坑（槽）开挖

基坑（槽）的施工，首先应进行房屋定位和标高引测，然后根据基础的底面尺寸、埋置深度、土质好坏、地下水位的高低及季节性变化等不同情况，考虑施工需要，确定是否需要留工作面、放坡、增加排水设施和设置支撑，从而定出挖土边线和进行放灰线工作。

1. 放线

基槽放线：根据房屋主轴线控制点，首先将外墙轴线的交点用木桩测设在地面上，并在桩顶钉上铁钉作为标志；房屋外墙轴线测定以后，再根据建筑物平面图，将内部开间所有轴线都一一测出；最后根据边坡系数计算的开挖宽度，在中心轴线两侧用石灰在地面上撒出基槽开挖边线。同时在房屋四周设置龙门板，以便基础施工时复核轴线位置。

柱基放线：在基坑开挖前，从设计图上查对基础的纵横轴线编号和基础施工详图，根据柱子的纵横轴线，用经纬仪在矩形控制网上测定基础中心线的端点，同时在每个柱基中心线上测定基础定位桩，每个基础的中心线上设置 4 个定位木桩，其桩位离基础开挖线的距离为 0.5～1.0m。若基础之间的距离不大，可每隔 1～2 个或几个基础打一定位桩，但两个定位桩的间距以不超过 20m 为宜，以便拉线恢复中间柱基的中线。桩顶上钉一个钉子，标明中心线的位置。然后按施工图上柱基的尺寸和按边坡系数确定的挖土边线的尺寸，放出基坑上口挖土灰线，标出挖土范围。大基坑开挖，根据房屋的控制点用经纬仪放出基坑四周的挖土边线。

2. 开挖原则

土方开挖应遵循“开槽支撑，先撑后挖，分层开挖，严禁超挖”的原则。

开挖基坑（槽）按规定的尺寸合理确定开挖顺序和分层开挖深度，连续进行施工，尽快完成。因土方开挖施工要求设计标高、断面准确，土体应有足够的强度和稳定性，所以在开挖过程中要随时注意检查。挖出的土除预留一部分用作回填外，不得在场地内任意堆放，应把多余的土运到弃土地区，以免妨碍施工。

为防止坑壁滑坡，根据土质情况及坑（槽）深度，在坑顶两边一定距离（一般为 1.0m）内不得堆放弃土，在此距离外堆土高度不得超过 1.5m，否则应验算边坡的稳定性。在桩基周围、墙基或围墙一侧，不得堆土过高。在坑边放置有动载的机械设备时，也应根据验算结果，离开坑边较远距离，若地质条件不好，还应采取加固措施。

为了防止基底土（特别是软土）受到浸水或其他原因的扰动，基坑（槽）挖好后，应立即做垫层或浇筑基础，否则，挖土时应在基底标高以上保留 150～300mm 厚的土层，待基础施工时再挖去。若用机械挖土，为防止基底土被扰动、结构被破坏，不应直接挖到坑（槽）底，应根据机械种类，在基底标高以上留出 200～300mm，待基础施工前铲平、修整。挖土不得挖至基坑（槽）的设计标高以下，若个别处超挖，应用与基土相同的土料填补，并夯实到要求的密实度。当用原土填补不能达到要求的密实度时，应用碎石类土填补，并仔细夯实。重要部位被超挖时，可用低强度等级的混凝土填补。

在软土地区开挖基坑（槽）时，应符合下列规定：

1）施工前必须做好地面排水和降低地下水位工作，地下水位应降低至基坑底以下 0.5～1.0m 后，方可开挖。降水工作应持续到回填完毕。

2）施工机械行驶道路应填筑适当厚度的碎石或砾石，必要时应铺设工具式路基箱（板）或梢排等。

3）相邻基坑（槽）开挖时，应遵循先深后浅或同时进行的施工顺序，并应及时做好基础。

4）在密集群桩上开挖基坑时，应在打桩完成后间隔一段时间，再对称挖土。在密集群桩附近开挖基坑（槽）时，应采取措施防止桩基位移。

5）挖出的土不得堆放在坡顶上或建筑物（构筑物）附近。

基坑（槽）开挖有人工开挖和机械开挖，对于大型基坑应优先考虑选用机械化施工，以加快施工进度。

3. 深基坑开挖

深基坑应采用“分层开挖，先撑后挖”的开挖方法。图 1-16 所示为深基坑分层开挖实例。在基坑正式开挖之前，先将第①层地表土挖运出去，浇筑锁口圈梁，进行场地平整和基坑降水等准备工作，安设第一道支撑（角撑），并施加预顶轴力；然后开挖第②层土到−4.50m，再安设第二道支撑，待双向支撑全面形成并施加轴力后，挖土机和运土车下坑在第二道支撑上部（铺路基箱），开始挖第③层土，并采用台阶式“接力”方式挖土，一直挖到坑底，第三道支撑应随挖随撑，逐步形成；最后用抓铲挖土机在坑外挖两侧土坡的第④层土。

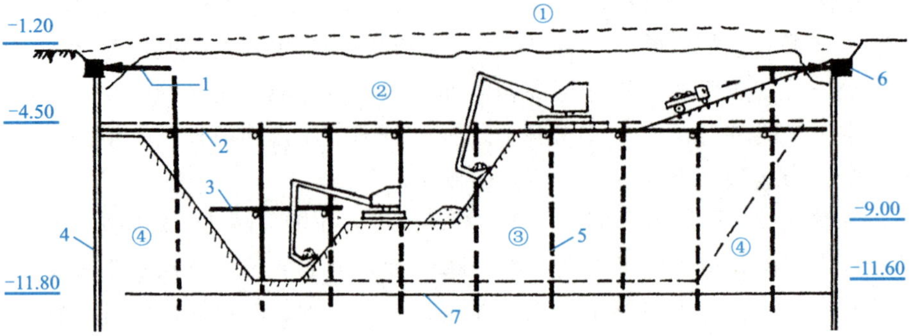

1—第一道支撑；2—第二道支撑；3—第三道支撑；4—支护；5—主柱；6—锁口圈梁；7—坑底。

图 1-16　深基坑分层开挖实例（单位：m）

在深基坑开挖过程中，随着土的挖除，下层土因逐渐卸载而有可能回弹，尤其在基坑挖至设计标高后，若搁置时间过久，则回弹更为显著。若弹性隆起在基坑开挖和基础工程初期发展很快，将加大建筑物的后期沉降。因此，对深基坑开挖后的土体回弹，应有适当的估计。例如，在勘察阶段，土样的压缩试验中应补充卸荷弹性试验等。还可以采取结构措施，如在基底设置桩基等或事先对结构下部土质进行深层地基加固。施工中减少基坑弹性隆起的一个有效方法是把土体中有效应力的改变降低到最小。具体方法有加速建造主体结构，或逐步利用基础的质量来代替被挖去土体的质量。

思政案例

火神山医院建设彰显中国力量与环保理念

2020 年，我国再次展现了强大的施工能力和环保理念。火神山医院开工第一天，近 300 台机械投入场地平整、基坑开挖和回填工作。除夕当天，挖掘土方超过 15 万立方米，如此大规模的土方开挖保障了抗击疫情的胜利。

由于火神山医院基础施工无地下室，开挖深度小且无须支护开挖，节省了部分工期。在后续土方开挖和回填处理过程中，设计和施工人员根据场地实际情况预留了回填土土方，及时外运多余挖方，并采用流水施工合理调配土方，再次节省了工期。在现代施工中，我们不仅需要掌握技术，还要具备经济头脑和环保理念。

习近平总书记说：“绿水青山就是金山银山。”在火神山医院的建造中，地势低洼部分和鱼塘的回填基本可以用施工现场的挖方解决，且回填土质量合格，避免了工程质量问题。这种做法不仅减少了二次搬运，而且经济合理。同时，施工现场的进出车辆及时清洗，弃土车辆采用密闭或全覆盖方式，最大限度避免了扬尘，有效保护了环境。

任务 1.2　土方边坡及支护施工

1.2.1　土方施工准备

土方开挖前需做好如下主要准备工作。

1. 场地清理

场地清理包括拆除房屋、古墓；拆迁或改建通信、电力线路，上下水道及其他建筑物；迁移树木；去除耕植土及河塘淤泥等工作。

2. 排除地面水

场地内低洼地区的积水必须排除，同时应注意雨水的排除，使场地保持干燥，便于土方施工。

地面水的排除一般采用排水沟、截水沟、挡水土坝等措施。

应尽量利用自然地形来设置排水沟，使水直接排至场外或流向低洼处再用水泵抽走。主排水沟最好设置在施工区域的边缘或道路两旁，其横断面和纵向坡度应根据最大流量确定。一般排水沟的横断面不小于 0.5m×0.5m，纵向坡度一般不小于 3‰。平坦地区，若排水困难，则其纵向坡度不应小于 2‰；沼泽地区可减至 1‰。在场地平整过程中，要注意排水沟保持畅通。

山区的场地平整施工，应在较高一面的山坡上开挖截水沟。在低洼地区施工时，除开挖排水沟外，必要时应修筑挡水土坝，以阻挡雨水的流入。

3. 修筑临时设施

修筑临时道路、供水、供电及临时停机棚与修理间等临时设施。

1.2.2　土方边坡与土壁支撑

为了防止塌方，保证施工安全，在基坑（槽）开挖深度超过一定限度时，土壁应做成有斜率的边坡，或者加以临时支撑以保持土壁的稳定。边坡的表示方法如图 1-17 所示。

1. 土方边坡

土方边坡的坡度是用土方挖方深度 H 与放坡宽度 B 之比表示（图 1-17）的，即

$$土方边坡坡度=\frac{H}{B}=\frac{1}{B/H}=\frac{1}{m}$$

式中，m——边坡系数，$m=B/H$。

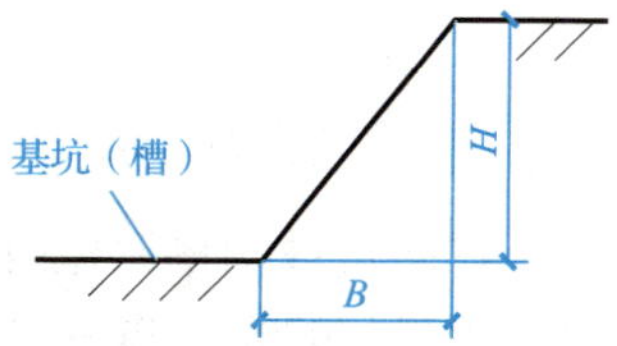

图 1-17　边坡的表示方法

土方边坡的大小主要与土质、开挖深度、开挖方法、边坡留

置时间的长短、边坡附近的各种荷载状况及排水情况有关。当地质条件良好、土质均匀且地下水位低于基坑（槽）或管沟底面标高时，挖方边坡可做成直立壁不加支撑，但深度不宜超过下列规定：

1）密实、中密的砂土和碎石类土（充填物为砂土）：1.0m。

2）硬塑、可塑的粉土及粉质黏土：1.25m。

3）硬塑、可塑的黏土和碎石类土（充填物为黏性土）：1.5m。

4）坚硬的黏土：2m。

挖方深度超过上述规定时，应考虑放坡或做成直立壁加支撑。当地质条件良好、土质均匀且地下水位低于基坑（槽）或管沟底面标高时，挖方深度在5m以内不加支撑的边坡的最陡坡度应符合表1-7所示的规定。

表1-7　深度在5m以内的基坑（槽）、管沟边坡的最陡坡度（不加支撑）

土的类别	边坡坡度（高∶宽）		
	坡顶无荷载	坡顶有静载	坡顶有动载
中密的砂土	1∶1.00	1∶1.25	1∶1.50
中密的碎石类土（充填物为砂土）	1∶0.75	1∶1.00	1∶1.25
硬塑的粉土	1∶0.67	1∶0.75	1∶1.00
中密的碎石类土（充填物为黏性土）	1∶0.50	1∶0.67	1∶0.75
硬塑的粉质黏土、黏土	1∶0.33	1∶0.50	1∶0.67
老黄土	1∶0.10	1∶0.25	1∶0.33
软土（经井点降水后）	1∶1.00		

注：1. 静载指堆土或材料等，动载指机械挖土或汽车运输作业等。静载或动载与挖方边缘的距离应保证边坡和直立壁的稳定，堆土或材料应距挖方边缘0.8m以外，高度不超过1.5m。

2. 当有成熟的施工经验时，可不受本表限制。

永久性挖方边坡应按设计要求放坡。临时性挖方边坡值应符合表1-8所示的规定。

表1-8　临时性挖方边坡值

土的类别		边坡坡度（高∶宽）
砂土（不包括细砂、粉砂）		（1∶1.25）～（1∶1.5）
一般黏性土	坚硬	（1∶0.75）～（1∶1）
	硬塑	（1∶1）～（1∶1.25）
	软	1∶1.50或更缓
碎石类土	充填坚硬、硬塑黏性土	（1∶0.5）～（1∶1）
	充填砂土	（1∶1）～（1∶1.5）

注：1. 设计有要求时，应符合设计标准。

2. 如采用降水或其他加固措施，则可不受本表限制，但应计算复核。

3. 开挖深度对于软土不应超过4m，对于硬土不应超过8m。

2. 土壁支撑

在基坑或沟槽开挖时，为了缩小施工面、减少土方量或因受场地条件的限制不能放坡时，可采用设置土壁支撑的方法施工。

开挖较窄的沟槽多用横撑式支撑。横撑式支撑根据挡土板的不同，分为水平挡土板

[图 1-18（a）] 和垂直挡土板 [图 1-18（b）] 两类，水平挡土板的布置又分为断续式和连续式两种。湿度小的黏性土挖土深度小于 3m 时，可用断续式水平挡土板支撑；松散、湿度大的土可用连续式水平挡土板支撑，挖土深度可达 5m；松散和湿度很大的土可用垂直挡土板支撑，挖土深度不限。

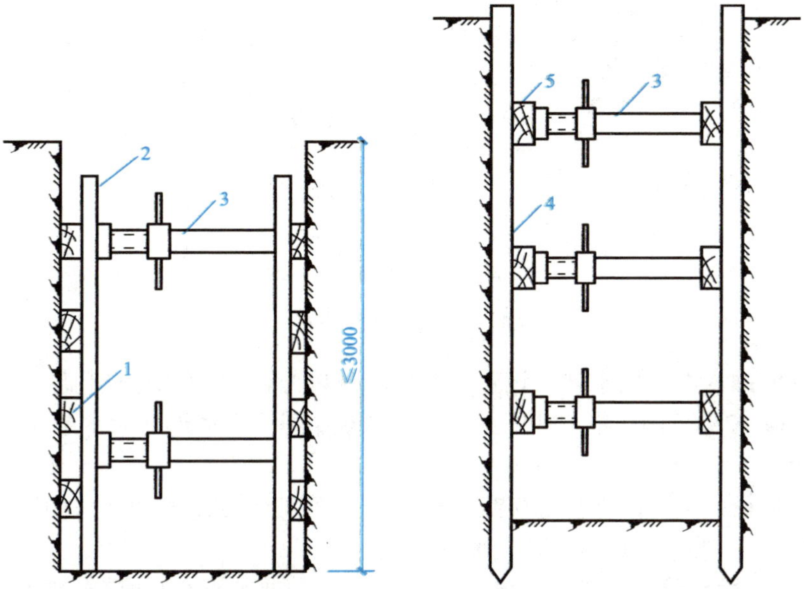

（a）断续式水平挡土板支撑　　（b）垂直挡土板支撑

1—水平挡土板；2—竖楞木；3—工具式横撑；4—竖直挡土板；5—横楞木。

图 1-18　横撑式支撑

采用横撑式支撑时，应随挖随撑，支撑要牢固。施工中应经常进行检查，若有松动、变形等现象，则应及时加固或更换。支撑的拆除应按回填顺序依次进行，多层支撑应自下而上逐层拆除，随拆随填。

任务 1.3　降排地下水施工

在开挖基坑、地槽、管沟或其他土方时，土的含水层常被切断，地下水将会不断地渗入坑内。雨期施工时，地面水也会流入坑内。为了保证施工的正常进行，防止边坡塌方和地基承载能力的下降，必须做好基坑降水工作。降水方法分为明排水法和人工降低地下水位法两类。

1.3.1　明排水法

在基坑或沟槽开挖时，采用截、疏、抽的方法来进行排水。开挖时，沿坑底周围或中央开挖排水沟，再在沟底设集水井，使基坑内的水经排水沟流向集水井，然后用水泵抽走，如图 1-19 所示。

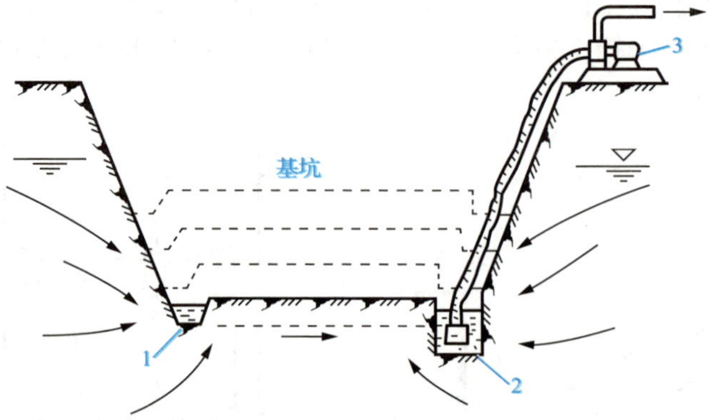

1—排水沟；2—集水坑；3—水泵。

图 1-19　集水井降水

基坑四周的排水沟及集水井应设置在基础范围以外，地下水流的上游。明沟排水的纵坡宜控制在 1‰～2‰范围；集水井应根据地下水量、基坑平面形状及水泵能力，每隔 20～40m 设置一个。

集水井的直径或宽度，一般为 0.7～0.8m。其深度随着挖土的加深而加深，要始终低于挖土面 0.8～1.0m。井壁可用竹、木等简易加固。

当基坑挖至设计标高后，井底应低于坑底 1～2m，并铺设 0.3m 碎石滤水层，以免在抽水时将泥沙抽出，并防止井底的土被搅动。

明排水法由于设备简单和排水方便，使用较为普遍，但当开挖深度大、地下水位较高而土质又不好时，用明排水法降水，挖至地下水水位以下时，有时坑底下面的土会形成流动状态，随地下水涌入基坑，这种现象称为流砂现象。发生流砂时，土完全丧失承载能力。使施工条件恶化，难以达到开挖设计深度。严重时会造成边坡塌方及附近建筑物下沉、倾斜、倒塌等。总之，流砂现象对土方施工和附近建筑物有很大危害。

1. 易产生流砂的土

实践经验表明，具备下列性质的土，在一定动水压力作用下，就有可能发生流砂现象：①土的颗粒组成中，黏粒含量小于 10%，粉粒（颗粒粒径为 0.005～0.05mm）含量大于 75%；②颗粒级配中，土的不均匀系数小于 5；③土的天然孔隙比大于 0.75；④土的天然含水量大于 30%。因此，流砂现象经常发生在细砂、粉砂及粉土中。经验还表明：在可能发生流砂的土质处，基坑挖深超过地下水位线 0.5m 左右，就会发生流砂现象。

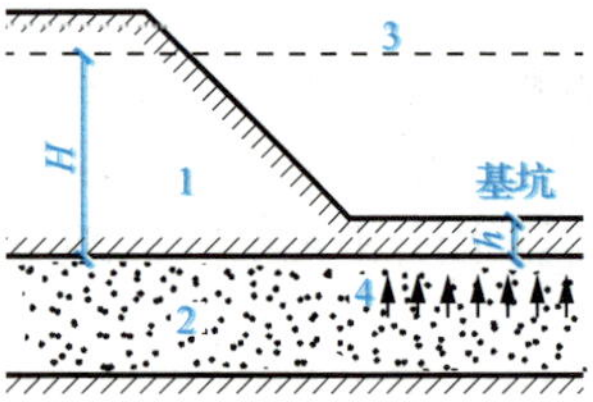

1—不透水层；2—透水层；
3—压力水位线；4—承压水的顶托力。

图 1-20　管涌冒砂

2. 管涌现象

当基坑坑底位于不透水层内，而不透水层下面为承压蓄水层，坑底不透水层的覆盖厚度的重量小于承压水的顶托力时，基坑底部即可能发生涌冒现象（图 1-20），即

$$H\rho_w > h\rho \tag{1-11}$$

式中，H——压力水头；

h——坑底不透水层的厚度；

ρ_w——水的密度；

ρ——土的密度。

此时，管涌冒砂现象随即发生，施工时应引起重视。

3. 流砂的防治办法

颗粒细、均匀、松散、饱和的非黏性土容易发生流砂现象，但是否出现流砂现象的重要条件是动水压力的大小和方向。在一定的条件下土转化为流砂，而在另一些条件（如改变动水压力的大小和方向）下，又可将流砂转变为稳定土。因此，在基坑开挖过程中，防治流砂的原则是“治流砂必治水”，主要途径有消除、减少或平衡动水压力。具体措施如下：

1）抢挖法：组织分段抢挖，使挖土速度超过冒砂速度，挖到标高后立即铺芦席，并抛大石块以平衡动水压力，压住流砂，此法可解决轻微流砂现象。

2）打板桩法：将板桩打入坑底下面一定深度，增加地下水从坑外流入坑内的渗流长度，以减小水力坡度，从而减小动水压力，防止流砂产生。

3）水下挖土法：不排水施工，使坑内水压力与地下水压力平衡，消除动水压力，从而防止流砂产生。此法在沉井挖土下沉过程中常用。

4）人工降低地下水位：在土方工程施工中，地下水控制常采用的方法有集水井降水法和井点降水法。集水井降水法一般用于降水深度较小且地层中无流砂时；如果降水深度较大，或地层中有流砂，或在软土地区，则应采用井点降水法。不论采用哪种方法，降水工作都要持续到基础施工完毕并回填土后才能停止。

5）地下连续墙法：此法是在基坑周围先浇筑一道混凝土或钢筋混凝土的连续墙，以支撑土壁、截水并防止流砂产生。

此外，在含有大量地下水土层或沼泽地区施工时，还可以采取土壤冻结法等。对位于流砂地区的基础工程，应尽可能用桩基或沉井施工，以节约防治流砂所增加的费用。

1.3.2　人工降低地下水位法

人工降低地下水位，就是在基坑开挖前，预先在基坑四周埋设一定数量的滤水管（井），利用抽水设备从中抽水，使地下水位降落在坑底以下，直至施工结束。这样可使所挖的土始终保持干燥状态，改善施工条件，同时还使动水压力方向向下，从根本上防止流砂发生，并增加土中有效应力，提高土的强度或密实度。因此，人工降低地下水位不仅是一种施工措施，也是一种地基加固方法。采用人工降低地下水位，可适当增大边坡坡度以减少挖土数量，但在降水过程中，基坑附近的地基土壤会有一定的沉降，施工时应加以注意。

人工降低地下水位的方法有轻型井点、喷射井点、电渗井点、管井井点及深井泵等。各种方法的选用视土的渗透系数、降低水位的深度、工程特点、设备及经济技术指标等具体条件参照各类井点的适用范围（表 1-9）选用。其中以轻型井点采用较广，下面进行重点介绍。

表 1-9　各类井点的适用范围

序号	井点类别	层渗透系数/（cm/s）	降低水位深度/m
1	单层轻型井点	$10^{-2}\sim10^{-5}$	3～6
2	多层轻型井点	$10^{-2}\sim10^{-5}$	6～12（由井点层数而定）
3	喷射井点	$10^{-3}\sim10^{-6}$	8～20
4	电渗井点	$<10^{-6}$	宜配合其他形式降水使用
5	深井井点	$\geqslant10^{-5}$	>10

1. 轻型井点降低地下水位

（1）轻型井点设备

轻型井点设备由管路系统和抽水设备组成，如图 1-21 所示。管路系统包括滤管、井点管、弯联管及总管等。滤管（图 1-22）为进水设备，通常采用长 1.0～1.2m、直径 38mm 或 51mm 的无缝钢管，管壁钻有直径为 12～19mm 的呈星棋状排列的滤孔，滤孔面积为滤管表面积的 20%～25%。骨架管外面包以两层孔径不同的铜丝布或塑料布滤网。为使流水畅通，在骨架管与滤网之间用塑料管或梯形钢丝隔开，塑料管沿骨架管绕成螺旋形。

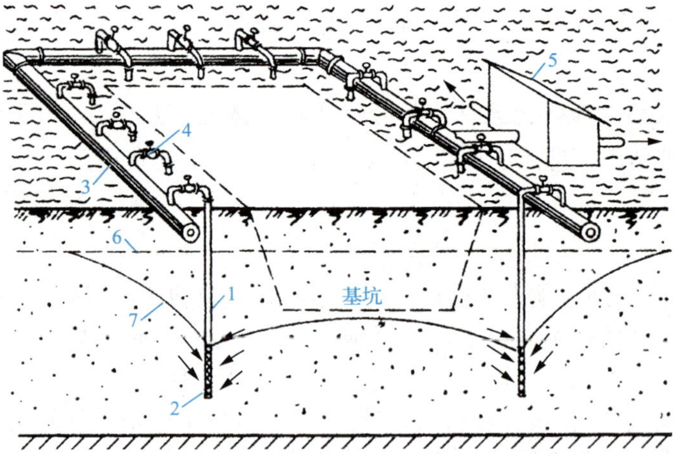

1—井点管；2—滤管；3—总管；4—弯联管；5—水泵房；6—原有地下水位线；7—降低后地下水位线。

图 1-21　轻型井点设备

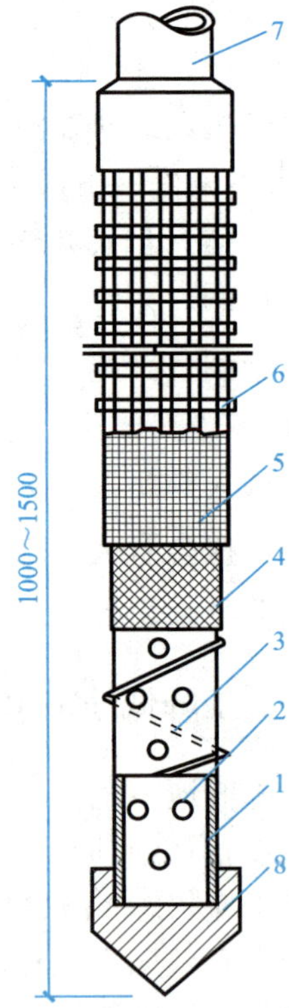

1—钢管；2—管壁上的小孔；3—缠绕的塑料管；4—细滤网；5—粗滤网；6—粗钢保护网；7—井点管；8—铸铁头。

图 1-22　滤管的构造

井点管为直径 38mm 或 51mm、长 5～7m 的钢管，可整根或分节组成。井点管的上端用弯联管与总管相连。集水总管用直径 100～127mm 的无缝钢管，每段长 4m，其上装有与井点管连接的短接头，间距 0.8m 或 1.2m。

抽水设备由真空泵、离心泵和水气分离器（又称集水箱）等组成，其工作原理如图 1-23 所示。抽水时先开动真空泵，将水气分离器内部抽成一定程度的真空，使土中的水分和空气受真空吸力作用而吸出，经管路系统，再经过滤箱（防止水流中的细沙进入离心泵引起磨损）进入水气分离器。水气分离器内有一浮筒，能沿中间导杆升降。当进入水气分离器内的水多起来时，浮筒即上升，此时即可开动离心泵，将水气分离器内的水经离心泵排出，空气集中在上部由真空泵排出。为防止水进入真空泵（因为真空泵为干式），水气分离器顶装有阀门，并在真空泵与进气管之间装一个副水气分离器。为对真空泵进行冷却，特设一个冷却循环水泵。

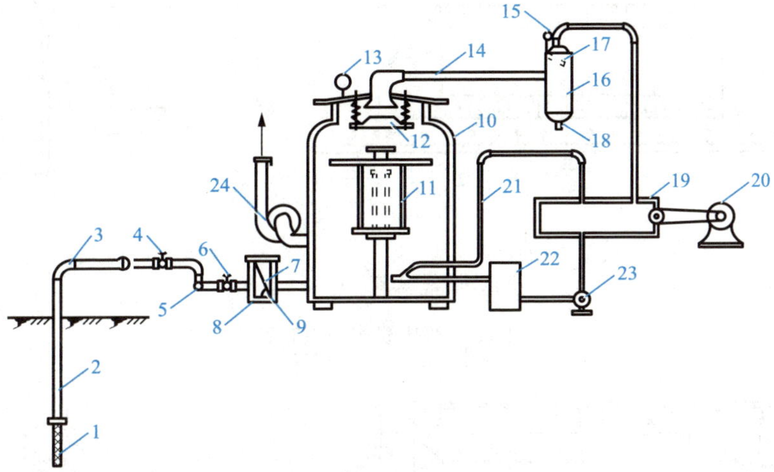

1、7—滤管；2—井点管；3—弯管；4、12—阀门；5—集水总管；6—闸门；8—过滤箱；9—淘沙孔；10—水气分离器；11—浮筒；13、15—真空计；14—进水管；16—副水气分离器；17—挡水板；18—放水口；19—真空泵；20—电动机；21—冷却水管；22—冷却水箱；23—循环水泵；24—离心水泵。

图 1-23　抽水设备的工作原理

一套抽水设备的负荷长度（即集水总管长度），采用 W5 型真空泵时，不大于 100m；采用 W6 型真空泵时，不大于 200m。

（2）轻型井点的布置

井点系统的布置，应根据基坑大小与深度、土质、地下水位高低与流向、降水深度要求等确定。

1）平面布置：当基坑或沟槽宽度小于 6m，水位降低值不大于 5m 时，可用单排线状井点布置在地下水流的上游一侧，两端延伸长度一般不小于沟槽宽度，如图 1-24 所示。如沟槽宽度大于 6m，或土质不良，则宜用双排线状井点，如图 1-25 所示。面积较大的基坑宜用环状井点，如图 1-26 所示。有时也可布置为 U 形，以利于挖土机械和运输车辆出入基坑，环状井点四角部分应适当加密，井点管距离基坑一般为 0.7～1.0m，以防漏气。井点管间距一般为 0.8～1.5m，由计算或经验确定。

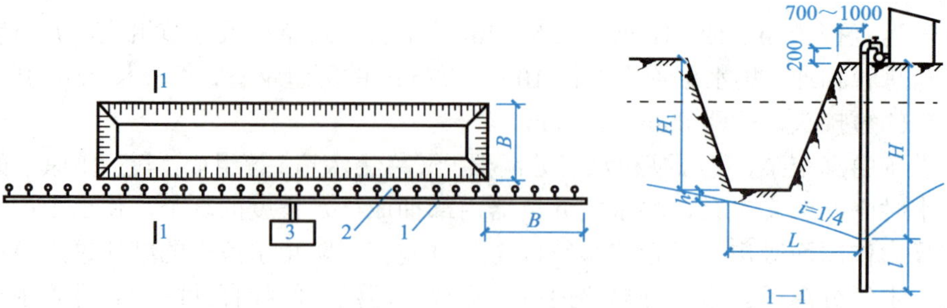

（a）平面布置 （b）高程布置

1—总管；2—井点管；3—抽水设备。

图 1-24 单排线状井点布置图

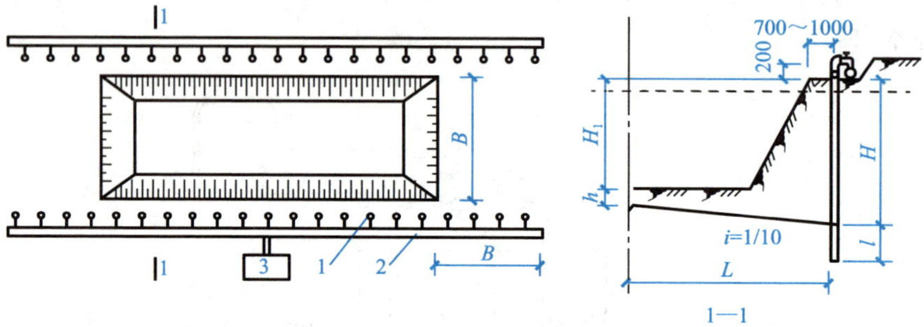

（a）平面布置 （b）高程布置

1—井点管；2—总管；3—抽水设备。

图 1-25 双排线状井点布置图

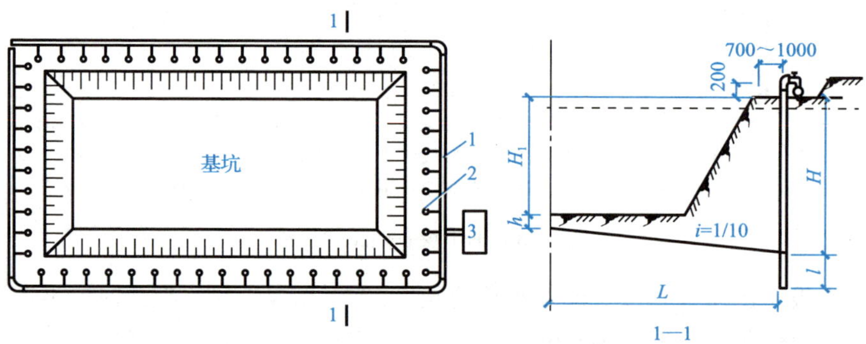

（a）平面布置 （b）高程布置

1—总管；2—井点管；3—抽水设备。

图 1-26 环形井点布置简图

采用多套抽水设备时，井点系统应分段，各段长度应大致相等。分段地点宜选择在基坑转弯处，以减少总管弯头数量，提高水泵抽吸能力。水泵宜设置在各段总管中部，使泵两边水流平衡。分段处应设阀门或将总管断开，以免管内水流紊乱，影响抽水效果。

2）高程布置：轻型井点的降水深度在考虑设备水头损失后，不超过 6m。井点管的埋设深度 H（不包括滤管长）按下式计算。

$$H \geqslant H_1 + h + iL \tag{1-12}$$

式中，H_1——井点管埋设面至基坑底的距离（m）；

h——基坑中心处基坑底面（单排井点时，为远离井点一侧坑底边缘）至降低后地下水位的距离，一般为0.5～1.0m；

i——地下水降落坡度，环状井点为1/10，单排线状井点为1/4；

L——井点管至基坑中心的水平距离（m）。在单排井点中，为井点管至基坑另一侧的水平距离。

此外，确定井点埋深时，还要考虑到井点管一般要露出地面0.2m左右。

如果计算出的H值大于井点管长度，则应降低井点管的埋置面（但以不低于地下水位为准）以适应降水深度的要求。在任何情况下，滤管必须埋在透水层内。为了充分利用抽吸能力，总管的布置标高宜接近地下水位线（可事先挖槽），水泵轴心标高宜与总管平行或略低于总管。总管应具有0.25%～0.5%坡度（坡向泵房）。各段总管与滤管最好分别设在同一水平面，不宜高低悬殊。

当一级井点系统达不到降水深度要求时，可视其具体情况采用其他方法降水。若上层土的土质较好，则先用集水井排水法挖去一层土再布置井点系统；也可采用二级井点，即先挖去第一级井点所疏干的土，然后在其底部装设第二级井点。二级轻型井点示意图如图1-27所示。

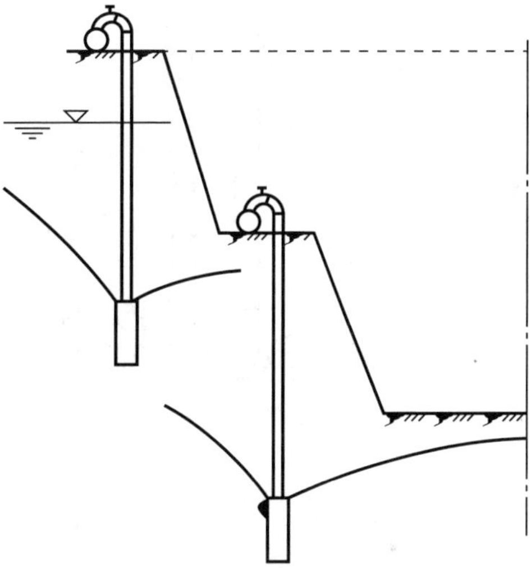

图1-27　二级轻型井点示意图

（3）抽水设备的选择

真空泵主要有W5、W6型，按总管长度选用。当总管长度不大于100m时，可选用W5型；当总管长度不大于200m时，可选用W6型。

水泵按涌水量的大小选用，要求水泵的抽水能力应大于井点系统的涌水量(增大10%～20%)。通常一套抽水设备配两台离心泵，既可轮换备用，又可在地下水量较大时同时使用。

（4）井点管的安装使用

轻型井点的安装程序是先排放总管，再埋设井点管，用弯管将井点管与总管接通，最后安装抽水设备。而井点管的埋设是关键工作之一。井点管的埋设一般用水冲法，分为冲孔和埋管两个过程，如图1-28所示。冲孔时，先用起重设备将冲管吊起并插在井点的位置上，然后开动高压水泵，将土冲松，冲管则边冲边沉。冲孔直径一般为300mm，以保证井管四周有一定厚度的砂滤层；冲孔深度宜比滤管底深0.5m左右，以防冲管拔出时，部分土颗粒沉于底部而触及滤管底部。井孔冲成后，立即拔出冲管，插入井点管，并在井点管与孔壁之间迅速填灌砂滤层，以防孔壁塌土。砂滤层的填灌质量是保证轻型井点顺利抽水的关键。一般宜选用干净粗砂，填灌均匀，并填至滤管顶上1～1.5m，以保证水流畅通。井点填砂后，在地面以下0.5～1.0m内须用黏土封口，以防漏气。

井点管埋设完毕后，应接通总管与抽水设备进行试抽水，检查有无漏水、漏气，出水是否正常，有无淤塞等现象，如有异常情况，应检修好后才可使用。使用轻型井点时，一般应连续抽水（特别是开始阶段）。试抽水时停抽，滤网容易堵塞，出水浑浊并引起附近建筑物由于土颗粒流失而沉降、开裂。同时由于中途停抽，地下水回升，也可能引起边坡塌方等事故，抽水过程中，应调节离心泵的出水阀以控制水量，使抽吸排水保持均匀，做到细水长流。正常的出水规律是“先大后小，先浑后清”。

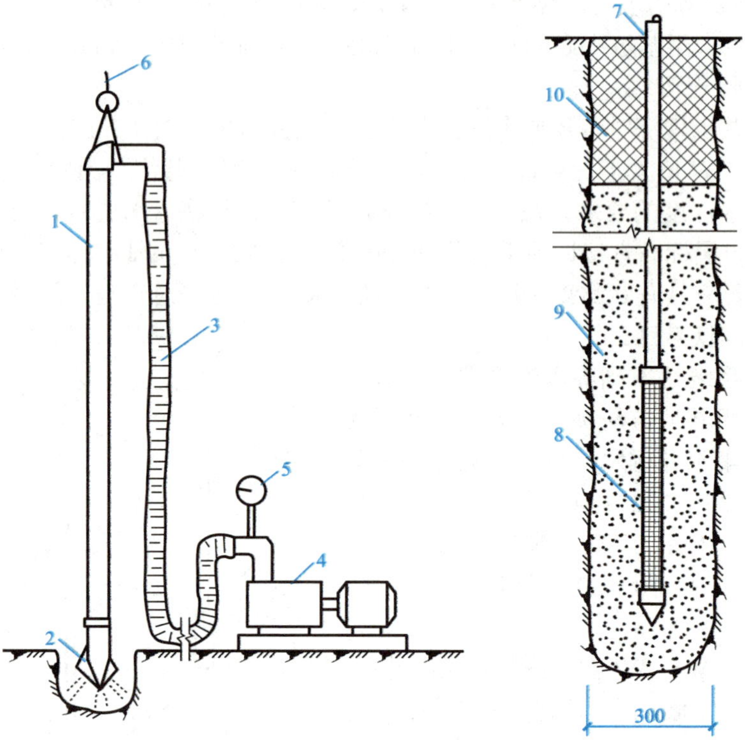

（a）冲孔　　（b）埋管

1—冲管；2—冲嘴；3—胶皮管；4—高压水泵；5—压力表；6—起重机吊钩；7—井点管；8—滤管；9—填砂；10—黏土封口。

图 1-28　井点管的埋设

真空泵的真空度是判断井点系统工作情况是否良好的重要参数，必须经常观察。造成真空度不足的原因有很多，但大多是井点系统有漏气现象，应及时检查并采取措施。在抽水过程中，还应检查有无堵塞的“死井”（工作正常的井管，用手探摸时，应有冬暖夏凉的感觉）。当死井太多，严重影响降水效果时，应逐个用高压水反冲洗或拔出重埋。为观察地下水位的变化，可在影响半径内设观察孔。井点降水工作结束后所留的井孔，必须用沙砾或黏土填实。

2. 喷射井点降低地下水位

当基坑开挖较深或降水深度超过 6m 时，必须使用多级轻型井点，这样会增大基坑的挖土量、延长工期并增加设备数量，不够经济。当降水深度超过 6m，土层渗透系数为 0.1～2.0m/d 的弱透水层时，采用喷射井点降水比较合适，其降水深度可达 20m。

（1）喷射井点的主要设备及工作原理

喷射井点根据其工作时所用喷射材料的不同，分为喷水井点和喷气井点两种。其设备主要由喷射井管、高压水泵（或空气压缩机）和管路系统组成，如图 1-29（a）所示。喷射井管 1 由内管 8 和外管 9 组成，在内管下端有升水装置一喷射扬水器与滤管 2 相连，如图 1-29（c）所示。在高压水泵 5 作用下，具有一定压力水头（0.7～0.8MPa）的高压水经进水总管 3 进入井管的外管与内管之间的环形空间，并经扬水器的侧孔流向喷嘴 10。由于喷嘴截面的突然缩小，流速急剧增加，压力水由喷嘴以很高流速喷入混合室 11（该室与滤管相通），将喷嘴口周围空气吸入，被急速水流带走，因而该室压力下降而造成一定真空度。此时地下水被吸入喷嘴室，与高压水汇合，流经扩散管 12 时，由于截面扩大，流速减低而转化为低压，沿内管上升经排水总管排于集水池 6 内，此池内的水，一部分用水泵 7 排走，另一部分供高压水泵压入井管用。如此循环，将地下水位逐步降低。高压水泵宜采用流量为 50～80m^3/h 的多级高压水泵，每套设备能带动 20～30 根井管。

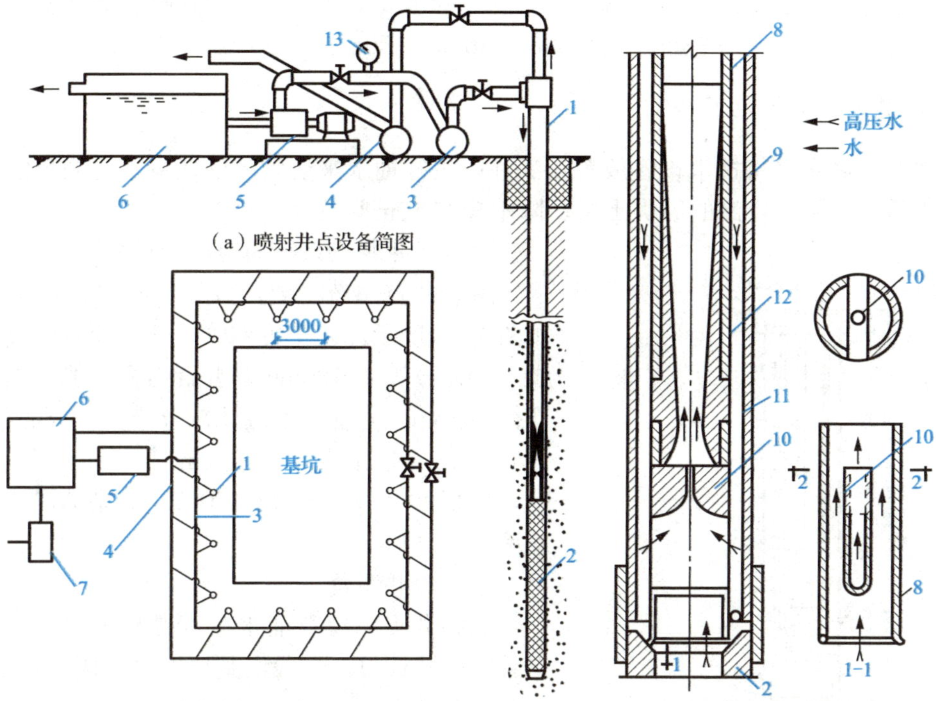

（a）喷射井点设备简图

（b）喷射井点环形布置

（c）喷射扬水器详图

1—喷射井管；2—滤管；3—进水总管；4—排水总管；5—高压水泵；6—集水池；7—水泵；8—内管；9—外管；10—喷嘴；11—混合室；12—扩散管；13—压力表管路。

图 1-29　喷射井点设备及平面布置简图

（2）喷射井点的平面布置

当基坑宽度小于 10m 时，井点可做单排布置；当大于 10m 时，可做双排布置；当基坑面积较大时，宜采用环形布置，如图 1-29（b）所示，井点间距一般采用 2～3m。

（3）喷射井点施工的安装及使用喷射井点施工顺序

安装水泵设备及泵的进出水敷设进水总管和回水总管；沉设井点管（包括灌填砂滤料），接通进水总管后及时进行单根试抽、检验；全部井点管沉设完毕后，接通回水总管，全面试抽，检查整个降水系统的运转状况及降水效果。

进水、回水总管同每根井点管的连接管均需安装阀门，以便调节使用和防止不抽水时发生回水倒灌。井点管路接头应安装严密。

喷射井点一般是将内外管和滤管组装在一起后沉设到井孔内的。井点管组装时，必须保证喷嘴与混合室中心线一致；组装后，每根井点管应在地面做泵水试验和真空度测定。地面测定真空度不宜小于93.3kPa。

沉设井点管前，应先挖井点坑和排泥沟，井点坑直径应大于冲孔直径，以便冲孔时孔内的土块从孔口随泥浆排出。冲孔直径为400～600mm，冲孔深度应比滤管底深1m以上。冲孔完毕后，应立即沉设井点管、灌填砂滤料，最后用黏土封口，深度为1～1.5m。

喷射井点抽水时，如发现井点管周围有翻砂冒水现象，则应立即关闭此井点，及时检查处理。工作水应保持清洁，井点全面试抽两天后，应更换清水，以后视水质浑浊程度定期更换清水。工作水压力要调节适当，能满足降水要求即可，以减轻喷嘴磨耗程度。常用喷射井点管的规格直径为38mm、50mm、63mm、100mm、150mm。

3. 深井井点降低地下水位

深井井点降水是将抽水设备放置在深井中进行抽水来达到降低地下水位的目的。它适用于抽水量大、降水较深的砂类土层，降水深在50m以内。

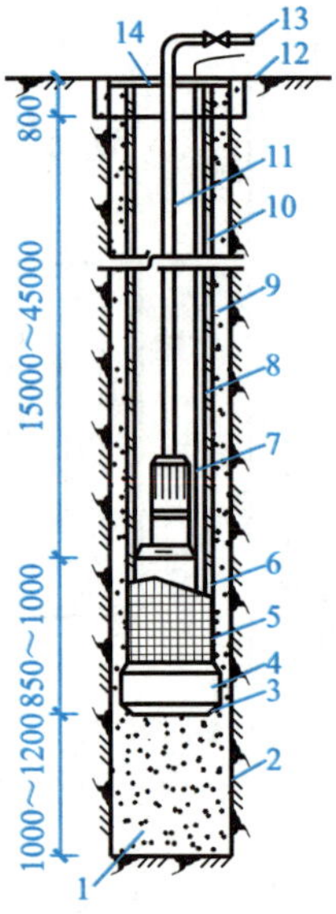

1—中粗砂；2—600井孔；3—开孔底板（下铺滤网）；4—导向段；5—滤网；6—过段（内填碎石）；7—潜水泵；8—300井管；9—中粗砂或小砾石；10—电缆；11—50出水管；12—井口；13—550出水总管；14—井盖。

图1-30 深井构造

（1）深井井点系统的组成及设备

深井井点系统主要由井管和水泵组成，其构造如图1-30所示。井管用钢管、塑料管或混凝土管制成，管径一般为300mm，井管内径一般应大于水泵外径50mm。井管下部过滤部分带孔，外面包裹10孔/cm镀锌钢丝两层、41孔/cm镀锌钢丝两层或尼龙网。水泵可用QY-25型或QJ-50-52型油浸式潜水泵或深井泵。

（2）深井布置

深井井点系统总涌水量可按无压完整井环形井点系统公式计算。一般沿基坑四周每隔15～30m设一个深井井点。

（3）深井井点的埋设

深井成孔方法可根据土质条件和孔深要求采用冲击钻孔、回转钻孔、潜水钻钻孔或水冲法成孔，用泥浆或自造泥浆护壁，孔口设置护筒，一侧设排泥沟、泥浆坑。孔径应较井管直径大300mm以上，钻孔深度根据抽水期内可能沉积的高度适当加深。一般沿工程周围每隔15～30m设一个深井井点。

深井井管沉放前应清孔，一般用压缩空气洗孔或用吊筒反复上下取出洗孔。井管安放力求垂直。井管过滤部分应设置在含水层适当范围内。井管与土壁间填充砂滤料，粒径应大于滤网的孔径，周围填砂滤料后，安放水泵前，应按规定清洗滤井，冲除沉渣后即可。深井内安设潜水泵，潜水泵可用绳吊入水滤层部位，潜水电动机、电缆及接头应有可靠绝缘，并配置保护开关控制。设置深井泵时，电动机的机座应平稳牢固安放，转向严禁逆转（应有阻逆装置），防止转动轴解体。安设完毕后应进行试抽，满足要求后方可转入正常工作。

深井井点施工程序：井位放样→做井口→安护筒→钻机就位→钻孔→回填井底砂垫层→吊放井管→回填管壁与孔壁间的过滤层→安装抽水控制电路→试抽→降水井正常工作。

4. 降水对周围建筑的影响及防止措施

在弱透水层和压缩性大的黏土层中降水时，由于地下水流失造成地下水位下降、地基自重应力增加和土层压缩等原因，会产生较大的地面沉降；又由于土层的不均匀性和降水后地下水位呈漏斗曲线，四周土层的自重应力变化不一而导致不均匀沉降，使周围建筑物基础下沉或房屋开裂。因此，在建筑物附近进行井点降水时，为防止降水影响或损害区域内的建筑物，就必须阻止建筑物下的地下水流失。为达到此目的，除可在降水区域和原有建筑物之间的土层中设置一道固体抗渗屏幕外，还可用回灌井点补充地下水的办法来保持地下水位。使降水井点和原有建筑物下的地下水位保持不变或降低较少，从而阻止建筑物下地下水的流失。这样，也就不会因降水而使地面沉降，或减少沉降值。

回灌井点是防止井点降水损害周围建筑物的一种经济、简便、有效的办法，它能将井点降水对周围建筑物的影响降到最小。为确保基坑施工的安全和回灌的效果，回灌井点与降水井点之间应保持一定的距离，一般不宜小于 6m。

为了观测降水及回灌后四周建筑物、管线的沉降情况及地下水位的变化情况，必须设置沉降观测点及水位观测井，并定时测量记录，以便及时调节灌、抽量，使灌、抽基本达到平衡，确保周围建筑物或管线等的安全。

任务 1.4　土方回填施工

在土方填筑前，应清除基底上的垃圾、树根等杂物，抽除坑穴中的水、淤泥。对在建筑物和构筑物地面下的填方或厚度小于 0.5m 的填方，应清除基底上的草皮、垃圾和软弱土层。对土质较好、地面坡度不陡于 1/10 的较平坦场地的填方，可不清除基底上的草皮，但应割除长草。在稳定山坡上填方，当山坡坡度为 1/15～1/10 时，应清除基底上的草皮；坡度陡于 1/5 时，应将基底挖成阶梯形，阶宽不小于 1m。当填方基底为耕植土或松土时，应将基底碾压密实。在水田、沟渠或池塘上填方前，应根据实际情况采用排水疏干、挖除淤泥或抛填块石、沙砾、矿渣等方法处理后再进行填土。填土区如遇有地下水或滞水，必须设置排水措施，以保证施工的顺利进行。

1.4.1　土料选择及填筑要求

为了保证填方工程的强度和稳定性方面的要求，必须正确选择填土的种类和填筑方法。

填方土料应符合设计要求，保证填方的强度和稳定性，当设计无要求时，应符合下列规定：

1）碎石类土、砂土和爆破石渣（最大粒径不大于每层铺填厚度的 2/3，当用振动碾压时不超过铺填厚度的 3/4），可用做表层以下的填料。

2）含水量符合压实要求的黏性土，可作为各层填料。

3）淤泥和淤泥质土，一般不能作为填料，但在软土和沼泽地区，经过处理，含水量符合压实要求后，可用于填方中的次要部位。

4）碎块草皮和有机质含量大于 5%的土，仅用于无压实要求的填方。

5）含盐量符合规定的盐渍土，一般可用做填料，但土中不得含有盐晶、盐块或含盐植物根茎。

6）冻土、膨胀性土、有机物含量大于 8%的土，以及水溶性硫酸盐含量大于 5%的土均不能用做填土。

1.4.2 填土压实方法

填土的压实方法一般有碾压法、夯实法和振动压实法。

1. 碾压法

碾压法是指利用机械滚轮的压力压实土壤，使之达到所需的密实度，此法多用于大面积填土工程。碾压机械有光面碾（压路机）、羊足碾和气胎碾。光面碾对砂土、黏性土均可压实；羊足碾需要较大的牵引力，且只宜压实黏性土，因为在砂土中使用羊足碾会使土颗粒受到“羊足”较大的单位压力后向四周移动，从而使土的结构遭到破坏；气胎碾在工作时是弹性体，其压力均匀，填土质量较好。还可利用运土机械进行碾压，它也是较经济合理的压实方案，施工时使运土机械行驶路线能大体均匀地分布在填土面积上，并达到一定重复行驶遍数，使其满足填土压实质量的要求。

碾压机械压实填方时，行驶速度不宜过快，一般平碾控制在 2km/h，羊足碾控制在 3km/h；否则会影响压实效果。

2. 夯实法

夯实法利用夯锤自由下落的冲击力来夯实土壤，主要用于小面积回填。夯实法分人工夯实和机械夯实两种。

夯实机械有夯锤、内燃夯土机和蛙式打夯机；人工夯土使用的工具有木夯、石夯、飞硪等。夯锤是借助起重机悬挂一重锤进行夯土的夯实机械，适用于夯实砂性土、湿陷性黄土、杂填土及含有石块的填土。

3. 振动压实法

振动压实法是将振动压实机放在土层表面，借助振动机械使压实机械振动，土颗粒在振动力的作用下发生相对位移而达到紧密状态。这种方法用于振实非黏性土效果较好。

如使用振动碾进行碾压，则可使土受振动和碾压两种作用，碾压效率高，适用于大面积填方工程。

1.4.3 填土压实的影响因素

填土压实的影响因素较多，主要有压实功、土的含水量及每层铺土厚度。

1. 压实功的影响

填土压实后的密度与压实机械在其上所施加的功有一定关系。土的密度与压实功的关系如图 1-31 所示。当土的含水量一定，在开始压实时，土的密度急剧增加，待到接近土的最大密度时，压实功虽然增加许多，土的密度却变化很小。实际施工时，对砂土只需碾压或夯击 2～3 遍，对粉土只需碾压或夯击 3～4 遍，对粉质黏土或黏土只需碾压或夯击 5～6 遍。此外，松土不宜用重型碾压机械直接滚压，否则土层有强烈起伏现象，效率不高；先用轻碾压实，再用重碾压实就会取得较好的效果。

2. 含水量的影响

在同一压实功条件下，填土的含水量对压实质量有直接影响。较为干燥的土颗粒之间的摩擦阻力较大，因而不易压实。当含水量超过一定限度时，土颗粒之间的孔隙由水填充而呈饱和状态，也不能压实；当土的含水量适当时，水起了润滑作用，土颗粒之间的摩擦阻力减少，压实效果好。每种土都有其最佳含水量。土在这种含水量的条件下，使用同样的压实功进行压实，所得到的密度最大（图 1-32），各种土的最佳含水量和最大干密度可参考表 1-10。工地简单检验黏性土含水量的方法一般是以手握成团、落地开花为适宜。为了保证填土在压实过程中处于最佳含水量状态，当土过湿时，应将其翻松晾干，也可掺入同类干土或吸水性土料；当土过干时，则应预先洒水润湿。

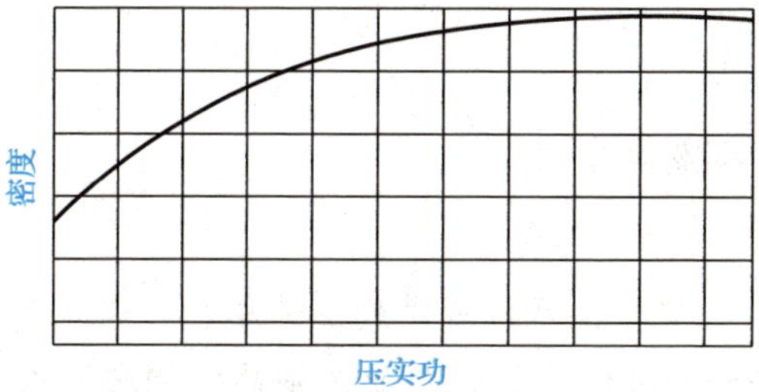

图 1-31 土的密度与压实功的关系

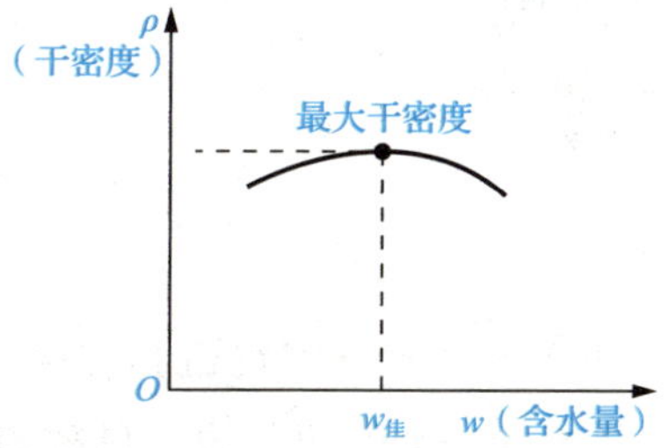

图 1-32 土的干密度与含水量的关系

表 1-10 土的最佳含水量和最大干密度参考值

项次	土的种类	变动范围		项次	土的种类	变动范围	
		最佳含水量（质量分数）/%	最大干密度/（g/cm³）			最佳含水量（质量分数）/%	最大干密度/（g/cm³）
1	砂土	8～12	1.80～1.88	3	粉质黏土	12～15	1.85～1.95
2	黏土	19～23	1.58～1.70	4	粉土	16～22	1.61～1.80

注：1. 表中土的最大干密度应以现场实际达到的数字为准。
2. 一般性的回填可不做此项测定。

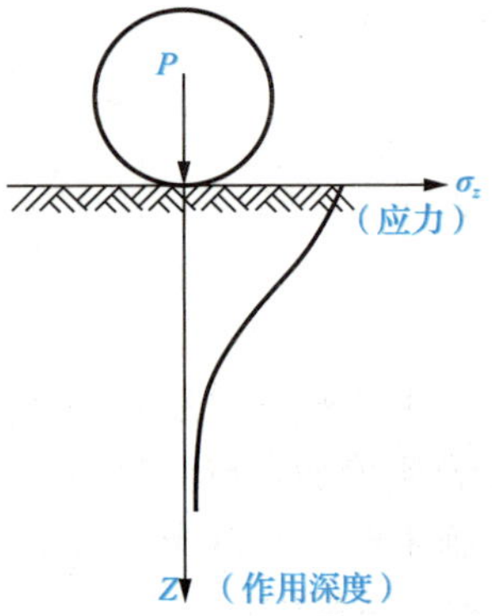

图 1-33　压实作用沿深度的变化

3. 铺土厚度的影响

土在压实功的作用下，其应力随深度增加而逐渐减小（图 1-33），其影响深度与压实机械、土的性质和含水量等有关。铺土厚度应小于压实机械压土时的作用深度，但其中还有最优土层厚度问题，铺得过厚，要压很多遍才能达到规定的密实度；铺得过薄，也要增加机械的总压实遍数。最优的铺土厚度应能使土方压实而机械的功耗费最少。填方每层的铺土厚度和压实遍数可按照表 1-11 选用。在表中规定的压实遍数范围内，轻型压实机械取大值，重型压实机械取小值。

表 1-11　填方每层的铺土厚度和压实遍数

压实机具	每层铺土厚度/mm	每层压实遍数/遍
平碾	250～300	6～8
振动压实机	250～350	3～4
柴油打夯机	200～250	3～4
人工打夯	200	3～4

注：人工打夯时，土块粒径不应大于 50mm。

上述三方面因素之间是互相影响的。为了保证压实质量，提高压实机械的生产率，重要工程应根据土质和所选用的压实机械在施工现场进行压实试验，以确定达到规定密实度所需的压实遍数、铺土厚度及最优含水量。

知识窗

土方工程安全技术

1. 基本规定

1）土石方工程施工应由具有相应资质及安全生产许可证的企业承担。施工企业的施工管理能力和安全管理能力是保障工程安全的关键，因此企业必须具备相应的施工资质和安全生产许可证。

2）土石方工程应编制专项施工安全方案，并应严格按照方案实施。由于土石方工程在施工中易发生安全事故，因此必须进行安全风险预控。规定要求在施工前编制专项施工安全方案，必要时由专家进行论证。

3）施工前应针对安全风险进行安全教育及安全技术交底。特种作业人员必须持证上岗，机械操作人员应经过专业技术培训。规定要求在施工前要根据工程实际情况对施工人员进行有针对性的安全教育和安全技术交底。

4）在施工现场发现有危及人身安全和公共安全的隐患时，应立即停止作业，在采取措施排除隐患后方可恢复施工。在施工中发现安全隐患时，要及时整改。

5）在土石方施工过程中，当发现古墓、古物等地下文物或其他不能辨认的液体、气体及异物时，应立即停止作业，做好现场保护，并在报请有关部门处理后方可继续施工。

2. 场地平整安全技术的一般规定

1）作业前应查明地下管线、障碍物等情况，并制定处理方案后才可开始场地平整工作。

随着城市建设的加快，各种地下管网、电缆交叉密布，地下管网被挖坏造成停水、停气、停电、通信中断的事故频繁发生。因此，场地平整工作开始前要做好场地地下管线、障碍物等情况的调查工作，并制定处理措施。

2）土石方施工区域应在行车行人可能经过的路线点处设置明显的警示标志。有爆破、塌方、滑坡、深坑、高空滚石、沉陷等危险的区域应设置防护栅栏或隔离带。由于行人及车辆易掉进开挖沟槽、窨井里造成人员伤亡和车辆损坏，因此，设立警示标志和护栏是进行土石方施工的必要措施。警示标牌和防护栅栏要清晰坚固，能抗日晒雨淋。

3）施工现场临时用电应符合现行行业标准《施工现场临时用电安全技术规范（附条文说明）》（JGJ 46—2005）的规定。

4）施工现场的临时供水管线应埋设在安全区域内，冬期应有可靠的防冻措施。供水管线穿越道路时应有可靠的防振防压措施。

施工现场临时供水管线的埋设除要合理避开交通繁忙线路和主要通道外，还要考虑避开软弱地层，并采取必要的防冻、防压、防渗措施。

3. 基坑工程安全技术的一般规定

1）基坑工程应按现行行业标准《建筑基坑支护技术规程》（JGJ 120—2012）进行设计，必须遵循先设计后施工的原则，按设计和施工方案要求，分层、分段、均衡开挖，确保支护结构受力连续均匀，防止坍塌。

2）土方开挖前，应查明基坑周边影响范围内建（构）筑物、上下水、电缆、燃气、排水及热力管线等地下管线的情况，并采取措施保护其使用安全，防止盲目开挖造成对建（构）筑物和管线的破坏。

3）当基坑开挖深度范围内存在地下水时，应采取有效的地下水控制措施。

4）基坑工程应编制应急预案。

4. 工程安全技术的一般规定

1）边坡工程应按现行国家标准《建筑边坡工程技术规范》（GB 50330—2013）进行设计，应遵循“先设计后施工，边施工、边治理、边监测”的原则。边坡土石方作业应贯彻这一原则，以确保安全施工、科学有序。

2）边坡开挖施工区域应设置临时排水及防雨措施。

3）边坡开挖前，应清除边坡上方已松动的石块和可能崩塌的土体。

巩固与提升

1. 试述土的组成。
2. 试述土的可松性及其对土方施工的影响。
3. 试述土的基本工程性质、土的工程分类及其对土方施工的影响。
4. 试述基坑及基槽土方量的计算方法。
5. 试述场地平整土方量计算的步骤和方法。
6. 土方调配应遵循哪些原则？调配区如何划分？
7. 试述土方边坡的表示方法及影响边坡的因素。
8. 分析流砂形成的原因及防治流砂的途径和方法。
9. 试述人工降低地下水位的方法及其适用范围。
10. 试述轻型井点系统的布置方案和设计步骤。
11. 试述推土机、铲运机的工作特点、适用范围及提高生产率的措施。
12. 试述单斗挖土机的类型、各自的工作特点和适用范围。
13. 正铲、反铲挖土机开挖方式有哪几种？如何选择？
14. 填土压实有哪几种方法？各有什么特点？
15. 影响填土压实的主要因素有哪些？
16. 怎样检查填土压实的质量？
17. 试述土的最佳含水量的概念，以及土的含水量和控制干密度对填土质量的影响。

2

项　目

地基与基础工程施工

项目导读

地基分为天然地基和人工地基两种。对地基进行加固处理的方式包括换土、强夯、振冲等。基础根据材料性能分为刚性基础和柔性基础；根据构造形式分为独立基础、条形基础、井字基础、筏形基础、箱形基础和桩基础；根据埋深分为浅基础和深基础。

学习目标

知识目标

1．掌握地基基础工程施工技术方法。
2．掌握地基基础工程施工技术方法的基本流程。

能力目标

1．能正确选用地基加固处理方法。
2．能组织地基与基础工程的施工。
3．能对地基基础工程进行质量验收及检测。

素养目标

1．培养严谨的工作作风和敬业爱岗的工作态度。
2．强化安全生产意识，自觉遵守职业道德和行业操守。
3．培养吃苦耐劳的优良品质和良好的人际交流能力。

思维导图

- 地基与基础工程施工
  - 地基处理
    - 换土地基
    - 强夯地基
    - 重锤夯实地基
    - 振冲地基
    - 地基局部处理及其他加固方法
  - 砌体基础施工
    - 毛石基础砌筑
    - 砖基础砌筑
  - 混凝土基础施工
    - 条形基础
    - 杯形基础
    - 筏形基础
    - 箱形基础
  - 桩基础施工
    - 桩基的作用和分类
    - 静力压桩施工工艺
    - 现浇混凝土桩施工工艺
    - 其他形式灌注桩
    - 桩基础的检测与验收

任务 2.1　地基处理

任何建筑物都必须有可靠的地基和基础。建筑物的全部质量（包括各种荷载）最终将通过基础传给地基，因此对某些地基的处理及加固就成为基础工程施工中的一项重要内容。在施工过程中，发现地基土质过软或过硬，不符合设计要求时，应本着使建筑物各部位沉降尽量趋于一致，以减小地基不均匀沉降的原则对地基进行处理。

在软弱地基上建造建筑物或构筑物时，有时利用天然地基无法满足设计要求，因此需要对地基进行人工处理，以满足结构对地基的要求。常用的人工地基处理方法包括换土、强夯、重锤夯实、振冲、砂桩挤密、深层搅拌、堆载预压、化学加固等。

2.1.1　换土地基

当建筑物基础下的持力层比较软弱，无法满足上部荷载对地基的要求时，常采用换土地基来处理软弱地基。这种方法通常先将基础下一定范围内承载力低的软土层挖去，然后回填强度较大的砂、碎石或灰土等材料，并夯至密实。实践证明，换土地基可以有效地处理一些荷载不大的建筑物地基问题，如一般的三四层房屋和路堤、油罐、水闸等的地基。换土地基按其回填的材料可分为砂地基、砂石地基、灰土地基等类型。

1. *砂地基和砂石地基*

砂地基和砂石地基是将基础下一定范围内的土层挖去，然后用强度较大的砂或碎石等回填，并经分层夯实至密实，以起到提高地基承载力、减少沉降、加速软弱土层的排水固结、防止冻胀和消除膨胀土的胀缩等作用。该地基具有施工工艺简单、工期短、造价低等优点，适用于处理透水性强的软弱黏性土地基，但不宜用于湿陷性黄土地基和不透水的黏性土地基，以免聚水而引起地基下沉和降低承载力。

（1）构造要求

砂地基和砂石地基的厚度一般由地基底面处土的自重应力与附加应力之和不大于同一标高处软弱土层的容许承载力确定。地基厚度一般不宜大于 3m，也不宜小于 0.5m。地基宽度除要满足应力扩散的要求外，还要由地基侧面土的容许承载力来确定，以防止地基向两边挤出。关于宽度的计算，目前还缺乏可靠的理论方法，在实践中常常按照当地某些经验数据（考虑地基两侧土的性质）或按经验方法确定。一般情况下，地基的宽度应沿基础两边各放出 200～300mm，如果侧面地基土的土质较差，则还要适当增加。

（2）材料要求

砂地基和砂石地基所用材料，宜采用颗粒级配良好、质地坚硬的中砂、粗砂、砾砂、碎（卵）石、石屑或其他工业废粒料。在缺少中、粗砂和砾砂的地区可采用细砂，但宜同时掺入一定数量的碎（卵）石，其掺入量应符合地基材料含石量不大于 50%的要求。所用砂石料，不得含有草根、垃圾等有机杂物，含泥量不应超过 5%，兼作排水地基时，含泥量不宜超过 3%，碎石或卵石最大粒径不宜大于 50mm。

（3）施工要点

1）铺筑地基前应验槽，先将基底表面浮土、淤泥等杂物清除干净，边坡必须稳定，防止塌方。基坑（槽）两侧附近如有低于地基的孔洞、沟、井和墓穴等，应在未做换土地基前加以处理。

2）砂地基和砂石地基底面宜铺设在同一标高上，如深度不同，则施工应按先深后浅的程序进行。土面应挖成踏步或斜坡搭接，搭接处应夯压密实。分层铺筑时，接头应做成斜坡或阶梯形搭接，每层错开 0.5～1.0m，并注意充分捣实。

3）人工级配的砂、石材料，应按级配拌和均匀，再进行铺填捣实。

4）换土地基应分层铺筑，分层夯（压）实，每层的铺筑厚度不宜超过表 2-1 规定的数值，分层厚度可用样桩控制。施工时，应对下层的密实度检验合格后才进行上层施工。

表 2-1　砂地基和砂石地基每层铺筑厚度及最佳含水量

压实方法	每层铺筑厚度/mm	施工时最优含水量/%	施工说明	备注
平振法	200～250	15～20	用平板式报动器往复振捣	不宜使用干细砂或含泥量较大的砂铺筑的砂地基
插振法	振动器插入深度	饱和	1）用插入式振动器。 2）插入点间距可根据机械振幅大小决定。 3）不应插至下卧黏性土层。 4）插入振捣完毕后所留的孔洞，应用砂填实	不宜使用细砂或含泥量较大的砂铺筑的砂地基
水撼法	250	饱和	1）注水高度应超过每次铺筑面层。 2）用钢叉摇撼捣实，插入点间距为 100mm。 3）钢叉分四齿，齿的间距为 80mm，长 300mm	
夯实法	150～200	8～12	1）用木夯或机械夯。 2）木夯质量 40kg，落距 400～500mm。 3）一夯压半夯，全面夯实	
碾压法	150～350	8～12	6～2t 压路机往复碾压	适用于大面积施工的砂地基和砂石地基

注：在地下水位以下的地基，其最下层的铺筑厚度可比本表增加 50mm。

5）在地下水位高于基坑（槽）底面施工时，应采取排水或降低地下水位的措施，使基坑（槽）保持无积水状态。如用水撼法或插振法施工，则应有控制地注水和排水。

6）冬期施工时，不得采用夹有冰块的砂石作地基，并应采取措施防止砂石内水分冻结。

（4）质量验收标准和方法

1）砂地基和砂石地基的质量验收标准。砂地基和砂石地基的质量验收标准应符合表 2-2 的规定。

表 2-2　砂地基和砂石地基质量验收标准

项目	序号	检查项目	允许偏差或允许值		检验方法
			单位	数值	
主控项目	1	地基承载力	设计要求		按规定方法
	2	配合比	设计要求		检查拌和时的体积比或质量比
	3	压实系数	设计要求		现场实测
一般项目	1	砂石料有机质含量	%	≤5	焙烧法
	2	砂石料含泥量	%	≤5	水洗法
	3	石料粒径	mm	≤15	筛分法
	4	含水量（与最优含水量比较）	%	±2	烘干法
	5	分层厚度（与设计要求比较）	mm	±50	水准仪

2）砂地基和砂石地基密实度现场实测方法。砂地基和砂石地基密实度主要通过现场测定其干密度来鉴定，常用方法有环刀取样法和贯入测定法。

① 环刀取样法。在捣实后的砂地基中，用容积不小于 200cm^3 的环刀取样，测定其干密度，以不小于通过试验所确定的该砂料在中密状态时的干密度数值为合格。若为砂石地基，则可在地基中设置纯砂检查点，在同样施工条件下取样检查。

② 贯入测定法。检查时先将表面的砂刮去 30mm 左右，用直径为 20mm、长 1250mm 的平头钢筋举离砂层面 700mm 自由下落，或用水撼法使用的钢叉举离砂层面 500mm 自由下落。以上钢筋或钢叉的插入深度，可根据砂的控制干密度预先进行小型试验确定。

2. 灰土地基

灰土地基是将基础底面下一定范围内的软弱土层挖去，把按一定体积配合比拌和均匀的石灰和黏性土，在最优含水量情况下分层回填夯实或压实而成的。该地基具有一定的强度、水稳定性和抗渗性，施工工艺简单，取材容易，费用较低，适用于处理 1～4m 厚的软弱土层。

（1）构造要求

灰土地基厚度的确定原则同砂地基。地基宽度一般为灰土顶面基础砌体宽度与 2.5 倍灰土厚度之和。

（2）材料要求

灰土的土料宜采用就地挖出的黏性土及塑性指数大于 4 的粉土，但不得含有有机杂质或使用耕植土。使用前，土料应过筛，其粒径不得大于 15mm。用作灰土的熟石灰应过筛，粒径不得大于 5mm，并不得夹有未熟化的生石灰块，也不得含有过多的水分。灰土的配合比一般为 2∶8 或 3∶7（石灰∶土）。

（3）施工要点

1）施工前应先验槽，清除松土，如发现局部有软弱土层或孔洞，则应及时挖除后用灰土分层回填夯实。

2）施工时，应将灰土拌和均匀，颜色一致，并适当控制其含水量。现场检验方法是用手将灰土紧握成团，两指轻捏能碎为宜，如土料水分过多或不足，应晾干或洒水润湿。灰土拌好后及时铺好夯实，不得隔日夯打。

3）铺灰应分段分层夯筑，每层虚铺厚度应按所用夯实机具参照表 2-3 选用。每层灰土的夯打遍数，应根据设计要求的干密度在现场试验确定。

表 2-3　灰土虚铺厚度

夯实机具种类	质量/t	厚度/mm	备注
石夯、木夯	0.04～0.08	200～250	人力送夯，落距 400～500mm，每夯搭接半夯
轻型夯实机械	0.12～0.4	200～250	蛙式打夯机或柴油打夯机
压路机	6～10	200～300	双轮

4）灰土分段施工时，不得在墙角、柱基及承重窗间墙下接缝。上下两层灰土的接缝距离不得小于 500mm，接缝处的灰土应注意夯实。

5）在地下水位以下的基坑（槽）内施工时，应采取排水措施。夯实后的灰土，在 3d 内不得受水浸泡。灰土地基打完后，应及时进行基础施工和回填土，否则要做临时遮盖，防止日晒雨淋。刚打完或尚未夯实的灰土，如遭受雨淋浸泡，应将积水及松软灰土除去并补填夯实，被浸湿的灰土应在晾干后再夯打密实。

6）冬期施工时，不得采用冻土或夹有冻土的土料，并应采取有效的防冻措施。

（4）质量验收标准和方法

1）灰土地基的质量验收标准。灰土地基的质量验收标准应符合表 2-4 的规定。

表 2-4　灰土地基质量验收标准

项目	序号	检查项目	允许偏差或允许值		检验方法
			单位	数值	
主控项目	1	地基承载力	设计要求		按规定方法
	2	配合比	设计要求		检查拌和时的体积比
	3	压实系数	设计要求		现场实测
一般项目	1	砂石料有机质含量	%	≤5	筛分法
	2	砂石料含泥量	%	≤5	试验室焙烧法
	3	石料粒径	mm	≤15	筛分法
	4	含水量（与最优含水量比较）	%	±2	烘干法
	5	分层厚度（与设计要求比较）	mm	±50	水准仪

2）灰土地基压实系数现场实测方法。灰土地基的质量检查，宜用环刀取样，测定其干密度。质量标准可按压实系数λ_c鉴定，一般为 0.93～0.95。压实系数λ_c为地基在施工时实际达到的干密度ρ_d与室内采用击实试验得到的最大干密度ρ_{dmax}之比。如无设计规定，则可按灰土质量标准（表 2-5）要求执行。当用贯入仪检查灰土质量时，应先进行现场试验以确定贯入度的具体要求。

表 2-5　灰土质量标准

土料种类	黏土	粉质黏土	粉土
灰土最小干密度/（t/m^3）	1.45	1.50	1.55

2.1.2　强夯地基

强夯地基是用起重机械将重锤（一般为 8～30t）吊起，使其从高处（一般为 6～30m）自由落下，给地基以冲击力和振动，从而提高地基土的强度并降低其压缩性的一种有效的地基加固方法。该方法具有效果好、速度快、节省材料、施工简便，但施工时噪声和振动大等特点，适用于碎石土、砂土、黏性土、湿陷性黄土及填土地基等的加固处理。

1. 机具设备

（1）起重机械

起重机宜选用起重能力为 150kN 以上的履带式起重机，也可采用专用三角起重架或龙门架作为起重设备。起重机械的起重能力：当直接用钢丝绳悬吊夯锤时，应大于夯锤重量的 3～4 倍；当采用自动脱钩装置时，起重能力取大于 1.5 倍锤重。

（2）夯锤

夯锤可用钢材制作，或用钢板作为外壳，内部焊接钢筋骨架后浇筑 C30 混凝土制成。夯锤底面有圆形和方形两种，圆形不易旋转，定位方便，稳定性和重合性好，应用较广。锤底面积取决于表层土质，对于砂土一般取 3～4m^2，对于黏性土或淤泥质土则不宜小于 6m^2。夯锤中宜设置若干个上下贯通的气孔，以减少夯击时的空气阻力。

（3）脱钩装置

脱钩装置应具有足够的强度，且施工灵活。常用的工地自制自动脱钩器由吊环、耳板、销环、吊钩等组成，由钢板焊接制成。

2. 施工要点

1）强夯施工前，应进行地基勘察和试夯。通过对试夯前后的试验结果对比分析，确定正式施工时的技术参数。

2）强夯前应平整场地，周围做好排水沟，按夯点布置测量放线确定夯位。地下水位较高时，应在表面铺 0.5～2.0m 中（粗）砂或砂石地基，其目的是在地表形成硬层，用以支承起重设备，确保机械通行、施工，又可便于消散强夯产生的孔隙水压力。

3）强夯施工须按试验确定的技术参数进行。一般以各个夯击点的夯击数为施工控制值，也可采用试夯后确定的沉降量控制。夯击时，落锤应保持平稳，夯位准确，如错位或坑底倾斜过大，则宜用砂土将坑底整平，才可进行下一次夯击。

4）每夯击一遍后，应测量场地平均下沉量，然后用土将夯坑填平，方可进行下一遍夯击。最后一遍的场地平均下沉量，必须符合要求。

5）强夯施工最好在干旱季节进行，如遇雨天施工，则夯击坑内或夯击过的场地有积水时，必须及时排除。冬期施工时，应将冻土击碎。

6）强夯施工时，应对每一夯实点的夯击能量、夯击次数和每次夯沉量等做好详细的现场记录。

3. 强夯地基质量检验标准及方法

强夯地基的质量检验标准应符合表 2-6 的规定。

表 2-6 强夯地基质量检验标准

项目	序号	检查项目	允许偏差或允许值		检验方法
			单位	数值	
主控项目	1	地基强度	设计要求		现场实测方法
	2	地基承载力	设计要求		按规定方法
一般项目	1	夯锤落距	mm	±300	钢索设标志
	2	锤重	%	±100	称重
	3	夯击遍数及顺序	设计要求		计数法
	4	夯点间距	mm	±500	用钢直尺量
	5	夯击范围（超出基础范围距离）	设计要求		用钢直尺量
	6	前后两道间歇时间	设计要求		

强夯地基应检查施工记录及各项技术参数，并应在夯击过的场地选点做检验。一般可采用标准贯入、静力触探或轻便触探等方法，符合试验确定的指标时即为合格。检查点数，每个建筑物的地基不少于 3 处，检测深度和位置按设计要求确定。

2.1.3 重锤夯实地基

重锤夯实是用起重机械将夯锤提升到一定高度后，利用自由下落时的冲击能来夯实基土表面，使其形成一层较为均匀的硬壳层，从而使地基得到加固。该法具有施工简便、费用较低，但布点较密、夯击遍数多、施工期相对较长，同时夯击能量小、孔隙水难以消散、加固深度有限，且当土的含水量稍高时易夯成橡皮土、处理较困难等特点。此方法适用于处理地下水位以上稍湿的黏性土、砂土、湿陷性黄土、杂填土和分层填土地基。但当夯击振动对邻近的建筑物、设备及施工中的砌筑工程或浇筑混凝土等产生有害影响，或地下水位高于有效夯实深度，以及在有效深度内存在软黏土层时，不宜采用。

1. 机具设备

（1）起重机械

起重机械可采用配置有摩擦式卷扬机的履带式起重机、打桩机、龙门式起重机或悬臂式桅杆起重机等。其起重能力：当采用自动脱钩时，应大于夯锤重量的 1.5 倍；当直接用钢丝绳悬吊夯锤时，应大于夯锤重量的 3 倍。

（2）夯锤

夯锤形状宜采用截头圆锥体，可用 C20 钢筋混凝土制作，其底部可填充废铁并设置钢底板以使重心降低。锤质量宜为 1.5～3.0t，底直径为 1.0～1.5m，落距一般为 2.5～4.5m，锤底面单位静压力宜为 15～20kPa。吊钩宜采用自制半自动脱钩器，以减少吊索的磨损和机械振动。

2. 施工要点

1）施工前应在现场进行试夯，选定夯锤质量、底面直径和落距，以便确定最后下沉量及相应的夯击遍数和总下沉量。最后下沉量指最后二击平均每击土面的下沉量，对于黏性土和湿陷性黄土取 10～20mm；对于砂土取 5～10mm。通过试夯可确定夯实遍数，一般试夯 6～10 遍，施工时可适当增加 1～2 遍。

2）采用重锤夯实分层填土地基时，每层的虚铺厚度以相当于锤底直径为宜，夯击遍数由试夯确定，试夯层数不宜少于两层。

3）基坑（槽）的夯实范围应大于基础底面，每边应比设计宽度加宽 0.3m 以上，以便于底面边角夯打密实。基坑（槽）边坡应适当放缓。夯实前坑（槽）底面应高出设计标高，预留土层的厚度可为试夯时的总下沉量再加 50～100mm。

4）夯实时地基土的含水量应控制在最优含水量范围内。若土的表层含水量过大，则可采用铺撒吸水材料（如干土、碎砖、生石灰等）或换土等措施；若土含水量过低，则应适当洒水，加水后待水全部渗入土中，一昼夜后方可夯打。

5）在大面积基坑或条形基槽内夯击时，应按一夯挨一夯的顺序进行，如图 2-1（a）所示。在一次循环中，同一夯位应连夯两遍，下一循环的夯位应与前一循环错开 1/2 锤底直径，落锤应平稳，夯位应准确。在独立柱基基坑内夯击时，可采用先周边后中间［图 2-1（b）］或先外后里［图 2-1（c）］的跳打法。基坑（槽）底面的标高不同时，应按先深后浅的顺序逐层夯实。

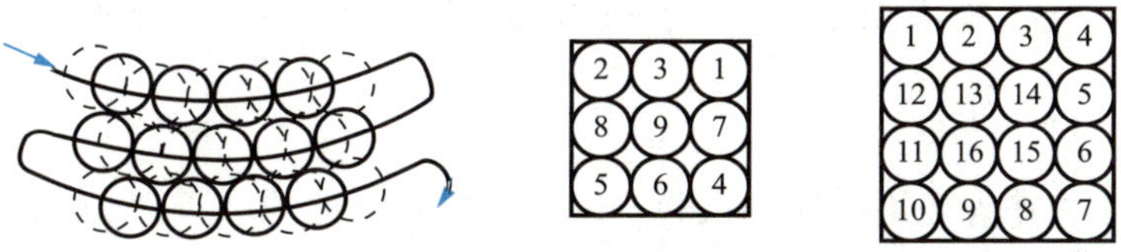

（a）　（b）　（c）

图 2-1　夯打顺序

6）夯实完后，应将基坑（槽）表面修整至设计标高。冬期施工时，必须保证地基在不冻的状态下进行夯击，否则应将冻土层挖去或将土层融化。若基坑挖好后不能立即夯实，则应采取防冻措施。

3. 质量检查

重锤夯实后应检查施工记录，除应符合试夯最后下沉量的规定外，还应检查基坑（槽）表面的总下沉量，以不小于试夯总下沉量的 90%为合格。也可采用在地基上选点夯击检查最后下沉量。夯击检查点数要求：独立基础每个不少于 1 处，基槽每 20m 不少于 1 处，整片地基每 50m 不少于 1 处。检查后若质量不合格，则应进行补夯，直至合格。

2.1.4 振冲地基

振冲地基又称振冲桩复合地基，是以起重机吊起振冲器，启动潜水电动机带动偏心块，使振冲器产生高频振动，同时开动水泵，通过喷嘴喷射高压水流成孔，然后分批填以砂石骨料形成一根根桩体，桩体与原地基构成复合地基，以提高地基的承载力，减少地基的沉降和沉降差的一种快速、经济有效的加固方法。该法具有技术可靠、机具设备简单、操作技术易于掌握、施工简便、节省三材、加固速度快、地基承载力高等特点。

振冲地基按加固机理和效果的不同，可分为振冲置换法和振冲密实法两类。前者适用于处理不排水、抗剪强度小于 20kPa 的黏性土、粉土、饱和黄土及人工填土等地基；后者适用于处理砂土和粉土等地基，不加填料的振冲密实法仅适用于处理黏土粒含量小于 10% 的粗砂、中砂地基。

1. 机具设备

（1）振冲器

宜采用带潜水电动机的振冲器，其功率、振动力、振动频率等参数可按加固的孔径大小、达到的土体密实度选用。

（2）起重机械

起重能力和提升高度均应符合施工和安全要求，起重能力一般为 80～150kN。

（3）水泵及供水管道

供水压力宜大于 0.5MPa，供水量宜大于 $20m^3/h$。

（4）加料设备

可采用翻斗车、手推车或带运输机等，其能力须符合施工要求。

（5）控制设备

控制电流操作台，附有 150A 以上容量的电流表（或自动记录电流计）、500V 电压表等。

2. 施工要点

1）施工前应先在现场进行振冲试验，以确定成孔合适的水压、水量、成孔速度、填料方法、达到土体密实时的密实电流值、填料量和留振时间。

2）振冲前，应按设计图指定冲孔中心位置并编号［图 2-2（a）］。

3）起动水泵和振冲器，水压为 4.0～600kPa，水量为 200～400L/min，使振冲器以 1～2m/min 的速度逐渐沉入土中。每沉入 0.5～1.0m，宜留振 5～10s 进行扩孔，待孔内泥浆溢出时再继续沉入。当下沉达到设计深度时，振冲器应在孔底适当停留并减小射水压力，以便排除泥浆进行清孔［图 2-2（b）］。成孔也可采用将振冲器以 1～2m/min 的速度连续沉至设计深度以上 0.3～0.5m 时，将振冲器往上提到孔口，再按相同方法沉至孔底。如此往复 1～2 次，使孔内泥浆变稀，排泥清孔 1～2min 后，将振冲器提出孔口。

4）填料和振密方法，一般采取成孔后，将振冲器提出孔口，从孔口往下填料［图 2-2（c）］，然后下降振冲器至填料中进行振密［图 2-2（d）］，待密实电流达到规定的数值后，将振冲器提出孔口。如此自下而上反复进行直至孔口，成桩操作即可完成［图 2-2（e）］。

5）振冲桩施工时，桩顶部约 1m 范围内的桩体密实度难以保证，一般应予挖除，另做地基，或用振动碾压压实。

6）冬期施工应使表层冻土破碎后成孔。每班施工完毕后应将供水管和振冲器水管内的积水排净，以免冻结影响施工。

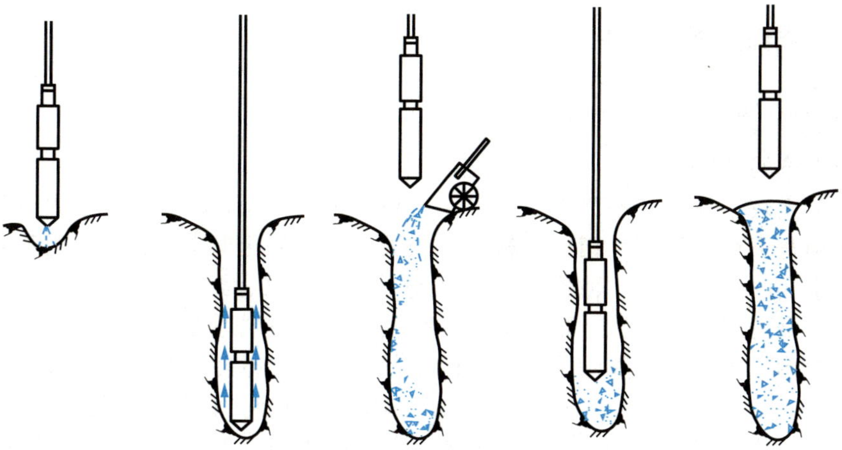

图 2-2　振冲法制桩施工工艺

3. 振冲地基质量检验标准及方法

（1）振冲地基的质量检验标准

振冲地基的质量检验标准应符合表 2-7 的规定。

表 2-7　振冲地基质量检验标准

<table>
<tr><th rowspan="2">项目</th><th rowspan="2">序号</th><th rowspan="2">检查项目</th><th colspan="2">允许偏差或允许值</th><th rowspan="2">检验方法</th></tr>
<tr><th>单位</th><th>数值</th></tr>
<tr><td rowspan="5">主控项目</td><td>1</td><td>填料粒径</td><td colspan="2">设计要求</td><td>抽样检查</td></tr>
<tr><td rowspan="3">2</td><td>密实电流（黏性土）</td><td>A</td><td>50～55</td><td rowspan="2">电流表读数</td></tr>
<tr><td>密实电流（砂性土或粉土）
（以上为功率 30kW 振冲器）</td><td>A</td><td>40～50</td></tr>
<tr><td>密实电流（其他类型振冲器）</td><td>A</td><td>（1.5～2.0）I_0</td><td>电流表读数，I_0 为空振电流</td></tr>
<tr><td>3</td><td>地基承载力</td><td colspan="2">设计要求</td><td>按规定方法</td></tr>
<tr><td rowspan="5">一般项目</td><td>1</td><td>填料含泥量</td><td>%</td><td><5</td><td>抽样检查</td></tr>
<tr><td>2</td><td>振冲器喷水中心与孔径中心偏差</td><td>mm</td><td>≤50</td><td>用钢直尺量</td></tr>
<tr><td>3</td><td>成孔中心与设计孔位中心偏差</td><td>mm</td><td>≤100</td><td>用钢直尺量</td></tr>
<tr><td>4</td><td>桩体直径</td><td>mm</td><td><50</td><td>用钢直尺量</td></tr>
<tr><td>5</td><td>孔深</td><td>mm</td><td>±200</td><td>用钻杆量或重锤测</td></tr>
</table>

（2）振冲地基的质量检验方法

施工前应检查振冲器的性能，电流表、电压表的准确度及填料的性能；施工中应检查密实电流、供水压力、供水量、填料量、孔底留振时间、振冲点位置、振冲器施工参数等（施工参数由振冲试验或设计确定）；施工结束后，应在有代表性的地段做地基强度或地基承载力检验。

2.1.5 地基局部处理及其他加固方法

1. 地基局部处理

（1）松土坑的处理

当坑的范围较小（在基槽范围内）时，可将坑中松软土挖除，使坑底及四壁均见天然土为止，回填与天然土压缩性相近的材料。当天然土为砂土时，用砂或级配砂石回填；当天然土为较密实的黏性土时，则用 3∶7 灰土分层回填夯实；如为中密可塑的黏性土或新近沉积黏性土，则可用 1∶9 或 2∶8 灰土分层回填夯实，每层厚度不大于 20cm。

当坑的范围较大（超过基槽边沿）或因条件限制，槽壁挖不到天然土层时，应将该范围内的基槽适当加宽，加宽部分的宽度要求：当用砂土或砂石回填时，基槽每边均应按 1∶1 坡度放宽；当用 1∶9 或 2∶8 灰土回填时，按 0.5∶1 坡度放宽；当用 3∶7 灰土回填时，如坑的长度不大于 2m，则基槽可不放宽，但灰土与槽壁接触处应夯实。

如坑在槽内所占的范围较大（长度在 5m 以上），且坑底土质与一般槽底天然土质相同，可将此部分基础加深，做 1∶2 踏步与两端相接，踏步多少根据坑深而定，但每步高不大于 0.5m，长不小于 1.0m。

对于较深的松土坑（如坑深大于槽宽或大于 1.5m 时），槽底处理后，还应适当考虑加强上部结构的强度，方法是在灰土基础上 1～2 皮砖处（或混凝土基础内）、防潮层下 1～2 皮砖处及首层顶板处，加配 4Φ（8～12）mm 钢筋跨过该松土坑两端各 1m，以防产生过大的局部不均匀沉降。当遇到地下水位较高，坑内无法夯实时，可将坑（槽）中软弱的松土挖去后，再用砂土、碎石或混凝土代替灰土回填。若坑底在地下水位以下，则回填前先用粗砂与碎石（比例为 1∶3）分层回填夯实；若坑底在地下水位以上，则用 3∶7 灰土回填夯实至要求高度。

（2）砖井或土井的处理

当砖井或土井在室外，距基础边缘 5m 以内时，应先用素土分层夯实，回填到室外地坪以下 1.5m 处，将井壁四周砖圈拆除或松软部分挖去，然后用素土分层回填并夯实。

如井在室内基础附近，可将水位降低到最低可能的限度，用中、粗砂及块石、卵石或碎砖等回填到地下水位以上 0.5m。砖井应将四周砖圈拆至坑（槽）底以下 1m 或更深处，然后用素土分层回填并夯实；如井已回填，但不密实或有软土，则可用大块石将下面软土挤紧，再分层回填素土夯实。

当井在基础下时，应先用素土分层回填夯实至基础底下 2m 处，将井壁四周松软部分挖去，有砖石井圈时，将井圈拆至槽底以下 1～1.5m。当井内有水时，应用中、粗砂及块石、卵石或碎砖回填至水位以上 0.5m，然后按上述方法处理；当井内已填有土，但不密实，且挖除困难时，可在部分拆除后的砖石井圈上加钢筋混凝土盖封口，上面用素土或 2∶8 灰土分层回填、夯实至槽底。

若井在房屋转角处，且基础部分或全部压在井上，除用以上办法回填处理外，还应对基础加强处理。当基础压在井上部分较少时，可采用从基础中挑梁的办法解决；当基础压在井上部分较多，用挑梁的方法较困难或不经济时，可将基础沿墙长方向向外延长出去，使延长部分落在天然土上。落在天然土上的基础总面积应等于或稍大于井圈范围内原有基础的面积，并在墙内配筋或用钢筋混凝土梁来加强。

当井已淤填，但不密实时，可用大块石将下面软土挤密，再用上述办法回填处理。如井内不能夯填密实，上部荷载又较大，则可在井内设灰土挤密桩或石灰桩处理；如土井在大体积混凝土基础下，则可在井圈上加钢筋混凝土盖板封口，上部再用素土或 2∶8 灰土回填密实的办法处理，使基土内附加应力传播范围比较均匀，但要求盖板至基底的高差大于井径。

（3）局部软硬土的处理

当基础下局部遇基岩、旧墙基、大孤石、老灰土、化粪池、大树根、砖窑底等时，均应尽可能挖除，以防建筑物由于局部落于较硬物上造成不均匀沉降，而使上部建筑物开裂。

若基础的一部分落于基岩或硬土层上，一部分落于软弱土层上，基岩表面坡度较大，则应在软土层上采用现场钻孔灌注桩至基岩；或在软土部位做混凝土或砌块石支承墙（或支墩）至基岩；或将基础以下基岩凿去 0.3～0.5m 深，填以中粗砂或土砂混合物作为软性褥垫，使之能调整岩土交界部位地基的相对变形，避免应力集中出现裂缝；或采取加强基础和上部结构的刚度来克服软硬地基的不均匀变形。

如基础的一部分落于原土层上，另一部分落于回填土地基上，则可在填土部位用现场钻孔灌注桩或钻孔爆扩桩直至原土层，使该部位上部荷载直接传至原土层，以避免地基的不均匀沉降。

2. 其他地基加固方法

（1）砂桩地基

砂桩地基是采用类似沉管灌注桩的机械和方法，通过冲击和振动把砂挤入土中而成的。这种方法经济、简单且有效。对于砂土地基，可通过振动或冲击的挤密作用，使地基达到密实，从而增加地基承载力，降低孔隙比，减少建筑物沉降，提高砂基抵抗振动液化的能力。对于黏性土地基，可起到置换和排水砂井的作用，加速土的固结，形成置换桩与固结后软黏土的复合地基，显著提高地基的抗剪强度。这种桩适用于挤密松散砂土、素填土和杂填土等地基。对于饱和软黏土地基，由于其渗透性较小，抗剪强度较低，灵敏度又较大，要使砂桩本身挤密并使地基土密实往往较困难，相反地，却破坏了土的天然结构，使抗剪强度降低，因而对这类工程要慎重对待。

（2）水泥土搅拌桩地基

水泥土搅拌桩地基是利用水泥、石灰等材料作为固化剂，通过特制的深层搅拌机械，在地基深处就地将软土和固化剂（浆液或粉体）强制搅拌，利用固化剂和软土之间所产生的一系列物理、化学反应，使软土硬结成具有一定强度的优质地基。本法具有无振动、无噪声、无污染、无侧向挤压、对邻近建筑物影响很小，且施工期较短、造价低廉、效益显著等特点，适用于加固较深较厚的淤泥、淤泥质土、粉土和含水量较高且地基承载力不大于 120kPa 的黏性土地基，对超软土效果更为显著。本法多用于墙下条形基础、大面积堆料厂房地基，在深基开挖时用于防止坑壁及边坡塌滑、坑底隆起等，以及做地下防渗墙等工程。

（3）预压地基

预压地基是在建筑物施工前，在地基表面分级堆土或其他荷重，使地基土压密、沉降、固结，从而提高地基强度和减少建筑物建成后的沉降量。待达到预定标准后再卸载，建造建筑物。本法具有使用材料、机具方法简单直接，施工操作方便，但堆载预压需要一定的时间，对深厚的饱和软土，排水固结所需的时间很长，同时需要大量堆载材料等特点，适用于各类软弱地基，包括天然沉积土层或人工冲填土层，较广泛用于冷藏库、油罐、机场跑道、集装箱码头、桥台等沉降要求较低的地基。实践证明，利用堆载预压法能取得一定的效果，但能否满足工程要求的实际效果，则取决于地基土层的固结特性、土层的厚度、预压荷载的大小和预压时间的长短等因素，因此在使用上受到一定的限制。

（4）注浆地基

注浆地基是指利用化学溶液或胶结剂，通过压力灌注或搅拌混合等措施，将土粒胶结起来的地基处理方法。本法具有设备工艺简单、加固效果好、可提高地基强度、消除土的湿陷性、降低压缩性等特点，适用于局部加固新建或已建的建（构）筑物基础、稳定边坡及防渗帷幕等，也适用于湿陷性黄土地基，对于黏性土、素填土、地下水位以下的黄土地基，经试验有效时也可应用，但长期受酸性污水浸蚀的地基不宜采用。化学加固能否获得预期的效果，主要决定于能否根据具体的土质条件，选择适当的化学浆液（溶液和胶结剂）和采用有效的施工工艺。

总之，用于地基加固处理的方法较多，除上述介绍的几种以外，还有高压喷射注浆地基等方法。

任务2.2 砌体基础施工

2.2.1 毛石基础砌筑

1. 毛石基础构造

毛石基础是用毛石与水泥砂浆或水泥混合砂浆砌成的。所用毛石应质地坚硬、无裂纹、强度等级一般为MU20以上，砂浆宜用水泥砂浆，强度等级应不低于M5。

毛石基础可做墙下条形基础或柱下独立基础，按其断面形状分为矩形、阶梯形和梯形等，如图2-3所示。基础顶面宽度比墙基底面宽度要大于200mm；基础底面宽度依设计计算而定。梯形基础坡角应大于60°。阶梯形基础每阶高不小于300mm，每阶挑出宽度不小于200mm。

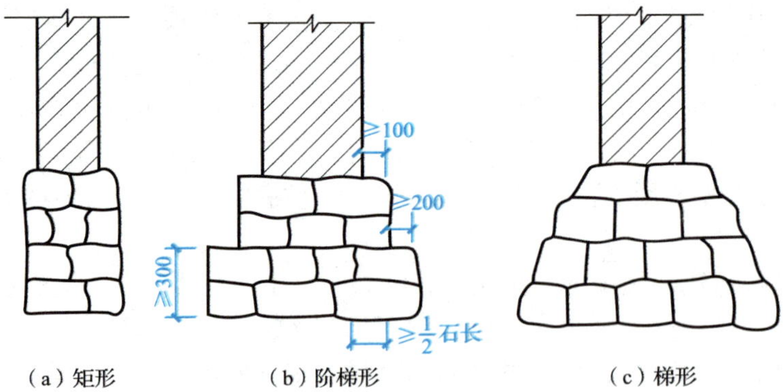

图2-3 毛石基础

2. 毛石基础施工要点

1）基础砌筑前，应先行验槽并将表面的浮土和垃圾清除干净。

2）放出基础轴线及边线，其允许偏差应符合规范规定。

3）毛石基础砌筑时，第一皮石块应坐浆，并大面向下；料石基础的第一皮石块应丁砌并坐浆。砌体应分皮卧砌，上下错缝，内外搭砌，不得采用先砌外面石块后中间填心的砌筑方法。

4）石砌体的灰缝厚度要求：毛料石和粗料石砌体不宜大于 20mm，细料石砌体不宜大于 5mm。石块间较大的孔隙应先填塞砂浆后用碎石嵌实，不得采用先放碎石块后灌浆或干填碎石块的方法。

5）为增加整体性和稳定性，应按规定设置拉结石。

6）毛石基础的最上一皮及转角处、交接处和洞口处，应选用较大的平毛石砌筑。有高低台的毛石基础，应从低处砌起，并由高台向低台搭接，搭接长度不小于基础高度。

7）阶梯形毛石基础，上阶的石块应至少压砌下阶石块的 1/2，相邻阶梯毛石应相互错缝搭接。

8）毛石基础的转角处和交接处应同时砌筑。如不能同时砌筑又必须留槎，则应砌成斜槎。基础每天可砌高度应不超过 1.2m。

2.2.2　砖基础砌筑

1. 砖基础构造

砖基础下部通常扩大，称为大放脚。大放脚有等高式和不等高式两种，如图 2-4 所示。等高式大放脚是两皮一收，即每砌两皮砖，两边各收进 1/4 砖长；不等高式大放脚是两皮一收与一皮一收相间隔，即砌两皮砖，收进 1/4 砖长，再砌一皮砖，收进 1/4 砖长，如此往复。在相同底宽的情况下，后者可减小基础高度，但为保证基础的强度，底层需用两皮一收砌筑。大放脚的底宽应根据计算而定，各层大放脚的宽度应为半砖长的整倍数（包括灰缝）。

大放脚下面为基础地基，地基一般用灰土、碎砖三合土或混凝土等砌筑。在墙基顶面应设防潮层，防潮层宜用 1∶2.5 水泥砂浆加适量的防水剂铺设，其厚度一般为 20mm，位置在底层室内地面以下一皮砖处，即离底层室内地面下 60mm 处。

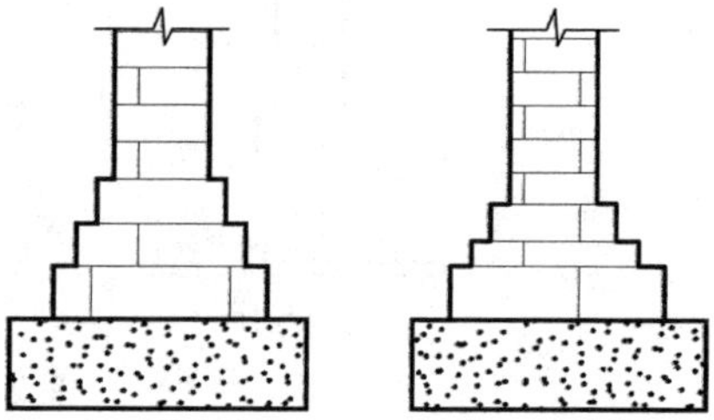

（a）等高式　（b）不等高式

图 2-4　基础大放脚形式

2. 砖基础施工要点

1）砌筑前，应将地基表面的浮土及垃圾清除干净。

2）基础施工前，应在主要轴线部位设置引桩，以控制基础、墙身的轴线位置，并从中引出墙身轴线，而后向两边放出大放脚的底边线。在地基转角、交接及高低踏步处预先立好基础皮数杆。

3）砌筑时，可依皮数杆先在转角及交接处砌几皮砖，然后在其间拉准线砌中间部分。内外墙砖基础应同时砌起，当不能同时砌筑时应留置斜槎，斜槎长度不应小于斜槎高度。

4）基础底标高不同时，应从低处砌起，并由高处向低处搭接。如设计无要求，则搭接长度不应小于基础底的高差，搭接长度范围内下层基础应扩大砌筑。

5）大放脚部分一般采用一顺一丁砌筑形式。水平灰缝及竖向灰缝的宽度应控制在10mm左右，水平灰缝的砂浆饱满度不得小于80%，竖缝要错开。要注意丁字及十字接头处砖块的搭接，在这些交接处，纵横墙要隔皮砌通。大放脚的最下一皮及每层的最上一皮应以丁砌为主。

6）基础砌完验收合格后，应及时回填。回填土要在基础两侧同时进行，并分层夯实。

任务2.3 混凝土基础施工

一般工业与民用建筑在基础设计中多采用天然浅混凝土基础，它造价低、施工简便。常用的混凝土类型有条形基础、杯形基础、筏形基础和箱形基础等。

2.3.1 条形基础

微课：条形混凝土基础施工

条形基础包括柱下钢筋混凝土独立基础和墙下钢筋混凝土条形基础，分别如图2-5和图2-6所示。这种基础的抗弯和抗剪性能良好，可在竖向荷载较大、地基承载力不高及承受水平力和力矩等荷载的情况下使用。因高度不受台阶宽高比的限制，故适宜在需要“宽基浅埋”的场合下采用。

（a）阶梯形1　（b）阶梯形2　（c）锥形

图2-5　柱下钢筋混凝土独立基础

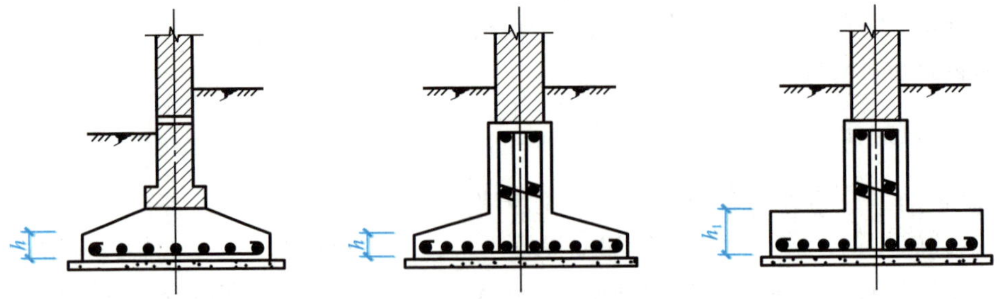

（a）板式　（b）梁、板结合式1　（c）梁、板结合式2

图2-6　墙下钢筋混凝土条形基础

1. 构造要求

1）锥形基础（条形基础）边缘高度 h 不宜小于 200mm；阶梯形基础的每阶高度 h_1 宜为 300～500mm。

2）垫层厚度一般为 100mm，混凝土强度等级为 C10，基础混凝土强度等级不宜低于 C15。

3）底板受力钢筋的最小直径不宜小于 8mm，间距不宜大于 200mm。当有垫层时钢筋保护层的厚度不宜小于 35mm，无垫层时不宜小于 70mm。

4）插筋的数目与直径应与柱内纵向受力钢筋相同。插筋的锚固及柱的纵向受力钢筋的搭接长度，按现行国家标准《混凝土结构设计规范（2015 年版）》（GB 50010—2010）的规定执行。

2. 施工要点

1）基坑（槽）应进行验槽，局部软弱土层应挖去，用灰土或沙砾分层回填夯实至与基底相平。基坑（槽）内的浮土、积水、淤泥、垃圾、杂物应清除干净。验槽后地基混凝土应立即浇筑，以免地基土被扰动。

2）垫层达到一定强度后，在其上弹线、支模。铺放钢筋网片时，底部用与混凝土保护层同厚度的水泥砂浆垫塞，以保证位置正确。

3）在浇筑混凝土前，应清除模板上的垃圾、泥土和钢筋上的油污等杂物，模板应浇水加以湿润。

4）基础混凝土宜分层连续浇筑完成。阶梯形基础的每一台阶高度内应分层浇捣，每浇筑完一台阶应稍停 0.5～1.0h，待其初步获得沉实后，再浇筑上层，以防止下台阶混凝土溢出，在上台阶根部出现烂脖子，台阶表面应基本抹平。

5）锥形基础的斜面部分模板应随混凝土浇捣分段支设并顶压紧，以防模板上浮变形，边角处的混凝土应注意捣实。严禁斜面部分不支模，用铁锹拍实。

6）基础上有插筋时，要加以固定，保证插筋位置正确，防止浇捣混凝土发生移位。混凝土浇筑完毕，外露表面应覆盖浇水养护。

2.3.2 杯形基础

杯形基础常用作钢筋混凝土预制柱基础，基础中预留凹槽（即杯口），然后插入预制柱，临时固定后，即在四周空隙中灌细石混凝土。其形式有一般杯口基础、双杯口基础和高杯口基础等，如图 2-7 所示。

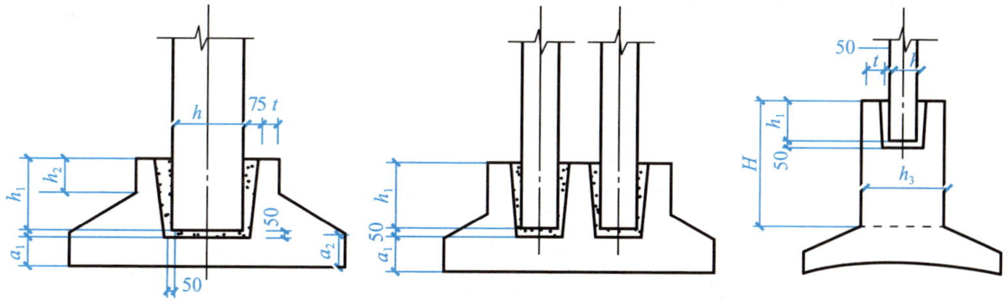

（a）一般杯口基础　（b）双杯口基础　（c）高杯口基础

H—短柱高度。

图 2-7　杯形基础形式、构造示意

1．构造要求

1）柱的插入深度 h_1 可按表 2-8 选用，并应满足锚固长度（一般为 20 倍纵向受力钢筋直径）的要求和吊装时柱的稳定性（不小于吊装时柱长的 0.05 倍）的要求。

表 2-8　柱的插入深度 h_1

矩形或工字形柱				单肢管柱	双肢柱
h<500mm	500mm≤h<800mm	800mm≤h<1000mm	h>1000mm		
（1～1.2）h	h	0.9h≥800mm	0.8h≥1000mm	1.5d≥500mm	（1/3～2/3）h_a 或（1.5～1.8）h_b

注：1．h 为柱截面长边尺寸，d 为管柱的外直径，h_a 为双肢柱整个截面长边尺寸，h_b 为双肢柱整个截面短边尺寸。
2．柱轴心受压或小偏心受压时，h_1 可以适当减小；偏心距 e_o>2h 时，h_1 应适当加大。

2）基础的杯底厚度和杯壁厚度，可按表 2-9 采用。

表 2-9　基础的杯底厚度和杯壁厚度　　单位：mm

柱截面长边尺寸 h	杯底厚度 a_1	杯壁厚度 t
h<500	≥150	150～200
500≤h<800	≥200	≥200
800≤h<1000	≥200	≥300
1000≤h<1500	≥250	≥350
1500≤h<2000	≥300	≥400

注：1．双肢柱的 a_1 值，可适当加大。
2．当有基础梁时，基础梁下的杯壁厚度应满足其支承宽度的要求。
3．柱子插入杯口部分的表面应尽量凿毛。柱子与杯口之间的空隙，应用细石混凝土（比基础混凝土强度等级高一级）密实充填，其强度达到基础设计强度等级的 70%以上（或采取其他相应措施）时，方能进行上部吊装。

3）当柱为轴心或小偏心受压，且 t/h_2≥0.65 时，或大偏心受压且 t/h_2≥0.75 时，杯壁可不配筋；当柱为轴心或小偏心受压且 0.5≤t/h_2≤0.65 时，杯壁可按表 2-10 和图 2-8 所示构造配筋；当柱为轴心或小偏心受压且 t/h_2<0.5 时，或大偏心受压且 t/h_2<0.75 时，按计算配筋。

表 2-10　杯壁构造配筋　　单位：mm

柱截面长边尺寸 h	h<1000	1000≤h<1500	1500≤h<2000
钢筋直径	8～10	10～12	12～16

注：表中钢筋置于杯口顶部，每边两根。

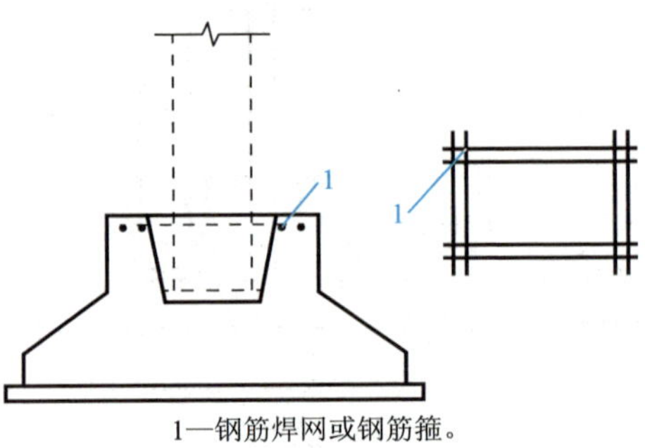

1—钢筋焊网或钢筋箍。

图 2-8　杯壁内配筋示意图

4）预制钢筋混凝土柱（包括双肢柱）和高杯口基础的连接与一般杯口基础构造相同。

2. 施工要点

杯形基础除参照板式基础的施工要点外，还应注意以下几点：

1）混凝土应按台阶分层浇筑，对高杯口基础的高台阶部分按整段分层浇筑。

2）杯口模板可做成二半式的定型模板，中间各加一块楔形板，拆模时，先取出楔形板，然后分别将两半杯口模板取出。为便于周转宜做成工具式的，支模时杯口模板要固定牢固并压浆。

3）浇筑杯口混凝土时，应注意四侧要对称均匀进行，避免将杯口模板挤向一侧。

4）施工时应先浇筑杯底混凝土并振实，注意在杯底一般有 50mm 厚的细石混凝土找平层，应仔细留出。待杯底混凝土沉实后，再浇筑杯口四周混凝土。基础浇捣完毕，在混凝土初凝后终凝前将杯口模板取出，并将杯口内侧表面混凝土凿毛。

5）施工高杯口基础时，可采用后安装杯口模板的方法施工，即当混凝土浇捣接近杯口底时，再安装固定杯口模板，继续浇筑杯口四周混凝土。

2.3.3 筏形基础

筏形基础由钢筋混凝土底板、梁等组成，适用于地基承载力较低而上部结构荷载很大的场合。其外形和构造上像倒置的钢筋混凝土楼盖，整体刚度较大，能有效将各柱子的沉降调整得较为均匀。筏形基础一般可分为梁板式和平板式两类，如图 2-9 所示。

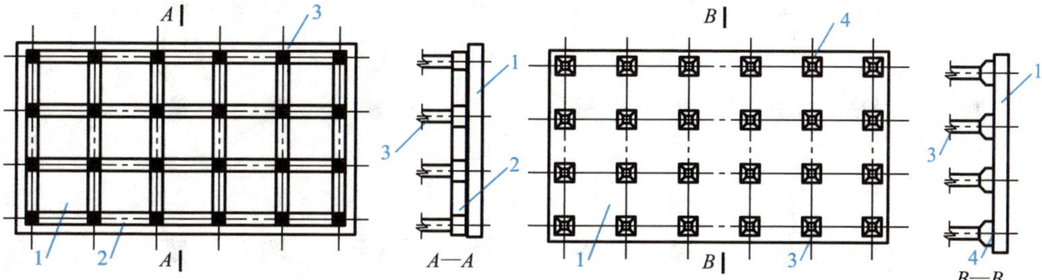

（a）梁板式　　（b）平板式

1—底板；2—梁；3—柱；4—支墩。

图 2-9　筏形基础

1. 构造要求

1）混凝土强度等级不宜低于 C20，钢筋保护层厚度不小于 35mm。

2）基础平面布置应尽量对称，以减小基础荷载的偏心距。底板厚度不宜小于 200mm，梁截面和板厚按计算确定，梁顶高出底板顶面不小于 300mm，梁宽不小于 250mm。

3）底板下一般宜设厚度为 100mm 的 C10 混凝土垫层，每边伸出基础底板不小于 100mm。

2. 施工要点

1）施工前，如地下水位较高，则可采用人工降低地下水位至基坑底不少于 500mm，以保证在无水情况下进行基坑开挖和基础施工。

2）施工时，可采用先在垫层上绑扎底板、梁的钢筋和柱子锚固插筋，浇筑底板混凝土，待达到 25%设计强度后，再在底板上支梁模板，继续浇筑完梁部分混凝土；也可采用底板和梁模板一次同时支好，混凝土一次连续浇筑完成，梁侧模板采用支架支承并固定牢固。

3）混凝土浇筑时一般不留施工缝，必须留设时，应按施工缝要求处理，并应设置止水带。

4）基础浇筑完毕后，表面应覆盖和洒水养护，并防止地基被水浸泡。

2.3.4 箱形基础

箱形基础是由钢筋混凝土底板、顶板、外墙及一定数量的内隔墙构成封闭的箱体，如图 2-10 所示。基础中部可在内隔墙开门洞作地下室。该基础具有整体性好、刚度大、调整不均匀沉降能力及抗震能力强，可消除因地基变形使建筑物开裂的可能性，减少基底处原有地基自重应力，降低总沉降量等特点。箱形基础适用于作软弱地基上的面积较小、平面形状简单、上部结构荷载大且分布不均匀的高层建筑物的基础和对沉降有严格要求的设备基础或特种构筑物基础。

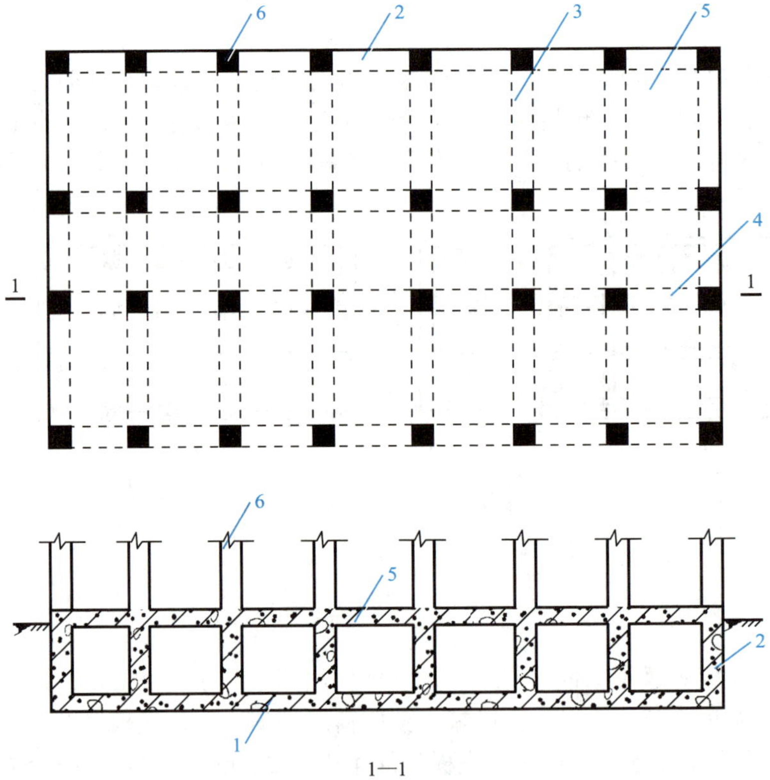

1—1

1—底板；2—外墙；3—内墙隔墙；4—内纵隔墙；5—顶板；6—柱。

图 2-10 箱形基础

1. 构造要求

1）箱形基础在平面布置上尽可能对称，以减少荷载的偏心距，防止基础过度倾斜。

2）混凝土强度等级不应低于 C20，基础高度一般取建筑物高度的 1/12～1/8，不宜小于箱形基础长度的 1/20，且不小于 3m。

3）底、顶板的厚度应满足柱或墙冲切验算要求，并根据实际受力情况通过计算确定。底板厚度一般取隔墙间距的 1/10～1/8，为 300～1000mm，顶板厚度为 200～400mm，内墙厚度不宜小于 200mm，外墙厚度不应小于 250mm。

4）为保证箱形基础的整体刚度，平均每平方米基础面积上的墙体长度应不小于 400mm，或墙体水平截面积不得小于基础面积的 1/10，其中纵墙配置量不得小于墙体总配置量的 3/5。

2. 施工要点

1）基坑开挖，如地下水位较高，应采取措施降低地下水位至基坑底以下 50mm 处，并尽量减少对基坑底土的干扰。当采用机械开挖基坑时，基坑底面以上 200～400mm 厚的土层，应用人工挖除并清理，基坑验槽后，应立即进行基础施工。

2）施工时，基础底板、内外墙和顶板的支模、钢筋绑扎和混凝土浇筑，可采取分块进行，其施工缝的留设位置和处理应符合钢筋混凝土工程施工及验收规范的有关要求，外墙接缝应设止水带。

3）基础的底板、内外墙和顶板宜连续浇筑完毕。为防止出现温度收缩裂缝，一般应设置贯通后浇带，在后浇带处钢筋应贯通，顶板浇筑后，相隔 2～4 周，用比设计强度提高一级的细石混凝土将后浇带填灌密实，并加强养护。

4）基础施工完毕后，应立即进行回填土。停止降水时，应验算基础的抗浮稳定性，抗浮稳定系数不宜小于 1.2，如无法满足，则应采取有效措施。例如，继续抽水直至上部结构荷载加上后能满足抗浮稳定系数要求，或在基础内采取灌水或加重物等，防止基础上浮或倾斜。

任务 2.4　桩基础施工

一般建筑物应该充分利用地基土层的承载能力，尽量采用浅基础。但若浅层土质不良，无法满足建筑物对地基变形和强度方面的要求，则可以利用下部坚实土层或岩层作为持力层，这时就需要采取有效的施工方法建造深基础了。深基础主要包括桩基础、墩基础、沉井和地下连续墙等几种类型，其中以桩基最为常用。

2.4.1　桩基的作用和分类

1. 作用

桩基一般由设置于土中的桩和承接上部结构的承台组成，其示意图如图 2-11 所示。桩

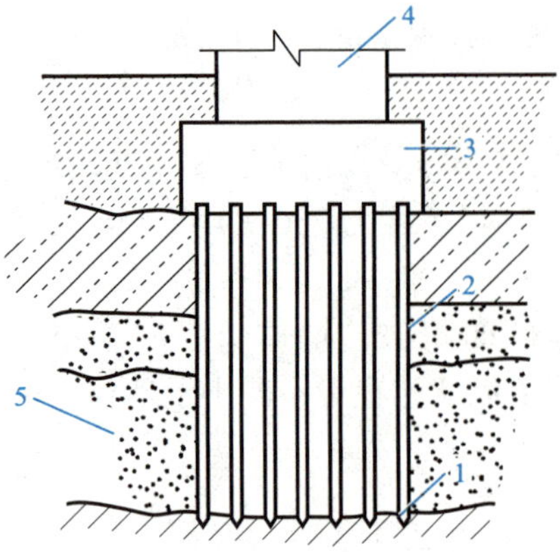

1—持力层；2—桩；3—桩基承台；
4—上部建筑物；5—软弱层。

图 2-11　桩基础示意图

的作用在于将上部建筑物的荷载传递到深处承载力较大的土层上，或使软弱土层挤压，以提高土壤的承载力和密实度，从而保证建筑物的稳定性和减少地基沉降。

绝大多数桩基的桩数不止一根，而且将各根桩在上端（桩顶）通过承台联成一体。根据承台与地面的相对位置不同，一般有低承台与高承台桩基之分。前者的承台底面位于地面以下，而后者则高出地面以上。一般来说，采用高承台主要是为了减少水下施工作业和节省基础材料，常用于桥梁和港口工程中；而低承台桩基承受荷载的条件比高承台好，特别是在水平荷载作用下，承台周围的土体可以发挥一定的作用。在一般房屋和构筑物中，大多使用低承台桩基。

2. 分类

（1）按承载性质分

1）摩擦型桩。摩擦型桩又可分为摩擦桩和端承摩擦桩。摩擦桩是指在极限承载力状态下，桩顶荷载由桩侧阻力承受的桩；端承摩擦桩是指在极限承载力状态下，桩顶荷载由桩侧及桩尖共同承受的桩。

2）端承型桩。端承型桩又可分为端承桩和摩擦端承桩。端承桩是指在极限承载力状态下，桩顶荷载由桩端阻力承受的桩；摩擦端承桩是指在极限承载力状态下，桩顶荷载主要由桩端阻力承受的桩。

（2）按桩的使用功能分

桩基分为竖向抗压桩、竖向抗拔桩、水平受荷载桩、复合受荷载桩。

（3）按桩身材料分

桩基分为混凝土桩、钢桩、组合材料桩。

（4）按成桩方法分

桩基分为非挤土桩（如干作业法桩、泥浆护壁法桩、套筒护壁法桩）、部分挤土桩（如部分挤土灌注桩、预钻孔打入式预制桩等）、挤土桩（如挤土灌注桩、挤土预制桩等）。

（5）按桩制作工艺分

桩基分为预制桩和现场灌注桩，现在使用较多的是现场灌注桩。

2.4.2 静力压桩施工工艺

1. 特点及原理

静力压桩是通过静力压桩机的压桩机构，以压桩机自重和桩机上的配重作反力而将预制钢筋混凝土桩分节压入地基土层中成桩，其特点是：桩机全部采用液压装置驱动，压力大，自动化程度高，纵横移动方便，运转灵活；桩定位精确，不易产生偏心，可提高桩基施工质量；施工无噪声、无振动、无污染。

2. 压桩机械设备

压桩机有两种类型：一种是机械静力压桩机，如图 2-12 所示，它由压桩架（桩架与底盘）、传动设备（卷扬机、滑轮组、钢丝绳）、平衡设备（铁块）、量测装置（测力计、油压表）及辅助设备（起重设备、送桩）等组成；另一种是液压静力压桩机，如图 2-13 所示，它由液压吊装机构、液压夹持与压桩机构（千斤顶）、行走及回转机构、液压及配电系统、配重铁等部分组成，该机具有体积轻巧、使用方便等特点。

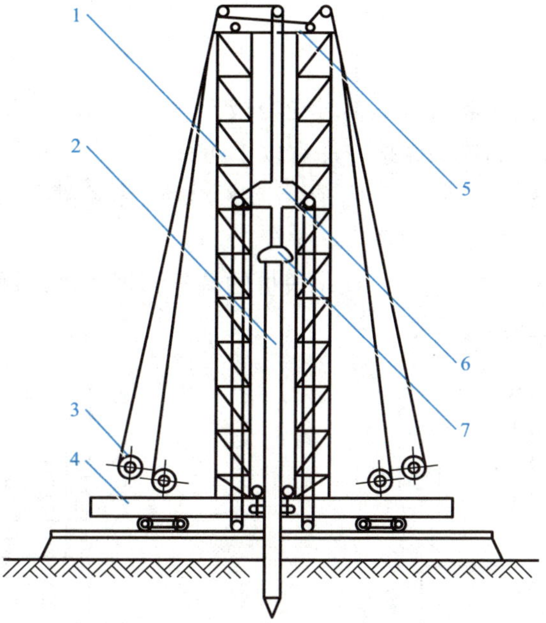

1—桩架；2—桩；3—卷扬机；4—底盘；5—顶梁；6—压梁；7—桩帽。

图 2-12　机械静力压桩机

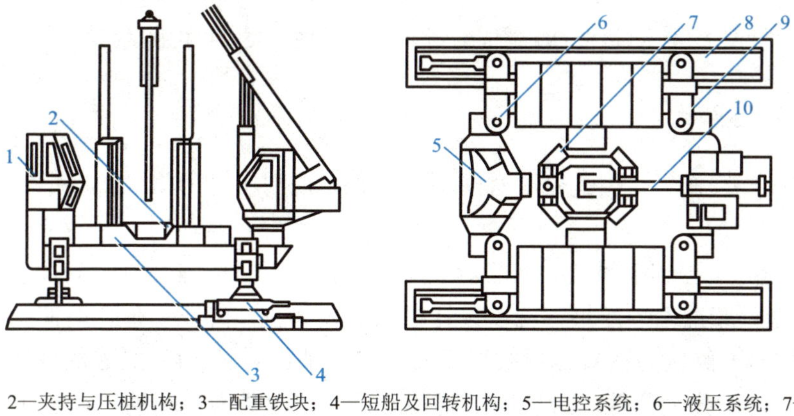

1—操作室；2—夹持与压桩机构；3—配重铁块；4—短船及回转机构；5—电控系统；6—液压系统；7—导向架；8—长船行走机构；9—支腿式底盘结构；10—液压起重机。

图 2-13　液压静力压桩机

3. 压桩工艺方法

（1）施工程序

静力压桩的施工程序：测量定位→压桩机就位→吊桩、插桩→桩身对中调直→静压沉桩→接桩→再静压沉桩→送桩→终止压桩→切割桩头。

（2）压桩方法

用起重机将预制桩吊运或用汽车运至桩机附近，再利用桩机自身设置的起重机将其吊入夹持器中，夹持油缸将桩从侧面夹紧，压桩油缸做伸程动作，把桩压入土层中。伸长完后，夹持油缸回程松夹，压桩油缸回程，重复上述动作，可实现连续压桩操作，直至把桩压入预定深度土层中。

（3）桩拼接的方法

钢筋混凝土预制长桩在起吊、运输时受力极为不利，因而一般先将长桩分段预制，再在沉桩过程中接长。常用的接头连接方法有以下两种：

1）浆锚接头，如图 2-14 所示。它是用硫黄水泥或环氧树脂配制成的黏结剂，把上段桩的预留插筋黏结于下段桩的预留孔内。

2）焊接接头，如图 2-15 所示。在每段桩的端部预埋角钢或钢板，施工时与上下段桩身相接触，用扁钢贴焊连成整体。

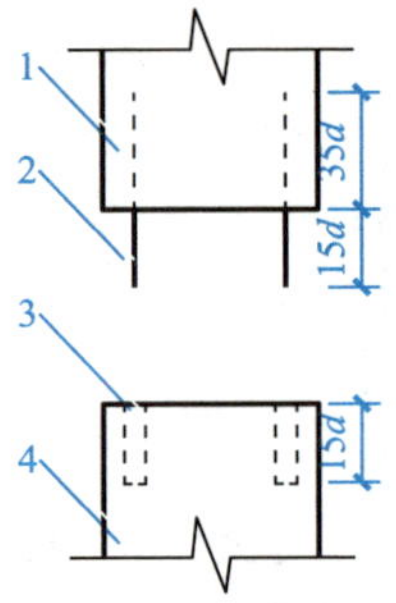

1—上节桩；2—锚筋；3—锚筋孔；4—下节桩。

图 2-14　桩拼接的浆锚接头

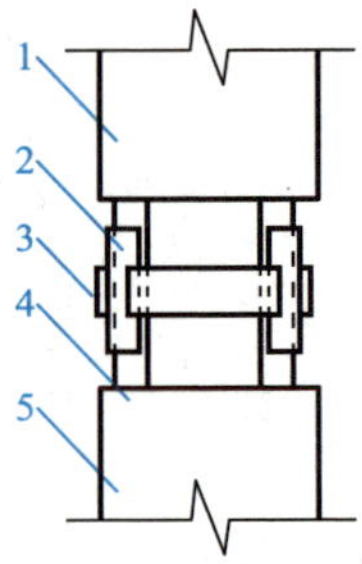

1—上节桩；2—连接角钢；3—拼接板；4—与主筋连接的角钢；5—下节桩。

图 2-15　桩拼接的焊接接头

4. 压桩施工要点

1）压桩应连续进行，因故停歇时间不宜过长，否则压桩力将大幅度增长而导致桩压不下去或桩机被抬起。

2）压桩的终压控制很重要。一般对纯摩擦桩，终压时以设计桩长为控制条件；对长度大于 21m 的端承摩擦型静压桩，应以设计桩长控制为主，终压力值作对照；对一些设计承载力较高的桩基，终压力值宜尽量接近压桩机满载值；对长 14～21m 的静压桩，应以终压力达满载值为终压控制条件；对桩周土质较差且设计承载力较高的，以复压 1～2 次为佳；对长度小于 14m 的桩，宜连续多次复压，特别是对长度小于 8m 的短桩，连续复压的次数应适当增加。

3）静力压桩单桩竖向承载力，可通过桩的终止压力值大致判断。如判断的终止压力值无法满足设计要求，则应立即采取送桩加深处理或补桩，以保证桩基的施工质量。

2.4.3　现浇混凝土桩施工工艺

现浇混凝土桩（亦称灌注桩）是一种直接在现场桩位上使用机械或人工等方法成孔，然后在孔内安装钢筋笼，浇筑混凝土而成的桩。按其成孔方法不同，可分为钻孔灌注桩、沉管灌注桩、人工挖孔灌注桩等。

1. 钻孔灌注桩

钻孔灌注桩是指利用钻孔机械钻出桩孔，并在孔中浇筑混凝土（或先在孔中吊放钢筋笼）而成的桩。根据钻孔机械的钻头是否在土壤的含水层中施工，钻孔灌注桩又分为泥浆护壁成孔灌注桩和干作业成孔灌注桩两种。

（1）泥浆护壁成孔灌注桩

泥浆护壁成孔灌注桩适用于地下水位较高的地质条件。成孔方法按设备又分为冲抓、冲击回转钻及潜水钻成孔法。前两种适用于碎石土、砂土、黏性土及风化岩地基，后一种则适用于黏性土、淤泥、淤泥质土及砂土。

1）施工设备。施工设备主要有冲击、冲抓回转钻及潜水钻机。潜水钻机由防水电动机、减速机构和钻头等组成。电动机和减速机构装设在具有绝缘和密封装置的电钻外壳内，且与钻头紧密连接在一起，因而能共同潜入水下作业。目前使用的潜水钻机（QSZ-800 型）的钻孔直径为 400～800mm，最大钻孔深度为 50m。潜水钻机既适用于水下钻孔，也可用于在地下水位较低的干土层中钻孔。

2）施工方法。钻机钻孔前，应做好场地平整，挖设排水沟，设泥浆池制备泥浆，做试桩成孔，设置桩基轴线定位点和水准点，放线定桩位及其复核等施工准备工作。钻孔时，先安装桩架及水泵设备，在桩位处挖土埋设孔口护筒，以起定位、保护孔口、存储泥浆等作用，桩架就位后，钻机进行钻孔。钻孔时应在孔中注入泥浆，并始终保持泥浆液面高于地下水位 1.0m 以上，以起护壁、携渣、润滑钻头、减少钻头发热、减少钻进阻力等作用。例如，在黏土、亚黏土层中钻孔时，可注入清水以原土造浆护壁、排渣。钻孔进尺速度应根据土层类别、孔径大小、钻孔深度和供水量确定。对于淤泥和淤泥质土不宜大于 1m/min，其他土层以钻机不超负荷为准，风化岩或其他硬土层以钻机不产生跳动为准。钻孔深度达到设计要求后，必须进行清孔。对以原土造浆的钻孔，可使钻机空转不进尺，同时注入清水，等孔底残余的泥块已磨浆，排出泥浆密度降至 1.1 左右（以手触泥浆无颗粒感），即可认为清孔已合格。对注入制备泥浆的钻孔，可采用换浆法清孔，至换出泥浆密度为 1.15～1.25 为合格。清孔完毕后，应立即吊放钢筋笼和浇筑水下混凝土。钢筋笼埋设前应在其上设置定位钢筋环，混凝土垫块或于孔中对称设置 3～4 根导向钢筋，以确保保护层厚度。水下浇筑混凝土通常采用导管法施工。

3）质量要求。

① 护筒中心要求与桩中心偏差不大于 50mm，其埋深在黏土中不小于 1m，在砂土中不小于 1.5m。

② 泥浆密度在黏土和亚黏土中应控制在 1.1～1.2 范围内，在较厚夹砂层应控制在 1.1～1.3 范围内，在穿过砂夹卵石层或易于坍孔的土层中，泥浆密度应控制在 1.3～1.5 范围内。

③ 孔底沉渣，必须设法清除，要求端承桩沉渣厚度不得大于 50mm，摩擦桩沉渣厚度不得大于 150mm。

④ 水下浇筑混凝土应连续施工，孔内泥浆用潜水泵回收到储浆槽里沉淀，导管应始终埋入混凝土中 0.8～1.3m。

（2）干作业成孔灌注桩

干作业成孔灌注桩适用于在地下水位以上的干土层中桩基的成孔施工。

1）施工设备。施工设备主要有螺旋钻机、钻孔扩机、机动或人工洛阳铲等，在此主要介绍螺旋钻机。

常用的螺旋钻机有履带式和步履式两种。前者一般由 W1001 履带吊车、导杆、钻杆及出土筒等组成，如图 2-16 所示，后者的行走度盘为步履式，在施工时用步履进行移动。步履式钻孔机下装有活动轮子，施工完毕后装上轮子由机动车牵引到另一工地，如图 2-17 所示。

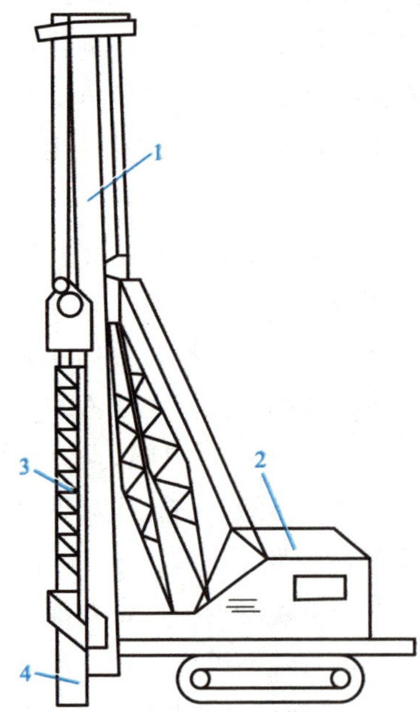

1—导杆；2—W1001 履带吊车；3—钻杆；4—出土筒。

图 2-16　履带式钻孔机示意图

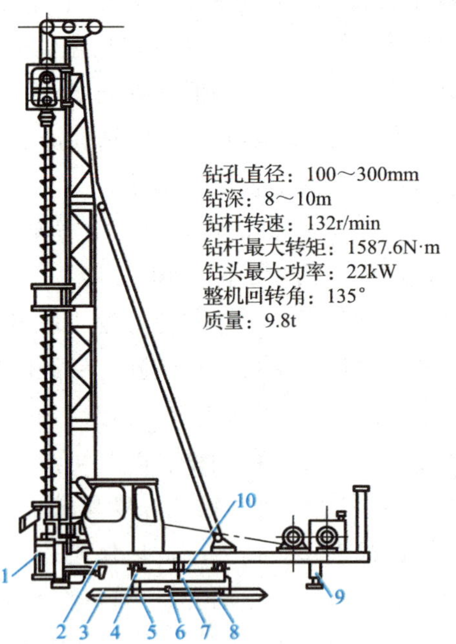

1—出土筒；2—上盘；3—下盘；4—回转滚轮；5—行车滚轮；6—钢丝滑轮；7—行车油缸；8—中盘；9—支盘；10—回转中心轴。

图 2-17　步履式钻孔机

2）施工方法。钻机钻孔前，应做好现场准备工作。钻孔场地必须平整、经碾压或夯实，雨期施工时需要加白灰碾压以保证钻孔行车安全。钻机按桩位就位时，钻杆要垂直对准桩位中心，放下钻机使钻头触及土面。钻孔时，开动转轴旋动钻杆钻进，先慢后快，避免钻杆摇晃，并随时检查钻孔偏移，若有问题应及时纠正。施工时应注意钻头在穿过软硬土层交界处时，应保持钻杆垂直，缓慢进尺。在含砖头、瓦块的杂填土或含水量较大的软塑黏性土层中钻进时，应尽量减小钻杆晃动，以免扩大孔径及增加孔底虚土。当出现钻杆跳动、机架摇晃、钻不进等异常现象时，应立即停钻检查。钻进过程中应随时清理孔口积土，遇到地下水、缩孔、坍孔等异常现象，应会同有关单位研究处理。

钻孔至要求深度后，可用钻机在原处空转清土，然后停止回转，提升钻杆卸土。若孔底虚土超过容许厚度，则可用辅助掏土工具或二次投钻清底。清孔完毕后应用盖板盖好孔口。桩孔钻成并清孔后，先吊放钢筋笼，后浇筑混凝土。为防止孔壁坍塌，避免雨水冲刷，成孔经检查合格后，应及时浇筑混凝土。若土层较好，没有雨水冲刷，从成孔至混凝土浇筑的时间间隔也不得超过 24h。灌注桩的混凝土强度等级不得低于 C15，坍落度一般采用 80～100mm；混凝土应连续浇筑，分层捣实，每层的高度不得大于 1.50m；当混凝土浇筑到桩顶时，应适当超过桩顶标高，以保证在凿除浮浆层后，使桩顶标高和质量能符合设计要求。

3）质量要求。

① 垂直度容许偏差 1%。

② 孔底虚土容许厚度不大于 100mm。

③ 桩位允许偏差：单桩、条形桩基沿垂直轴线方向和群桩基础边沿的偏差是 1/6 桩径；条形桩基沿顺轴方向和群桩基础中间桩的偏差为 1/4 桩径。

（3）施工中常遇问题及处理

1）孔壁坍塌。在钻孔过程中，如发现排出的泥浆中不断出现气泡或泥浆突然漏失，这表示有孔壁坍塌现象。孔壁坍塌的主要原因是土质松散、泥浆护壁不好、护筒周围未用黏土紧密填封，以及护筒内水位不高。钻进时若出现孔壁坍塌，首先应保持孔内水位并加大泥浆密度以稳定钻孔的护壁。若坍塌严重，应立即回填黏土，待孔壁稳定后再钻。

2）钻孔偏斜。钻杆不垂直，钻头导向部分太短、导向性差，土质软硬不一，或者遇上孤石等，都会引起钻孔偏斜。防止措施：除钻头加工精确，钻杆安装垂直外，操作时还要注意经常观察。钻孔偏斜时，可提起钻头，上下反复扫钻几次，以便削去硬土，如纠正无效，则应于孔中部回填黏土至偏孔处 0.5m 以上重新钻进。

3）孔底虚土。干作业施工中，由于钻孔机械结构所限，孔底常残存一些虚土，它来自扰动残存土、孔壁坍落土及孔口落土。施工时，孔底虚土比规范要求的大时必须清除，因为虚土影响承载力。目前常用的治理虚土的方法是用 20kg 铁饼人工辅助夯实，但效果不理想。孔底夯实机具经实践证明有较好的夯实效果。

4）断桩。水下灌注混凝土桩的质量除混凝土本身质量外，是否断桩是鉴定其质量的关键。预防时要注意三方面问题：一是力争首批混凝土浇灌一次成功；二是分析地质情况，研究解决对策；三是要严格控制现场混凝土的配合比。

2. 沉管灌注桩

沉管灌注桩是指利用锤击打桩法或振动打桩法，将带有活瓣式桩靴或预制钢筋混凝土桩尖的钢管沉入土中，然后边浇筑混凝土（或先在管内放入钢筋笼）边锤击或振动拔管而成。前者称为锤击沉管灌注桩，后者称为振动沉管灌注桩。

（1）锤击沉管灌注桩

锤击沉管灌注桩是指采用落锤、蒸汽锤或柴油锤将钢套管沉入土中成孔，然后灌注混凝土或钢筋混凝土，抽出钢管而成。

1）施工设备。锤击沉管灌注桩桩机如图 2-18 所示。

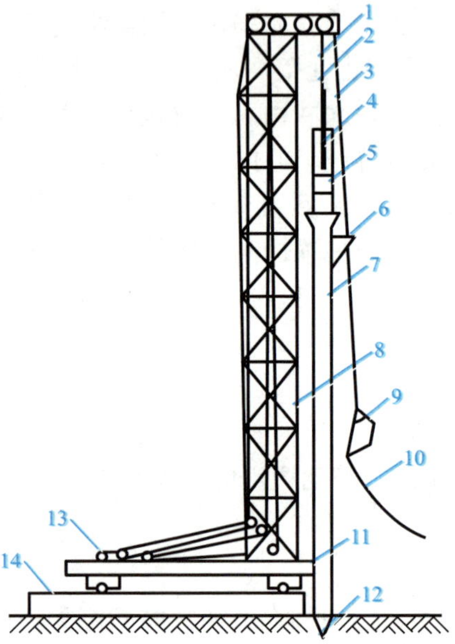

1—钢丝绳；2—滑轮组；3—吊斗钢丝绳；4—桩锤；5—桩帽；6—混凝土漏斗；7—套管；8—桩架；9—混凝土吊斗；10—回绳；11—钢管；12—桩尖；13—卷扬机；14—枕木。

图 2-18 锤击沉管灌注桩桩机

2）施工方法。施工时，先将桩机就位，吊起桩管，垂直套入预先埋好的预制混凝土桩尖，压入土中。桩管与桩尖接触处应垫以稻草绳或麻绳垫圈，以防地下水渗入管内。当检查桩管与桩锤、桩架等在同一垂直线上（偏差不大于 0.5%）后，即可在桩管上扣上桩帽，起锤沉管。先用低锤轻击，观察无偏移后方可正常施工，直至符合设计要求深度，并检查管内有无泥浆或水进入，即可灌注混凝土。桩管内混凝土应尽量灌满，然后开始拔管。拔管要均匀，第一次拔管高度控制在能容纳第二次所需灌入的混凝土量为限，不宜拔管过高。拔管时应保持连续密锤低击不停，并控制拔出速度，对一般土层，以不大于 1m/min 为宜；在软弱土层及软硬土层交界处，应控制在 0.8m/min 以内。桩锤冲击频率，视锤的类型而定：单动汽锤采用倒打拔管，频率不低于 70 次/min；自由落锤轻击不得少于 50 次/min。在管底未拔到桩顶设计标高之前，倒打或轻击不得中断。拔管时应注意使管内的混凝土量保持略高于地面，直到桩管全部拔出地面。

上面所述的这种施工工艺被称为单打灌注桩的施工。为了提高桩的质量和承载能力，常采用复打扩大灌注桩。其施工方法是在第一次单打法施工完毕并拔出桩管后，清除桩管外壁上和桩孔周围地面上的污泥，立即在原桩位上再次安放桩尖，再做第二次沉管，使未凝固的混凝土向四周挤压扩大桩径，然后灌注第二次混凝土，拔管方法与第一次相同。复打施工时要注意前后两次沉管的轴线应重合，复打必须在第一次灌注的混凝土初凝之前进行。

3）质量要求。

① 锤击沉管灌注桩混凝土强度等级应不低于 C20；混凝土坍落度，在有筋时宜为 80～100mm，在无筋时宜为 60～80mm；碎石粒径，有筋时不大于 25mm，无筋时不大于 40mm；桩尖混凝土强度等级不得低于 C30。

② 当桩的中心距为桩管外径的 5 倍以内或小于 2m 时，均应跳打，中间空出的桩须待邻桩混凝土达到设计强度的 50%以后，方可施打。

③ 桩位允许偏差：群桩桩位偏差不大于 0.5d（d 为桩管外径），对于两个桩组成的基础，在两个桩的连线方向上的偏差不大于 0.5d，垂直此线的方向上的偏差则不大于 1/6d。墙基由单桩支承，平行墙的方向，偏差不大于 0.5d；垂直墙的方向，偏差不大于 1/6d。

（2）振动沉管灌注桩

振动沉管灌注桩是采用激振器或振动冲击锤将钢套管沉入土中成孔而成的灌注桩，其沉管原理与振动沉桩完全相同。

1）施工设备。振动沉管灌注桩桩机如图 2-19 所示。

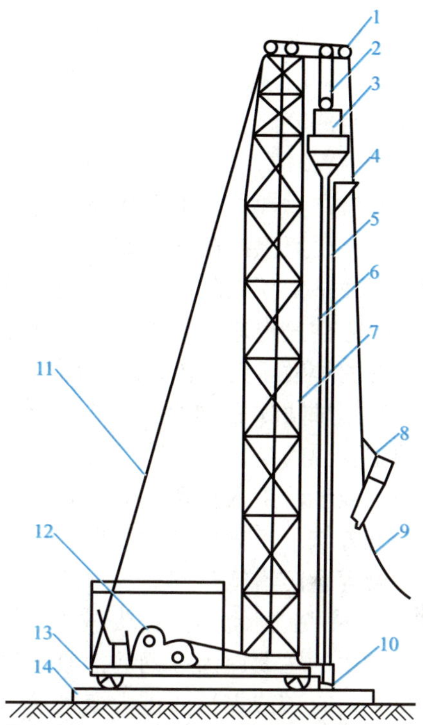

1—导向滚轮；2—滑轮组；3—激振器；4—混凝土漏斗；5—桩管；6—加压钢丝绳；7—桩架；8—混凝土吊斗；9—回绳；10—桩尖；11—缆风绳；12—卷扬机；13—钢管；14—枕木。

图 2-19　振动沉管灌注桩桩机

2）施工方法。施工时，先安装好桩机，将桩管下端活瓣合起来，对准桩位，慢慢放下桩管，压入土中，勿偏斜，即可开动激振器沉管。当桩管下沉到设计要求的深度后，便停止振动，立即利用吊斗向管内灌满混凝土，并再次开动激振器，进行边振动边拔管，同时在拔管过程中继续向管内浇筑混凝土。如此反复进行，直至桩管全部拔出地面后即形成混凝土桩身。

振动沉管灌注桩可采用单振法、反插法或复振法施工。

① 单振法。在沉入土中的桩管内灌满混凝土，开动激振器 5～10s，开始拔管，边振边拔。每拔 0.5～1.0m，停拔振动 5～10s，如此反复，直到桩管全部拔出。在一般土层内拔管速度宜为 1.2～1.5m/min；在较软弱土层中，不得大于 0.8m/min。单振法施工速度快，混凝土用量少，但桩的承载力低，适用于含水量较少的土层。

② 反插法。在桩管内灌满混凝土后，先振动再开始拔管。每次拔管高度为 0.5～1.0m，向下反插深度为 0.3～0.5m，此过程反复进行并始终保持振动，直至桩管全部拔出地面。反插法能扩大桩的截面，从而提高桩的承载力，但混凝土耗用量较大，一般适用于饱和软土层。

③ 复振法。施工方法及要求与锤击沉管灌注桩的复打法相同。

3）质量要求。

① 振动沉管灌注桩的混凝土强度等级不宜低于 C15；混凝土坍落度，在有筋时宜为 80～100mm，在无筋时宜为 60～80mm；骨料粒径不得大于 30mm。

② 在拔管过程中，桩管内应随时保持有不少于 2m 高度的混凝土，以便有足够的压力，防止混凝土在管内阻塞。

③ 振动沉管灌注桩的中心距不宜小于 4 倍桩管外径，否则应采取跳打法。相邻的桩施

工时，其间隔时间不得超过混凝土的初凝时间。

④ 为保证桩的承载力要求，必须严格控制最后 2 个 2min 的沉管贯入度，其值按设计要求或根据试桩和当地长期的施工经验确定。

⑤ 桩位允许偏差同锤击沉管灌注桩。

（3）施工中常遇问题及处理

1）断桩。断桩一般发生在地面以下软硬土层的交接处，并多数发生在黏性土中，砂土及松土中则很少出现。产生断桩的主要原因是桩距过小、受邻桩施打时挤压的影响、桩身混凝土终凝不久就受到振动和外力，以及软硬土层间传递水平力大小不同、对桩产生剪应力等。处理方法是经检查有断桩后，应将断桩段拔去，略增大桩的截面面积或加箍筋后，再重新浇筑混凝土；或者在施工过程中采取预防措施，如施工时控制桩中心距不小于 3.5 倍桩径，采用跳打法或控制时间间隔的方法，使邻桩混凝土达设计强度等级的 50%后，再施打中间桩等。

2）瓶颈桩。瓶颈桩是指桩的某处直径缩小，形似瓶颈，其截面面积不符合设计要求。多数发生在黏性土、土质软弱、含水率高，特别是饱和的淤泥或淤泥质软土层中。产生瓶颈桩的主要原因：在含水率较大的软弱土层中沉管时，土受挤压便产生很高的孔隙水压，拔管后便挤向新灌的混凝土，造成缩颈。拔管速度过快，混凝土量少、和易性差，混凝土出管扩散性差也造成缩颈现象。其处理方法：施工中应保持管内混凝土略高于地面，使之有足够的扩散压力，拔管时采用复打或反插办法，并严格控制拔管速度。

3）吊脚桩。吊脚桩是指桩的底部混凝土隔空或混进泥沙而形成松散层部分的桩。其产生的主要原因是预制钢筋混凝土桩尖承载力或钢活瓣桩尖刚度不够，沉管时被破坏或变形，因而水或泥沙进入桩管；拔管时桩靴未脱出或活瓣未张开，混凝土未及时从管内流出等。其处理方法：应拔出桩管，填砂后重打；或采取密振动慢拔，开始拔管时先反插几次再正常拔管等预防措施。

4）桩尖进水进泥。桩尖进水进泥常发生在地下水位高或含水量大的淤泥和粉泥土土层中。产生的主要原因：钢筋混凝土桩尖与桩管接合处或钢活瓣桩尖闭合不紧密；钢筋混凝土桩尖被打破或钢活瓣桩尖变形等。其处理方法：将桩管拔出，清除管内泥沙，修整桩尖钢活瓣变形缝隙，用黄沙回填桩孔后再重打；若地下水位较高，待沉管至地下水位时，先在桩管内灌入 0.5m 厚度的水泥砂浆作封底，再灌入 1m 高度混凝土增压，然后继续下沉桩管。

3. 人工挖孔灌注桩

人工挖孔灌注桩是指桩孔采用人工挖掘方法进行成孔，然后安放钢筋笼，浇筑混凝土而成的桩。其施工特点是设备简单；无噪声、无振动、不污染环境，对施工现场周围原有建筑物的影响小；施工速度快，可按施工进度要求决定同时开挖桩孔的数量，必要时，各桩孔可同时施工；土层情况明确，可直接观察到地质变化，桩底沉渣能清除干净，施工质量可靠。尤其当高层建筑选用大直径的灌注桩，而其施工现场又在狭窄的市区时，采用人工挖孔比机械挖孔具有更大的适应性。但其缺点是人工耗量大、开挖效率低、安全操作条件差等。

（1）施工设备

一般可根据孔径、孔深和现场具体情况加以选用，常用的有电动葫芦、提土桶、潜水泵、鼓风机和输风管、镐、锹、土筐、照明灯、对讲机及电铃等。

（2）施工工艺

施工时，为确保挖土成孔施工安全，必须考虑预防孔壁坍塌和流砂现象发生的措施。因此，施工前应根据水文地质资料，拟订出合理的护壁措施和降排水方案，护壁方法很多，可以采用现浇混凝土护壁、喷射混凝土护壁、混凝土沉井护壁、砖砌体护壁、钢套管护壁、型钢-木板桩工具式护壁等多种方法。下面介绍采用应用较广的现浇混凝土护壁时人工挖孔桩的施工工艺流程。

1）按设计图纸放线、定桩位。

2）开挖桩孔土方。采取分段开挖，每段高度取决于土壁保持直立状态而不塌方的能力，一般取0.5～1.0m为一施工段。开挖范围为设计桩径加护壁的厚度。

3）支设护壁模板。模板高度取决于开挖土方施工段的高度，一般为1m，由4～8块活动钢模板组合而成，支成有锥度的内模。

4）放置操作平台。内模支设后，吊放用角钢和钢板制成的两半圆形合成的操作平台入桩孔内，置于内模顶部，以放置料具和进行浇筑混凝土操作。

5）浇筑护壁混凝土。护壁混凝土起防止土壁塌陷与防水的双重作用，因而浇筑时要注意捣实。上下段护壁要错位搭接50～75mm（咬口连接）以便连接上下段。

6）拆除模板继续下段施工。当护壁混凝土达到1MPa（常温下约经过24h）后，方可拆除模板，开挖下段的土方，再支模浇筑护壁混凝土，如此循环，直至挖到设计要求的深度。

7）排出孔底积水，浇筑桩身混凝土。当桩孔挖到设计深度，并检查孔底土质是否已达到设计要求后，再在孔底挖成扩大头。待桩孔全部成型后，用潜水泵抽出孔底的积水，然后立即浇筑混凝土。当混凝土浇筑至钢筋笼的底面设计标高时，再吊入钢筋笼就位，并继续浇筑桩身混凝土而形成桩基。

（3）质量要求

1）必须保证桩孔的挖掘质量。桩孔挖成后应有专人下孔检验，如土质是否符合勘察报告，扩孔几何尺寸与设计是否相符，孔底虚土残渣情况要作为隐蔽验收记录归档。

2）按规程规定桩孔中心线的平面位置偏差不大于20mm，桩的垂直度偏差不大于1%桩长，桩径不得小于设计直径。

3）钢筋骨架要保证不变形，箍筋与主筋要点焊，钢筋笼吊入孔内后，要保证其与孔壁间有足够的保护层。

4）混凝土坍落度宜在100mm左右，用浇灌漏斗桶直落，避免离析，必须振捣密实。

（4）安全措施

对人工挖孔桩的施工安全应予以特别重视。工人在桩孔内作业，应严格按安全操作规程施工，并有切实可靠的安全措施。孔下操作人员必须戴安全帽；孔下有人时孔口必须有监护人员；护壁要高出地面150～200mm，以防杂物滚入孔内；孔内必须设置应急软爬梯，供人员上下井用；使用的电动葫芦、吊笼等应安全可靠并配有自动卡紧保险的装置，不得使用麻绳和尼龙绳吊挂或脚踏井壁凸缘上下，使用前必须检验其安全起吊能力；每日开工前必须检测井下的有毒、有害气体，并应有足够的安全防护措施。桩孔开挖深度超过 10m 时，应有专门向井下送风的设备。

孔口四周必须设护栏。挖出的土石方应及时运离孔口，不得堆放在孔口四周 1m 范围内，机动车辆的通行不得对井壁的安全造成影响。

施工现场的一切电源、电路的安装和拆除必须由持证电工操作；电器必须严格接地、接零和使用漏电保护器。各孔用电必须分闸，严禁一闸多用。孔上电缆必须架空 2.0m 以上，严禁拖地和埋压土中；孔内电缆、电线必须有防磨损、防潮、防断等保护措施。照明应采用安全矿灯或 12V 以下的安全灯。

2.4.4 其他形式灌注桩

1. 爆扩灌注桩

爆扩灌注桩（简称爆扩桩）是用钻孔或爆扩法成孔，孔底放入炸药，再灌入适量的混凝土，然后引爆，使孔底形成扩大头，此时，孔内混凝土落入孔底空腔内，再放置钢筋骨架，浇筑桩身混凝土而制成的灌注桩，其示意图如图 2-20 所示。

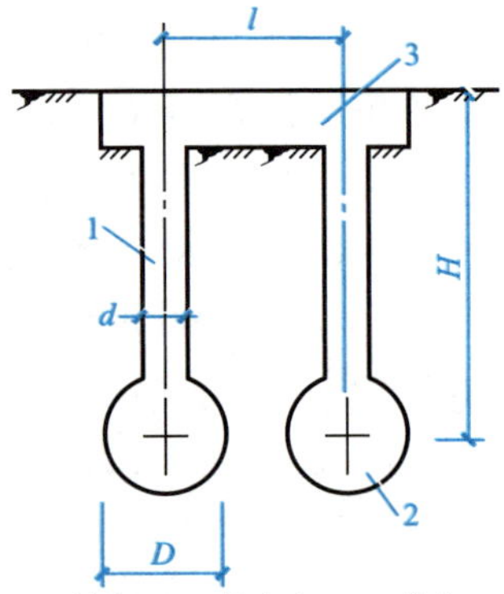

1—桩身；2—扩大头；3—桩台。

图 2-20 爆扩桩示意图

爆扩桩在黏性土层中使用效果较好，但在软土及砂土中不易成型，桩长（H）一般为 3～6m，最大不超过 10m。扩大头直径 D 为 2.5～3.5d。这种桩具有成孔简单、节省劳力和成本低等优点，但质量不便检查，施工要求较严格。

爆扩桩的施工一般可采取桩孔和扩大头分两次爆扩形成，其施工过程如图 2-21 所示。

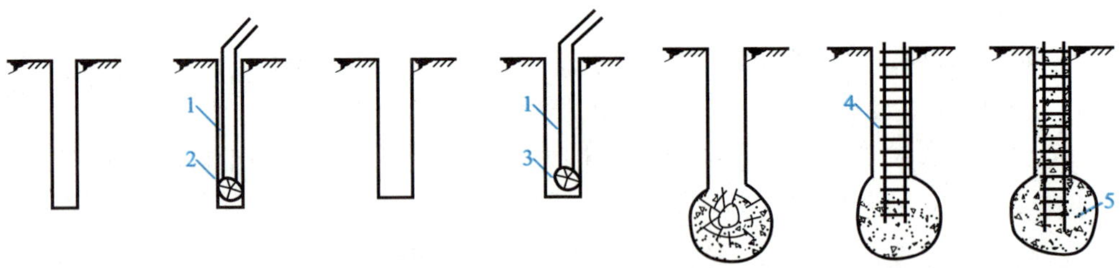

（a）钻导孔 （b）放炸药条 （c）爆扩桩孔 （d）放炸药包 （e）爆扩大头 （f）放钢筋笼 （g）浇混凝土

1—导线；2—炸药条；3—炸药包；4—钢筋笼；5—混凝土。

图 2-21 爆扩桩施工过程

2. 夯压成型灌注桩

夯压成型灌注桩又称夯扩桩，是在普通锤击沉管灌注桩的基础上加以改进发展起来的一种新型桩。由于其扩底作用，增大了桩端支承面积，能够充分发挥桩端持力层的承载潜力，具有较好的技术经济指标，近十几年来已在国内许多地区得到广泛的应用和发展。

它适用于一般黏性土、淤泥、淤泥质土、黄土、硬黏性土，也可用于有地下水的情况，可在 20 层以下的高层建筑基础中应用。

3．钻孔压浆灌注桩

钻孔压浆灌注桩是先用长臂螺旋钻孔机钻孔到预定的深度，再提起钻杆，在提杆的过程中通过设在钻头的喷嘴，向钻孔内喷注事先制备好的高压水泥浆，至浆液达到没有塌孔危险的位置为止，待起钻后钻孔内放入钢筋笼，并同时放入至少一根直至孔底的高压灌浆管，然后投放粗骨料直至孔口，最后通过高压灌浆管向孔内二次压入补浆，直至浆液达到孔口。其桩径可达 300～1000mm，深 30m 左右，一般常用桩径为 400～600mm，桩长为 10～20m，桩混凝土为无砂混凝土，强度等级为 C20。

它适用于一般黏性土、湿陷性黄土、淤泥质土、中细砂、砂卵石等地层，还可用于有地下水的流砂层，作支承桩、护壁桩和防水帷幕桩等。

2.4.5　桩基础的检测与验收

1．桩基的检测

成桩的质量检验有两种基本方法：一种是静载试验法（或称破损试验），另一种是动测法（或称无破损试验）。

（1）静载试验法

1）试验目的。静载试验的目的是采用接近于桩的实际工作条件，通过静载加压，确定单桩的极限承载力，作为设计依据，或对工程桩的承载力进行抽样检验和评价。

2）试验方法。静载试验是根据模拟实际荷载情况，通过静载加压，得出一系列关系曲线，综合评定确定其容许承载力的一种试验方法。它能较好地反映单桩的实际承载力。荷载试验有多种，通常采用的是单桩竖向抗压静载试验、单桩竖向抗拔静载试验和单桩水平静载试验。

3）试验要求。预制桩在桩身强度达到设计要求的前提下，从成桩到开始试验的间歇时间，对于砂类土，不应少于 10d；对于粉土和黏性土，不应少于 15d；对于淤泥或淤泥质土，不应少于 25d，待桩身与土体的结合基本趋于稳定时，才能进行试验。就地灌注桩和爆扩桩应在桩身混凝土强度达到设计等级的前提下，从成桩到开始试验的间歇时间，对于砂类土，不少于 10d；对于一般黏性土，不少于 20d；对于淤泥或淤泥质土，不少于 30d，才能进行试验。对于地基基础设计等级为甲级或地质条件复杂，成桩质量可靠性低的灌注桩，应采用静载荷试验的方法进行检验，检验桩数不应少于总数的 1%，且不应少于 3 根；当总桩数少于 50 根时，检验桩数不应少于 2 根，进行桩身质量检验时，抽检数量不应少于总数的 30%，且不应少于 20 根；其他桩基工程的抽检数量不应少于总数的 20%，且不应少于 10 根；对混凝土预制桩及地下水位以上且终孔后经过核验的灌注桩，检验数量不应少于总桩数的 10%，且不得少于 10 根。每根柱子的承台下的检验数量不得少于 1 根。

（2）动测法

1）特点。动测法又称动力无损检测法，是检测桩基承载力及桩身质量的一项新技术，作为静载试验的补充。

一般静载试验装置较复杂笨重，装卸操作费工费时，成本高，测试数量有限，并且易破坏桩基。而动测法的试验仪器轻便灵活，检测快速，单桩试验时间仅为静载试验的 1/50 左右，可大大缩短试验时间，数量多，不破坏桩基，相对也较准确，可进行普查，费用低，单桩测试费约为静载试验的 1/30，可节省静载试验锚桩、堆载、设备运输、吊装焊接等大量人力、物力。

2）试验方法。动测法是相对静载试验法而言的，它通过对桩土体系进行适当的简化处理，建立起数学-力学模型，借助现代电子技术与量测设备采集桩土体系在给定的动荷载作用下所产生的振动参数，结合实际桩土条件进行计算，所得结果与相应的静载试验结果进行对比，在积累一定数量的动静试验对比结果的基础上，找出两者之间的某种相关关系，并以此作为标准来确定桩基承载力。单桩承载力的动测法种类较多，国内有代表性的有动力参数法、锤击贯入法、水电效应法、共振法、机械阻抗法、波动方程法等。

3）桩身质量检验。在桩基动态无损检测中，国内外广泛使用的方法是应力波反射法，又称低（小）应变法。其原理是根据一维杆件弹性反射理论（波动理论）采用锤击振动力法检测桩体的完整性，即以波在不同阻抗和不同约束条件下的传播特性来判别桩身质量。

2. 桩基验收

（1）桩基验收规定

1）当桩顶设计标高与施工场地标高相同，或桩基施工结束后，有可能对桩位进行检查时，桩基工程的验收应在施工结束后进行。

2）当桩顶设计标高低于施工场地标高，送桩后无法对桩位进行检查时，对打入桩可在每根桩桩顶沉至场地标高时，进行中间验收，待全部桩施工结束，承台或底板开挖到设计标高后，再做最终验收；对于灌注桩，可对护筒位置做中间验收。

（2）桩基验收资料

1）工程地质勘查报告、桩基施工图、图纸会审纪要、设计变更及材料代用通知单等。

2）经审定的施工组织设计、施工方案及执行中的变更情况。

3）桩位测量放线图，包括工程桩位复核签证单。

4）制作桩的材料试验记录，成桩质量检查报告。

5）单桩承载力检测报告。

6）基坑挖至设计标高的基桩竣工平面图及桩顶标高图。

（3）桩基允许偏差

1）预制桩。打（压）入桩（预制混凝土方桩、先张法预应力管桩、钢桩）的桩位偏差，必须符合表 2-11 的规定。斜桩倾斜度的偏差不得大于倾斜角正切值的 15%（倾斜角为桩的纵向中心线与铅垂线间夹角）。

表 2-11　预制桩（钢桩）桩位的允许偏差

<table>
<tr><th>项次</th><th>项目</th><th>允许偏差</th></tr>
<tr><td>1</td><td>盖有基础梁的桩：
1）垂直基础梁的中心线；
2）基础梁的中心线</td><td>
100mm+0.01H
150mm+0.01H</td></tr>
<tr><td>2</td><td>桩数为 1～3 根桩基中的桩</td><td>100mm</td></tr>
<tr><td>3</td><td>桩数为 4～16 根桩基中的桩</td><td>1/2 桩径或边长</td></tr>
<tr><td>4</td><td>桩数大于 16 根桩基中的桩：
1）最外面的桩；
2）中间桩</td><td>
1/3 桩径或边长
1/2 桩径或边长</td></tr>
</table>

注：H 为施工现场地面标高与桩顶设计标高的距离。

2）灌注桩。灌注桩的桩位允许偏差必须符合表 2-12 的规定，桩顶标高至少要比设计标高高出 0.5m，桩底清孔质量按不同的成桩工艺有不同的要求，应按规范要求执行。每浇筑 50m 必须有一组试件，小于 50m 的桩，每根桩必须有一组试件。

表 2-12　灌注桩的桩位允许偏差

<table>
<tr><th rowspan="2">序号</th><th rowspan="2" colspan="2">成孔方法</th><th rowspan="2">桩径允许偏差/mm</th><th rowspan="2">垂直度允许偏差/mm</th><th colspan="2">桩位允许偏差</th></tr>
<tr><th>1～3 根单排桩基垂直于中心线方向和群桩基础的边桩</th><th>条形桩基沿中心线方向和群桩基础的中间桩</th></tr>
<tr><td rowspan="2">1</td><td rowspan="2">泥浆护壁钻孔桩</td><td>D≤1000mm</td><td>±50</td><td rowspan="2"><1</td><td>D/6，且不大于 100mm</td><td>D/4，且不大于 150mm</td></tr>
<tr><td>D>1000mm</td><td>±50</td><td>100mm+0.01H</td><td>150mm+0.01H</td></tr>
<tr><td rowspan="2">2</td><td rowspan="2">套管成孔灌注桩</td><td>D≤500mm</td><td rowspan="2">−20</td><td rowspan="2"><1</td><td>70mm</td><td>150mm</td></tr>
<tr><td>D>500mm</td><td>100mm</td><td>150mm</td></tr>
<tr><td>3</td><td colspan="2">干成孔灌注桩</td><td>−20</td><td><1</td><td>70mm</td><td>150mm</td></tr>
<tr><td rowspan="2">4</td><td rowspan="2">人工挖孔桩</td><td>混凝土护壁</td><td>+50</td><td><0.5</td><td>150mm</td><td>150mm</td></tr>
<tr><td>钢套管护壁</td><td>+50</td><td><1</td><td>100mm</td><td>200mm</td></tr>
</table>

注：1．桩径允许偏差的负值是指个别断面。

2．采用复打、反插法施工的桩，其桩径允许偏差不受本表限制。

3．H 为施工现场地面标高与顶设计标高的距离，D 为设计桩径。

3．桩基工程的安全技术措施

1）机具进场要注意危桥、陡坡、陷地和防止碰撞电杆、房屋等，以免造成事故。

2）施工前应全面检查机械，发现问题要及时解决，严禁带“病”作业。

3）在打桩过程中遇有地坪隆起或下陷时，应随时对机架及路轨调整垫平。

4）机械司机在施工操作时要思想集中，服从指挥信号，不得随便离开岗位，并经常注意机械运转情况，发现异常情况要及时纠正。

5）悬挂振动桩锤的起重机，其吊钩上必须有防松脱的保护装置。振动桩锤悬挂刚架的耳环上应加装保险钢丝绳。

6）钻孔灌注桩在已钻成的孔尚未浇筑混凝土前，必须用盖板封严；钢管桩打桩后必须及时加盖临时桩帽；预制混凝土桩送桩入土后的桩孔必须及时用沙子或其他材料填灌，以免发生人身事故。

7）使用冲抓锥或冲孔锤操作时不准任何人进入落锤区施工范围内，以防砸伤。

8）使用成孔钻机操作时，注意钻机安定平稳，以防钻架突然倾倒或钻具突然下落而发生事故。

9）压桩时，非工作人员应离机 10m 以外。起重机的起重臂下严禁站人。

10）夯锤下落后，在吊钩尚未降至夯锤吊环附近前，操作人员不得提前下坑挂钩。从坑中提锤时，严禁挂钩人员站在锤上随锤提升。

知识窗

超级工程地基处理技术

上海中心大厦（图 2-22）位于上海浦东陆家嘴金融贸易区核心区，主体建筑高 632m，地上 127 层，地下 5 层，总建筑面积 57.8 万 m^2，是一座集商务、办公、酒店、商业、娱乐、观光等功能于一体的超级巨型地标式摩天大楼。上海中心大厦由美国 Gensler 建筑事务所设计，它融合了中国的自然环境和文化底蕴，将上海这座传统城市的丰富内涵以垂直的形态重新诠释。独特优美的龙形流线玻璃晶体，既传承传统文化，也体现现代中国蓬勃的生机。

图 2-22　上海中心大厦

1. 主楼基坑工程

主楼区基坑采用明挖顺作法先行施工。塔楼围护结构采用直径 121m 的环形地下连续墙（厚 1.2m）加 6 道环形圈梁支撑体系。土方开挖后形成内部无遮蔽的“井筒”，便于对结构以顺作法施工。随后以逆作法施工裙房区结构。

2. 土方工程

其总土方量约 38 万 m^3。按先开挖中部土方再挖环边土方的顺序分 6 层开挖。

3. 桩基工程

上海中心大厦桩基工程施工（图 2-23）采用后注浆钻孔灌注桩的方法，桩身混凝土强度为 C50，单桩承载力特征值为 10000kN，桩径为 1m。桩径分 A、B 两种：A 桩长 86m，有效长度 56m，247 根桩位于核心筒区；B 桩长 82m，有效长度 52m，708 根桩位于扩展区。桩端后注浆施工，每根桩预设 3 个注浆管，桩端水泥用量每根 4000kg，桩端注浆终止标准采用注浆量和注浆压力双控原则，以注浆量为主。

图 2-23　上海中心大厦桩基工程施工

后注浆钻孔灌注桩施工工艺如下。

1）成孔方式：正循环钻进，反循环清孔。

2）泥浆制备：采用专用膨润土和外加剂人工拌制。

3）泥浆除砂：ZX-250 型泥浆净化装置（除砂机）除砂。

4）钻头形式：三翼双腰钻加铺具配重。

5）清孔方式：一清泵吸反循环，二清泵吸反循环。

6）钢筋安装：预加工成型，直螺纹接驳器连接。

7）混凝土浇筑：导管法水下混凝土浇筑。

8）注浆：桩混凝土强度达到 C45 后，进行桩端后注浆。

9）试验与检测：对于基桩 100%进行低应变动测、超声波、成孔质量（孔深、孔径及垂直度）检测；竖向抗压静荷载试验桩取桩总数的 1%，共 11 根。

施工团队在面对软土地基挑战时，建立了软土卸荷深层滑移带理论及其分析方法，以解决软土地基可能导致的滑移和沉降问题。这一方法包括了分区支护和分区卸荷微变形控制技术，旨在有效降低软土地基在施工过程中的不稳定性。值得注意的是，工程团队首次在一个面积达 3 万 m^2、深度达 33m 的基坑中，采用了一种顺逆复合式支护体系（图 2-24）。该体系结合了顺作法和逆作法的优点，使得在处理软土地基时更加灵活和高效。通过这种复合式支护体系，工程团队能够针对性地解决超高层建筑施工中的复杂问题，如地基沉降、土体滑移等，确保了建筑施工的安全性和稳定性。

图 2-24　上海中心大厦顺逆复合式支护体系

巩固与提升

1．地基处理方法一般有哪几种？各有什么特点？
2．试述换土地基的适用范围、施工要点与质量检查。
3．浅埋式钢筋混凝土基础主要有哪几种？
4．试述桩基的作用和分类。
5．静力压桩有何特点？适用范围如何？施工时应注意哪些问题？
6．现浇混凝土桩的成孔方法有几种？各种方法的特点及适用范围如何？
7．灌注桩常易发生哪些质量问题？如何预防和处理？
8．试述人工挖孔灌注桩的施工工艺和施工中应注意的主要问题。
9．桩基检测的方法有哪几种？
10．桩基验收时应准备哪些资料？

3

项　目

砌体结构工程施工

项目导读

砌筑工程是指砖石块体和各种类型砌块的施工。砌筑工程是一个综合的施工过程，它包括材料运输、脚手架搭设和墙体砌筑等。早在三四千年前就已经出现了用天然石料加工成的块材的砌体结构，在大约 2000 多年前又出现了由烧制的黏土砖砌筑的砌体结构，但它的施工仍以手工操作为主，劳动强度大，生产效率低，而且烧制黏土砖需占用大量农田，因而采用新型墙体材料代替普通黏土砖，改善砌体施工工艺已经成为砌筑工程改革的重要发展方向。

学习目标

知识目标

1. 掌握不同材质的砌体结构的适用场合，砌块、砂浆的主要技术指标和质量检测方法。
2. 掌握刚性基础、砖墙、砌块填充墙的施工工艺、技术要求。
3. 掌握圈梁构造柱的作用和设置要求、脚手架的种类和搭设要求。
4. 掌握小型空心砌块砌体的构造要求、施工工艺，以及砌体季节性施工的主要措施。

能力目标

1. 能识别不同材质的砌体结构并能对其进行质量检测。
2. 能指导建筑工人进行圈梁、过梁、构造柱施工和小型空心砌块砌体施工。
3. 能按照砌筑工艺要求正确地指导建筑工人进行基础和墙体砌筑。
4. 能进行砌体结构工程质量检验和验收。
5. 能按规范为砌筑工程结构搭设脚手架。
6. 能编制砌体季节性施工方案。

素养目标

1. 树立环保意识、责任意识，践行绿色发展理念。
2. 培养创新思维和勇于探索的科学精神。
3. 培养团队意识，增强沟通能力和问题分析能力。

思维导图

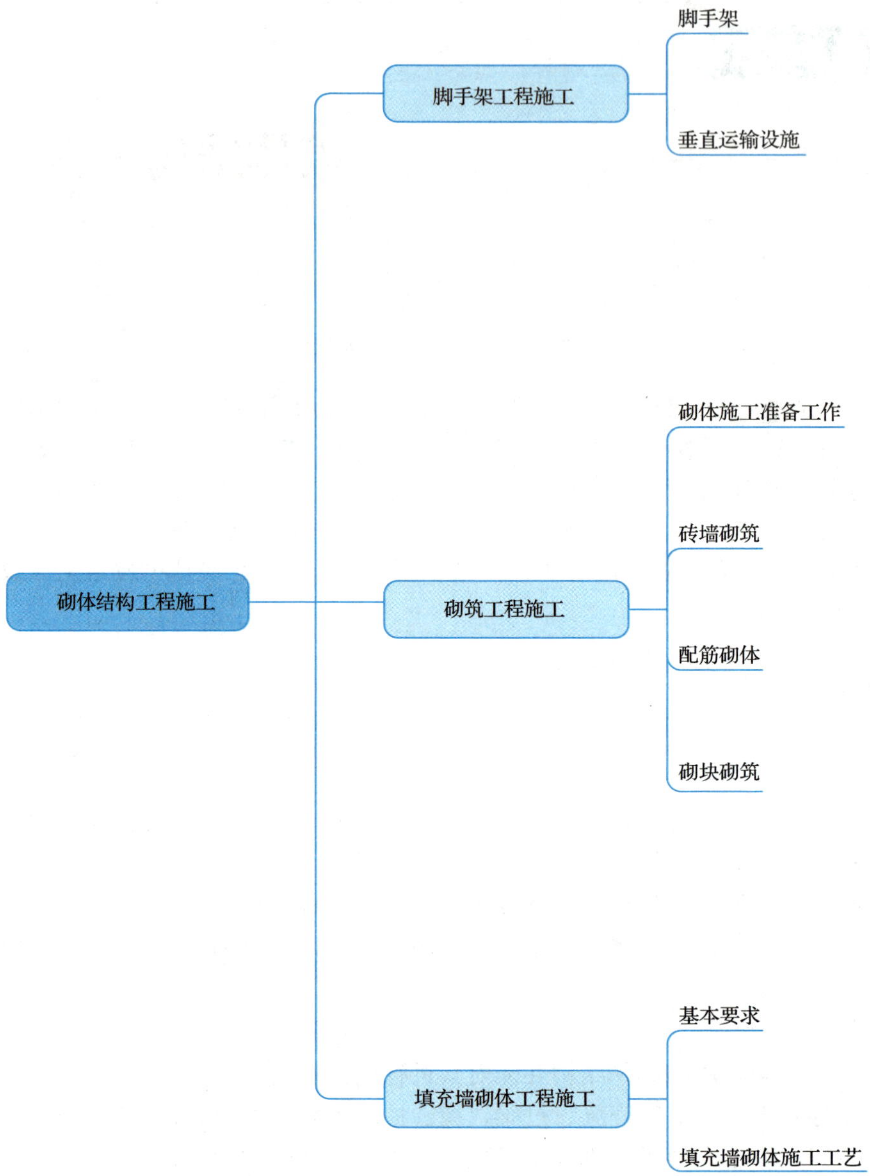
砌体结构工程施工
脚手架工程施工
脚手架
垂直运输设施
砌筑工程施工
砌体施工准备工作
砖墙砌筑
配筋砌体
砌块砌筑
填充墙砌体工程施工
基本要求
填充墙砌体施工工艺

任务 3.1 脚手架工程施工

在建筑施工中，脚手架和垂直运输设施占有特别重要的地位，选择与使用的得当与否，不但直接影响施工作业能否顺利、安全进行，而且关系到工程质量、施工进度和企业经济效益能否提高。因而脚手架和垂直运输设施的选择与使用是建筑施工中重要的环节之一。

3.1.1　脚手架

脚手架是建筑施工中重要的临时设施，是在施工现场为安全防护、工人操作及解决楼层间少量垂直和水平运输而搭设的支架。脚手架的种类很多，按其搭设位置分为外脚手架和里脚手架两大类；按其所用材料分为木脚手架与金属脚手架；按其用途分为操作脚手架、防护用脚手架、承重和支撑用脚手架；按其构造形式分为多立杆式、框式、吊挂式、悬挑式、升降式，以及用于楼层间操作的工具式脚手架等。

建筑施工脚手架应由持证上岗的架子工搭设。对脚手架的基本要求：应满足工人操作、材料堆置和运输的需要；坚固稳定，安全可靠；搭拆简单，搬移方便；尽量节约材料，能多次周转使用。脚手架的宽度一般为 1.0～1.5m，砌筑用脚手架的每步架高一般为 1.2～1.4m，装饰用脚手架的每步架高一般为 1.6～1.8m。

1．外脚手架

外脚手架沿建筑物外围从地面搭起，既可用于外墙砌筑，又可用于外装饰施工。其主要形式有多立杆式、框式、桥式等。多立杆式脚手架应用最广，框式脚手架次之。

（1）多立杆式脚手架

1）基本组成和一般构造。多立杆式脚手架主要由立杆、纵向水平杆（大横杆）、横向水平杆（小横杆）、斜撑、脚手板等组成，如图 3-1 所示。其特点是每步架高可根据施工需要灵活布置，取材方便，钢、木等均可应用。

多立杆式脚手架分双排式和单排式两种形式。双排式［图 3-1（b）］沿墙外侧设双排立杆，小横杆两端支承在大横杆后再传给立杆，多、高层房屋均可采用，当房屋高度超过 50m 时，需专门设计。单排式［图 3-1（c）］沿墙外侧仅设一排立杆，其小横杆一端与大横杆连接，另一端支承在墙上，仅适用于荷载较小、高度较低（<25m）、墙体有一定强度的多层房屋。

早期的多立杆式外脚手架主要采用竹、木杆件搭设而成，后来逐渐采用钢管和特制的扣件来搭设。这种多立杆式钢管外脚手架有扣件式和碗扣式两种。

钢管扣件式多立杆式脚手架由钢管（ϕ8.3mm×3.6mm）和扣件（图 3-2）组成，采用扣件连接，既牢固又便于装拆，可以重复周转使用，因而应用广泛。这种脚手架在纵向外侧每隔一定距离需设置斜撑，以加强其纵向稳定性和整体性。另外，为了防止整片脚手架外倾和抵抗风力，整片脚手架还需均匀设置连墙杆，将脚手架与建筑物主体结构相连，依靠建筑物的刚度来加强脚手架的整体稳定性。

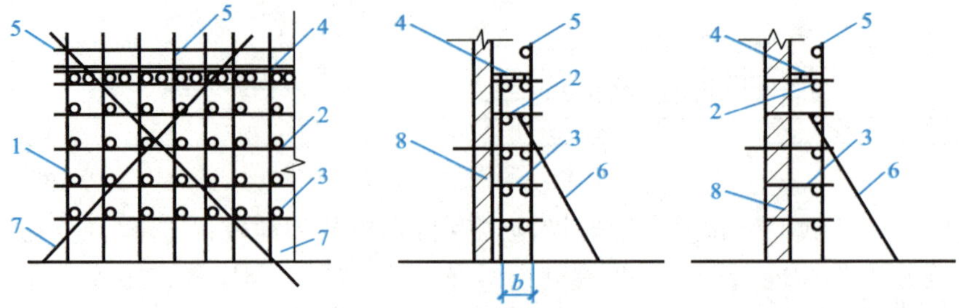

（a）立面　（b）侧面（双排）　（c）侧面（单排）

1—立柱；2—大横杆；3—小横杆；4—脚手板；5—拉杆；6—抛撑；7—斜撑；8—墙体。

图 3-1　多立杆式脚手架

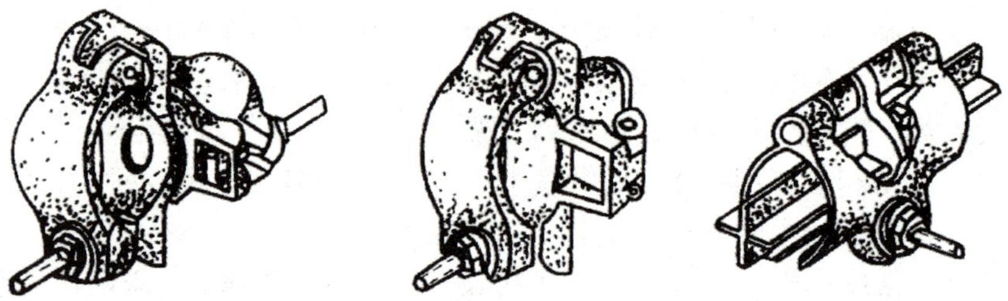

（a）回转扣件　（b）对接扣件　（c）直角扣件

图 3-2　扣件形式

碗扣式钢管外脚手架立杆与水平杆靠特制的碗扣接头连接，其构造如图 3-3 所示。碗扣式分上碗扣和下碗扣，下碗扣焊在钢管上，上碗扣对应地套在钢管上，其销槽对准焊在钢管上的限位销即能上下滑动。连接时，只需将横杆接头插入下碗扣内，将上碗扣沿限位销扣下，并顺时针旋转，靠上碗扣螺旋面使之与限位销顶紧，从而将横杆和立杆牢固地连在一起，形成框架结构。碗扣式接头可同时连接 4 根横杆，横杆可相互垂直也可组成其他角度，因而可以搭设各种型式脚手架，特别适合搭设扇形表面及高层建筑施工和装修作用两用外脚手架，还可作为模板的支撑。

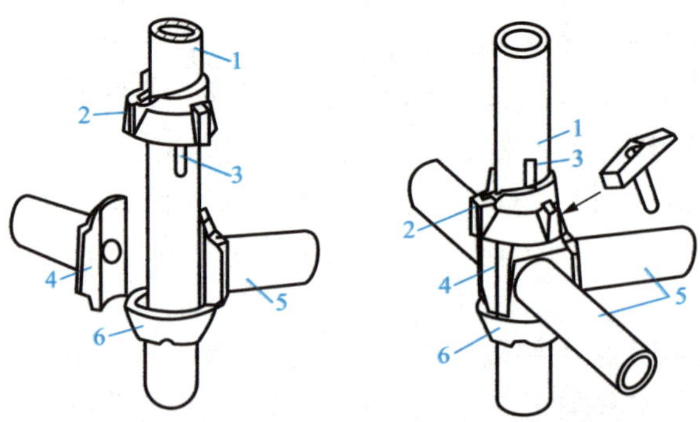

（a）连接前　（b）连接后

1—立杆；2—上碗扣；3—限位销；4—横杆接头；5—横杆；6—下碗扣。

图 3-3　碗扣接头构造

2）承力结构。脚手架的承力结构主要指作业层、横向构架和纵向构架3个部分。作业层直接承受施工荷载，荷载由脚手板传给小横杆，再传给大横杆和立柱。

横向构架由立杆和小横杆组成，是脚手架直接承受和传递垂直荷载的部分。它是脚手架的受力主体。

纵向构架是由各横向构架通过大横杆相互之间连成的一个整体。因为它沿房屋的周围形成一个连续封闭的结构，所以房屋四周脚手架的大横杆在房屋转角处要相互交圈，并确保连续。实在不能交圈时，脚手架的端头应采取有效措施来加强其整体性。常用的措施是设置抗侧力构件、加强与主体结构的拉结等。

3）支撑体系。脚手架的支撑体系包括纵向支撑（剪刀撑）、横向支撑和水平支撑。这些支撑应与脚手架这一空间构架的基本构件很好连接。设置支撑体系的目的是使脚手架成为一个几何稳定的构架，加强其整体刚度以增大抵抗侧向力的能力，避免出现节点的可变状态和过大的位移。

① 纵向支撑（剪刀撑）。纵向支撑是指沿脚手架纵向外侧隔一定距离由下而上连续设置的剪刀撑。具体设置要求如下：

➢ 脚手架高度在24m以下时，在脚手架两端和转角处必须设置剪刀撑，剪刀撑中间间隔不超过15m设一道，且每片架子应设不少于3道。剪刀撑的宽度不应小于4跨，且不小于6m。斜杆与地面的夹角宜在45°～60°范围内，最下面的斜杆与立杆的连接点离地面不宜大于500mm。

➢ 对于高度大于24m的脚手架，应在脚手架外侧全立面连续设置剪刀撑。

② 横向支撑。横向支撑是指在横向构架内从底到顶沿全高呈“之”字形设置的连续的斜撑。具体设置要求如下：

➢ 脚手架的纵向构架因条件限制不能形成封闭形，如“一”字形、L形或“凹”字形的脚手架，其两端必须设置横向支撑，并于中间每隔6个间距加设一道横向支撑。

➢ 脚手架高度超过24m时，每隔6个间距要设置一道横向支撑。

③ 水平支撑。水平支撑是指在设置连墙拉结杆件的所在水平面内连续设置的水平斜杆，一般可根据需要设置。例如，在承力较大的结构脚手架中或在承受偏心荷载较大的承托架、防护棚、悬挑水平安全网等部位设置，以加强其水平刚度。

4）抛撑和连墙杆。脚手架由于其横向构架本身是一个高跨比相差悬殊的单跨结构，仅依靠结构本身尚难以做到保持结构的整体稳定，防止倾覆和抵抗风力。对于高度低于3步的脚手架，可以采用加设抛撑来防止其倾覆，抛撑的间距不超过6倍立杆间距，抛撑与地面的夹角为45°～60°，并应在地面支点处铺设垫板；对于高度超过3步的脚手架，防止倾斜和倒塌的主要措施是将脚手架整体依附在整体刚度很大的主体结构上，依靠房屋结构的整体刚度来加强和保证整片脚手架的稳定性。其具体做法是在脚手架上均匀地设置足够多的牢固的连墙杆，如图3-4所示。连墙杆的位置应设置在与立杆和大横杆相交的节点处，离节点的间距不宜大于300mm。

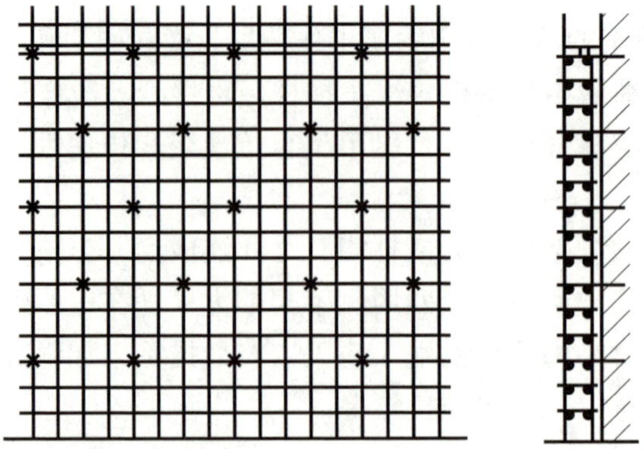

图 3-4　连墙杆的设置

设置一定数量的连墙杆后，整片脚手架的倾覆破坏一般不会发生。但要求与连墙杆连接一端的墙体本身要有足够的刚度，所以连墙杆在水平方向应设置在框架梁或楼板附近，竖直方向应设置在框架柱或横隔墙附近。连墙杆在房屋的每层范围均需布置一排，一般竖向间距为脚手架步高的 2～4 倍，不宜超过 4 倍，且绝对值在 3～4m 范围内；横向间距宜选用立杆纵距的 3～4 倍，不宜超过 4 倍，且绝对值在 4.5～6.0m 范围内。

5）搭设要求。脚手架搭设时应注意地基平整坚实，设置底座和垫板，并采取可靠的排水措施，以防止积水浸泡地基引起不均匀沉陷。杆件搭设应按设计方案进行，并注意搭设顺序，扣件拧紧程度应适度，一般扭力矩应为 40～60kN・m。禁止使用规格和质量不合格的杆配件。相邻立柱的对接扣件不得在同一高度，应随时校正杆件的垂直偏差和水平偏差。脚手架处于顶层连墙点之上的自由高度不得大于 6m。当作业层高出其下连墙件 2 步或 4m 以上，且其上尚无连墙件时，应采取适当的临时撑拉措施。脚手板或其他作业层铺板的铺设应符合有关规定。

（2）框式脚手架

1）基本组成。框式脚手架也称为门式脚手架，是当今国际上应用最普遍的脚手架之一。它不仅可作为外脚手架，而且可作为内脚手架或满堂脚手架。框式脚手架的基本单元由门式框架、剪刀撑、水平梁架、螺旋基脚组成，将这些基本单元相互联结并增加梯子、栏杆及脚手板等附件即形成脚手架，如图 3-5 所示。

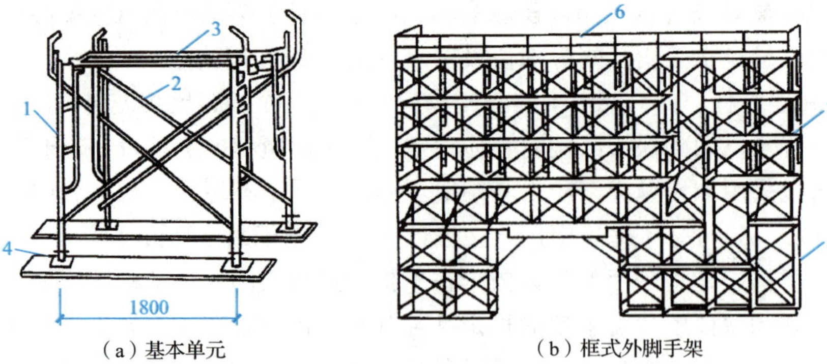

（a）基本单元　　（b）框式外脚手架

1—门式框架；2—剪刀撑；3—水平梁架；4—螺旋基脚；5—梯子；6—栏杆；7—脚手板。

图 3-5　框式脚手架

2）搭设要求。框式脚手架是一种工厂生产、现场搭设的脚手架，一般只要按产品目录所列的使用荷载和搭设规定进行施工，不必再进行验算。如果实际使用情况与规定有出入，则应采取相应的加固措施或进行验算。施工荷载一般为 1.8kN/m^2 均布荷载，或作用于脚手架板跨中的 2kN 集中荷载。

搭设框式脚手架时，基底必须夯实找平，并铺可调底座，以免发生塌陷和不均匀沉降。要严格控制第一步门式框架的垂直度偏差不大于 2mm，门架顶部的水平偏差不大于 5mm。门架的顶部和底部用纵向水平杆和扫地杆固定。门架之间必须设置剪刀撑和水平梁架（或脚手板），其间连接应可靠，以确保脚手架的整体刚度。

2. 里脚手架

里脚手架搭设于建筑物内部，每砌完一层墙后，即可将其转移到上一层楼面，进行新的一层砌体砌筑，它可用于内外墙的砌筑和室内装饰施工。里脚手架用料少，但装拆频繁，故要求轻便灵活，装拆方便。其结构型式有折叠式、支柱式和门架式等多种。

（1）折叠式

折叠式里脚手架适用于民用建筑的内墙砌筑和内粉刷，也可用于砖围墙、砖平房的外墙砌筑和粉刷。根据材料不同，分为角钢、钢管和钢筋折叠式里脚手架。角钢折叠式里脚手架（图 3-6）的架设间距，砌墙时不超过 2m，粉刷时不超过 2.5m。可以搭设两步脚手架，第一步高约 1m，第二步高约 1.65m。钢管和钢筋折叠式里脚手架的架设间距，砌墙时不超过 1.8m，粉刷时不超过 2.2m。

（2）支柱式

支柱式里脚手架由若干个支柱和横杆组成，适用于砌墙和内粉刷。其搭设间距，砌墙时不超过 2m，粉刷时不超过 2.5m。支柱式里脚手架的支柱有套管式和承插式两种形式。图 3-7 所示为套管式支柱，它是将插管插入立管中，以销孔间距调节高度，在插管顶端的凹形支托内搁置方木横杆，横杆上铺设脚手板。其架设高度为 1.50～2.10m。

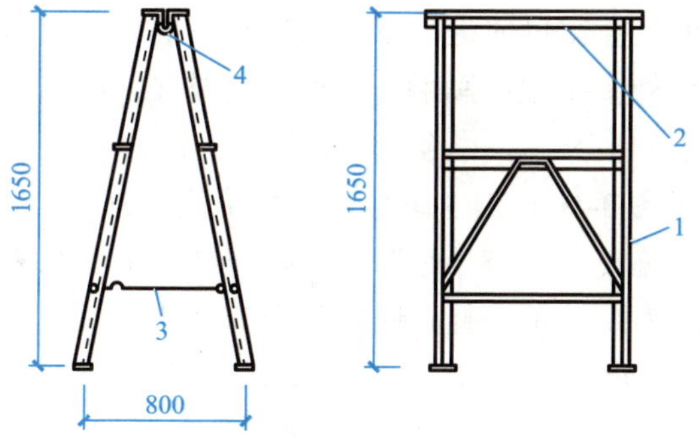

1—立柱；2—横楞；3—挂钩；4—铰链。

图 3-6 折叠式里脚手架

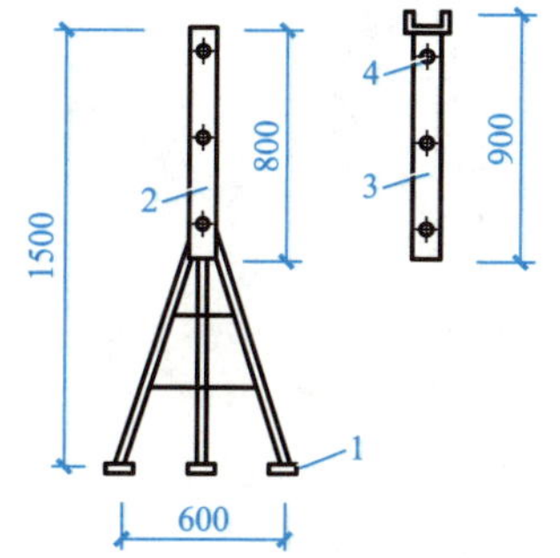

1—支脚；2—立管；3—插管；4—销孔。

图 3-7 套管式支柱

（3）门架式

门架式里脚手架由两片 A 形支架与门架组成，如图 3-8 所示。它适用于砌墙和粉刷。支架间距在砌墙时不超过 2.2m，粉刷时不超过 2.5m。按照支架与门架的不同结合方式，门架式里脚手架分为套管式和承插式两种。

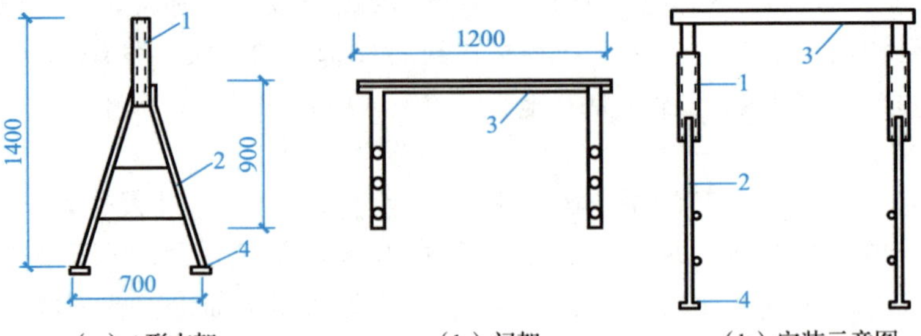

1—立管；2—支脚；3—门架；4—垫板。

图 3-8　门架式里脚手架

A 形支架有立管和套管两部分，立管常用ϕ50mm×3mm 钢管，支脚可用钢管、钢筋或角钢焊成。套管式的支架立管较长，由立管与门架上的销孔调节架子高度。承插式的支架立管较短，采用双承插管，在改变架设高度时，支架可不再挪动。门架用钢管或角钢与钢管焊成，承插式门架在架设第二步时，销孔要插上销钉，防止 A 形支架被撞后转动。

3. 其他脚手架

(1) 悬挑式脚手架

悬挑式脚手架简称挑架，如图 3-9 所示。搭设在建筑物外边缘向外伸出的悬挑结构上，将脚手架荷载全部或部分传递给建筑结构。悬挑支承结构有用型钢焊接制作的三角桁架下撑式结构和用钢丝绳斜拉住水平型钢挑梁的斜拉式结构两种主要形式。在悬挑结构上搭设的双排外脚手架与落地式脚手架相同，分段悬挑脚手架的高度一般控制在 25m 以内。该形式的脚手架适用于高层建筑的施工。由于脚手架沿建筑物高度分段搭设，故在一定条件下，当上层还在施工时，其下层即可提前交付使用；而对于有裙房的高层建筑，则可使裙房与主楼不受外脚手架的影响，同时展开施工。

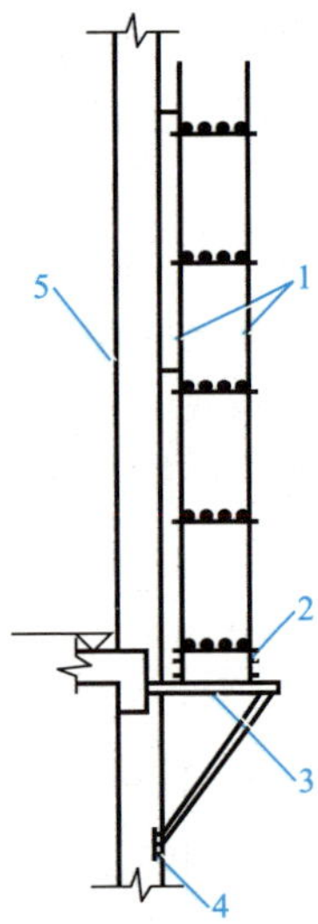

1—钢管脚手架；2—型钢横梁；3—三角支承架；4—预埋件；5—钢筋混凝土柱（墙）。

图 3-9　悬挑式脚手架

(2) 吊挂式脚手架

吊挂式脚手架（图 3-10）在主体结构施工阶段为外挂脚手架，随主体结构逐层向上施工，用塔吊吊升，悬挂在结构上。在装饰施工阶段，该脚手架改为从屋顶吊挂，逐层下降。吊挂式脚手架的吊升单元（吊篮架子）宽度宜控制在 5～6m，每一吊升单元的质量宜在 1t 以内。该形式的脚手架适用于高层框架和剪力墙结构施工。

(3) 升降式脚手架

升降式脚手架简称爬架，如图 3-11 所示。它将自身分为两大部件，分别依附固定在建筑结构上。在主体结构施工阶段，升降式脚手架利用自身带有的升降机构和升降动力设备使两个部件互为利用，交替松开、固定，交替爬升，其爬升原理同爬升模板。在装饰施工阶段，交替下降。该形式的脚手架搭设高度为 3～4 个楼层，不占用塔吊，相对落地式外脚手架，省材料，省人工，适用于高层框架、剪力墙和筒体结构的快速施工。

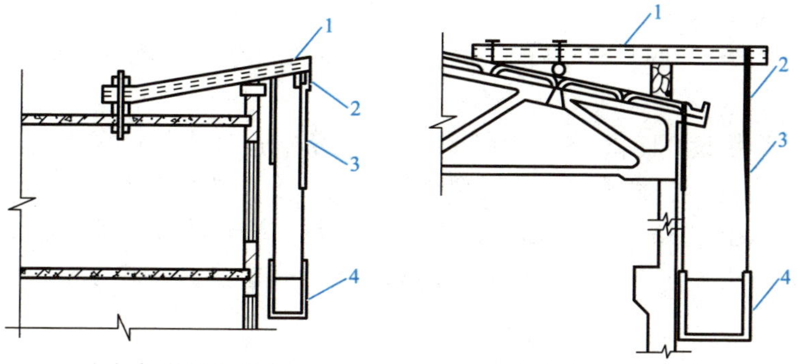

（a）在平屋顶的安装　　（b）在坡屋顶的安装

1—挑梁；2—吊环；3—吊索；4—吊篮。

图 3-10　吊挂式脚手架

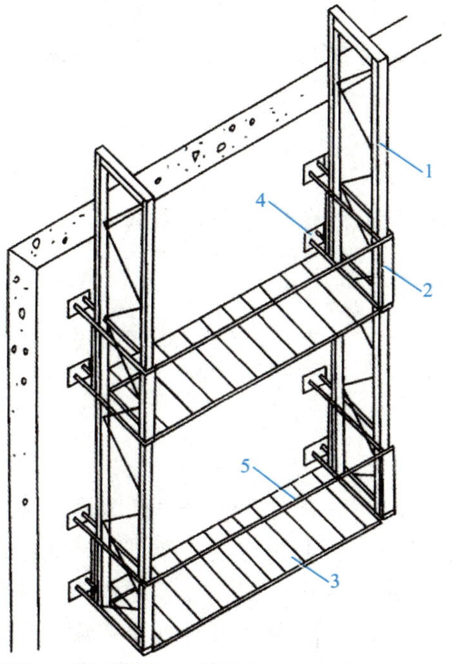

1—内套架；2—外套架；3—脚手板；4—附墙装置；5—栏杆。

图 3-11　升降式脚手架

4. 脚手架的安全防护措施

在房屋建筑施工过程中，因脚手架出现事故的概率相当高，所以在脚手架的设计、架设、使用和拆卸过程中均需十分重视安全防护问题。

当外墙砌筑高度超过 4m 或立体交叉作业时，除在作业面正确铺设脚手板、安装防护栏杆和挡脚板外，还必须在脚手架外侧设置安全网。架设安全网时，其伸出宽度应不小于 2m，外口要高于内口，搭接应牢固，每隔一定距离应用拉绳将斜杆与地面锚桩拉牢。

当用里脚手架施工外墙或多层、高层建筑用外脚手架时，均需设置安全网。安全网应随楼层施工进度逐步上升，高层建筑除这一道逐步上升的安全网外，还应在下面间隔 3～4

层的部位设置一道安全网。

施工过程中要经常对安全网进行检查和维修，每块支好的安全网应能承受不小于1.6kN的冲击荷载。

钢脚手架不得搭设在距离35kV以上的高压线路4.5m以内的地区和距离1～10kV高压线路3m以内的地区。钢脚手架在架设和使用期间，要严防与带电体接触，需要穿过或靠近380V以内的电力线路，距离在2m以内时，应断电或拆除电源，如不能拆除，则应采取可靠的绝缘措施。搭设在旷野、山坡上的钢脚手架，在雷击区域或雷雨季节时，应设避雷装置。

3.1.2 垂直运输设施

垂直运输设施指在建筑施工中担负垂直输送材料和人员上下的机械设备和设施。砌筑工程中的垂直运输量很大，不仅要运输大量的砖（或砌块）、砂浆，而且还要运输脚手架、脚手板和各种预制构件，因而如何合理安排垂直运输就直接影响砌筑工程的施工速度和工程成本。

1. 垂直运输设施的种类

目前砌筑工程中常用的垂直运输设施有塔式起重机、井架、龙门架、施工电梯、灰浆泵等。

（1）塔式起重机

塔式起重机具有提升、回转、水平运输等功能，不仅是重要的吊装设备，而且是重要的垂直运输设备，尤其在吊运长、大、重的物料时有明显的优势，故在可能条件下宜优先选用。

（2）井架、龙门架

钢井架是施工中最常用的，也是最为简便的垂直运输设施，如图3-12所示。它的稳定性好、运输量大，除用型钢或钢管加工的定型井架外，还可用脚手架材料搭设而成。井架多为单孔井架，但也可构成两孔或多孔井架。井架通常带一个起重臂和吊盘，起重臂的起重能力为5～10kN，在其外伸工作范围内也可进行小距离的水平运输；吊盘的起重能力为10～15kN，其中可放置运料的手推车或其他散装材料。其搭设高度可达40m，需设缆风绳保持井架的稳定。

龙门架是由两根三角形截面或矩形截面的立柱及天轮梁（横梁）组成的门式架，如图3-13所示。在龙门架上设滑轮、导轨、吊盘、缆风绳等，进行材料、机具和小型预制构件的垂直运输。龙门架构造简单、制作容易、用材少、装拆方便，但刚度和稳定性较差，一般适用于中小型工程。

（3）施工电梯

多数施工电梯为人货两用，少数为供货用。电梯按其驱动方式可分为齿条驱动和绳轮驱动两种，齿条驱动电梯又有单吊箱（笼）式和双吊箱（笼）式两种，并装有可靠的限速装置，适用于20层以上的建筑工程；绳轮驱动电梯为单吊箱（笼），无限速装置，轻巧便宜，适用于20层以下的建筑工程。

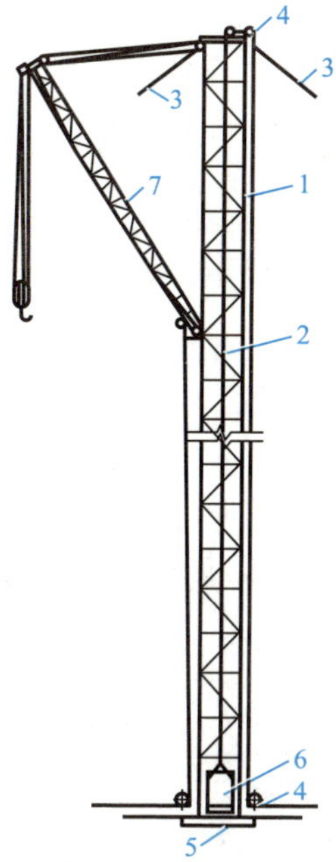

1—井架；2—钢丝绳；3—缆风绳；4—滑轮；5—垫梁；6—吊盘；7—辅助吊臂。

图 3-12　钢井架

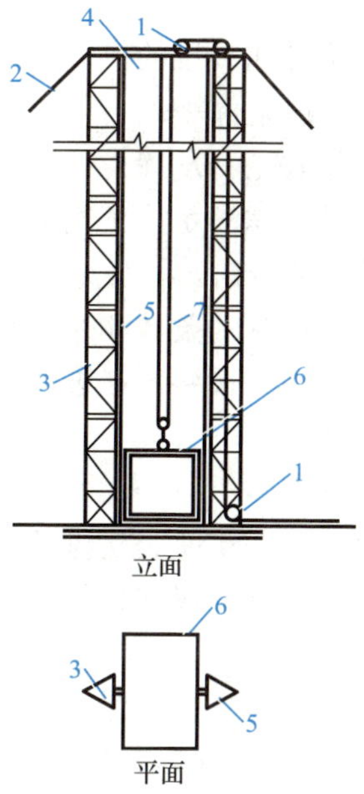

1—滑轮；2—缆风绳；3—立柱；4—横梁；5—导轨；6—吊盘；7—钢丝绳。

图 3-13　龙门架

（4）灰浆泵

灰浆泵是一种可以在垂直和水平两个方向连续输送灰浆的机械，目前常用的有活塞式和挤压式两种。活塞式灰浆泵按其结构又分为直接作用式和隔膜式两类。

2. 垂直运输设施的设置要求

垂直运输设施的设置一般应根据现场施工条件满足以下基本要求。

（1）覆盖面和供应面

塔吊的覆盖面是指以塔吊的起重幅度为半径的圆形吊运覆盖面积。垂直运输设施的供应面是指借助水平运输手段（手推车等）所能达到的供应范围。建筑工程的全部作业面应处于垂直运输设施的覆盖面和供应面的范围之内。

（2）供应能力

塔吊的供应能力等于吊次乘以吊量（每次吊运材料的体积、质量或件数）；其他垂直运输设施的供应能力等于运次乘以运量，运次应取垂直运输设施和与其配合的水平运输机具中的低值。另外，还需乘以 0.5～0.75 的折减系数，以考虑由于难以避免的因素对供应能力的影响（如机械设备故障等）。垂直运输设备的供应能力应能满足高峰工作量的需要。

（3）提升高度

设备的提升高度能力应比实际需要的升运高度高，其高出程度不少于 3m，以确保安全。

（4）水平运输手段

在考虑垂直运输设施时，必须同时考虑与其配合的水平运输手段。

（5）装设条件

垂直运输设施装设的位置应具有相适应的装设条件，如具有可靠的基础、与结构拉结和水平运输通道条件等。

（6）设备效能的发挥

必须同时考虑满足施工需要和充分发挥设备效能的问题。当各施工阶段的垂直运输量相差悬殊时，应分阶段设置和调整垂直运输设备，及时拆除不需要的设备。

（7）设备拥有的条件和今后利用问题

充分利用现有设备，必要时添置或加工新的设备。在添置或加工新的设备时应考虑今后的利用前景。

（8）安全保障

安全保障是使用垂直运输设施中的首要问题，必须引起高度重视。所有垂直运输设备都要严格按有关规定操作使用。

任务 3.2 砌筑工程施工

砌体可分为砖砌体，主要有墙和柱；砌块砌体，多用于定型设计的民用房屋及工业厂房的墙体；石材砌体，多用于条形基础、挡土墙及某些墙体结构；配筋砌体，在砌体水平灰缝中配置钢筋网片或在砌体外部的预留槽沟内设置竖向粗钢筋的组合砌体。

砌体除应采用符合质量要求的原材料外，还必须有良好的砌筑质量，以使砌体有良好的整体性、稳定性和良好的受力性能，一般要求灰缝横平竖直，砂浆饱满、厚薄均匀，砌块上下错缝、内外搭砌、接槎牢固，墙面垂直；要预防不均匀沉降引起开裂；要注意施工中墙、柱的稳定性；冬期施工时还要采取相应的措施。

3.2.1 砌体施工准备工作

1. 砂浆制备

砂浆按组成材料的不同，可分为水泥砂浆、水泥混合砂浆和非水泥砂浆 3 类。

（1）水泥砂浆

用水泥和砂拌和成的水泥砂浆具有较高的强度和耐久性，但和易性差，多用于强度和潮湿环境的砌体中。

（2）水泥混合砂浆

在水泥砂浆中掺入一定数量的石灰膏或黏土膏的水泥混合砂浆具有一定的强度和耐久性，且和易性和保水性好，多用于一般墙体中。

（3）非水泥砂浆

非水泥砂浆为不含水泥的砂浆，如白灰砂浆、黏土砂浆等。它强度低且耐久性差，可用于简易或临时建筑的砌体中。

砂浆的配合比应事先通过计算和试配确定。水泥砂浆的最小水泥用量不宜小于 200kg/m^3，砂浆用砂宜采用中砂。砂中的含泥量，对于水泥砂浆和强度等级不小于 M5 的水泥混合砂浆，不宜超过 5%；对于强度等级小于 M5 的水泥混合砂浆，不应超过 10%。用建筑生石灰、生石灰粉熟化成石灰膏时，其熟化时间不得少于 7d 和 2d。用黏土或粉质黏土制备黏土膏时应过筛，并用搅拌机加水搅拌。为了改善砂浆在砌筑时的和易性，可掺入适量的有机塑化剂，其掺量一般为水泥用量的（0.5～1）/10000。

砂浆应采用机械拌和，自投完料算起，水泥砂浆和水泥混合砂浆的拌和时间不得少于 2min；水泥粉煤灰砂浆和掺用外加剂的砂浆的拌和时间不得少于 3min；掺用有机塑化剂的砂浆的拌和时间为 3～5min。拌成后的砂浆，其稠度应符合表 3-1 的规定，分层度不应大于 30mm，颜色一致。砂浆拌成后应盛入储灰器中，如砂浆出现泌水现象，则应在砌筑前再次拌和。砂浆应随拌随用，拌制的砂浆应在 3h 内使用完毕；若施工期间最高气温超过 30℃时，则应在 2h 内使用完毕。

表 3-1　砌筑砂浆的稠度

单位：mm

砌体种类	砂浆稠度
烧结普通砖砌体 蒸压粉煤灰砖砌体	70～90
混凝土实心砖、混凝土多孔砖砌体 普通混凝土小型空心砌块砌体 蒸压灰砂砖砌体	50～70
烧结多孔砖、空心砖砌体 轻骨料小型空心砌块砌体 蒸压加气混凝土砌块砌体	60～80
石砌体	30～50

注：1. 采用薄灰砌筑法砌筑蒸压加气混凝土砌块砌体时，加气混凝土黏结砂浆的加水量按照其产品说明书控制。

2. 当砌筑其他块体时，其砌筑砂浆的稠度可根据块体的吸水特性及气候条件确定。

砂浆强度等级以边长为 7.07cm 的立方体试块，按标准条件在（20±2）℃、相对湿度为 90%以上的条件下养护至 28d 的抗压强度值确定。砌筑砂浆按抗压强度划分为 6 个等级，分别为 M20、M15、M10、M7.5、M5、M2.5。验收时，同一验收批砂浆试块的强度平均值应大于或等于设计强度等级值的 1.10 倍；最小一组平均值应大于等于设计强度等级值的 85%。砌筑砂浆试块强度验收时的合格标准应符合表 3-2 的规定。砂浆试块应在搅拌机出料口随机取样制作。每一检验批且不超过 250m^3 砌体的各种类型及强度等级的砌筑砂浆，每台搅拌机应至少抽检一次。

表 3-2　砌筑砂浆试块强度验收时的合格标准

设计强度等级	同一验收批砂浆试块 28d 抗压强度/MPa	
	平均值不小于	最小一组平均值不小于
M20	22.0	17.00
M15	16.5	12.75
M10	11.0	10.85
M7.5	8.25	6.38
M5	5.5	4.25
M2.5	2.75	2.13

2. 砖的准备

砖的品种、强度等级必须符合设计要求，并应规格一致。用于清水墙、柱表面的砖，也应边角整齐、色泽均匀。在砌砖前应提前 1～2d 将砖浇水湿润，以使砂浆和砖能很好地黏结。严禁砌筑前临时浇水，以免因砖表面存有水膜而影响砌体质量。烧结类块体的相对含水率为 60%～70%，吸水率较大的轻骨料混凝土小型空心砌块、蒸压加气混凝土砌块的相对含水率为 40%～50%。

检查烧结普通砖含水率的最简易方法是现场断砖，砖截面周围融水深度达 15～20mm 即视为符合要求。

3. 施工机具的准备

砌筑前，一般应按施工组织设计要求组织垂直和水平运输机械、砂浆搅拌机械进场、安装、调试等工作。垂直运输多采用扣件及钢管搭设的井架，或人货两用的施工电梯，或塔式起重机，而水平运输多采用手推车或机动翻斗车。对于多、高层建筑，还可以用灰浆泵输送砂浆。同时，还要准备脚手架、砌筑工具（如皮数杆、托线板）等。

3.2.2 砖墙砌筑

1. 砌筑形式

普通砖墙的砌筑形式主要有 5 种，即一顺一丁、三顺一丁、梅花丁、两平一侧和全顺式。

（1）一顺一丁

一顺一丁采用一皮全部顺砖与一皮全部丁砖间隔砌成，上下皮竖缝相互错开 1/4 砖长，如图 3-14（a）所示。这种砌法效率较高，适用于砌一砖、一砖半及二砖墙。

（2）三顺一丁

三顺一丁采用三皮全部顺砖与一皮全部丁砖间隔砌成，上下皮顺砖间的竖缝错开 1/2 砖长；上下皮顺砖与丁砖间的竖缝错开 1/4 砖长，如图 3-14（b）所示。这种砌法因顺砖较多效率较高，适用于砌一砖、一砖半墙。

（3）梅花丁

梅花丁是每皮中丁砖与顺砖相隔，上皮丁砖坐中于下皮顺砖，上下皮间的竖缝相互错开 1/4 砖长，如图 3-14（c）所示。这种砌法内外竖缝每皮都能避开，故整体性较好，灰缝整齐，比较美观，但砌筑效率较低，适用于砌一砖及一砖半墙。

（4）两平一侧

两平一侧采用两皮平砌砖与一皮侧砌的顺砖相隔砌成。当墙厚为 3/4 砖时，平砌砖均为顺砖，上下皮平砌顺砖间的竖缝相互错开 1/2 砖长；上下皮平砌顺砖与侧砌顺砖间的竖缝相互错开 1/2 砖长；平砌层与侧砌层之间相互错开 1/4 砖长。这种砌法比较费工，仅适用于 180mm 和 300mm 厚墙。

（5）全顺式

全顺式是各皮砖均为顺砖，上下皮的竖缝相互错开 1/2 砖长，这种形式仅使用于砌半砖墙。

为了使砖墙的转角处各皮间竖缝相互错开，必须在外角处砌七分头砖（3/4 砖长）。当采用一顺一丁组砌时，七分头的顺面方向依次砌顺砖，丁面方向依次砌丁砖，如图 3-15（a）所示。

砖墙的丁字接头处，应分皮相互砌通，内角相交处竖缝应错开 1/4 砖长，并在横墙端头处加砌七分头砖，如图 3-15（b）所示。

砖墙的十字接头处，应分皮相互砌通，交角处的竖缝应相互错开 1/4 砖长，如图 3-15（c）所示。

（a）一顺一丁

（b）三顺一丁

（c）梅花丁

图 3-14　砖墙组砌形式

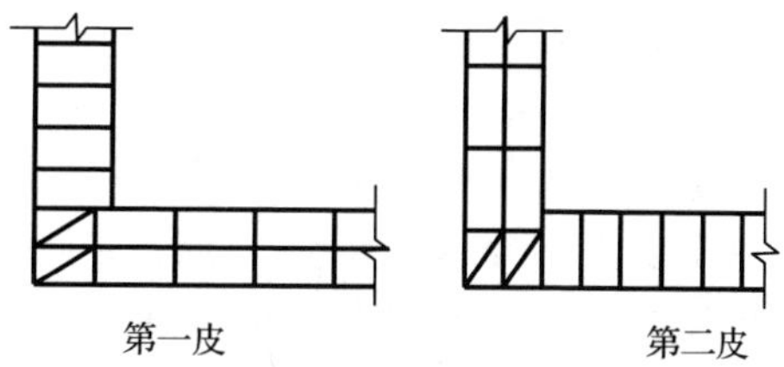

（a）一砖墙转角（一顺一丁）

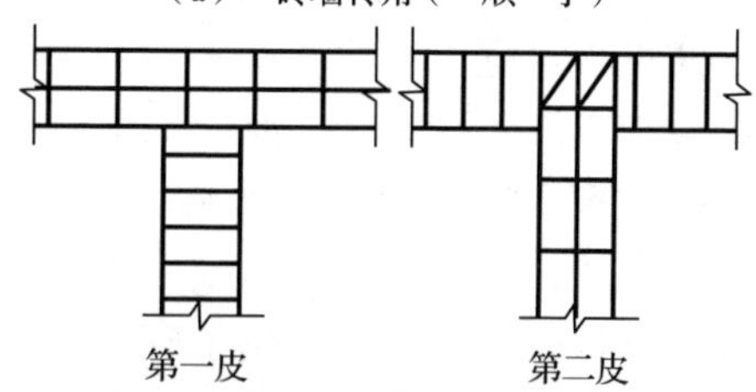

（b）一砖墙丁字交接处（一顺一丁）

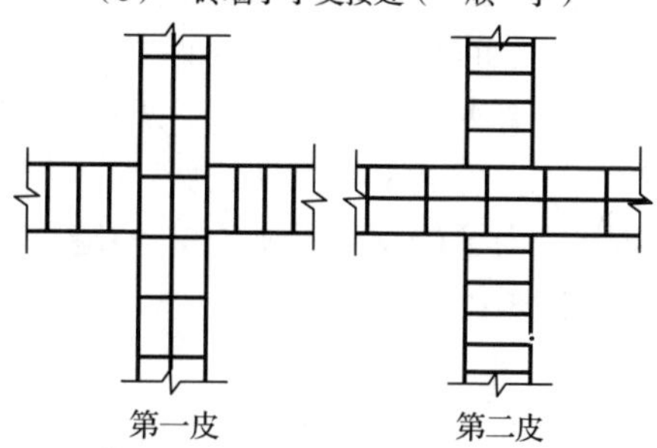

（c）一砖墙十字交接处（一顺一丁）

图 3-15　砖墙交接处组砌

2. 砌筑工艺

砖墙的砌筑一般有抄平、放线、摆砖、立皮数杆、盘角、挂线、砌筑、勾缝等工序。

（1）抄平、放线

砌墙前先在基础防潮层或楼面上定出各层标高，并用水泥砂浆或 C10 细石混凝土找平，然后根据龙门板上标志的轴线，弹出墙身轴线、边线及门窗洞口位置。二楼以上墙的轴线可以用经纬仪或垂球将轴线引测上去。

（2）摆砖

摆砖又称摆脚，指在放线的基面上按选定的组砌方式用干砖试摆。其目的是校对所放出的墨线在门窗洞口、附墙垛等处是否符合砖的模数，以尽可能减少砍砖，并使砌体灰缝均匀，组砌得当。一般在房屋外纵墙方向摆顺砖，在山墙方向摆丁砖，摆砖由一个大角摆到另一个大角，砖与砖之间留 10mm 缝隙。

（3）立皮数杆

皮数杆是指在其上划有每皮砖和灰缝厚度，以及门窗洞口、过梁、楼板等高度位置的一种木制标杆。砌筑时用来控制墙体竖向尺寸及各部位构件的竖向标高，并保证灰缝厚度的均匀性。

皮数杆一般设置在房屋的四大角及纵横墙的交接处。例如，墙面过长时，应每隔 10～15m 立一根皮数杆。皮数杆需用水平仪统一竖立，使皮数杆上的±0.000 与建筑物的±0.000 相吻合，以后就可以向上接皮数杆。

（4）盘角、挂线

盘角是指将大角度的砖块先行盘砌，以初步确定砌块的位置。在砌筑前，通常需要先盘角，每次盘角不要超过 5 层，新盘的大角应及时进行吊、靠。

挂线是指在砌筑过程中挂设线锤，以确保墙面的垂直度和平整度。通过挂线，可以确保砌块按照预定的位置和角度进行砌筑，从而达到预期的建筑效果。

（5）砌筑、勾缝

砌筑操作方法各地不一，但应保证砌筑质量要求。通常采用“二三八一”砌筑法或“三一”砌砖法砌筑。“二三八一”砌筑法中的“二”指 2 种步法，即丁字步和并列步；“三”指 3 种弯腰身法，即侧身弯腰、丁字步弯腰和正弯腰；“八”指 8 种铺浆手法，即砖顺砖时用甩、扣、泼和溜 4 种手法，砌丁砌时用扣、溜、泼和一带二 4 种手法；“一”指一种挤浆动作，即先挤浆揉砖，后刮余浆。“三一”砌砖法，即一块砖、一铲灰、一揉压，并随手将挤出的砂浆刮去的砌筑方法。这两种砌法的优点是灰缝容易饱满、黏结力好、墙面整洁。

勾缝是砌清水墙的最后一道工序，可以用砂浆随砌随勾缝，称为原浆勾缝；也可砌完墙后再用 1∶1.5 水泥砂浆或加色砂浆勾缝，称为加浆勾缝。勾缝具有保护墙面和增加墙面美观的作用，为了确保勾缝质量，勾缝前应清除墙面黏结的砂浆和杂物，并洒水润湿，在砌完墙后，应画出 1cm 的灰槽，灰缝可勾成凹、平、斜或凸形状。勾缝完后应清扫墙面。

3. 施工要点

1）全部砖墙应平行砌起，砖层必须水平，砖层正确位置用皮数杆控制，基础和每楼层砌完后必须校对一次水平、轴线和标高，在允许偏差范围内，其偏差值应在基础或楼板顶面调整。

2）砖墙的水平灰缝和竖向灰缝宽度一般为 10mm，但不小于 8mm，也不应大于 12mm。水平灰缝的砂浆饱满度不得低于 80%，竖向灰缝宜采用挤浆或加浆方法，使其砂浆饱满，严禁用水冲浆灌缝。

3）砖墙的转角处和交接处应同时砌筑。对不能同时砌筑而又必须留槎时，应砌成斜槎，斜槎长度不应小于高度的 2/3，斜槎高度不得超过一步脚手架高，如图 3-16 所示。非抗震设防及抗震设防烈度为 6 度、7 度地区的临时间断处，当不能留斜槎时，除转角处外，可留直槎，但必须做成凸槎，并加设拉结钢筋。拉结钢筋的数量为每 120mm 墙厚放置 1ϕ6mm 拉结钢筋（120mm 厚墙应放置 2ϕ6mm 拉结钢筋）；间距沿墙高不应超过 500mm；埋入长度从留槎处算起每边均不应小于 500mm，对抗震设防烈度为 6 度、7 度的地区，不应小于 1000mm；末端应有 90° 弯钩。直槎如图 3-17 所示。抗震设防地区不得留直槎。

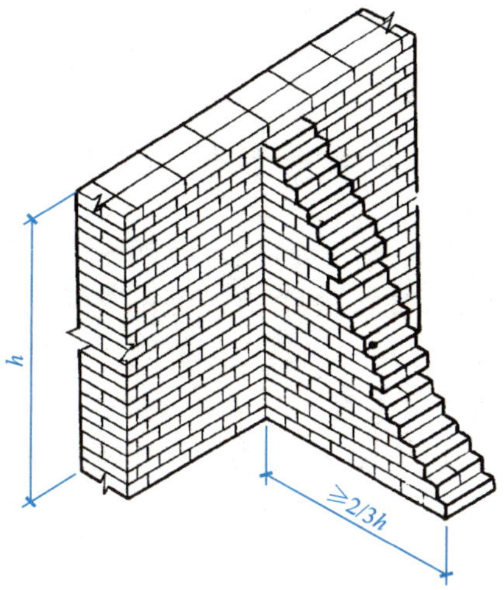

图 3-16　斜槎

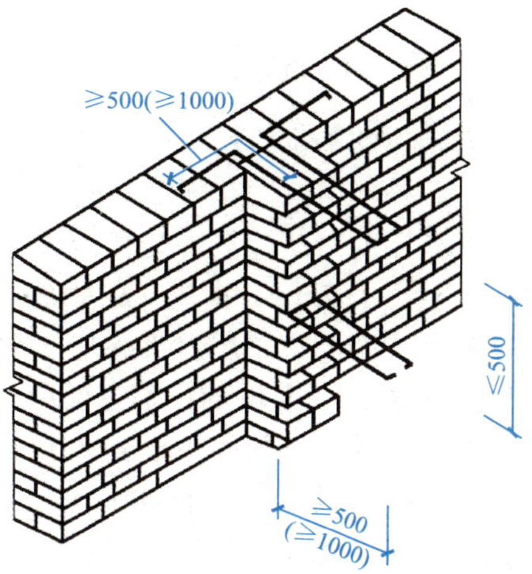

图 3-17　直槎

4）隔墙与承重墙如不同，砌起而又不留成斜槎时，可于承重墙中引出阳槎，并在其灰缝中预埋拉结钢筋，其构造与上述相同，但每道不少于 2 根。抗震设防地区的隔墙，除应留阳槎外，还应设置拉结钢筋。

5）砖墙接槎时，必须将接槎处的表面清理干净，浇水润湿，并应填实砂浆，保持灰缝平直。

6）每层承重墙的最上一皮砖、梁或梁垫的下面及挑檐、腰线等处，应是整砖丁砌。

7）砖墙中留置临时施工洞口时，其侧边离交接处的墙面不应小于 500mm，洞口净宽度不应超过 1m。

8）砖墙相邻工作段的高度差，不得超过一个楼层的高度，也不宜大于 4m。

工作段的分段位置应设在伸缩缝、沉降缝、防震缝或门窗洞口处。砖墙临时间断处的高度差，不得超过一步脚手架的高度。砖墙每天砌筑高度以不超过 1.5m 为宜。

9）在下列墙体或部位中不得留设脚手眼：

① 120mm 厚墙、料石清水墙和独立柱。

② 过梁上与过梁成 60° 的三角形范围及过梁净跨度 1/2 的高度范围内。

③ 宽度小于 1m 的窗间墙。

④ 砌体门窗洞口两侧 200mm（石砌体为 300mm）和转角处 450mm（石砌体为 600mm）范围内。

⑤ 梁或梁垫下及其左右 500mm 范围内。

⑥ 设计不允许设置脚手眼的部位。

⑦ 轻质墙体。

⑧ 夹心复合墙外叶墙。

3.2.3　配筋砌体

配筋砌体是由配置钢筋的砌体作为建筑物主要受力构件的结构。配筋砌体有网状配筋砌体柱、水平配筋砌体墙、砖砌体和钢筋混凝土面层或钢筋砂浆面层组合砌体柱（墙）、砖砌体和钢筋混凝土构造柱组合墙及配筋砌块砌体剪力墙。

1. 配筋砌体的构造要求

配筋砌体的基本构造与砖砌体相同，不再赘述，下面主要介绍构造的不同点。

（1）砖柱（墙）网状配筋的构造

砖柱（墙）网状配筋，是在砖柱（墙）的水平灰缝中配有钢筋网片。钢筋上、下保护层厚度不应小于 2mm。所用砖的强度等级不低于 MU10，砂浆的强度等级不应低于 M7.5，采用钢筋网片时，宜采用焊接网片，钢筋直径宜采用 3～4mm；采用连弯网片时，钢筋直径不应大于 8mm，且网的钢筋方向应互相垂直，沿砌体高度方向交错设置。

钢筋网中的钢筋的间距不应大于 120mm，且不应小于 30mm；钢筋网片竖向间距，不应大于五皮砖，且不应小于 400mm。

（2）组合砖砌体的构造

组合砖砌体是指砖砌体和钢筋混凝土面层或钢筋砂浆面层的组合砌体构件，有组合砖柱、组合砖壁柱和组合砖墙等。

组合砖砌体构件的构造：面层混凝土强度等级宜采用 M20；面层水泥砂浆强度等级不宜低于 M10，砖强度等级不宜低于 MU10，砌筑砂浆的强度等级不宜低于 M7.5；砂浆面层厚度宜采用 30～45 mm，当面层厚度大于 45 mm 时，其面层宜采用混凝土。

（3）砖砌体和钢筋混凝土构造柱组合墙

组合墙砌体宜用强度等级不低于 MU7.5 的普通砌墙砖与强度等级不低于 M5 的砂浆砌筑。

构造柱截面尺寸不宜小于 240mm×240mm，其厚度不应小于墙厚。砖砌体与构造柱的连接处应砌成马牙槎，并应沿墙高每隔 500mm 设 2φ6 拉结钢筋，且每边伸入墙内不宜小于 600mm。柱内竖向受力钢筋，一般采用 HPB235 级钢筋，对于中柱，不宜少于 4φ12mm；对于边柱不宜少于 4φ14mm，其箍筋一般采用 φ6@200mm，楼层上下 500mm 范围内宜采用 φ6@100mm。构造柱竖向受力钢筋应在基础梁和楼层圈梁中锚固。

组合砖墙的施工程序应先砌墙后浇混凝土构造桩。

（4）配筋砌块砌体构造要求

砌块强度等级不应低于 MU10；砌筑砂浆强度等级不应低于 M7.5；灌孔混凝土强度等级不应低于 C20。配筋砌块砌体柱边长不宜小于 400mm；配筋砌块砌体剪力墙厚度连梁宽度不应小于 190mm。

2. 配筋砌体的施工工艺

配筋砌体施工工艺的弹线、找平、排砖撂底、墙体盘角、选砖、立皮数杆、挂线、留槎等施工工艺与普通砖砌体要求相同，下面主要介绍其不同点。

（1）砌砖及放置水平钢筋

砌砖宜采用“二三八一”砌筑法或“三一”砌砖法砌筑，水平灰缝厚度和竖直灰缝宽度一般为 10mm，但不应小于 8mm，也不应大于 12mm。砖墙（柱）的砌筑应达到上下错缝、内外搭砌、灰缝饱满、横平竖直的要求。皮数杆上要标明钢筋网片、箍筋或拉结钢筋的位置，钢筋安装完毕，并经隐蔽工程验收后方可砌上层砖，同时要保证钢筋上下至少各有 2mm 保护层。

（2）砂浆（混凝土）面层施工

组合砖砌体面层施工前，应清除面层底部的杂物，并浇水湿润砖砌体表面。砂浆面层施工从下而上分层施工，一般应两次涂抹，第一次是刮底，使受力钢筋与砖砌体有一定保护层；第二次是抹面，使面层表面平整。混凝土面层施工应支设模板，每次支设高度一般为 50～60cm，并分层浇筑，振捣密实，待混凝土强度达到 30%以上才能拆除模板。

（3）构造柱施工

构造柱竖向受力钢筋，底层锚固在基础梁上，锚固长度不应小于 35*d*（*d* 为竖向钢筋直径），并保证位置正确。受力钢筋接长，可采用绑扎接头，搭接长度为 35*d*，绑扎接头处箍筋间距不应大于 200mm。楼层上下 500mm 范围内箍筋间距宜为 100mm。砖砌体与构造柱连接处应砌成马牙槎，从每层柱脚开始，先退后进，每一马牙槎沿高度方向的尺寸不宜超过 300mm，并沿墙高每隔 500mm 设 2Φ6mm 拉结钢筋，且每边伸入墙内不宜小于 600mm；预留的拉结钢筋应位置正确，施工中不得任意弯折。浇筑构造柱混凝土之前，必须将砖墙和模板浇水湿润（若为钢模板，则不浇水，刷隔离剂），并将模板内落地灰、砖碴和其他杂物清理干净。浇筑混凝土可分段施工，每段高度不宜大于 2m，或每个楼层分两次浇灌，应用插入式振动器，分层捣实。

微课：构造柱施工

构造柱钢筋竖向移位不应超过 100mm，每一马牙槎沿高度方向尺寸不应超过 300mm。钢筋竖向位移和马牙槎尺寸偏差每一构造柱不应超过 2 处。

3.2.4　砌块砌筑

用砌块代替烧结普通砖做墙体材料，是墙体改革的一个重要途径。近几年来，中小型砌块在我国得到了广泛应用。常用的砌块有粉煤灰硅酸盐砌块、混凝土小型空心砌块、煤矸石砌块等。砌块的规格不统一，中型砌块一般高度为 380～940mm，长度为高度的 1.5～2.5 倍，厚度为 180～300mm，每块砌块质量为 50～200kg。

1. 砌块排列

由于中小型砌块体积较大、较重，不如砖块可以随意搬动，多用专门设备进行吊装砌筑，且砌筑时必须使用整块，不像普通砖可随意砍凿，因此，在施工前，须根据工程平面图、立面图及门窗洞口的大小、楼层标高、构造要求等条件，绘制各墙的砌块排列图，以指导吊装砌筑施工。

砌块排列图按每片纵横墙分别绘制，如图 3-18 所示。其绘制方法是在立面上用 1∶50 或 1∶30 的比例绘出纵横墙，然后将过梁、平板、大梁、楼梯、孔洞等在墙面上标出，由纵墙和横墙高度计算皮数，画出水平灰缝线，并保证砌体平面尺寸和高度是块体加灰缝尺寸的倍数，再按砌块错缝搭接的构造要求和竖缝大小进行排列。对砌块进行排列时，注意尽量以主规格砌块为主，辅助规格砌块为辅，减少镶砖。小砌块墙体应对孔错缝搭砌，搭接长度不应小于 90mm。墙体的个别部位无法满足上述要求时，应在灰缝中设置拉结钢筋或钢筋网片，但竖向通缝仍不得超过两皮小砌块。砌块中水平灰缝厚度一般为 10～20mm，有配筋的水平灰缝厚度为 20～25mm；竖缝的宽度为 15～20mm，当竖缝宽度大于 30mm

时，应用强度等级不低于 C20 的细石混凝土填实，当竖缝宽度不小于 150mm 或楼层高不是砌块加灰缝的整数倍时，应用普通砖镶砌。

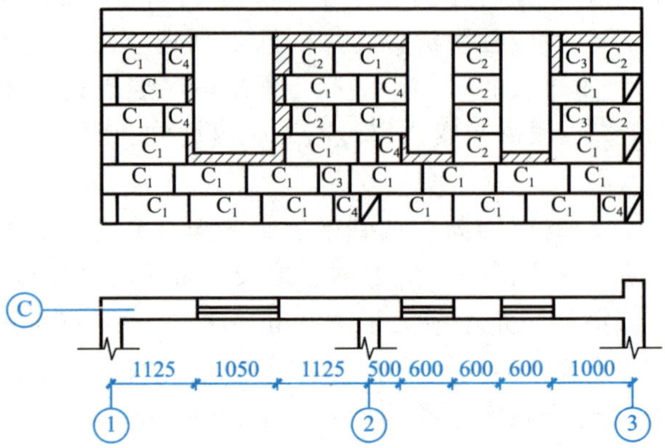

图 3-18　纵横墙砌块排列图

2. 砌块施工工艺

砌块施工的主要工序：铺灰、砌块吊装就位、校正、灌缝和镶砖。

（1）铺灰

砌块墙体所采用的砂浆应具有良好的和易性，其稠度以 50～70mm 为宜，铺灰应平整饱满，每次铺灰长度一般不超过 5m，炎热天气及严寒季节应适当缩短。

（2）砌块吊装就位

砌块安装通常采用两种方案：一是以轻型塔式起重机进行砌块、砂浆的运输，以及楼板等预制构件的吊装，由台灵架吊装砌块；二是以井架进行材料的垂直运输、杠杆车进行楼板吊装，所有预制构件及材料的水平运输则用砌块车和劳动车，台灵架负责砌块的吊装。前者适用于工程量大或两幢房屋对翻流水的情况，后者适用于工程量小的房屋。

砌块的吊装一般按施工段依次进行，其次序为先外后内，先远后近，先下后上，在相邻施工段之间留阶梯形斜槎。吊装时应从转角处或砌块定位处开始，采用摩擦式夹具，按砌块排列图将所需砌块吊装就位。

（3）校正

砌块吊装就位后，用托线板检查砌块的垂直度，拉准线检查水平度，并用撬棍、楔块调整偏差。

（4）灌缝

竖缝可用夹板在墙体内外夹住，然后灌砂浆，用竹片插或铁棒捣，使其密实。当砂浆吸水后用刮缝板把竖缝和水平缝刮齐。灌缝后，一般不应再撬动砌块，以防损坏砂浆黏结力。

（5）镶砖

当砌块间出现较大竖缝或过梁找平时，应镶砖。镶砖砌体的竖直缝和水平缝应控制在 15～30mm。镶砖工作应在砌块校正后即刻进行，镶砖时应注意使砖的竖缝灌密实。

3. 砌块砌体质量检查

砌块砌体质量应符合下列规定：

1）砌块砌体砌筑的基本要求与砖砌体相同，但搭接长度不应少于150mm。

2）外观检查应达到墙面清洁、勾缝密实、深浅一致、交接平整。

3）经试验检查，在每一楼层或250m砌体中，一组试块（每组3块）同强度等级的砂浆或细石混凝土的强度应符合要求。

4）预埋件、预留孔洞的位置应符合设计要求。

知识窗

长城的砌筑工艺与文化启示

长城是我国现存规模最大的文化遗产，是中华民族的精神象征，在中华文明史和中华传统文化史具有不可替代的重要价值和地位。长城文化遗产资源丰富，历史文化底蕴深厚，对于坚定中华民族文化自信具有重要意义和深远影响。

1. 长城砌筑工艺

1）夯砖垒墙：早期修建长城采用就地取材的方法，即夯砖垒墙。

2）青砖砌筑成拱门：关隘大门，多用青砖砌筑成大跨度的拱门，青砖严重风化，但整个城门仍威严屹立，表现出砌筑拱门的高超技术。

3）砌筑城墙：地势坡度较小时，砌筑的砖块或条石与地势平行；地势坡度较大时，用水平跌落的方法来砌筑。

4）内填泥土碎石：墙身由外檐墙和内檐墙构成，内填泥土碎石。

2. 文化启示

当我们登上雄伟的万里长城时，惊叹赞赏之情不禁油然而生。同时也不免疑惑，古时的长城沿线，不是高山深谷，就是沙漠草原，又没有先进的施工机具和运输工具，居庸关、八达岭长城砌墙用的条石有的长达3m，质量为两千多斤（1斤=500g），游人徒手上山尚感到吃力，当时修筑的人们是怎样把这些两千多斤的大条石和大量的石灰运上山去的呢？

根据记载和传说，搬运建筑材料上山的方法大约有以下几种。

一是人力搬运，这是最原始的方法。用人背、肩扛、筐挑、杠子抬把大量的城砖、石灰、石块搬运上山岭。当时的人们还采用了传递的方式，把人排成长队，从山脚下或已修好的一部分城墙上排到山脊上，依次把城砖和小石块一块块传递上去，把石灰一筐筐、一挑挑传递上去，减少了来回跑路，提高了运输的效率。

二是简单机具运输。手推小车用在比较平缓的山坡之上，滚木和撬棍用于运送上千斤的大石，在山上还安置了绞盘，把巨大石块绞上山脊，在深沟狭谷还采用了“飞筐走索”的办法，即把砖瓦石灰装在筐内从两岸拉固的绳索上滑溜过去，大大地节约了劳动力。

三是利用动物运输，如善于爬山的山羊和毛驴。把盛满了石灰的筐挎在毛驴背上或山羊角上，代替人力运输。总之想尽了一切办法，利用了一切条件。但是，大量汉长城遗址的运输和修筑工作还是靠人力来完成的。

在生产力落后的古代，巨大的建筑工程是以劳动者的血泪和生命为代价的。为了修筑长城，不知多少劳动人民丧失了生命。千百年来，不少文人用诗词歌谣等形式，揭示了劳动人民对奴役筑城的愤怨。汉朝陈琳的《饮马长城窟行》中写道：“生男慎莫举，生女哺用脯。君独不见长城下，死人骸骨相撑拄。”唐朝贯休的《杞梁妻》中写道：“秦之无道兮四海枯，筑长城兮遮北胡。筑人筑土一万里，杞梁贞妇啼呜呜。上无父兮中无夫，下无子兮孤复孤。一号城崩塞色苦，再号杞梁骨出土。”明朝尹耕的《修边谣》写道：“去年修边君莫喜，血作边墙墙下水。今年修边君莫忧，石作边墙墙上头。边墙上头多冻雀，侵晓霜明星渐落。人生谁不念妻孥，畏此营门双画角。”这些诗词歌谣所反映的正是劳动人民反抗控诉的一面。

两千多年来，我国古代劳动人民在完成万里长城这一伟大工程时，发挥了出众的聪明才智，不仅在规划设计上“因地形，用险制塞”，完成了设防的需要，而且在施工管理、材料供应、施工方法等方面都有着重大的发明创造，克服各种困难，完成了艰巨的任务。所以说万里长城是中国古代劳动人民用血汗和智慧筑成的历史丰碑。

任务 3.3 填充墙砌体工程施工

在框架结构的建筑中，墙体一般只起围护与分隔的作用。填充墙常用体轻、保温性能好的烧结空心砖或小型空心砌块砌筑，其施工方法和施工工艺与一般砌体施工有所不同。

3.3.1 基本要求

砌体和块体材料的品种、规格、强度等级必须符合图纸设计要求，规格尺寸应一致，质量等级必须符合标准要求，并应有出厂合格证明、试验报告单；蒸压加气混凝土砌块和轻骨料混凝土小型砌块砌筑时的产品龄期应超过28d。蒸压加气混凝土砌块和轻骨料混凝土小型砌块应符合《建筑材料放射性核素限量》（GB 6566—2010）的规定。

填充墙砌体应在主体结构及相关分部已施工完毕，并经有关部门验收合格后进行。砌筑前，应认真熟悉图纸及相关构造、材料要求，核实门窗洞口位置和尺寸，计算窗台及过梁、圈梁顶部标高，并根据设计图纸及工程实际情况，编制出专项施工方案和施工技术交底。

3.3.2 填充墙砌体施工工艺

1. 基层清理

在砌筑砌体前应对墙基层进行清理，将基层上的浮浆灰尘清扫干净并浇水湿润。块材的湿润程度应符合规范及施工要求。

2. 施工放线

放出每一楼层的轴线、墙身控制线和门窗洞的位置线。在框架柱上弹出标高控制线以控制门窗上的标高及窗台高度，施工放线完成后，应经验收合格，方能进行墙体施工。

3. 墙体拉结钢筋

墙体拉结钢筋有多种留置方式，目前主要采用预埋钢板再焊接拉结钢筋、用膨胀螺栓固定预先焊在铁板上的预留拉结钢筋及采用植筋方式埋设拉结钢筋等方式。

1）采用焊接方式连接拉结钢筋，单面搭接焊的焊缝长度应大于等于 10*d*，双面搭接焊的焊缝长度应大于等于 5*d*。焊接不应有边、气孔等质量缺陷，并进行焊接质量检查验收。

2）采用植筋方式埋设拉结钢筋，埋设的拉结钢筋位置较为准确，操作简单、不伤结构，但应通过抗拔试验。

4. 构造柱钢筋

在填充墙施工前应先将构造柱钢筋绑扎完毕，构造柱竖向钢筋与原结构上预留插孔的搭接绑扎长度应满足设施要求。

5. 立皮数杆、排砖

1）在皮数杆上标出砌块的皮数及灰缝厚度，并标出窗、洞及墙梁等构造标高。

2）根据要砌筑的墙体长度、高度试排砖，摆出门、窗及预留洞的位置。

3）外墙壁第一皮砖撂底时，横墙应排丁砖，梁及梁垫的下面一皮砖、窗台等阶水平面上的一皮砖应用丁砖砌筑。

6. 填充墙砌筑

微课：填充墙施工

（1）拌制砂浆

1）砂浆配合比应用质量比，计量精度为水泥±2%，砂及掺和料±5%，砂应计入其含水量对配料的影响。

2）宜用机械搅拌，投料顺序为砂→水泥→掺和料→水，搅拌时间不少于 2min。

3）砂浆应随拌随用，水泥或水泥混合砂浆一般在拌和后 3～4h 内用完，气温在 30℃以上时，应在 2～3h 内用完。

（2）喷水湿润

砖或砌块应提前 1～2d 浇（喷）水湿润，湿润程度以达到水浸润砖体 15mm 为宜，烧结空心砖相对含水率宜为 60%～70%，不能在砌筑时临时浇水，严禁干砖上墙，严禁在砌筑后向墙体洒水；蒸压加气混凝土砌块相对含水率宜为 40%～50%，应在砌筑前喷水湿润。

（3）砌筑墙体

1）砌筑蒸压加气混凝土砌块和轻骨料混凝土小型空心砌块填充墙时，墙底部应砌 200mm 高烧结普通砖、多孔砖或普通混凝土空心砌块或浇筑 150mm 高混凝土坎台，混凝土强度等级宜为 C20。

2）填充墙砌筑必须内外搭接、上下错缝、灰缝平直、砂浆饱满。操作过程中要经常进行自检，如有偏差，应随时纠正，严禁事后采用撞砖纠正。

3）填充墙砌筑时，除构造柱的部位外，墙体的转角处和交接处应同时砌筑，严禁无可靠措施的内外墙分砌施工。

4）填充墙砌体的灰缝厚度和宽度应正确。空心砖、轻骨料混凝土小型空心砌块的砌体灰缝应为 8～12mm，蒸压加气混凝土砌块砌体的水平灰缝厚度、竖向灰缝宽度分别为 15mm 和 20mm。

5）墙体一般不留槎，如必须留置临时间断处，应砌成斜槎，斜槎长度不应小于高度的 2/3；施工不能留成斜槎时，除转角处外，可于墙中引出直凸槎（抗震设防地区不得留直槎）。直槎墙体每间隔高度小于等于 500mm，应在灰缝中加设拉结钢筋，拉结钢筋数量按 120mm 墙厚放一根 Φ6mm 的钢筋，埋入长度从墙的留槎处算起，两边均不应小于 500mm，末端应有 90° 弯钩；拉结钢筋不得穿过烟道和通气管。

6）砌体接槎时，必须将接槎处的表面清理干净，浇水湿润，并应填实砂浆，保持灰缝平直。

7）填充墙砌至近梁、板底时，应留一定空隙，待填充墙砌筑完并应至少间隔 7d 后，再将其补砌挤紧。

8）木砖预埋：木砖经防腐处理，木纹应与钉子垂直，埋设数量按洞口高度确定；洞口高度小于等于 2m，每边放 2 块；高度在 2～3m 时，每边放 3～4 块。预埋木砖的部位一般在洞口上下四皮砖处开始，中间均匀分布或按设计预埋。

9）设计墙体上有预埋、预留的构造，应随砌随留、随复核，确保位置正确构造合理。不得在已砌筑好的墙体中打洞；墙体砌筑时，不得搁置脚手架。

10）凡穿过砌块的水管，应严格防止渗水、漏水。在墙体内敷设暗管时，只能垂直埋设，不得水平开槽，敷设应在墙体砂浆达到强度后进行。混凝土空心砌块预埋管应提前专门做有预埋槽的砌块，不得在墙上开槽。

11）加气混凝土砌块切锯时应用专用工具，不得用斧子或瓦刀任意砍劈，洞口两侧应选用规则整齐的砌块砌筑。

知识窗

砌筑工程的安全与防护措施

1）在砌筑操作前，必须检查施工现场各项准备工作是否符合安全要求，如道路是否畅通，机具是否完好牢固，安全设施和防护用品是否齐全，经检查符合要求后方可施工。

2）施工人员进入现场必须佩戴安全帽。砌基础时，应检查和注意基坑土质的变化情况。砖石材料应堆放在距坑边 1m 以上的位置。砌墙高度超过地坪 1.2m 以上时，应搭设脚手架。脚手架上堆放的材料不得超过规定荷载值，堆砖高度不得超过三皮侧砖，同一块脚手板上的操作人员不得超过两人。应按规定搭设安全网。

3）禁止站在墙顶上做划线、刮缝、清扫墙面或检查垂直度等工作。禁止在脚手板上使用不稳固的工具或物体进行垫高操作。

4）砍砖时应面向墙面，工作完毕后应将脚手板和砖墙上的碎砖、灰浆清扫干净，防止掉落伤人。禁止在正在砌筑的墙上行走。禁止站在墙上做划线、刮缝、吊线等工作。山墙砌筑完成后，应立即安装桁条或临时支撑，防止倒塌。

5）雨天或每日下班时，应做好防雨准备，以防雨水冲走砂浆，致使砌体倒塌。冬期施工时，脚手板上如有冰霜或积雪，应先清除后再进行作业。

6）砌石墙时，禁止在墙顶或架上修石材，以免墙体振动影响质量或石片掉落伤人。禁止徒手移动上墙的石块，以免压破或擦伤手指。禁止在超过胸部的墙上勉强进行砌筑，以免将墙体碰撞倒塌或上石时失手掉落造成安全事故。石块不得往下掷。运送石块时，脚手板应钉装牢固，并设置防滑条及扶手栏杆。

7）对于有部分破裂和脱落危险的砌块，严禁起吊。起吊砌块时，严禁将砌块停留在操作人员的上方或在空中进行整修。砌块吊装时，不得在下一层楼面上进行其他工作。卸下砌块时应避免冲击，砌块应尽量堆放在楼板两端，不得超过楼板的承重能力。砌块吊装就位时，应待砌块稳固后，方可松开夹具。

8）脚手架、井架、门架搭设完成后，须经专人验收合格后方可使用。

巩固与提升

1．简述砌筑用脚手架的作用及基本要求。

2．简述外脚手架的类型、构造各有何特点，适用范围怎样，在搭设和使用时应注意哪些问题。

3．脚手架的支撑体系包括哪些？如何设置？

4．常用里脚手架有哪些类型？其特点怎样？

5．脚手架的安全防护措施有哪些内容？

6．砌筑工程中的垂直运输机械主要有哪些？设置时要满足哪些基本要求？

7. 砌筑用砂浆有哪些种类？适用于什么场合？对砂浆制备和使用有什么要求？砂浆强度检验如何规定？

8．砌筑用砖有哪些种类？其外观质量和强度指标有什么要求？

9．砌体工程质量有哪些要求？影响其质量的因素有哪些？

10．砖墙砌体主要有哪几种砌筑形式？各有何特点？

11．简述砖墙砌筑的施工工艺和施工要点。

12．皮数杆有何作用？如何布置？

13．什么是“三一”砌砖法？其优点是什么？

14．如何绘制砌块排列图？简述砌块的施工工艺。

15．砌筑工程中的安全防护措施有哪些？

项目4 混凝土结构工程施工

项目导读

钢筋混凝土工程已成为建筑工程施工中的主要工种工程之一。钢筋混凝土结构施工形式包括现场浇筑、预制装配和部分预制部分现浇等。混凝土结构工程应用较普遍，经济较发达地区采用更多。混凝土结构工程一般由模板工程、钢筋工程和混凝土工程组成。现浇钢筋混凝土结构施工是将柱、墙（剪力墙、电梯井）、梁、板（板也可以预制）等构件在现场按施工图浇筑成为整体结构。

学习目标

知识目标

1. 熟悉模板的类型及特点。
2. 掌握组合模板的安装与拆除方法及要求。
3. 掌握模板的质量验收标准及检测方法。
4. 掌握钢筋的安装方法、要求及质量验收标准。
5. 掌握混凝土的施工工艺、质量验收标准及检测方法。
6. 了解预制构件的制作工艺及要求。
7. 掌握混凝土结构施工的安全技术。

能力目标

1. 能进行钢筋的配料计算、混凝土的配料计算。
2. 能正确选择混凝土施工机械。
3. 能指导混凝土工程的施工及质量检测。

素养目标

1. 树立规范意识、安全意识，严格按照操作规程作业。
2. 强化质量意识、效率意识，精益求精，讲求实效。
3. 传承鲁班文化，弘扬工匠精神。

思维导图

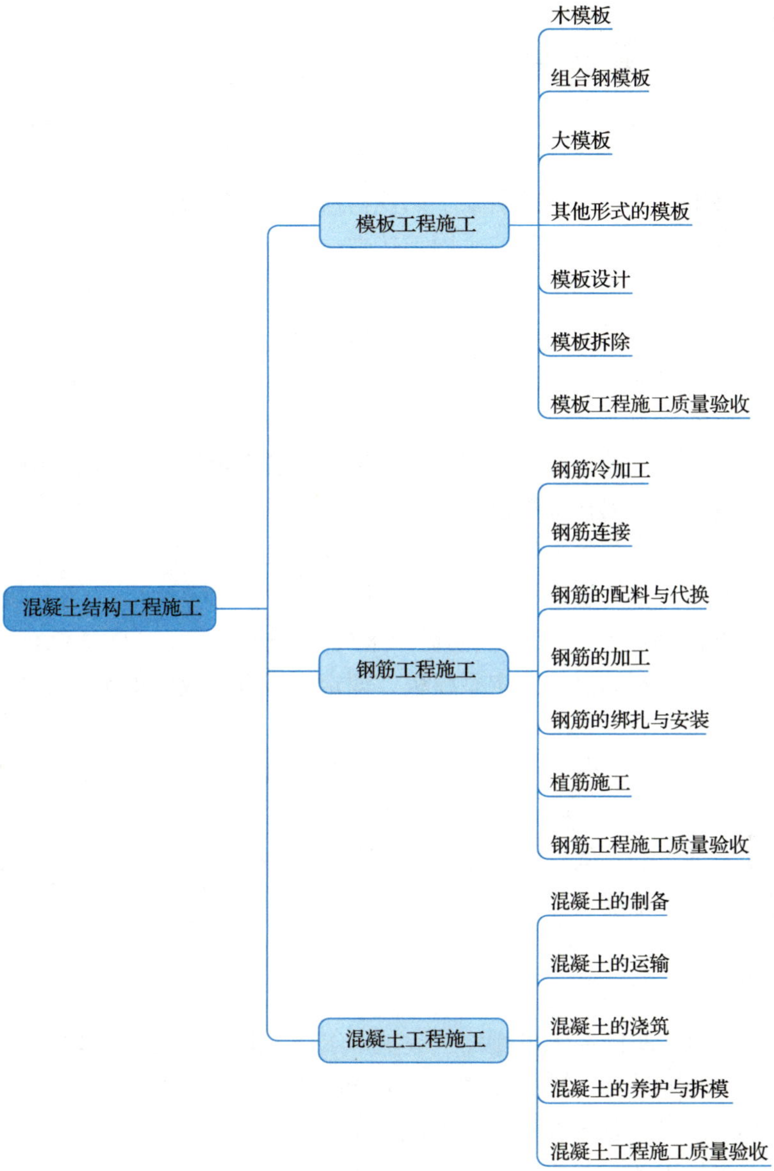
混凝土结构工程施工
模板工程施工
木模板
组合钢模板
大模板
其他形式的模板
模板设计
模板拆除
模板工程施工质量验收
钢筋工程施工
钢筋冷加工
钢筋连接
钢筋的配料与代换
钢筋的加工
钢筋的绑扎与安装
植筋施工
钢筋工程施工质量验收
混凝土工程施工
混凝土的制备
混凝土的运输
混凝土的浇筑
混凝土的养护与拆模
混凝土工程施工质量验收

任务 4.1 模板工程施工

模板是使混凝土结构和构件按所要求的几何尺寸成型的模型板。模板系统包括模板和支架系统两大部分，此外尚须适量的紧固连接件。在现浇钢筋混凝土结构施工过程中，对模板的要求是保证工程结构各部分形状尺寸和相互位置的正确性，具有足够的承载能力、刚度和稳定性，构造简单，装拆方便。接缝不得漏浆，经济。模板工程量大，材料和劳动力消耗多，正确选择模板形式、材料及合理组织施工对加速现浇钢筋混凝土结构施工和降低工程造价具有重要作用。

模板按所用的材料不同，分为木模板、钢模板、胶合板模板、钢木模板、钢竹模板、塑料模板、玻璃钢模板、铝合金模板等。

按模板的形状不同，分为平面模板和曲面模板。

按施工工艺不同，分为组合式模板（如木模板、组合钢模板）、工具模板（如大模板、滑模、爬模、飞模、模壳等）、胶合板模板和永久性模板。

按模板的规格形式不同，分为定型模板（即定型组合模板，如小钢模板）和非定型模板（散装模板）。

按模板结构的类型不同分为基础模板、柱模板、楼板模板、墙模板、壳模板和烟囱模板等。

按模板的使用特点分为固定式、拆移式、移动式和滑动式。固定式用于现浇特殊部位，不能重复使用，后 3 种都能重复使用。

4.1.1 木模板

木模板一般在木工车间或木工棚加工成基本组件（拼板），然后在现场进行拼装。拼板（图 4-1）由板条用拼条钉成，板条厚度一般为 25～50mm，宽度不宜超过 200mm（工具式模板不超过 150mm），以保证在干缩时缝隙均匀，浇水后易于密缝，受潮后不易翘曲，梁底的拼板由于承受较大的荷载要加厚至 40～50mm。拼板的拼条根据受力情况可以平放也可以立放。拼条间距取决于所浇筑混凝土的侧压力和板条厚度，一般为 400～500mm。

1. 基础模板

基础模板的特点是高度不高，但体积较大。当土质良好时，可以不用侧模，采取原槽灌注，但通常需要支模板。安装时，要保证上、下模板不发生相对位移。如有杯口，还要在其中放入杯口模板。阶梯形基础模板如图 4-2 所示。

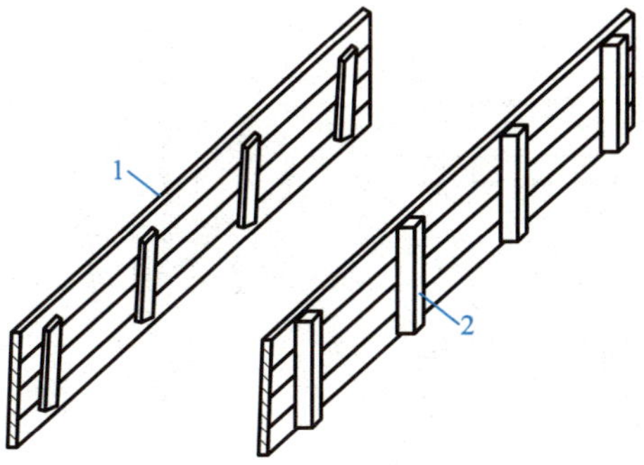

1—板条；2—拼条。

图 4-1　拼板的构图

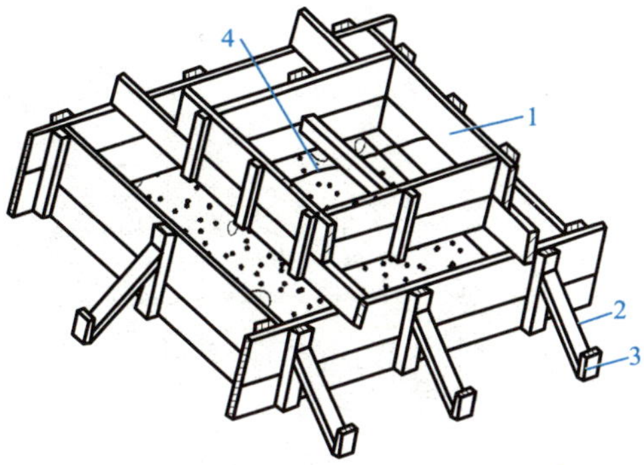

1—拼板；2—斜撑；3—木桩；4—钢丝。

图 4-2　阶梯形基础模板

2. 柱模板

柱模板由两块相对的内拼板夹在两块外拼板之间拼成（图 4-3），也可用短横板（门子板）代替外拼板钉在内拼板上。

柱模板的特点是断面、尺寸不大但比较高。因此，柱模板主要解决垂直度、柱模板在施工时的侧向稳定及抵抗混凝土的侧压力的问题。同时，也应考虑方便灌注混凝土、清理垃圾与钢筋绑扎配合等问题。柱模板的底部开有清理孔，以便清理模板内的垃圾，沿高度每隔约 2m 开有灌注口（亦是振捣口），柱底一般采用一个木框用以固定柱子的水平位置。

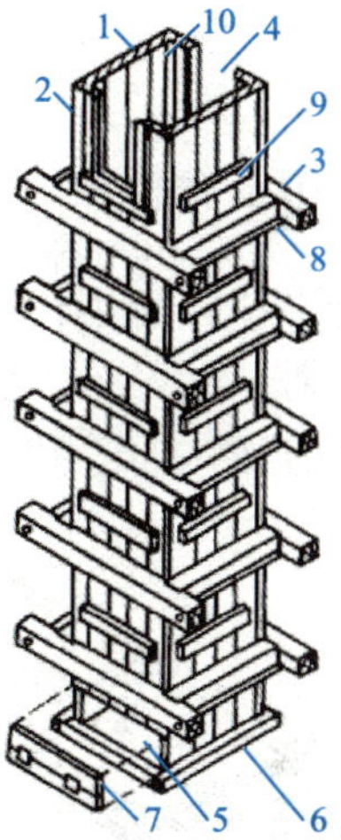

1—内拼板；2—外拼板；3—柱箍；4—梁缺口；5—清理孔；6—木框；7—盖板；8—拉紧螺栓；9—拼条；10—三角板。

图 4-3　方形柱模板

3. 梁模板

梁模板由底模板和侧模板等组成。梁底模板承受垂直荷载，一般较厚，下面有支架（琵琶撑）支撑。支架的立柱最好做成可以伸缩的，以便调整高度，底部应支承在坚实的地面、楼面或垫以木板。在多层框架结构施工中，应使上层支架的立柱对准下层支架的立柱。支架间应用水平和斜向拉杆拉牢，以增强整体稳定性，当层间高度大于 5m 时，宜选桁架作模板的支架，以减少支架的数量。梁侧模板主要承受混凝土的侧压力，底部用钉在支架顶部的夹条夹住，顶部可由支承楼板的搁栅或支撑顶住。高大的梁，可在侧板中上位置用钢丝或螺栓相互撑拉，梁跨度等于及大于 4m 时，底模应起拱，如设计无要求，起拱高度宜为全跨长度的 1/1000～3/1000。梁及楼板模板如图 4-4 所示。

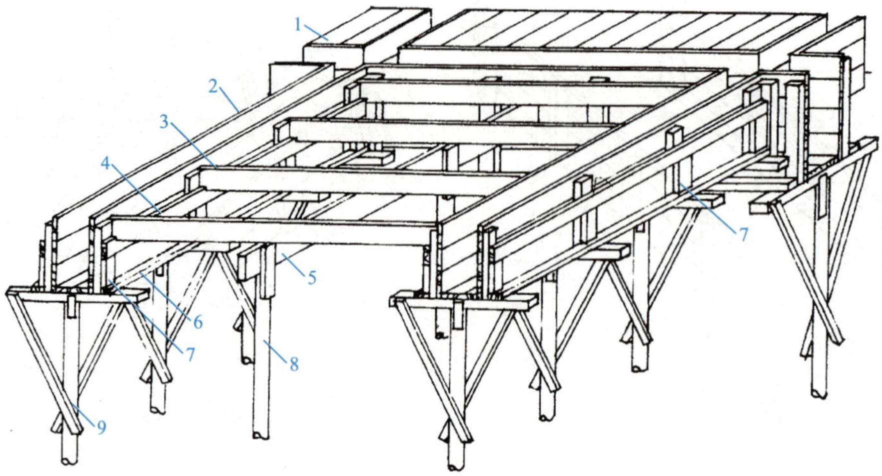

1—楼板模板；2—梁侧模板；3—搁栅；4—横档；5—牵档；6—夹条；7—短撑；8—牵杠撑；9—支撑。

图 4-4　梁及楼板模板

4.1.2　组合钢模板

组合钢模板由钢模板和配件两大部分组成，它可以拼成不同尺寸、不同形状的模板，以适应基础、柱、梁、板、墙施工的需要，如图 4-5 所示。组合钢模板尺寸适中，轻便灵活，装拆方便，既适用于人工装拆，也可预拼成大模板、台模等，然后用起重机吊运安装。

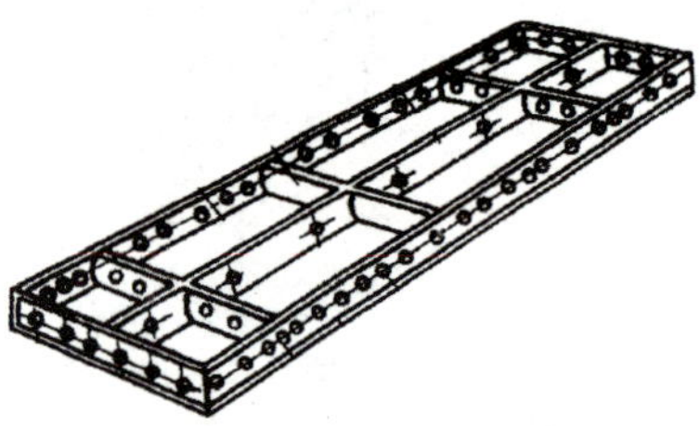

（a）平面模板

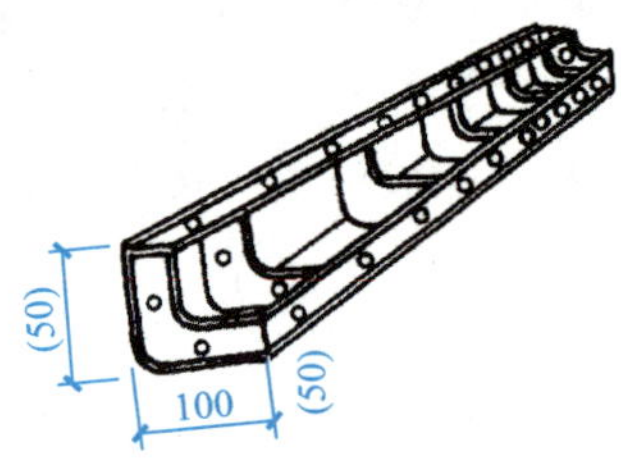

（b）阴角模板

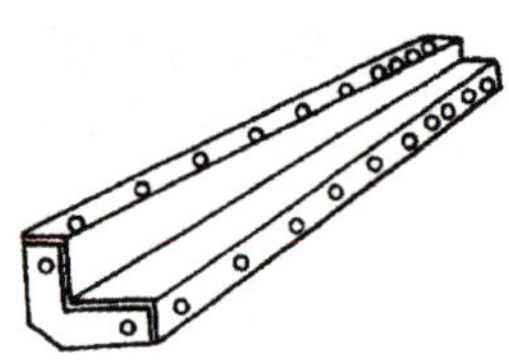

（c）阳角模板

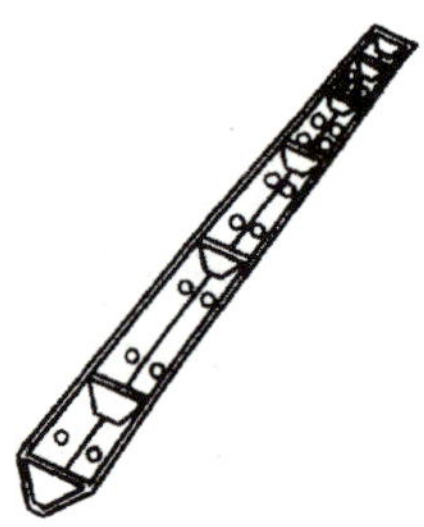

（d）连接角模板

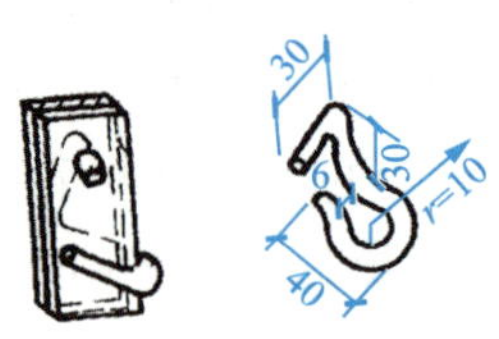

（e）U形卡

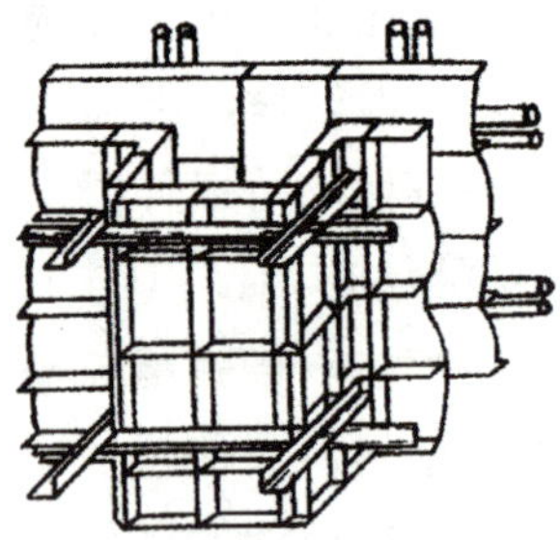

（f）附墙柱模

图 4-5　组合钢模板

1．钢模板

钢模板有通用模板和专用模板两类。通用模板包括平面模板、阴角模板、阳角模板和连接角模板；专用模板包括倒棱模板、梁腋模板、柔性模板、搭接模板、可调模板及嵌补模板。这里主要介绍常用的平面模板。平面模板由面板、边框、纵横肋构成，如图 4-5（a）所示。边框与面板常用 2.5～3.0mm 厚钢板冷轧冲压整体成型，纵横肋用 3mm 厚扁钢与面板及边框焊成。为便于连接，边框上有连接孔，边框的长向及短向孔距均一致，以便横竖都能拼接。平模的长度有 1800mm、1500mm、1200mm、900mm、750mm、600mm、450mm 共 7 种规格，宽度有 100～600mm（以 50mm 进级）11 种规格，因而可组成不同尺寸的模板。在构件接头处（如柱与梁接头）及一些特殊部位，可用专用模板嵌补。不足模数的空缺也可用少量木模板补缺，用钉子或螺栓将方木与平面模板边框孔洞连接。阴、阳角模板用以成型混凝土结构的阴、阳角，连接角模板用作两块平模拼成 90° 的连接件。

2. 钢模配板

采用组合钢模板时，同一构件的模板展开可用不同规格的钢模板做多种方式的组合排列，因而形成不同的配板方案。配板方案对支模效率、工程质量和经济效益都有一定影响。合理的配板方案应满足：钢模板块数少，木模板嵌补量少，并能使支承件布置简单，受力合理。配板原则如下：

1）优先采用通用规格及大规格的模板，这样模板的整体性好，又可以减少装拆工作。

2）合理排列模板。宜以其长边沿梁、板、墙的长度方向或柱的方向排列，以利用长度规格大的钢模板，并扩大钢模板的支承跨度。如结构的宽度恰好是钢模板长度的整倍，也可将钢模板的长边沿结构的短边排列。模板端头接缝宜错开布置，以提高模板的整体性，并使模板在长度方向易保持平直。

3）合理使用角模板。对无特殊要求的阳角，可不用阳角模板，而用连接角模板代替。阴角模板宜用于长度大的阴角，柱头、梁口及其他短边转角（阴角）处，可用方木嵌补。

4）便于模板支承件（钢楞或桁架）的布置。对面积较方整的预拼装大模板及钢模端头接缝集中在一条线上时，直接支承钢模板的钢楞，其间距布置要考虑接缝位置，应使每块钢模板都有两道钢楞支承。对端头错缝连接的模板，其直接支承钢模板的钢楞或桁架的间距，可不受接缝位置的限制。

3. 支承件

支承件包括柱箍、梁托架、钢楞、桁架、钢管顶撑及钢管支架。柱箍可用角钢、槽钢制作，也可采用钢管及扣件组成。梁侧托架用来支托梁底模和夹模。梁托架可用钢管或角钢制作，其高度为 500～800mm，宽度达 600mm，可根据梁的截面尺寸进行调整，高度较大的梁，可用对拉螺栓或斜撑固定两边侧模。支托桁架有整体式和拼接式两种，拼接式桁架可由两个半榀桁架拼接，以适应不同跨度的需要，如图 4-6 所示。

钢管顶撑由套管及插管组成（图 4-7），其高度可借插销粗调，借螺旋微调。钢管支架由钢管及扣件组成，支架柱可用钢管对接（用对接扣连接）或搭接（用回转扣连接）接长。支架横杆步距为 1000～1800mm。钢管顶撑或支架支柱可按偏心受压杆计算。

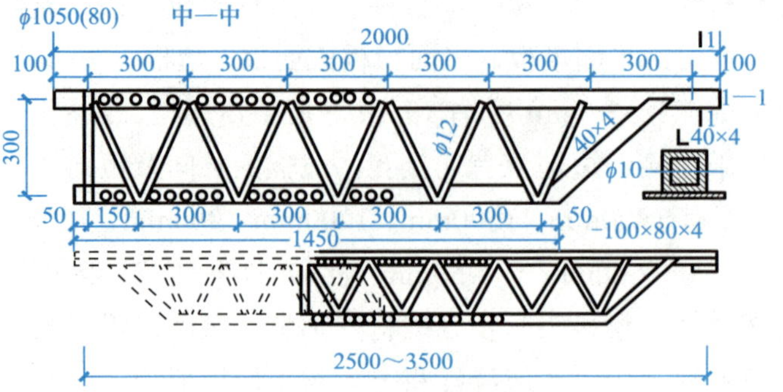

图 4-6　支托桁架

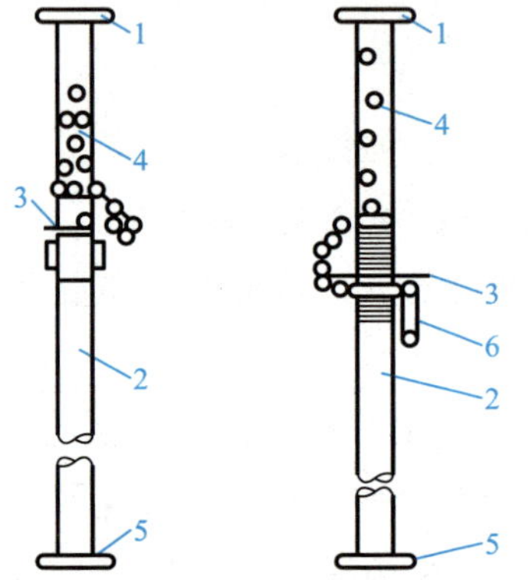

（a）对接扣连接　　（b）回转扣连接

1—顶板；2—套管；3—转盘；4—插管；5—底板；6—转动手柄。

图 4-7　钢管顶撑

4.1.3　大模板

微课：剪力墙模板安装施工

大模板是指单块模板的高度相当于楼层的层高，宽度约等于房间的宽度或进深的大块定型模板，可用作现浇钢筋混凝土墙体的侧模，是一种大型工具式模板。

大模板简化了模板的安装和拆除工序，工效高、劳动强度低、墙面平整、质量好，因而在剪力墙结构的高层建筑（包括内、外墙全现浇体系和外墙用预制板、内墙现浇体系）中得到了广泛的应用。

但是大模板的一次投资大、通用性较差。为了增加其利用率，在设计上应减少房间开间和进深尺寸的种类，并符合一定模数，层高和墙厚应固定。外墙预制、内墙现浇的建筑应力求体型简单，加强墙与墙及墙与板之间的连接，并采取加强建筑物整体性和提高其抗震能力的措施。

大模板由面板、次肋、主肋、支撑桁架、稳定机构及附件组成，其构造如图 4-8 所示。

大模板的附件有操作平台、穿墙螺栓和其他附属连接件。大模板亦可用组合钢模板拼成，用后拆卸仍可用于其他构件。

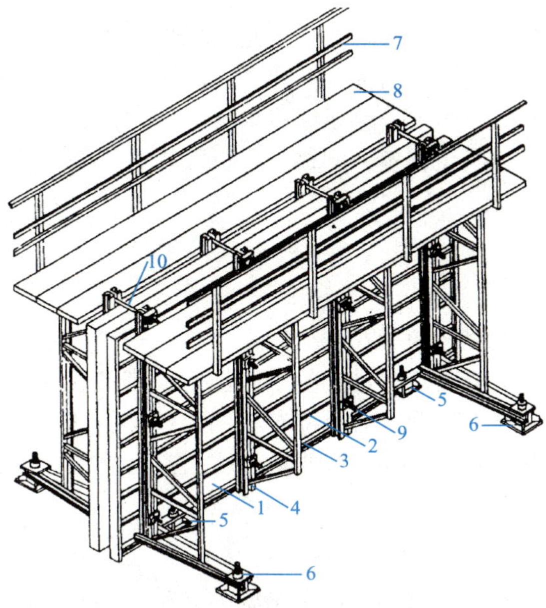

1—面板；2—水平加劲肋；3—支撑桁架；4—竖楞；5—调整水平度的螺旋千斤顶；6—调整垂直度的螺旋千斤顶；
7—栏杆；8—脚手板；9—穿墙螺栓；10—固定卡具。

图 4-8　大模板构造示意图

4.1.4　其他形式的模板

1. 台模

台模是一种大型工具模板，用于浇筑楼板。台模是由面板、纵梁、横梁和台架等组成的一个空间组合体。台架下装有轮子，以便移动。有的台模没有轮子，用专用运模车移动。台模尺寸应与房间单位相适应，一般是一个房间一个台模。施工时，先施工内墙墙体，然后吊入台模，浇筑楼板混凝土。脱模时，将台架下降，将台模推出墙面放在临时挑台上，用起重机吊至下一单元使用。楼板施工后再安装预制外墙板。

目前国内常用台模有用多层板作面板、铝合金型钢加工制成的桁架式台模；用组合钢模板、扣件式钢管脚手架、滚轮组装成的移动式台模。利用台模浇筑楼板可省去模板的装拆时间，能节约模板材料和降低劳动消耗，但一次性投资较大，且须大型起重机械配合施工。

2. 隧道模

隧道模采用由墙面模板和楼板模板组合成可以同时浇筑墙体和楼板混凝土的大型工具式模板，能将各开间沿水平方向逐间整体浇筑，故施工的建筑物整体性好、抗震性能好、节约模板材料，施工方便。但由于模板用钢量大、笨重、一次投资大等原因，国内较少采用。

3. 永久性模板

永久性模板在钢筋混凝土结构施工时起模板作用，当浇筑的混凝土结硬后模板不再取出而成为结构本身的组成部分。最初人们就是在厚大的水工建筑物上用钢筋混凝土预制薄板作为永久性模板的。房屋建筑工程中各种形式的压型钢板（波形、密肋形等）、预应力钢筋混凝土薄板作为永久性模板，已在一些高层建筑楼板施工中推广应用。薄板铺设后稍加支撑，然后在其上铺放钢筋，浇筑混凝土形成楼板，施工简便，效果较好。

模板是钢筋混凝土工程中的一个重要组成部分，国内外都很重视，新型模板也不断出现，除上述各种类型模板外，还有各种爬模、早拆模板、提模、简易滑模、装饰模板、塑料模板、塑料模壳和各种专门用途的模板等。

4.1.5 模板设计

模板及其支架应根据工程结构形式、荷载大小、地基土类别、施工设备和材料供应等条件进行设计。模板及其支架应具有足够的承载能力、刚度和稳定性，能可靠地承受浇筑混凝土的重量、侧压力及施工荷载。对重要结构的模板、特殊形式的模板、超出适用范围的一般模板，应该进行设计或验算以确保质量和施工安全，防止浪费。

4.1.6 模板拆除

现浇混凝土结构模板的拆除日期取决于结构的性质、模板的用途和混凝土硬化速度。及时拆模，可提高模板的周转，为后续工作创造条件。如过早拆模，因混凝土未达到一定强度，过早承受荷载会产生变形甚至会造成重大的质量事故。

1. 模板拆除规定

1）非承重模板（如侧板）应在混凝土强度能保证其表面及棱角不因拆除模板而受损坏时，方可拆除。

2）承重模板应在与结构同条件养护的试块达到如表 4-1 所示规定的强度时，方可拆除。

表 4-1 整体式结构拆模时所需的混凝土强度

项次	结构类型	结构跨度/m	按设计混凝土强度的标准值百分率计/%
1	板	≤2	≥50
		>2，≤8	≥75
		>8	≥100
2	梁、拱、壳	≤8	≥75
		>8	≥100
3	悬臂梁构件		≥100

注：如需预先估计拆模时间，可参考温度、龄期对混凝土强度的影响参考曲线，如图 4-9 所示。

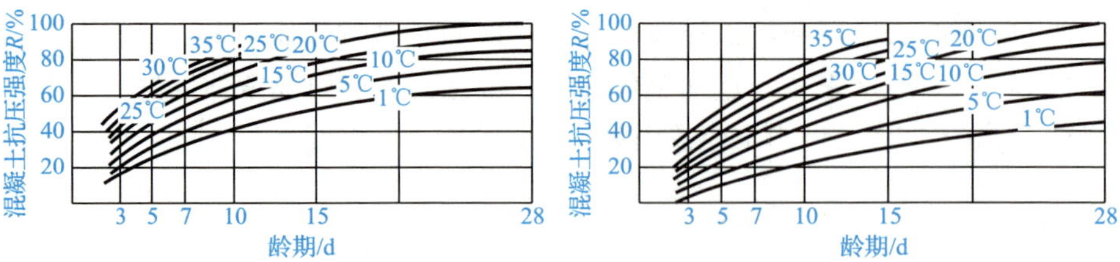

（a）用强度等级32.5普通水泥拌制的混凝土　（b）用强度等级32.5矿渣水泥拌制的混凝土

图 4-9 温度、龄期对混凝土抗压强度的影响参考曲线

3）在拆除模板过程中，当发现混凝土有影响结构安全的质量问题时，应暂停拆除。经过处理后，方可继续拆除。

4）已拆除模板及其支架的结构，应在混凝土强度达到设计强度后才允许承受全部计算荷载。当承受施工荷载大于计算荷载时，必须经过核算，加设临时支撑。

2. 拆除模板注意事项

1）拆模时不要用力过猛，拆下来的模板要及时运走、整理、堆放，以便再用。

2）模板及其支架拆出的顺序及安全措施应按施工技术方案执行。拆模程序一般应是后支的先拆，先拆除非承重部分，后拆除承重部分，一般是谁安谁拆。重大复杂模板的拆除，事先应制定拆模方案。

3）拆除框架结构模板的顺序，首先是柱模板，然后是楼板底板、梁侧模板，最后梁底模板。拆除跨度较大的梁下支柱时，应先从跨中开始，分别向两端拆。

4）楼层板支柱的拆除要求：上层楼板正在浇筑混凝土时，下一层楼板的模板支柱不得拆除，再下一层楼板模板的支柱，仅可拆除一部分；跨度 4m 及 4m 以上的梁下均应保留支柱，其间距不大于 3m。

5）拆模时，应尽量避免混凝土表面或模板受到损坏，注意整块板落下伤人。

4.1.7　模板工程施工质量验收

在浇筑混凝土之前，应对模板工程进行验收。模板及其支架应具有足够的承载能力、刚度和稳定性，能可靠地承受浇筑混凝土的重量、侧压力及施工荷载。安装模板和浇筑混凝土时，应对模板及其支架进行观察和维护。当发生异常情况时，应按施工技术方案及时进行处理。

模板工程的施工质量检验应按主控项目、一般项目并按规定的检验方法进行检验。检验批合格质量应符合规定：主控项目和一般项目的质量经抽样检验合格；当采用计数检验时，除有专门要求外，一般项目的合格点率应达到 80%及以上，且不得有严重缺陷；具有完整的施工操作依据和质量验收记录。

1. 主控项目

1）安装现浇结构的上层模板及其支架时，下层楼板应具有承受上层荷载的承载能力或加设支架；上、下层支架的立柱应对准，并铺设垫板。

检查数量：全数检查。

检验方法：对照模板设计文件和施工技术方案观察。

2）在涂刷模板隔离剂时，不得沾污钢筋和混凝土接槎处。

检查数量：全数检查。

检验方法：观察。

3）底模及其支架拆除时的混凝土强度应符合规范要求。

检查数量：全数检查。

检验方法：检查同条件养护试件强度试验报告。

4）后浇带模板的拆除和支顶应按施工技术方案执行。

检查数量：全数检查。

检验方法：观察。

2. 一般项目

1）模板安装要求：

① 模板的接缝不应漏浆；在浇筑混凝土前，木模板应浇水湿润，但模板内不应有积水。

② 模板与混凝土的接触面应清理干净并涂刷隔离剂，但不得采用影响结构性能或妨碍装饰工程施工的隔离剂。

③ 浇筑混凝土前，模板内的杂物应清理干净。

④ 对清水混凝土工程及装饰混凝土工程，应使用能达到设计效果的模板。

检查数量：全数检查。

检验方法：观察。

2）用作模板的地坪、胎模等应平整光洁，不得产生影响构件质量的下沉、裂缝、起砂或起鼓。

检查数量：全数检查。

检验方法：观察。

3）对跨度不小于 4m 的现浇钢筋混凝土梁、板，其模板应按设计要求起拱；当设计无具体要求时，起拱高度宜为跨度的 1/1000～3/1000。

检查数量：在同一检验批内，梁应抽查构件数量的 10%，且不少于 3 件；板应按有代表性的自然间抽查 10%，且不少于 3 间；大空间结构，板可按纵、横轴线划分检查面，抽查 10%，且不少于 3 面。

检验方法：水准仪或拉线、钢直尺检查。

4）固定在模板上的预埋件、预留孔和预留洞均不得遗漏，且应安装牢固，其允许偏差应符合表 4-2 所示的规定。现浇结构模板安装的允许偏差及检验方法应符合表 4-3 所示的规定。

表 4-2 预埋件和预留孔洞的允许偏差

项目		允许偏差/mm
预埋钢板中心线位置		3
预埋管、预留孔中心线位置		3
插筋	中心线位置	5
	外露长度	+10.0
预埋螺栓	中心线位置	2
	外露长度	+10.0
预留孔	中心线位置	10
	尺寸	+10.0

注：检查中心线位置时，应沿纵、横两个方向量测，并取其中的较大值。

表 4-3　现浇结构模板安装的允许偏差及检验方法

项目		允许偏差/mm	检验方法
轴线位置		5	钢直尺检查
底模上表面标高		±5	水准仪或拉线、钢直尺检查
裁面内部尺寸	基础	±10	钢直尺检查
	柱、墙、梁	+4，−5	钢直尺检查
层高垂直度	≤5m	6	经纬仪或吊线、钢直尺检查
	>5m	8	
相邻两板表面高低差		2	钢直尺检查
表面平整度		5	2m 靠尺和塞尺检查

注：检查轴线位置时，应沿纵、横两个方向量测，并取其中的较大值。

检查数量：在同一检验批内，对梁、柱和独立基础，应抽查构件数量的 10%，且不少于 3 件；对墙和板，应按有代表性的自然间抽查 10%，且不少于 3 间；对大空间结构，墙可按相邻轴线间高度 5m 左右划分检查面，板可按纵横轴线划分检查面，抽查 10%，且均不少于 3 面。

检验方法：钢直尺检查。

5）侧模拆除时的混凝土强度应能保证其表面及棱角不受损伤。模板拆除时，不应对楼层形成冲击荷载。拆除的模板和支架宜分散堆放并及时清运。

检查数量：全数检查。

检验方法：观察。

知识窗

模板施工安全技术

1）进入施工现场的人员必须戴好安全帽，高处作业人员必须系牢安全带。

2）经医生检查认为不适宜高处作业的人员，不得进行高处作业。

3）工作前应先检查使用的工具是否牢固，扳手等工具必须用绳链系挂在身上，以免掉落伤人。工作时要集中注意力，防止钉子扎脚和空中滑落。

4）安装与拆除 5m 以上的模板时，应搭脚手架，并设防护栏，防止上下在同一垂直面操作。

5）高空、复杂结构模板的安装与拆除，事先应有切实的安全措施。

6）遇六级以上大风时，应暂停室外的高处作业，雪、霜、雨后应先清扫施工现场，略干后不滑时再进行工作。

7）二人抬运模板时要互相配合、协同工作。传递模板、工具应使用运输工具或绳子系牢后升降，不得乱扔。装拆时，上下应有人接应，钢模板及配件应随装随拆运送，严禁从高处掷下。高空拆模时，应有专人指挥，并在下面标出工作区，用绳子和红白旗加以围栏，禁止人员通行。

8）不得在脚手架上堆放大批模板等材料。

9）支撑、牵杠等不得搭在门框架和脚手架上。通路中间的斜撑、拉杠等应设在1.8m高以上。

10）支模过程中，如需中途停歇，应将支撑、搭头、柱头板等钉牢。拆模间歇应将已活动的模板、牵杠等运走或妥善堆放，防止因扶空、踏空而坠落。

11）模板上有预留洞者，应在安装后将空洞口盖好。混凝土板上的预留洞，应在模板拆除后随即将洞口盖好。

12）拆除模板一般用长撬棍。不得站在正在拆除的模板上。在拆除楼板模板时，要注意整块模板掉下，尤其是用定型模板做平台模板时，更要注意，拆模人员要站在门窗洞口外拉支撑，防止模板突然全部掉落伤人。

13）在组合钢模板上架设的电线和使用的电动工具，应用36V低压电源或采取其他有效措施。

任务4.2 钢筋工程施工

思政案例

我国钢铁工业的辉煌发展历程

自中华人民共和国成立以来，特别是改革开放以来，我国钢铁工业经历了从一穷二白，到成为世界第一钢铁大国的巨大转变。如今，我国的钢铁工业在国家的基础建设、民生工程、水利工程、国防军工等领域都发挥着重要支撑作用。70多年来取得的伟大成就，既离不开中华儿女的家国情怀，也离不开我们坚定的道路自信、理论自信、制度自信、文化自信。我国钢铁工业的发展历程，是一部不停探索、不断突破的大国钢铁奋进史，是一部艰苦创业、发奋图强的大国钢铁励志史，激励着一代又一代中华儿女为祖国发展繁荣而不懈奋斗。

钢筋混凝土结构及预应力混凝土结构常用的钢材有热轧钢筋、钢绞线、消除应力钢丝和热处理钢筋4类。

钢筋混凝土结构常用热轧钢筋。热轧钢筋按其强度和表面形状分为光圆钢筋和带肋钢筋，光圆钢筋牌号主要有HPB300级；带肋钢筋牌号主要有HRB400、HRB500、HRBF335、HRBF400、HRBF500及HRB400级；为满足抗震设防结构要求生产的专用带肋钢筋，在牌号后加有字母“E”，其表面轧有专用标志。为便于运输，6～9mm的钢筋常卷成圆盘，大于12mm的钢筋则轧成6～12m长的直条。

预应力混凝土结构常用的钢绞线一般由多根高强圆钢丝捻成，有1×3和1×7两种，其直径为8.6～15.2mm。消除应力钢丝有刻痕钢丝、光面螺旋肋钢丝两类，其直径为4～9mm。

钢筋进场应有产品合格证、出厂检验报告，每捆（盘）钢筋均应有标牌，进场钢筋应按进场的批次和产品的抽样检验方案抽取试样做力学性能和质量偏差检验，检验结果必须符合规定方可使用。钢筋在加工过程中出现脆断、焊接性能不良或力学性能显著不正常等现象时，还应进行化学成分检验或其他专项检验。同时还应进行外观检查，要求钢筋应平直、无损伤，表面不得有裂纹、油污、颗粒状或片状老锈。

钢筋在运输和储存时，必须保留标牌，并按批分别堆放整齐，避免锈蚀和污染。钢筋一般在钢筋车间加工，然后运至现场绑扎或安装。其加工过程一般有冷拉、冷拔、调直、剪切、除锈、弯曲、绑扎、焊接等。

4.2.1　钢筋冷加工

1. 钢筋冷拉

钢筋冷拉是在常温下，以超过钢筋屈服强度的拉应力拉伸钢筋，使钢筋产生塑性变形，以提高强度，节约钢材。冷拉时，钢筋被拉直，表面锈渣自动剥落，因此冷拉不但可提高强度，而且可以同时完成调直、除锈工作。

（1）冷拉原理

钢筋冷拉原理如图 4-10 所示，图为钢筋的拉伸特性曲线。冷拉时，拉应力超过屈服点 b 达到 c 点，然后卸荷。由于钢筋已产生塑性变形，卸荷过程中应力-应变曲线将沿 O_1cde 变化，并在 c 点附近出现新的屈服点，该屈服点明显高于冷拉前的屈服点 b，这种现象称为变形硬化。冷拉后的新屈服点并非保持不变，而是随时间延长提高至 c'点，这种现象称为时效硬化。由于变形硬化和时效硬化的结果，其新的应力-应变曲线则为 $O_1c'd'e'$，此时，钢筋的强度提高了，但脆性也增加了，这是因为在冷拉过程中，钢筋内部的晶体沿着结合力最差的结晶面产生相对滑移，使滑移面上的晶格歪扭变形，晶格遭到破碎构成滑移面的不平，阻碍晶体的继续滑移，使钢筋内部组织发生变化。由于设计中不利用时效后提高的屈服强度，因此施工中一般不做时效处理。图 4-10 中 c 点对应的应力即为冷拉钢筋的控制应力，OO_2 即为相应的冷拉率。钢筋的冷拉应力（控制应力）和冷拉率是钢筋冷拉的两个主要参数。

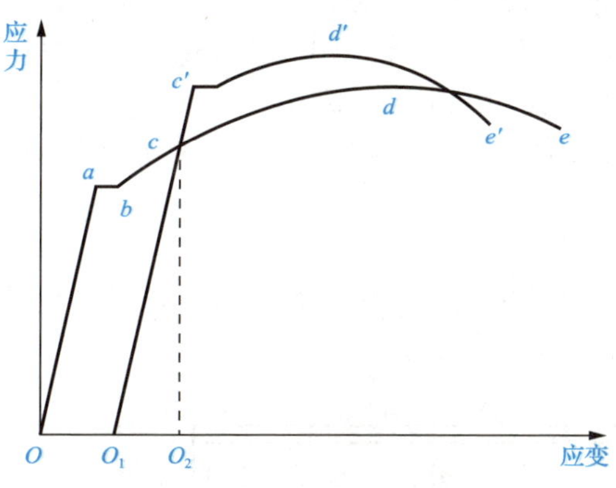

图 4-10　钢筋冷拉原理

（2）冷拉控制

钢筋的冷拉可采用控制应力和控制冷拉率两种方法。

采用控制应力方法冷拉钢筋时，其冷拉控制应力及最大冷拉率应符合表 4-4 的规定。

冷拉时以表 4-4 规定的控制应力对钢筋进行冷拉。同时，冷拉后检查钢筋的冷拉率，如不超过表 4-4 规定的冷拉率，则认为合格；如超过表 4-4 规定的冷拉率，则应对钢筋进行力学性能试验。

表 4-4　冷拉控制应力及最大冷拉率

钢筋级别	冷拉控制应力/（N/mm²）	最大冷拉率/%
HPB300 级 $d\leqslant 12$mm	280	10.0
HRB400 级 d=8～40mm	500	5.0

例如，一根直径为 18mm、截面面积为 254mm²、长 30m 的 HRB400 钢筋，由表 4-4 查出该钢筋的冷拉控制应力为 500N/mm²，最大冷拉率为 5%［30×5%=1.5（m）］。如未超过最大冷拉率，则认为合格；如超过最大冷拉率，则应进行力学性能试验。

钢筋冷拉采用控制冷拉率方法时，冷拉率必须由试验确定。对同炉批钢筋，测定的试件不应少于 4 个，每个试件都应按表 4-5 所示规定的冷拉应力值在万能试验机上测定相应的冷拉率，取其平均值作为该炉批钢筋的实际冷拉率。钢筋强度偏高，平均冷拉率低于 1%时，仍应按 1%进行冷拉。例如，冷拉一批长 24m 的 HRB335 级钢筋，根据试验确定其冷拉率为 4%，则本批钢筋应拉长 24×4%=0.96（m）=960（mm）。

表 4-5　测定冷拉率时钢筋的冷拉应力

钢筋级别	冷拉控制应力/（N/mm²）
HPB300 级 d≤12mm	320
HRB400 级 d=8～40mm	530

钢筋冷拉采用控制应力法能够保证冷拉钢筋的质量，用作预应力筋的冷拉钢筋宜用控制应力法。控制冷拉率法的优点是设备简单，但当材质不均匀、冷拉率波动大时，不易保证冷拉应力，为此可采用逐根取样法。不能分清炉批的热轧钢筋，不应采用控制冷拉率法。

表 4-5 中测定冷拉率用的冷拉应力根据结构设计统一规定的标准取值。

多根连接的钢筋，用控制应力的方法进行冷拉时，其控制应力和每根的冷拉率均符合表 4-4 的规定；当用控制冷拉率的方法进行冷拉时，冷拉率可按总长计，但冷拉后每根钢筋的冷拉率不得超过表 4-4 的规定。预应力筋如由几段对焊而成，则应在焊接后再进行冷拉，以免因焊接而降低冷拉所获得的强度。钢筋的冷拉速度不宜过快。

冷拉钢筋的检查验收方法和质量要求应符合《混凝土结构工程施工质量验收规范》（GB 50204—2015）中的有关规定。

（3）冷拉设备

冷拉设备由拉力设备、承力结构、测量装置和钢筋夹具等组成，如图 4-11 所示。拉力设备主要为卷扬机和滑轮组，它们应根据所需的最大拉力确定。

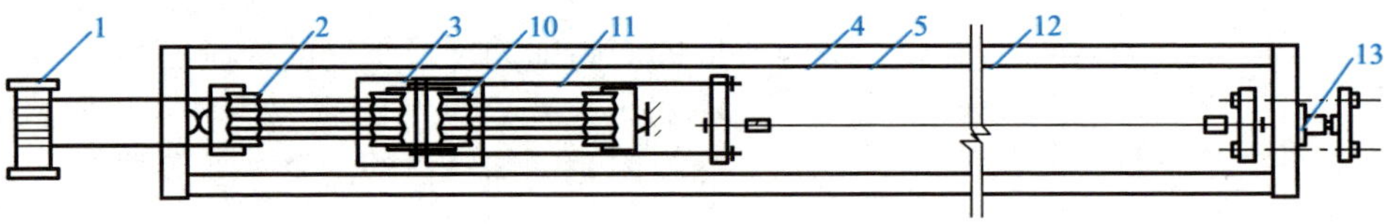

（a）

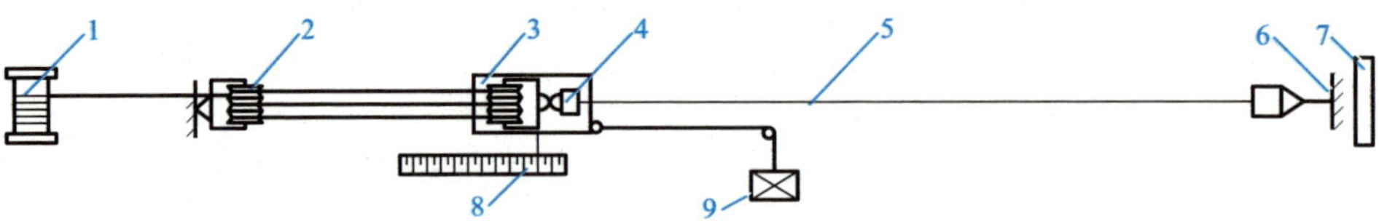

（b）

1—卷扬机；2—滑轮机；3—冷拉小车；4—夹具；5—被冷拉的钢筋；6—地锚；7—防护壁；8—水准尺；9—回程荷重架；10—回程滑轮组；11—传力架；12—槽式台座；13—液压千斤顶。

图 4-11　冷拉设备

2. 钢筋冷拔

冷拔是使直径 6～8mm 的 HRB400 级钢筋通过钨合金拔丝模孔（图 4-12）进行强力拉拔，使钢筋产生塑性变形，其轴向被拉伸、径向被压缩，内部晶格变形，因而抗拉强度提高（提高 50%～90%），塑性降低，并呈硬钢特性。冷拔总压缩率 β 是指由盘拔至成品钢筋的横截面缩减率。若原材料钢筋直径为 d_0，成品钢筋直径为 d，则总压缩率 $\beta=\left(d_0^2-d^2\right)/d_0^2\times100\%$。总压缩率越大，则抗拉强度提高越多，塑性降低越多。

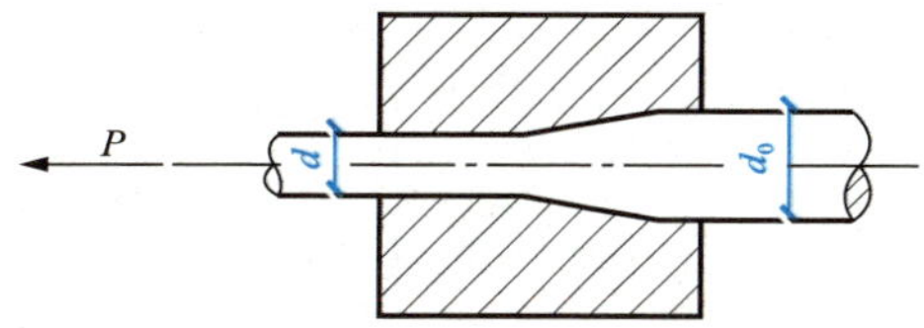

图 4-12　钢筋冷拔示意图

冷拔低碳钢丝的质量要求为表面不得有裂纹和机械损伤，并应按施工规范要求进行拉力试验和反复弯曲试验。

4.2.2　钢筋连接

1. 钢筋焊接

采用焊接代替绑扎，可改善结构受力性能，提高工效，节约钢材，降低成本。结构的有些部位，如轴心受拉和小偏心受拉构件中的钢筋接头，应焊接。普通混凝土中直径大于 22mm 的钢筋和轻骨料混凝土中直径大于 20mm 的 HRB335 级钢筋及直径大于 25mm 的 HRB335、HRB400 级钢筋，均宜采用焊接接头。

钢筋的焊接，应采用闪光对焊、电弧焊、电渣压力焊和电阻点焊。钢筋与钢板的 T 形连接，宜采用埋弧压力焊或电弧焊。

钢筋的焊接质量与钢材的焊接性、焊接工艺有关。在相同的焊接工艺条件下，能获得良好焊接质量的钢材，称其在这种条件下的焊接性好，相反则称其在这种工艺条件下的焊接性差。钢筋的焊接性与其含碳及含合金元素的数量有关。含碳、锰数量增加，则焊接性差；加入适量的钛，可改善焊接性。焊接参数和操作水平亦影响焊接质量，即使焊接性差的钢材，若焊接工艺适宜，亦可获得良好的焊接质量。

钢筋焊接的接头形式、焊接工艺和质量验收，应符合《钢筋焊接及验收规程》（JGJ 18—2012）的规定。焊接方法及适用范围如表 4-6 所示。

表 4-6　焊接方法及适用范围

项次	焊接方法	接头形式	适用范围	
			钢筋级别	直径/mm
1	电阻点焊		HPB 235 级 HRB 335 级 冷拔低碳钢丝	6～14 3～5
2	闪光对焊		HRB 335 级 HRB 400 级	10～40

续表

项次	焊接方法			接头形式	适用范围	
					钢筋级别	直径/mm
3	电弧焊	帮条焊	双面焊		HPB 235 级 HRB 335 级 HRB 400 级	10～40
			单面焊		HPB 235 级 HRB 335 级 HRB 400 级	10～40
		搭接焊	双面焊		HPB 235 级 HRB 335 级	10～40
			单面焊		HPB 235 级 HRB 335 级	10～40
		熔槽帮条焊			HPB 235 级 HRB 335 级 HRB 400 级	25～40
		坡口焊	平焊		HPB 235 级 HRB 335 级 HRB 400 级	18～40
			立焊		HPB 235 级 HRB 335 级 HRB 400 级	18～40
		钢筋与钢板搭接焊			HPB 235 级 HRB 335 级	8～40
		预埋件T形接头电弧焊	贴角焊	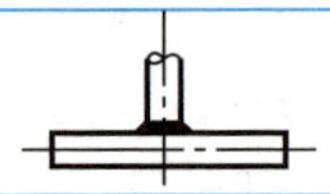	HPB 235 级 HRB 335 级	6～16
			穿孔塞焊	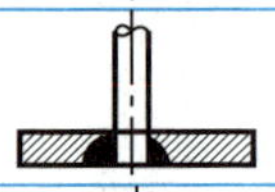	HPB 235 级 HRB 335 级	≥18
4	电渣压力焊				HPB 235 级 HRB 335 级	14～40
5	预埋T形接头埋弧压力焊			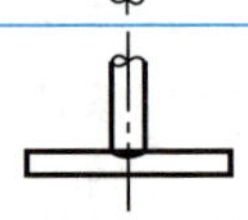	HPB 235 级 HRB 335 级	6～20

（1）闪光对焊

闪光对焊广泛用于钢筋接长及预应力筋与螺钉端杆的焊接。热轧钢筋的焊接宜优先用闪光对焊，条件不可能时才用电弧焊。闪光对焊适用于焊接直径为 10～40mm 的 HPB300、HRB335、HRB400 级钢筋及直径为 10～25mm 的 RRB400 级钢筋。

钢筋闪光对焊的原理（图 4-13）是利用对焊机使两段钢筋接触，通过低电压的强电流，待钢筋被加热到一定温度变软后，进行轴向加压顶锻，形成对焊接头。

钢筋闪光对焊焊接工艺应根据具体情况选择，若钢筋直径较小，可采用连续闪光焊；若钢筋直径较大，端面比较平整，宜采用预热闪光焊；若端面不够平整，宜采用闪光-预热-闪光焊。

1）连续闪光焊：这种焊接工艺过程是待钢筋夹紧在电极钳口上后，闭合电源，使两钢筋端面轻微接触。由于钢筋端部不平，开始只有一点或数点接触，接触面小而电流密度和接触电阻很大，接触点很快熔化并产生金属蒸气飞溅，形成闪光现象。闪光一开始，即慢慢移动钢筋，形成连续闪光过程，同时接头也被加热。待接头烧平、闪去杂质和氧化膜、白热熔化时，随即施加轴向压力迅速进行顶锻，使两根钢筋焊牢。连续闪光焊所能焊接的最大钢筋直径，应随着焊机容量的降低和钢筋级别的提高而减小，如表 4-7 所示。

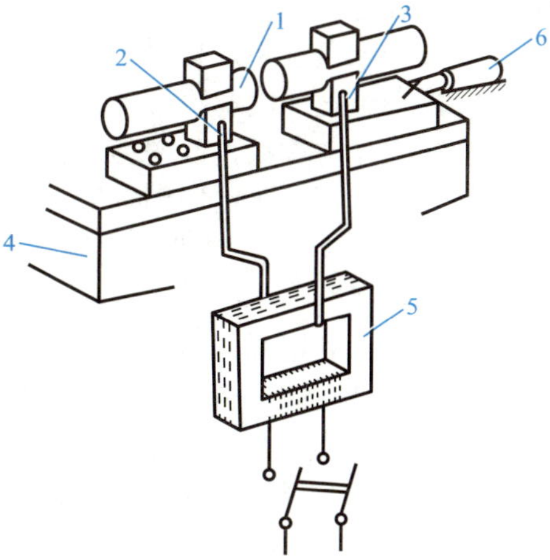

1—焊接的钢筋；2—固定电极；3—可动电极；4—机座；5—变压器；6—手动顶压机构。

图 4-13　钢筋闪光对焊原理

表 4-7　连续闪光焊钢筋上限直径

焊机容量/kVA	钢筋级别	钢筋直径/mm
150	HPB300 级	25
	HRB335 级	22
	HRB400 级	20
100	HPB300 级	20
	HRB335 级	18
	HRB400 级	16
75	HPB300 级	16
	HRB335 级	14
	HRB400 级	12

2）预热闪光焊：施焊时先闭合电源，然后使两钢筋端面交替地接触和分开，这时钢筋端面间隙中即发出断续的闪光，形成预热过程。当钢筋达到预热温度后进入闪光阶段，随后顶锻而成。

3）闪光-预热-闪光焊：在预热闪光焊前加一次闪光过程。其目的是使不平整的钢筋端面烧化平整，使预热均匀，然后按预热闪光焊操作。焊接大直径的钢筋（直径为 25mm 以上），多用预热闪光焊与闪光-预热-闪光焊。

HRB400 级钢筋是焊接性差的高强钢筋，宜用强电流进行焊接。焊后再进行通电热处理。通电热处理的目的是对焊接接头进行一次退火或高温回火处理，以消除热影响区产生的脆性组织，改善接头的塑性。通电热处理的方法是待接头冷却到 300℃（暗黑色）以下，电极钳口调至最大间距，接头居中，重新夹紧。采用较低变压器级数，进行脉冲式通电加热，频率以 0.5～1s/次为宜。热处理温度通过试验确定，一般在 750～850℃（橘红色）内选择，随后在空气中自然冷却。

采用连续闪光焊时，应合理选择调伸长度、烧化留量、顶锻留量及变压器级数等；采用闪光-预热-闪光焊时，除上述参数外，还应包括一次烧化留量、二次烧化留量、预热留量和预热时间等参数。焊接不同直径的钢筋时，其截面比不宜超过 1.5。焊接参数按大直径的钢筋选择。负温下焊接时，由于冷却快，易产生冷脆现象，内应力也大。因此，负温下焊接应减小温度梯度和冷却速度。

钢筋闪光对焊后，除对接头进行外观检查（无裂纹和烧伤、接头弯折不大于 4，接头轴线偏移不大于 1/10 的钢筋直径，也不大于 2mm）外，还应按《钢筋焊接及验收规程》（JGJ 18—2012）的规定进行抗拉强度和冷弯试验。

（2）电弧焊

电弧焊是利用弧焊机使焊条与焊件之间产生高温电弧，使焊条和电弧燃烧范围内的焊件熔化，待其凝固，便形成焊缝或接头。钢筋电弧焊可分为坡口焊、帮条焊、搭接焊和熔槽帮条焊 4 种接头形式。下面介绍坡口焊、帮条焊和搭接焊，熔槽帮条焊及其他电弧焊接方法详见《钢筋焊接及验收规程》（JGJ 18—2012）。

1）坡口焊：有平焊和立焊两种。这种接头比上两种接头节约钢材，适用于在现场焊接装配整体式构件接头中直径为 18～40mm 的各级热轧钢筋。钢筋坡口平焊时，V 形坡口角度为 60°，如图 4-14（a）所示；立焊时，坡口角度为 45°，如图 4-14（b）所示。钢垫板长为 40～60mm。平焊时，钢垫板宽度为钢筋直径加 10mm；立焊时，其宽度等于钢筋直径。钢筋根部间隙，平焊时为 4～6mm；立焊时为 3～5mm。最大间隙均不宜超过 10mm。

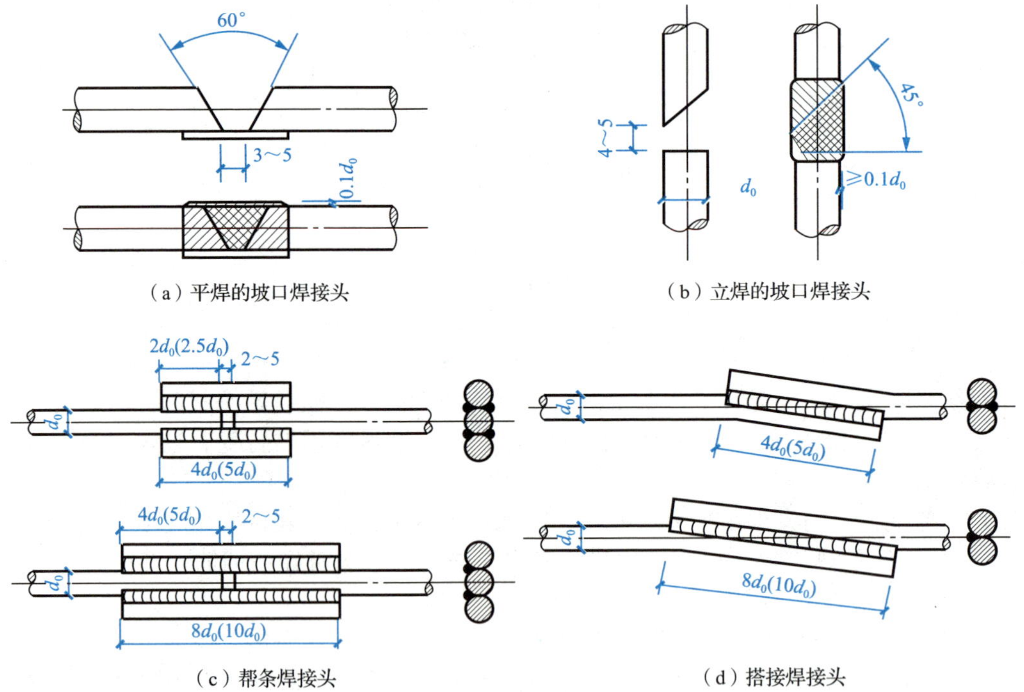

（a）平焊的坡口焊接头　（b）立焊的坡口焊接头

（c）帮条焊接头　（d）搭接焊接头

图 4-14　钢筋电弧焊的接头形式

2）帮条焊：适用于焊接直径为 10～40mm 的各级热轧钢筋，宜采用双面焊，如图 4-14（c）所示；不能进行双面焊时，也可采用单面焊。帮条宜采用与主筋同级别、同直径的钢筋制作，帮条长度如表 4-8 所示。如帮条级别与主筋相同，则帮条的直径可比主筋直径小一个规格；如帮条直径与主筋相同，则帮条钢筋的级别可比主筋低一个级别。

表 4-8　钢筋帮条长度

项次	钢筋级别	焊缝形式	帮条长度 d
1	HPB300 级	单面焊 双面焊	>8d >4d
2	HRB335 级	单面焊 双面焊	>10d >5d

注：d 为钢筋直径。

3）搭接焊：只适用于焊接直径为 10～40mm 的 HRB335 级钢筋。焊接时，宜采用双面焊，如图 4-14（d）所示。不能进行双面焊时，也可采用单面焊。搭接长度应与帮条长度相同，如表 4-8 所示。

钢筋帮条接头或搭接接头的焊缝厚度 h 应不小于 0.3 倍钢筋直径；焊缝宽度 b 不小于 0.7 倍钢筋直径，焊缝尺寸如图 4-15 所示。

焊接电流的大小应根据钢筋直径和焊条的直径进行选择。

对坡口焊、帮条焊和搭接焊的焊接接头除应进行外观质量检查外，还需抽样做拉力试验。如对焊接质量有怀疑或发现异常情况，则应进行非破损方式（X 射线、γ 射线、超声波探伤等）检验。

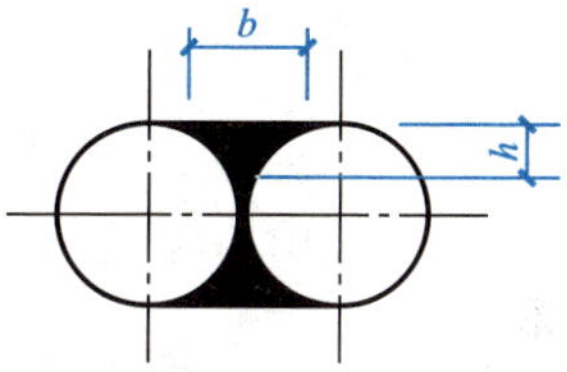

b—焊缝宽度；h—焊缝厚度。

图 4-15　焊缝尺寸示意图

（3）电阻点焊

电阻点焊是利用点焊机进行交叉钢筋的焊接，用于焊接钢筋网片、钢筋骨架等（适用于直径为 6～14mm 的 HPB300、HRB335 级钢筋和直径为 3～5mm 的冷拔低碳钢丝）。它生产效率高，节约材料，应用广泛。

点焊机的工作原理如图 4-16 所示，将已除锈的钢筋交叉点放在点焊机的两电极间，使钢筋通电发热至一定温度后，加压使焊点金属焊合。常用点焊机有单点点焊机、多点点焊机和悬挂式点焊机，施工现场还可采用手提式点焊机。电阻点焊的主要工艺参数为电流强度、通电时间和电极压力，一般宜采用电流强度大、通电时间短的参数，电极压力则根据钢筋级别和直径选择。

电阻点焊的焊点应进行外观检查和强度试验，热轧钢筋的焊点应进行抗剪试验。冷处理钢筋除进行抗剪试验外，还应进行抗拉试验。

（4）电渣压力焊

现浇钢筋混凝土框架结构中竖向钢筋（直径为 14～40mm 的 HPB300、HRB335 级钢筋）的连接，宜采用自动或手工电渣压力焊进行焊接。与电弧焊相比较，它工效高、节约钢材、成本低，因此在高层建筑施工中得到了广泛应用。

电渣压力焊设备包括电源、控制箱、焊接夹具、焊剂盒。自动电渣压力焊的设备还包括控制系统及操作箱。焊接夹具（图 4-17）应具有一定刚度，要求坚固、灵巧、上下钳口同心，上下钢筋的轴线应尽量一致，其最大偏移不得超过 0.1d（d 为钢筋直径），同时也不

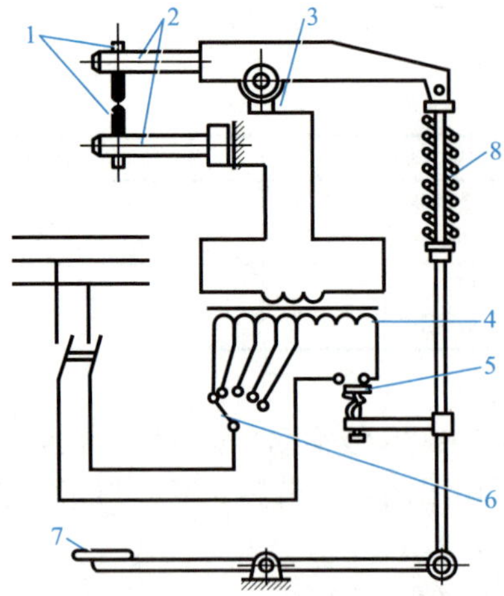

1—电极；2—电极臂；3—变压器的二次绕组；
4—变压器的一次绕组；5—断路器；6—变压器的调节开关；
7—焊药；8—滑动架。

图 4-16　点焊机的工作原理

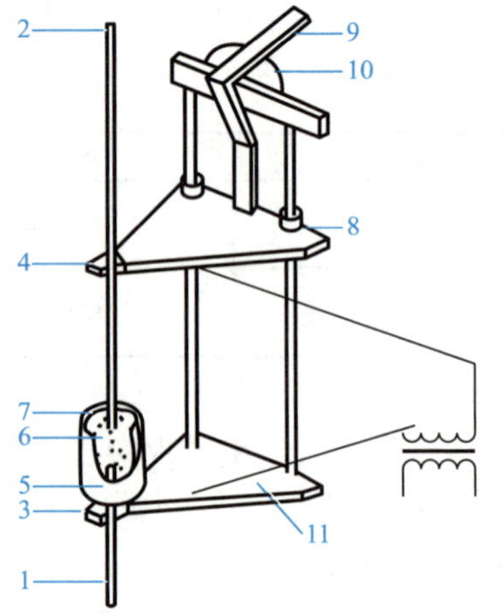

1、2—钢筋；3—固定电极；4—活动电极；5—药盒；
6—导电剂；7—踏板；8—压紧机构；9—手柄；10—支架；
11—固定架。

图 4-17　焊接夹具构造示意图

得大于 2mm。焊接时，先将钢筋端部约 120mm 范围内的铁锈除尽，将夹具夹牢在下部钢筋上，并将上部钢筋扶直夹牢于活动电极中，上下钢筋间放一小块导电剂（或钢丝小球），装上药盒，装满焊药，接通电路，用手柄使电弧引燃（引弧）。然后稳弧一定时间使之形成渣池并使钢筋熔化（稳弧），随着钢筋的熔化，用手柄使上部钢筋缓缓下送。稳弧时间的长短视电流、电压和钢筋直径而定。例如，电流为 850A、工作电压为 40V 左右，则ϕ30mm 及ϕ32mm 钢筋的稳弧时间约为 50s。当稳弧达到规定时间后，在断电的同时用手柄进行加压顶锻以排除夹渣气泡，形成接头。待冷却一定时间后即拆除药盒，回收焊药，拆除夹具和清除焊渣。引弧、稳弧、顶锻 3 个过程连续进行。电渣压力焊的参数为焊接电流、渣池电压和焊接通电时间，它们均根据钢筋直径选择。

电渣压力焊的接头，应按《钢筋焊接及验收规程》（JGJ 18—2012）规定的方法检查外观质量和进行拉力试验。

（5）气压焊

气压焊接钢筋是利用乙炔-氧混合气体燃烧的高温火焰对已有初始压力的两根钢筋端面接合处加热，使钢筋端部产生塑性变形，并促使钢筋端面的金属原子互相扩散，当钢筋加热到 1250～1350℃（相当于钢材熔点的 80%～90%，此时钢筋加热部位呈橘黄色，有白亮闪光出现）时进行加压顶锻，使钢筋内的原子得以再结晶而焊接在一起。

钢筋气压焊接属于热压焊。在焊接加热过程中，加热温度为钢材熔点的 80%～90%，钢材未呈熔化液态，且加热时间较短，钢筋的热输入量较少，所以不会出现钢筋材质劣化倾向。另外，它设备轻巧、使用灵活、效率高、节省电能、焊接成本低，可进行全方位（竖向、水平和斜向）焊接，目前已在我国得到推广应用。气压焊接设备主要包括加热系统与加压系统两部分，如图 4-18 所示。

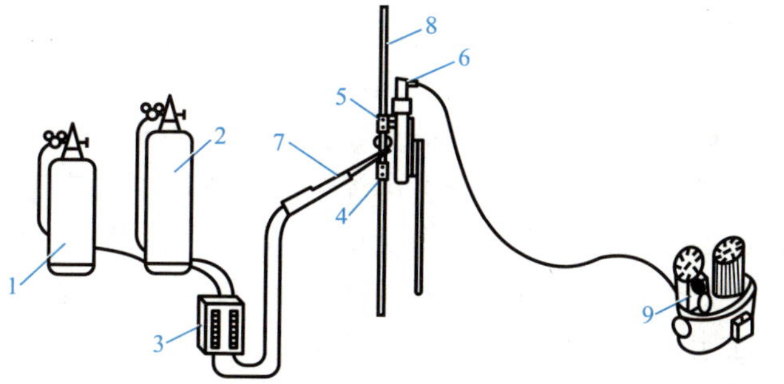

1—乙炔；2—氧气；3—流量计；4—固定卡具；5—活动卡具；6—压接器；
7—加热器与焊炬；8—被焊接的钢筋；9—电动油泵。

图 4-18　气压焊接设备示意图

加热系统中的加热能源是氧和乙炔。系统中的流量计用来控制氧和乙炔的输入量，焊接不同直径的钢筋要求不同的流量。加热器用来将氧和乙炔混合后，从喷火嘴喷出火焰加热钢筋，要求火焰能均匀加热钢筋，有足够的温度和功率并且安全可靠。

加压系统中的压力源为电动油泵（亦有手动油泵），使加压顶锻时压力平稳。压接器是气压焊的主要设备之一，要求它能准确、方便地将两根钢筋固定在同一轴线上，并将油泵产生的压力均匀地传递给钢筋，达到焊接的目的。施工时压接器需反复装拆，要求它质量小、构造简单和装拆方便。

气压焊接的钢筋要用砂轮切割机断料，不能用钢筋切断机切断，要求端面与钢筋轴线垂直。焊接前应打磨钢筋端面，清除氧化层和污物，使之现出金属光泽，并立即喷涂一薄层焊接活化剂保护端面不再被氧化。

钢筋加热前先对钢筋施加 30～40MPa 的初始压力，使钢筋端面贴合。当加热到缝隙密合后，上下摆动加热器适当增大钢筋的加热范围，促使钢筋端面金属原子互相渗透，也便于加压顶锻。加压顶锻的压应力为 34～40MPa，使焊接部位产生塑性变形。直径小于 22mm 的钢筋可以一次顶锻成型，大直径钢筋可以进行二次顶锻。气压焊的接头，应按《钢筋焊接及验收规程》（JGJ 18—2012）规定的方法检查外观质量和进行拉力试验。

2. 钢筋机械连接

钢筋机械连接常用套筒挤压连接、锥螺纹套筒连接、直螺纹套筒连接 3 种形式。

（1）钢筋套筒挤压连接

钢筋套筒挤压连接亦称钢筋套筒冷压连接。它是将需连接的带肋钢筋插入特制钢套筒内，利用液压驱动的挤压机进行数道侧向加压，使钢套筒产生塑性变形，套筒塑性变形后即与带肋钢筋紧密咬合达到连接的效果，其原理图如图 4-19 所示。它适用于竖向、横向及其他方向的较大直径带肋钢筋的连接。

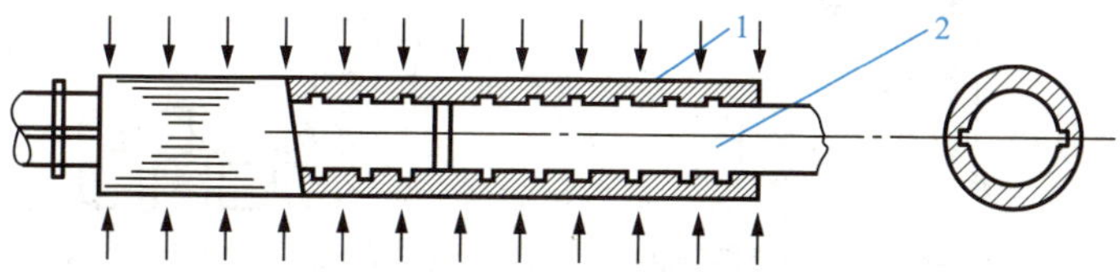

1—钢套筒；2—被连接的钢筋。

图 4-19　钢筋套筒挤压连接原理图

与焊接相比，套筒挤压连接的接头强度高，质量稳定可靠，是目前各类钢筋接头中性能最好、质量最稳定的接头形式。挤压连接速度快，具有节省电能、不受钢筋焊接性及气候影响、无明火、施工简便和接头可靠度高等特点。它适用于垂直、水平、倾斜、高空及水下等各方位的钢筋连接，还特别适用于不可焊钢筋及进口钢筋的连接。

一般规定采用挤压连接的钢筋必须有资质证明书，性能应符合国际要求。钢套筒必须有材料质量证明书，其技术性能应符合钢套筒质量验收的有关规定。正式施工前，必须进行现场条件下的挤压连接试验，要求每批材料制作 3 个接头，按照套筒挤压连接质量检验标准规定，合格后，方可进行施工。

钢筋挤压连接的工艺参数，主要是压接顺序、压接力和压接道数。压接顺序从中间逐道向两端压接。压接力要能保证套筒与钢筋紧密咬合，压接力和压接道数取决于钢筋直径、套筒型号和挤压机型号。

钢筋及钢套筒压接之前，要清除钢筋压接部位的铁锈、油污、砂浆等，钢筋端部必须平直，如有弯折扭曲应予以矫直、修磨、锯切，以免影响压接后钢筋接头性能。应在钢筋端部做上能够准确判断钢筋伸入套筒内长度的位置标记。钢套筒必须有明显的压痕位置标记，钢套筒的尺寸必须满足有关标准的要求。压接前应按设备操作说明书有关规定调整设备，检查设备是否正常，调整油浆的压力，根据要压接钢筋的直径，选配相应的压模。如发现设备有异常，则必须排除故障后再使用。

（2）钢筋锥螺纹套筒连接

钢筋锥螺纹套筒连接是利用锥形螺纹套筒将两根钢筋端头对接在一起，利用螺纹的机械咬合力传递拉力或压力。它用于这种连接的钢套筒内壁，在工厂用专用机床加工有锥螺纹，钢筋的对接端头在施工现场用套丝机加工有与套筒匹配的螺纹。连接时，在对螺纹检查无油污和损伤后，先用手旋入钢筋，然后用扭力扳手紧固至规定的力矩即完成连接，其连接过程如图 4-20 所示。它施工速度快、不受气候影响、质量稳定、对中性好。

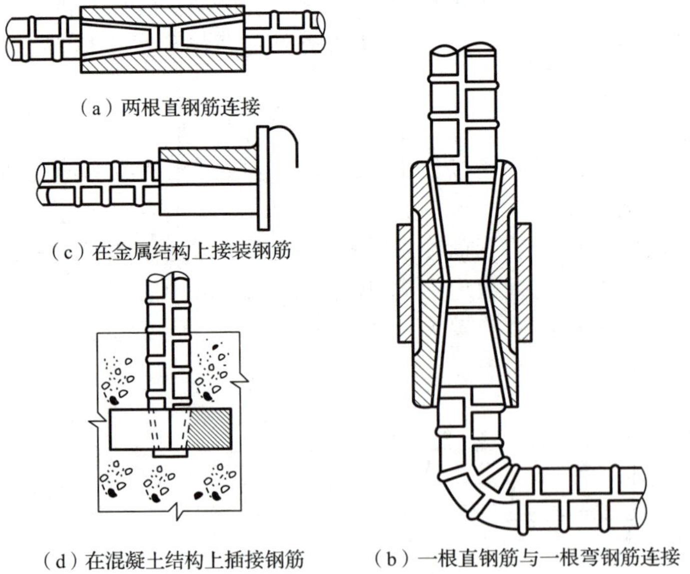

图 4-20　钢筋锥螺纹套筒连接

钢筋锥螺纹套筒连接施工过程：钢筋下料→钢筋套丝→钢筋连接。

1）钢筋下料：钢筋下料可用钢筋切断机或砂轮锯，但不得用气割下料。钢筋下料时，要求端面要垂直于钢筋轴线，端头不得挠曲或出现马蹄形。钢筋要有复试合格证明。钢筋的连接套必须有明显的规格标记，锥孔两端必须用密封盖封住，应有产品出厂合格证，并按规格分类包装。

2）钢筋套丝：钢筋套丝可以在施工现场或钢筋加工厂进行预制。为确保钢筋套丝质量，操作工人必须持证上岗作业。

要求套丝工人对其加工的每个丝头用牙型规和卡规逐个进行检查，达到质量要求的钢筋丝头，一端戴上与钢筋规格相同的塑料保护帽，另一端按规定力矩值拧紧连接套，并按规格分类堆放整齐待用。

3）钢筋连接：钢筋连接之前，先回收钢筋待连接端的塑料保护帽和连接套上的密封盖，并检查钢筋规格是否与连接套规格相同；检查锥螺纹丝扣是否完好无损、清洁，若发现杂物或锈蚀，则可用铁刷清除干净，然后把已拧好连接套的一头钢筋拧到被连接的钢筋上，用扭力扳手按规定的力矩值拧紧至发出响声，并随手画上油漆标记，以防钢筋接头漏拧。连接水平钢筋时，必须将钢筋托平，再按以上方法连接。

（3）钢筋直螺纹套筒连接

为了提高螺纹套筒连接的质量，近年来又开发了直螺纹套筒连接技术。钢筋直螺纹套筒连接是将钢筋待连接的端头用滚轧加工工艺滚轧成规整的直螺纹，再用相配套的直螺纹套筒将两钢筋相对拧紧，实现连接。根据钢材冷作硬化的原理，钢筋上滚轧出的直螺纹强度大幅提高，从而使直螺纹接头的抗拉强度一般可高于母材的抗拉强度。

钢筋直螺纹套筒连接用专用的滚轧螺纹设备加工的钢筋直螺纹质量好，强度高；钢筋连接操作方便，速度快；钢筋滚丝可在工地的钢筋加工场地预制，不占工期；在施工面上连接钢筋时不用电、不用气、无明火作业，可全天候施工；可用于水平、竖直等各种不同位置钢筋的连接。

目前钢筋直螺纹加工由“剥肋滚轧”发展到“压肋滚轧”方式。滚压直螺纹又分为直接滚压直螺纹和挤压肋滚压直螺纹两种。采用专用滚压套丝机，先将钢筋的横肋和纵肋进行滚压或挤压处理，使钢筋滚丝前的柱体达到螺纹加工的圆度尺寸，然后进行螺纹滚压成型，螺纹经滚压后材质发生硬化，强度提高 6%～8%，全部直螺纹成型过程由专用滚压套丝机一次完成。

剥肋滚压直螺纹是将钢筋的横肋和纵肋进行剥切处理，使钢筋滚丝前的柱体圆度精度高，达到同一尺寸，然后进行螺纹滚压成型，从剥肋到滚压直螺纹成型过程由专用套丝机一次完成。剥肋滚压直螺纹的精度高，操作简便，性能稳定，耗材量少。

钢筋直螺纹套筒连接施工过程：钢筋平头→钢筋滚压或挤压（剥肋）→螺纹成型→丝头检验→套筒检验→钢筋就位→拧下钢筋保护帽和套筒保护帽→接头拧紧→做标记→施工质量检验。

3. 钢筋绑扎连接

绑扎目前仍为钢筋连接的主要手段之一，尤其是板筋。钢筋绑扎时，应采用钢丝扎牢；

板和墙的钢筋网，除外围两行钢筋的相交点全部扎牢外，中间部分交叉点可相隔交错扎牢，保证受力钢筋位置不产生偏移；梁和柱的钢筋应与受力钢筋垂直设置。弯钩叠合处应沿受力钢筋方向错开设置。钢筋绑扎搭接接头的末端与钢筋弯起点的距离，不得小于钢筋直径的 10 倍，接头宜设在构件受力较小处。钢筋搭接处，应在中部和两端用钢丝扎牢。受拉钢筋和受压钢筋的搭接长度及接头位置要符合《混凝土结构工程施工质量验收规范》（GB 50204—2015）的规定。

4.2.3 钢筋的配料与代换

1. 钢筋配料

钢筋配料是钢筋工程施工的重要一环，应由识图能力强、熟悉钢筋加工工艺的人员完成。钢筋加工前应根据设计图纸和会审记录按不同构件编制配料单，然后进行备料加工。

（1）钢筋弯曲调整值计算

钢筋下料长度计算是钢筋配料的关键。设计图中注明的钢筋尺寸是钢筋的外轮廓尺寸（从钢筋外皮到外皮量得的尺寸），称为钢筋的外包尺寸，在钢筋加工时，也按外包尺寸进行验收。钢筋弯曲后的特点是在钢筋弯曲处，内皮缩短，外皮延伸，而中心线尺寸不变，故钢筋的下料长度即中心线尺寸。钢筋成形后量度尺寸都是沿直线量外皮尺寸；同时弯曲处又成圆弧，因此弯曲钢筋的尺寸大于下料尺寸，两者之间的差值称为弯曲调整值，即在下料时，下料长度应用量度尺寸减去弯曲调整值。

钢筋弯曲常用形式及调整值计算简图如图 4-21 所示。

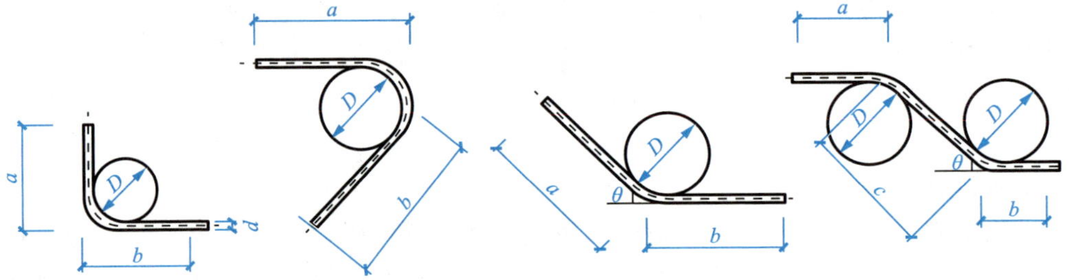

（a）钢筋弯曲90°　（b）钢筋弯曲135°　（c）钢筋一次弯曲30°、45°、60°　（d）钢筋弯起30°、45°、60°

a、b—量度尺寸。

图 4-21　钢筋弯曲常见形式及调整值计算简图

1）钢筋弯曲直径的有关规定。

① 受力钢筋的弯钩和弯弧规定：HPB300 级钢筋末端应做 180° 弯钩，弯弧内直径 $D \geqslant 2.5d$（d 为钢筋直径，下面不再进行说明），弯钩的弯后平直部分长度不小于 $3d$；当设计要求钢筋末端做 135° 弯折时，HRB335 级、HRB400 级钢筋的弯弧内直径 $D \geqslant 4d$，弯钩弯后的平直部分长度应符合设计要求；钢筋做不大于 90° 的弯折时，弯折处的弯弧内直径 $D \geqslant 5d$。

② 箍筋的弯钩和弯弧规定：除焊接封闭环式箍筋外，箍筋末端应做弯钩，弯钩形式应符合设计要求；当设计无要求时，箍筋弯钩的弯弧内直径除应满足上述规定外，还应不小

于受力钢筋直径；箍筋弯钩的弯折角度，对于一般结构，不应小于 90°；对于有抗震要求的结构，应为 135°；箍筋弯后平直部分的长度，对于一般结构，不宜小于箍筋直径的 5 倍；对于有抗震要求的结构，不应小于箍筋直径的 10 倍。

2）钢筋弯折各种角度时的弯曲调整值计算。

① 钢筋弯折各种角度时的弯曲调整值。弯起钢筋弯曲调整值计算简图如图 4-21（a）～（c）所示，钢筋弯折各种角度时的弯曲调整值计算式及取值如表 4-9 所示。

表 4-9　钢筋弯折各种角度时的弯曲调整值

弯折角度/（°）	钢筋级别	弯曲调整值		弯弧直径
		计算式	取值	
30	HPB300 HRB335 HRB400	=0.006*D*+0.274*d*	0.3*d*	*D*=5*d*
45		=0.022*D*+0.436*d*	0.55*d*	
60		=0.054*D*+0.631*d*	0.9*d*	
90		=0.215*D*+1.215*d*	2.29*d*	
135	HPB300 HRB335 HRB400	=0.822*D*−0.178*d*	0.38*d*	*D*=2.5*d*
			0.11*d*	*D*=4*d*

② 弯起钢筋弯曲 30°、45°、60° 时的弯曲调整值。弯起钢筋弯曲调整值的计算简图如图 4-21（d）所示，弯起钢筋弯曲调整值计算式及取值如表 4-10 所示。

表 4-10　弯起钢筋弯曲 30°、45°、60° 时的弯曲调整值

弯折角度/（°）	钢筋级别	弯曲调整值		弯弧直径
		计算式	取值	
30	HPB300 HRB335 HRB400	=0.012*D*+0.28*d*	0.34*d*	*D*=5*d*
45		=0.043*D*+0.457*d*	0.67*d*	
60		=0.108*D*+0.685*d*	1.23*d*	

③ 钢筋 180° 弯钩长度增加值。根据相关规范规定，HPB300 级钢筋两端做 180° 弯钩，其弯曲直径 *D*=2.5*d*，平直部分长度为 3*d*，其增加值计算简图如图 4-22 所示。度量方法为以外包尺寸度量，每个弯钩长度增加值为 6.25*d*。箍筋做 180° 弯钩时，其平直部分长度为 5*d*，则其每个弯钩增加长度为 8.25*d*。

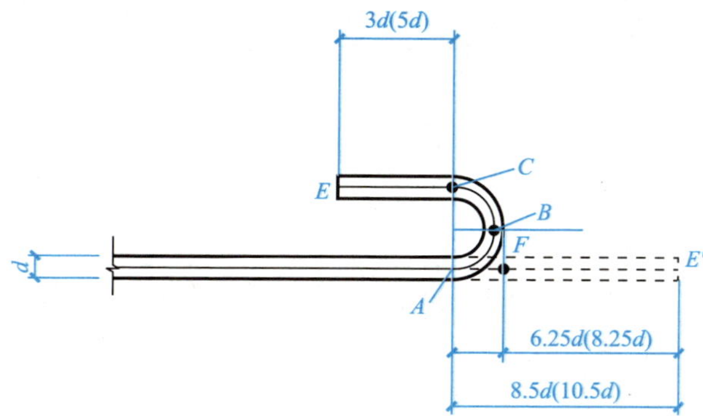

图 4-22　180° 弯钩长度增加值计算简图

（2）钢筋下料长度计算

1）一般钢筋下料长度计算。

① 直钢筋下料长度=构件长度-混凝土保护层厚度+弯钩增加长度（混凝土保护层厚度按相关规范规定查用）。

② 弯起钢筋下料长度=直段长度+斜段长度-弯曲调整值+弯钩增加长度。

③ 箍筋下料长度=直段长度+弯钩增加长度-弯曲调整值，或箍筋下料长度=箍筋周长+箍筋长度调整值。

④ 曲线钢筋（环形钢筋、螺旋箍筋、抛物线钢筋等）下料长度=钢筋长度计算值+弯钩增加长度。

2）箍筋弯钩增加长度计算。由于箍筋弯钩型式较多，所以下料长度计算比其他类型钢筋较为复杂，常用的箍筋型式如图 4-23 所示，箍筋的弯钩型式有 3 种，即半圆弯钩（180°）、直弯钩（90°）、斜弯钩（135°）。图 4-23（a）、（b）所示是一般型式箍筋，图 4-23（c）所示是有抗震要求和受扭构件的箍筋。不同箍筋型式弯钩长度增加值计算如表 4-11 所示；不同型式箍筋下料长度计算式如表 4-12 所示。

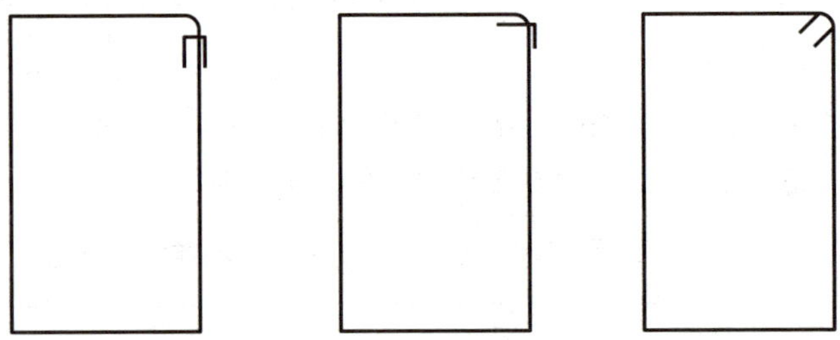

（a）90° /180° 箍筋　（b）90° /90° 箍筋　（c）135° /135° 箍筋

图 4-23　常用的箍筋型式

表 4-11　箍筋弯钩长度增加值计算

弯钩形式	箍筋弯钩增加长度计算公式	平直段长度	箍筋弯钩增加长度取值	
			HPB300	HRB335
半圆弯钩（180°）	$=1.071D+0.57D$	$5d$	$9.1d$	—
直弯钩（90°）	$=0.285D+0.215D$	$5d$	$7.5d$	$7.5d$
斜弯钩（135°）	$=0.678D+0.178D$	$10d$	$12d$	—

注：表中 90°弯钩，HPB300、HRB335 级钢筋均取 $D=5d$；135°、180°弯钩，HPB300 级钢筋取 $D=2.5d$。

表 4-12　箍筋下料长度计算式

序号	简图	钢筋级别	弯钩类型	下料长度计算式
1	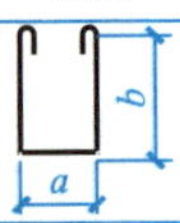	HPB 235 级	180°/180°	$l_x = a + 2b + (6 - 2\times 2.29 + 2\times 8.25)d$ 或 $l_x = a + 2b + 17.9d$
2	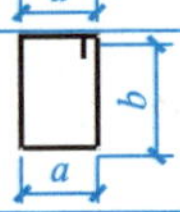		90°/180°	$l_x = 2a + 2b + (8 - 3\times 2.29 + 8.25 + 6.2)d$ 或 $l_x = 2a + 2b + 15.6d$

续表

序号	简图	钢筋级别	弯钩类型	下料长度计算式
3	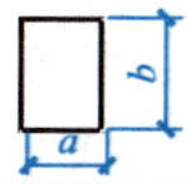	HPB 235 级	90°/90°	$l_x = 2a + 2b + (8 - 3\times 2.29 + 2\times 6.2)d$ 或 $l_x = 2a + 2b + 13.5d$
4	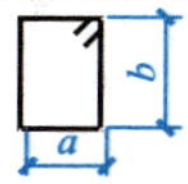		135°/135°	$l_x = 2a + 2b + (8 - 3\times 2.29 + 2\times 12)d$ 或 $l_x = 2a + 2b + 25.1d$

（3）钢筋配料单及料牌的填写

1）钢筋配料单的作用及形式。钢筋配料单是根据施工设计图纸标定钢筋的品种、规格及外形尺寸、数量进行编号，并计算下料长度，用表格形式表达的技术文件。

① 钢筋配料单的作用：确定钢筋下料加工的依据，提出材料计划。

它是签发施工任务单和限额领料单的依据，是钢筋施工的重要工序，合理的配料单能节约材料、简化施工操作。

② 配料单的形式：钢筋配料单一般用表格的形式反映，其内容由构件名称、钢筋编号、钢筋简图、尺寸、钢号、数量、下料长度及质量等内容组成，如表 4-13 所示。

表 4-13 钢筋配料单

构件名称	钢筋编号	钢筋简图	直径/mm	钢筋级别	下料长度/mm	单位根数	合计根数	质量/kg
L1 梁 共 5 根	①		10	Φ	6315	2	10	39.0
	②		25	Φ	6575	2	10	253.1
	③		25	Φ	6962	2	10	266.1
	④	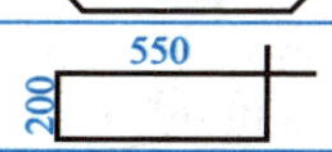	6	Φ	1651	32	160	58.6

2）钢筋配料单的编制方法及步骤。

① 熟悉构件配筋图，弄清每个编号钢筋的直径、规格、种类、形状和数量，以及在构件中的位置和相互关系。

② 绘制钢筋简图。

③ 计算每种规格的钢筋下料长度。

④ 填写钢筋配料单。

⑤ 填写钢筋料牌。

3）钢筋的料牌。除填写钢筋配料单外，还需对每个编号的钢筋制作相应的标牌与标识，即料牌，作为钢筋加工的依据，并在安装中作为区别、核实工程项目钢筋的标志。钢筋料牌的形式如图 4-24 所示。

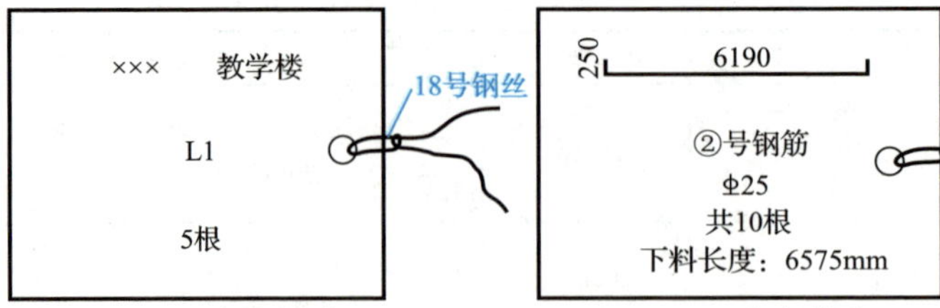

（a）正面　（b）背面

图 4-24　钢筋料牌的形式

【例 4-1】某教学楼第一层楼共有 5 根 L1 梁，梁的钢筋如图 4-25 所示，梁混凝土保护层厚度取 25mm，箍筋为 135° 斜弯钩，试编制该梁的钢筋配料单（HRB335 级钢筋末端为 90° 弯钩，弯起直段长度 250mm）。

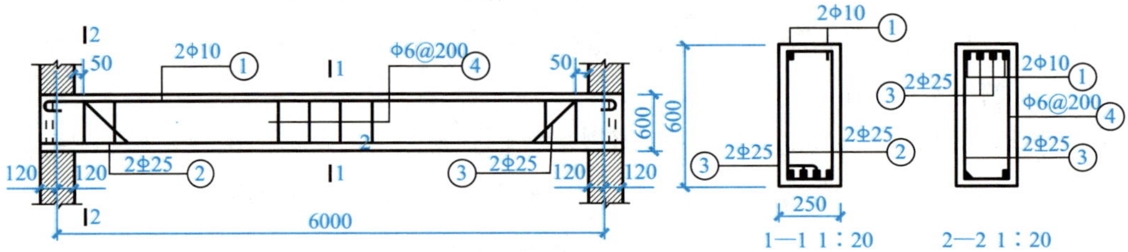

图 4-25　梁的钢筋

解：

1）熟悉构件配筋图，绘出各钢筋简图，如表 4-13 所示。

2）计算各钢筋下料长度。

①号钢筋为 HPB300 级钢筋，两端需做 180° 弯钩，每个弯钩长度增加值为 6.25d，端头保护层厚 25mm，则钢筋外包尺寸为 6240−2×25=6190（mm）。钢筋下料长度=构件长−两端保护层厚度+弯钩增加长度。

①号钢筋下料长度=6190+2×6.25×10=6190+125=6315（mm）。

②号钢筋为 HRB335 级钢筋（钢筋下料长度计算式同前），钢筋弯折调整值查表 4-9，弯折 90° 时取 2.29d；下料长度=6240−2×25+2×250−2×2.29×25−6190+6189≈6575（mm）。

③号钢筋为弯起钢筋，钢筋下料长度计算式为

弯起钢筋下料长度=直段长度+斜段长度−弯曲调整值+弯钩增加长度

分段计算其长度：

端部平直段=240+50−25=265（mm）

斜段长度=（梁高−2 倍保护层厚度）×1.41=（600−2×25）×1.41=550×1.41=777（mm）

（1.41 是钢筋弯 45° 斜长增加系数）

中间直线段长=6240−2×652×265−2×550=6240−1680=4560（mm）

HRB335 级钢筋锚固长度为 250mm，末端无弯钩，钢筋的弯曲调整值查表 4-10，弯起 45° 时取 0.67d；钢筋的弯折调整值查表 4-9，弯折 90° 时取 2.29d。钢筋下料长度为

2×（250+265+777）+4560−4×0.67×25−2×2.29×25≈7144−182≈6962（mm）

④号钢筋为箍筋（按表 4-12，计算式为 $l_x=2a+2b+25.1d$），钢筋下料长度计算式为

箍筋下料长度=直段长度+弯钩增加长度−弯曲调整值。箍筋两端做 135° 斜弯钩，查表 4-12，弯钩增加值取 25.1d，箍筋内包尺寸为宽度=250−2×25=200（mm）；高度=600−2×25=550（mm）。

④号箍筋的下料长度=2×（200+550）+25.1d=1500+25.1×6≈1651（mm）。

箍筋数量=(构件长−两端保护层)÷箍筋间距+1=(6240−2×25)÷200+1=6190÷200+1=30.95+1=31.95，取 32 根。

计算结果汇总于表 4-13。

3）填写钢筋料牌，如图 4-24 所示。图中仅填写了②号钢筋的料牌，其余同此。

2. 钢筋代换

（1）钢筋代换原则

在施工中，已确认工地不可能供应设计图要求的钢筋品种和规格时，在征得设计单位的同意并办理设计变更文件后，才允许根据库存条件进行钢筋代换。代换前，必须充分了解设计意图、构件特征和代换钢筋性能，严格遵守国家现行设计规范和施工验收规范及有关技术规定。代换后，仍能满足各类极限状态的有关计算要求及配筋构造规定，如受力钢筋和箍筋的最小直径、间距、锚固长度、配筋百分率及混凝土保护层厚度等。一般情况下，代换钢筋还必须满足截面对称的要求。

梁内纵向受力钢筋与弯起钢筋应分别进行代换，以保证正截面与斜截面强度。偏心受压构件或偏心受拉构件（如框架柱、承受吊车荷载的柱、屋架上弦等）钢筋代换时，应按受力方向（受压或受拉）分别代换，不得取整个截面配筋量计算。吊车梁等承受反复荷载作用的构件，必要时，应在钢筋代换后进行疲劳验算。同一截面内配置不同种类和直径的钢筋代换时，每根钢筋拉力差不宜过大（同类型钢筋直径差一般不大于 5mm），以免构件受力不匀。钢筋代换应避免出现大材小用、优材劣用，或不符合专料专用等现象。钢筋代换后，其用量不宜大于原设计用量的 5%，也不应低于原设计用量的 2%。

对抗裂性要求高的构件（如吊车梁、薄腹梁、屋架下弦等），不宜用 HPB300 级钢筋代换 HRB335、HRB400 级带肋钢筋，以免裂缝开展过宽。当构件受裂缝宽度控制时，代换后应进行裂缝宽度验算。如代换后裂缝宽度有一定增大（但不超过允许的最大裂缝宽度），还应对构件做挠度验算。

进行钢筋代换的效果，除应考虑代换后仍能满足结构各项技术性能要求外，同时还要保证用料的经济性和加工操作的方便。

（2）钢筋代换方法

1）等强度代换。当结构构件按强度控制时，可按强度相等的原则代换，称为等强度代换，即代换前后钢筋的钢筋抗力不小于施工图纸上原设计配筋的钢筋抗力，即

$$A_{S2}f_{y2} \geqslant A_{S1}f_{y1} \tag{4-1}$$

式中，A_{S1}、A_{S2}——原设计钢筋和拟代换钢筋的计算截面面积（mm^2）；

$A_{S1}f_{y1}$、$A_{S2}f_{y2}$——原设计钢筋和拟代换钢筋的钢筋抗力（N）。

将圆面积公式 $A_S=\pi(d/2)^2$ 代入式（4-1），有

$$n_2d_2^2f_{y2} \geqslant n_1d_1^2f_{y1} \tag{4-2}$$

式中，f_{y1}、f_{y2}——原设计钢筋和拟代换用钢筋的抗拉强度设计值（N/mm^2）；

n_1、n_2——原设计钢筋和拟代换钢筋的根数（根）；

d_1、d_2——原设计钢筋和拟代换钢筋的直径（mm）。

当原设计钢筋与拟代换的钢筋直径相同（$d_1 = d_2$）时：

$$n_2 f_{y2} \geqslant n_1 f_{y1} \tag{4-3}$$

当原设计钢筋与拟代换的钢筋级别相同（$f_{y1} = f_{y2}$）时：

$$n_2 d_2^2 \geqslant n_1 d_1^2 \tag{4-4}$$

2）等面积代换。当构件换最小配筋率配筋时，可按钢筋面积相等的原则进行代换，称为等面积代换，即

$$A_{S1} = A_{S2} \tag{4-5}$$

或

$$n_2 d_2^2 \geqslant n_1 d_1^2 \tag{4-6}$$

式中，A_{S1}、n_1、d_1——原设计钢筋的计算截面面积（mm^2）、根数、直径（mm）；

A_{S2}、n_2、d_2——拟代换钢筋的计算截面面积（mm^2）、根数、直径（mm）。

3）当构件受裂缝宽度或抗裂性要求控制时，代换后应进行裂缝或抗裂性验算。代换后，还应满足构造方面的要求（如钢筋间距、最小直径、最少根数、锚固长度、对称性等）及设计中提出的其他要求。

4.2.4 钢筋的加工

钢筋的加工包括调直、除锈、切断、接长、弯曲等工作。

钢筋调直宜采用机械调直，也可利用冷拉进行调直。采用冷拉方法调直钢筋时，HPB300级钢筋的冷拉率不宜大于 4%；HRB335、HRB400 级钢筋的冷拉率不宜大于 1%。除利用冷拉调直钢筋外，粗钢筋还可采用锤直和拔直的方法；直径为 4～14mm 的钢筋可采用调直机进行调直。调直机具有使钢筋调直、除锈和切断 3 项功能。冷拔低碳钢丝在调直机上调直后，其表面不得有明显擦伤，抗拉强度不得低于设计要求。

钢筋的表面应洁净，油渍、漆污和用锤敲击时能剥落的浮皮、铁锈等应在钢筋使用前被清除干净。在焊接前，焊点处的水锈应清除干净。钢筋的除锈，宜在钢筋冷拉或钢丝调直过程中进行，这对大量钢筋的除锈较为经济省工。用机械方法除锈，如采用电动除锈机除锈，对钢筋的局部除锈较为方便。手工（用钢丝刷、砂盘）喷砂和酸洗等除锈，因为费工费料，所以现已很少采用。

在进行钢筋下料时，须按下料长度切断钢筋。钢筋切断可采用钢筋切断机或手动切断器。手动切断器一般只用于切断小于ϕ12mm 的钢筋；钢筋切断机可切断小于ϕ40mm 的钢筋。钢筋切断时根据下料长度，统一排料：先断长料，后断短料；减少短头，减少损耗。

钢筋下料之后，应按钢筋配料单进行划线，以便将钢筋准确地加工成所规定的尺寸。当弯曲形状比较复杂的钢筋时，可先放出实样，再进行弯曲。钢筋弯曲宜采用弯曲机，弯曲机可弯ϕ6～40mm 的钢筋。对于直径小于 25mm 的钢筋，当无弯曲机时，也可采用板钩弯曲。

目前钢筋弯曲机着重承担弯曲粗钢筋。为了提高工效，在工地人们常自制多头弯曲机（一个电动机带动几个钢筋弯曲盘）以弯曲细钢筋。

加工钢筋的允许偏差：受力钢筋顺长度方向全长的净尺寸偏差不应超过±10mm；弯起筋的弯折位置偏差不应超过±20mm；箍筋内净尺寸偏差不应超过 5mm。

4.2.5　钢筋的绑扎与安装

微课：圈梁钢筋绑扎施工

钢筋绑扎、安装前，应先熟悉图纸，核对钢筋配料单和钢筋加工牌，研究与有关工种的配合，确定施工方法。

钢筋的接长、钢筋骨架或钢筋网的成型应优先采用焊接或机械连接，当不能采用焊接（如缺乏电焊机或电焊机功率不够）或骨架过大、过重不便于运输安装时，可采用绑扎的方法。钢筋绑扎一般采用 20～22 号钢丝，钢丝过硬时，可经退火处理。绑扎时应注意钢筋位置是否准确，绑扎是否牢固，搭接长度及绑扎点位置是否符合规范要求。板和墙的钢筋网，除靠近外围两行钢筋的相交点全部扎牢外，中间部分的相交点可相隔交错扎牢，但必须保证受力钢筋不位移。双向受力的钢筋，须全部扎牢；梁和柱的箍筋，除设计有特殊要求外，应与受力钢筋垂直设置。箍筋弯钩叠合处，应沿受力钢筋方向错开设置；柱中的竖向钢筋搭接时，角部钢筋的弯钩应与模板成 45°（多边形柱为模板内角的平分角，圆形柱应与模板切线垂直）；弯钩与模板的角度最小不得小于 15°。

当受力钢筋采用机械连接接头或焊接接头时，设置在同一构件内的接头宜相互错开。同一构件中相邻纵向受力钢筋的绑扎搭接接头宜相互错开。钢筋搭接处，应在中心和两端用钢丝扎牢。在受拉区域内，HPB300 级钢筋绑扎接头的末端应做弯钩。绑扎搭接接头中钢筋的横向净距不应小于钢筋直径，且不应小于 25mm；钢筋绑扎搭接接头连接区段的长度为 $1.3l_l$（l_l 为搭接长度），凡搭接接头中点位于该连接区段长度内的搭接接头均属于同一连接区段。在同一连接区段内，纵向钢筋搭接接头面积百分率为该区段内有搭接接头的纵向受力钢筋截面面积与全部纵向受力钢筋截面面积的比值；同一连接区段内，纵向受拉钢筋搭接接头面积百分率应符合规范要求。

钢筋绑扎搭接长度按下列规定确定。

1）纵向受力钢筋绑扎搭接接头面积百分率不大于 25%时，其最小搭接长度应符合表 4-14 所示的规定。

表 4-14　纵向受拉钢筋的最小搭接长度

钢筋类型		混凝土强度等级			
		C15	C20～C25	C30～C35	≥C40
光圆钢筋	HPB300 级	$45d$	$35d$	$30d$	$25d$
带肋钢筋	HRB335 级	$55d$	$45d$	$35d$	$30d$
	HRB400 级、RRB400 级	—	$55d$	$40d$	$35d$

注：d 为钢筋直径。两根直径不同的钢筋的搭接长度，以较细钢筋的直径计算。

2）当纵向受拉钢筋搭接接头面积百分率大于 25%，但不大于 50%时，其最小搭接长度应按表 4-14 中的数值乘以系数 1.2 取用；当接头面积百分率大于 50%时，应按表 4-14 中的数值乘以系数 1.35 取用。

3）纵向受拉钢筋的最小搭接长度根据上述 1）、2）条确定后，在下列情况时还应进行修正：带肋钢筋的直径大于 25mm 时，其最小搭接长度应按相应数值乘以系数 1.1 取用；对环氧树脂涂层的带肋钢筋，其最小搭接长度应按相应数值乘以系数 1.25 取用；当在混凝土凝固过程中受力钢筋易受扰动时（如滑模施工），其最小搭接长度应按相应数值乘以系数

1.1 取用；对末端采用机械锚固措施的带肋钢筋，其最小搭接长度可按相应数值乘以系数0.7取用；当带肋钢筋的混凝土保护层厚度大于搭接钢筋直径的3倍且配有箍筋时，其最小搭接长度可按相应数值乘以系数0.8取用；对有抗震设防要求的结构构件，其受力钢筋的最小搭接长度对一、二级抗震等级应按相应数值乘以系数1.15采用；对三级抗震等级应按相应数值乘以系数1.05采用。

4）纵向受压钢筋搭接时，其最小搭接长度应根据1）～3）条的规定确定相应数值后，乘以系数0.7取用。

5）在任何情况下，受拉钢筋的搭接长度不应小于300mm，受压钢筋的搭接长度不应小于200mm。

在梁、柱类构件的纵向受力钢筋搭接长度范围内，应按设计要求配置箍筋。

钢筋安装或现场绑扎应与模板安装相配合。柱钢筋现场绑扎时，一般在模板安装前进行，柱钢筋采用预制安装时，可先安装钢筋骨架，然后安装柱模板；或先安装三面模板，待钢筋骨架安装后，再钉第四面模板。梁的钢筋一般在梁模板安装后，再安装或绑扎；断面高度较大（>600mm）或跨度较大、钢筋较密的大梁，可留一面侧模，待钢筋安装或绑扎完后再钉。楼板钢筋绑扎应在楼板模板安装后进行，并应按设计先画线，然后摆料、绑扎。

钢筋保护层应按设计或相关规范的要求正确确定。在工地常用预制水泥垫块垫在钢筋与模板之间，以控制保护层厚度。垫块应布置成梅花形，其相互间距不大于1m。上下双层钢筋之间的尺寸，可通过绑扎短钢筋或设置撑脚来控制。

思政案例

港珠澳大桥开通，展现中国智慧和中国力量

2018年10月23日，全球最长的跨海大桥——港珠澳大桥正式开通。这座大桥连通珠海、香港、澳门三地，将香港到珠海、澳门的通行时间从3个多小时缩短到半小时，使得粤港澳一小时生活圈得以形成。港珠澳大桥在世界桥梁建筑历史上创造了无数奇迹，长度最长、施工难度最大、设计寿命最长、创新技术最多……港珠澳大桥桥梁工程的用钢量达42.5万t，相当于约60座埃菲尔铁塔的钢量，这是全球范围内首次如此大规模地应用钢箱梁的工程。

港珠澳大桥的建设创下多项世界之最，体现了我们国家逢山开路、遇水架桥的奋斗精神，展现了我国综合国力和自主创新能力，凸显了勇创世界一流的民族志气，展示了“中国精神”的强大凝聚力，彰显了“中国智慧”和“中国力量”。

4.2.6 植筋施工

植筋技术是在需连接的旧混凝土构件上根据结构的受力特点，确定钢筋的数量、规格、位置，在旧构件上经过钻孔、清孔、注入植筋胶粘剂，再插入所需钢筋，使钢筋与混凝土通过胶粘剂黏结在一起，然后浇筑新混凝土，从而完成新旧钢筋混凝土的有效连接，达到共同作用、整体受力的目的。

由于在钢筋混凝土结构上植筋锚固已不必再进行大量的开凿挖洞，而只需在植筋部位钻孔后，利用化学胶粘剂作为钢筋与混凝土的黏合剂就能保证钢筋与混凝土的良好黏结，所以可以减轻对原有结构构件的损伤，也减少了加固改造工程的工程量，又因胶粘剂对钢筋的锚固力，使锚杆与基材有效地锚固在一起，产生的黏结强度与机械咬合力承受受拉载荷，所以当植筋达到一定的锚固深度后，植入的钢筋就具有很强的抗拉力，从而保证了锚固强度。作为一种新型的加固技术，植筋方法具有工艺简单、工期短、造价低、操作方便、劳动强度低、质量易保证等优点，适用于竖直孔、水平孔、倒垂孔，可轻松植筋，也被广泛应用于建筑结构加固及混凝土的补强工程中。

1. 植筋施工工艺流程

植筋施工工艺流程：弹线定位→钻孔→清孔→钢筋处理→注胶→植筋→固化养护→检验→绑钢筋浇筑。

2. 施工要点

1）弹线定位。按设计图纸的要求，标示出植筋钻孔的位置、型号，若基体上存在受力钢筋，则钻孔位置可适当调整，避免钻孔时钻到原有钢筋；植筋宜植在箍筋内侧（对梁、柱）或分布筋内侧（对板、剪力墙）。

2）钻孔。钻孔使用配套冲击电钻。钻孔时，如遇不可切断钢筋，则应调整孔位避开；钻孔直径为所植钢筋直径 d+（4～10）mm（小直径钢筋取低值，大直径钢筋取高值）；孔洞间距与孔洞深度应满足设计要求。

3）清孔。钻孔完毕，检查孔深、孔径，合格后，先用吹气泵清除孔洞内的粉尘等，再用清孔刷清孔，要经多次吹刷，直至孔内无灰尘，将孔口临时封闭。若有废孔，则清净后用胶粘剂填实。清孔的同时，不能用水冲洗，以免残留在孔中的水分削弱胶粘剂的作用。

4）钢筋处理。钢筋锚固长度范围内的铁锈应被清除干净（新钢筋的青色外皮也应被清除），并打磨出金属光泽，采用角磨机和钢丝轮片打磨速度较快。

5）注胶。

① 植筋用胶粘剂的配制。植筋用胶粘剂由两种不同化学组分按比例配制而成，配制比例必须严格按产品说明书确定。

② 使用植筋注射器从孔底向外均匀地把适量胶粘剂填注到孔内，从里到外渐渐填注并排出空气，注胶量为孔深的 1/3～1/2，以钢筋植入后有少许胶液溢出为宜。注意：勿将空气封入孔内。

6）植筋。按顺时针方向把钢筋平行于孔洞走向轻轻植入孔中，直至插入孔底、胶粘剂溢出。钢筋也可用手锤击打方式入孔，手锤击打时，一人应扶住钢筋，以避免回弹。胶粘剂的填充量应保证插入钢筋后周边有少许胶料溢出。

7）固化养护。将钢筋外露端固定在模架上，使其不受外力作用，直至凝结，并派专人现场保护。凝胶的化学反应时间一般为 15min，固化时间一般为 1h。植筋后夏季 12h 内（冬季 24h 内）不得扰动钢筋，若有较大扰动，则宜重新植筋。胶粘剂的固化时间与环境温度的关系按产品说明书确定。

8）检验。采用千斤顶、锚具、反力架系统做拉拔试验，一般加载至钢筋强度的标准值。

3. 注意事项

1）包装桶内的结构胶若有沉淀，则使用前应搅拌均匀。

2）锚固构造措施尚宜满足《混凝土结构后锚固技术规程》（JGJ 145—2013）的有关规定。

3）结构胶宜在阴凉处密闭保存，保存期应按使用说明执行。

4）若施工场所温度低于 5℃，则可采用碘钨灯、红外线灯、电炉或水浴等增温方式在胶使用前将胶预热至 20～40℃。若施工场所温度低于-5℃，建议对锚固部位也加温 5℃以上，并维持 2h 以上。

5）结构胶对皮肤有刺激性，个别人员有过敏反应，胶固化后也不易清除，人体直接接触后应用清水冲洗干净；如不慎溅到眼睛里，应使用大量清水冲洗后立刻就医。施工人员注意适当的劳动保护，如配备安全帽、工作服、手套等。

6）周围环境温度越高，每次配胶量越大，可操作时间越短。应预估适用期内的每次配胶量，以避免不必要的浪费。

4.2.7 钢筋工程施工质量验收

钢筋工程属于隐蔽工程，在浇筑混凝土前应对钢筋及预埋件进行隐蔽工程验收，并按规定记好隐蔽工程记录，以便查验。其内容包括：纵向受力钢筋的品种、规格、数量、位置是否正确，特别是要注意检查负筋的位置；钢筋的连接方式、接头位置、接头数量、接头面积百分率是否符合规定；箍筋、横向钢筋的品种、规格、数量、间距等；预埋件的规格、数量、位置等。检查钢筋绑扎是否牢固，有无变形、松脱和开焊。

钢筋工程的施工质量检验应按主控项目、一般项目并按规定的检验方法进行检验。检验批合格质量应符合规定：主控项目和一般项目的质量经抽样检验合格；当采用计数检验时，除有专门要求外，一般项目的合格点率应达到 80%及以上，且不得有严重缺陷；具有完整的施工操作依据和质量验收记录。

1. 主控项目

1）钢筋进场时，应按国家现行相关标准的规定抽取试样做力学性能和质量偏差检验，检验结果必须符合有关标准的规定。

检查数量：按进场的批次和产品的抽样检验方案确定。

检验方法：检查出厂合格证、出厂检验报告和进场复验报告。

2）对有抗震设防要求的结构，其纵向受力钢筋的性能应满足设计要求；当设计无具体要求时，对按一、二、三级抗震等级设计的框架和斜撑钩件（含梯段）中的纵向受力钢筋应采用 HRB335E、HRB400E、HRB500E、HRBF335E、HRBF400E 或 HRBF500E 钢筋，其强度和最大力下总伸长率的实测值应符合如下规定：

① 钢筋的抗拉强度实测值与屈服强度实测值的比值不应小于 1.25。

② 钢筋的屈服强度实测值与屈服强度标准值的比值不应大于 1.30。

③ 钢筋的最大力下总伸长率不应小于 9%。

检查数量：按进场的批次和产品的抽样检验方案确定。

检验方法：检查进场复验报告。

3）受力钢筋的弯钩和弯折应符合规定：HPB300 级钢筋末端应做 180° 弯钩，其弯弧内直径不应小于钢筋直径的 2.5 倍，弯钩的弯后平直部分长度不应小于钢筋直径的 3 倍；当设计要求钢筋末端做 135° 弯钩时，HRB335 级、HRB400 级钢筋的弯弧内直径不应小于钢筋直径的 4 倍，弯钩的弯后平直部分长度应符合设计要求；钢筋做不大于 90° 的弯折时，弯折处的弯弧内直径不应小于钢筋直径的 5 倍。

除焊接封闭环式箍筋外，箍筋的末端应做弯钩，弯钩型式应符合设计要求。当设计无具体要求时，应符合下列规定：

箍筋弯钩的弯弧内直径除应满足本条前述的规定外，还应不小于受力钢筋直径。

箍筋弯钩的弯折角度：对于一般结构，不应小于 90°；对于有抗震等要求的结构，应为 135°。

箍筋弯后平直部分长度：对于一般结构，不宜小于箍筋直径的 5 倍；对于有抗震等要求的结构，不应小于箍筋直径的 10 倍。

检查数量：每工作班同一类型钢筋、同一加工设备抽查不应少于 3 件。

检验方法：钢直尺检查。

4）纵向受力钢筋的连接方式应符合设计要求。

检查数量：全数检查。

检验方法：观察。

5）钢筋机械连接接头、焊接接头应按国家现行标准的规定抽取试件做力学性能检验，其质量应符合有关规范（程）的规定。

检查数量：按有关规范（程）确定。

检验方法：检查产品合格证、接头力学性能试验报告。

6）钢筋安装时，受力钢筋的品种、级别、规格和数量必须符合设计要求。

检查数量：全数检查。

检验方法：观察，钢直尺检查。

2. 一般项目

1）钢筋应平直、无损伤，表面不得有裂纹、油污、颗粒状或片状老锈。

检查数量：进场时和使用前全数检查。

检验方法：观察。

2）钢筋宜采用无延伸装置的机械设备进行调直；当采用冷拉方法调直钢筋时，HPB300 光圆钢筋的冷拉率不宜大于 4%；HRB335、HRB400、HRB500、HRBF335、HRBF400、HRBF500 及 HRB400 带肋钢筋的冷拉率不宜大于 1%。

检查数量：按每工作班同一类型钢筋、同一加工设备抽查不应少于 3 件。

检验方法：观察，钢直尺检查。

3）钢筋加工的形状、尺寸应符合设计要求，其允许偏差应符合表 4-15 所示的规定。

检查数量：按每工作班同一类型钢筋、同一加工设备抽查不应少于 3 件。

检验方法：钢直尺检查。

表 4-15　钢筋加工的允许偏差　　单位：mm

项目	允许偏差
受力钢筋顺长度方向全长的净尺寸	±10
弯起钢筋的弯折位置	±20
箍筋内净尺寸	±5

4）钢筋的接头宜设置在受力较小处。同一纵向受力钢筋不宜设置两个或两个以上接头。接头末端至钢筋弯起点的距离不应小于钢筋直径的 10 倍。

检查数量：全数检查。

检验方法：观察，钢直尺检查。

5）施工现场应按国家现行标准《钢筋机械连接技术规程》（JGJ 107—2016）、《钢筋焊接及验收规程》（JGJ 18—2012）的规定对钢筋机械连接接头、焊接接头的外观进行检查，其质量应符合有关规范的规定。

检查数量：全数检查。

检验方法：观察。

6）当受力钢筋采用机械连接接头或焊接接头时，设置在同一构件内的接头宜相互错开。纵向受力钢筋机械连接接头及焊接接头连接区段的长度为35d（d为纵向受力钢筋的较大直径）且不小于500mm，凡接头中点位于该连接区段长度内的接头均属于同一连接区段。在同一连接区段内，纵向受力钢筋的接头面积百分率应符合设计要求：当设计无具体要求时，在受拉区不宜大于50%，接头不宜设置在有抗震设防要求的框架梁、柱端的箍筋加密区；当无法避开时，对等强度高质量机械连接接头，不应大于50%；直接承受动力荷载的结构构件中，不宜采用焊接接头；当采用机械连接接头时，不应大于50%。

同一构件中相邻纵向受力钢筋的绑扎搭接接头宜相互错开。绑扎搭接接头中钢筋的横向净距不应小于钢筋直径，且不应小于25mm。钢筋绑扎搭接接头连接区段的长度为1.3h_1；凡搭接接头中点位于该连接区段长度内的搭接接头均属于同一连接区段。在同一连接区段内，纵向钢筋搭接接头面积百分率应符合设计要求：当设计无具体要求时，对梁、板及墙类构件，不宜大于25%；对柱类构件，不宜大于50%。当工程中确有必要增大接头面积百分率时，对梁类构件，不应大于50%；对其他构件，可根据实际情况放宽。纵向受力钢筋绑扎搭接接头的最小搭接长度应符合表4-14所示的规定。

检查数量：在同一检验批内，对梁、柱和独立基础，应抽查构件数量的10%，且不少于3件；对墙和板，应按有代表性的自然间抽查10%，且不少于3间；对大空间结构，墙可按相邻轴线间高度5m左右划分检查面，板可按纵横轴线划分检查面，抽查10%，且均不少于3面。

检验方法：观察，钢直尺检查。

7）在梁、柱类构件的纵向受力钢筋搭接长度范围内，应按设计要求配置箍筋。当设计无具体要求时，箍筋直径不应小于搭接钢筋较大直径的0.25倍；受拉搭接区段的箍筋间距不应大于搭接钢筋较小直径的5倍，且不应大于100mm；受压搭接区段的箍筋间距不应大于搭接钢筋较小直径的10倍，且不应大于200mm；当柱中纵向受力钢筋直径大于25mm时，应在搭接接头两个端面外100mm范围内各设置两个箍筋，其间距宜为50mm。

检查数量：在同一检验批内，对梁、柱和独立基础，应抽查构件数量的10%，且不少于3件；对墙和板，应按有代表性的自然间抽查10%，且不少于3间；对大空间结构，墙可按相邻轴线间高度5m左右划分检查面，板可按纵、横轴线划分检查面，抽查10%，且均不少于3面。

检验方法：钢直尺检查。

8）钢筋安装位置的允许偏差和检验方法应符合表4-16所示的规定。

表4-16　钢筋安装位置的允许偏差和检验方法

项目	允许偏差/mm	检验方法
绑扎钢筋网	±10	钢直尺检查
	±20	钢直尺连续3挡，取其最大值

续表

项目		允许偏差/mm	检验方法
绑扎钢筋骨架		±10	钢直尺检查
		±5	钢直尺检查
受力钢筋		±10	钢直尺量两端、中间，取其最大值
		±5	
		±10	钢直尺检查
		±5	钢直尺检查
		±3	钢直尺检查
绑扎钢筋、横向钢筋间距		±20	钢直尺连续 3 挡，取其最大值
钢筋弯起点位置		20	钢直尺检查
预埋件	中心线位置	5	钢直尺检查
	水平高差	+3，0	钢直尺和塞尺检查

注：1．检查中心线位置时，应沿纵、横两个方向量测，并取其中的较大值。

2．表中梁、板类构件上部纵向受力钢筋保护层厚度的合格点率应达到 90%及以上，且不得超过表中数值 1.5 倍的尺寸偏差。

检查数量：在同一检验批内，对梁、柱和独立基础，应抽查构件数量的 10%，且不少于 3 件；对墙和板，应按有代表性的自然间抽查 10%，且不少于 3 间；对大空间结构，墙可按相邻轴线间高度 5m 左右划分检查面，板可按纵、横轴线划分检查面，抽查 10%，且均不少于 3 面。

检验方法：如表 4-16 所示。

思政案例

钢结构建筑在我国高质量发展与绿色转型中的应用与创新

在我国进入高质量发展和绿色低碳发展的新时期，钢结构建筑因其绿色施工、建造速度快、建筑垃圾排放少、材料可回收利用等特征，受到政府和社会的高度关注。一些地区出台了大力推广钢结构建筑的政策，促使我国钢结构建筑进入快速增长期，并建设了一系列标志性项目。在“新时代十大钢结构经典工程”评选中，深圳平安保险中心（建筑高度为 600m）、北京大兴国际机场、湖北香溪长江公路特大桥、陕西奥体中心体育馆等项目榜上有名。

北京大兴国际机场航站楼是世界上最大的单体航站楼工程，主体为现浇钢筋混凝土框架结构，局部为型钢混凝土结构，屋面及其支撑为钢结构，钢结构总质量约 13 万 t。由北京城建集团施工总承包的主航站楼工程是航站楼最核心、最关键、施工难度和技术挑战最大的标段。

由于工况、结构的复杂性，没有单一的施工方法能够满足安装需求。北京城建集团创新采用了分片累积提升、翻转提升、分片吊装等多种安装方法。在施工过程中，应用了建筑信息模型（building information model，BIM）技术、物联网技术、三维扫描技术和焊接机器人等先进技术。最终，项目部仅用 80 天时间，主航站楼钢结构便成功封顶，且提升精度差控制在毫米级，创造了机场建设的中国速度。

从经典工程推选情况看，钢结构专家、企业越来越重视钢结构工程的绿色施工和智能建造水平，更加关注工程的美观实用功能和质量水平，更青睐那些能够体现中国元素和自主技术的钢结构工程。因此，在中国建筑的发展应以坚定的文化自信推动建筑理论和实践的创新。

知识窗

钢筋加工安全技术

1）钢筋加工使用的夹具、台座、机械应符合以下要求：

① 机械的安装必须坚实稳固，保持水平位置。固定式机械应有可靠的基础，移动式机械作业时应楔紧行走轮。

② 室外作业时应设置机棚，机旁应有堆放原料、半成品的场地。

③ 加工较长的钢筋时，应有专人帮扶，并听从操作人员指挥，不得随意推拉。

④ 作业后，应堆放好成品，清理场地，切断电源，锁好电闸。

对钢筋进行冷拉、冷拔及预应力筋加工时，还应严格遵守有关规定。

2）焊接必须遵循以下规定：

① 电焊机必须接地，以保证操作人员安全，对于焊接导线及焊钳接导处，都应有可靠的绝缘措施。

② 大量焊接时，焊接变压器不得超负荷，变压器升温不得超过 60℃。

③ 点焊、对焊时，必须开放冷却水，电焊机的出水温度不得超过 40℃，排水量应符合要求。天冷时应放尽电焊机内的存水，以免冻塞。

④ 对焊机闪光区域，须设铁皮隔挡。焊接时禁止其他人员停留在闪光区内，以防被火花烫伤。电焊机工作范围内严禁堆放易燃物品，以免引起火灾。

⑤ 室内电弧焊时，应有排气装置。焊工操作地点相互之间应设挡板，以防被弧光刺伤眼睛。

任务 4.3 混凝土工程施工

思政案例

三峡大坝工程

三峡大坝工程是当今世界上最大的水利发电工程之一，采用混凝土重力坝，混凝土用量巨大。然而，混凝土硬化过程中产生的内部热量散热问题是当今世界面临的一个重大挑战。为了解决这一问题，我国工程师在选择水泥品种时采用了低热水泥，并采取了“吃刨冰，吹冷风”的措施。在浇筑时内部贯穿了水管，导入冷水进行散热。当外部温度过高时，还会启动喷雾设备进行洒水散热，以预防问题的发生。这些措施成功解决了这一世界级难题。

2018 年 4 月 24 日，习近平总书记在视察时发表了重要讲话，强调国家要强大、民族要复兴，必须靠我们自己砥砺奋进、不懈奋斗。行百里者半九十，中华民族的伟大复兴，不会是欢欢喜喜、热热闹闹、敲锣打鼓那么轻而易举就实现的。我们要靠自己的努力，大国重器必须掌握在自己手里。要通过自力更生，倒逼自主创新能力的提升。

混凝土工程包括混凝土的拌制、运输、浇筑捣实和养护等施工过程。各个施工过程既相互联系又相互影响。在混凝土施工过程中除按有关规定控制混凝土原材料质量外，任一施工过程处理不当都会影响混凝土的最终质量。因此，如何在施工过程中控制每一施工环节，是混凝土工程需要研究的课题。近年来，随着科学技术的发展，混凝土外加剂得到了快速的发展和应用。它们的应用改进了混凝土的性能和施工工艺。此外，自动化、机械化的发展及纤维混凝土和碳素混凝土的应用、新的施工机械和施工工艺的应用，也大大改变了混凝土工程的施工面貌。

4.3.1 混凝土的制备

混凝土制备应采用符合质量要求的原材料，按规定的配合比配料，混合料应拌和均匀，以保证结构设计所规定的混凝土强度等级，满足设计提出的特殊要求（如抗冻、抗渗等）和施工和易性要求，并应符合节约水泥、减轻劳动强度等原则。

1. 混凝土施工配合比及施工配料

混凝土的配合比是在实验室根据混凝土的配制强度经过试配和调整而确定的，称为实验室配合比。实验室配合比所用砂、石都是不含水分的，而施工现场的砂、石都有一定的含水率，且含水率大小随气温等条件不断变化。为保证混凝土的质量，施工中应按砂、石实际含水率对原配合比进行修正。根据现场砂、石含水率调整后的配合比称为施工配合比。

设实验室配合比为水泥∶砂∶石=1∶x∶y，水灰比为 W/c，现场砂、石含水率分别为 W_x、W_y，则施工配合比为水泥∶砂∶石=1∶x（1+W_x）∶y（1+W_y），水灰比 W/c 不变，但加水量应扣除砂、石中的含水量。

施工配料是确定每拌一次需用的各种原材料量，它根据施工配合比和搅拌机的出料容量计算。

【例 4-2】某工程混凝土实验室配合比为 1∶2.3∶4.27，水灰比 W/c=0.6，每立方米混凝土水泥用量为 300kg，现场砂、石含水率分别为 3%、1%，求施工配合比。若采用 250L 搅拌机，求每拌一次材料用量。

解：施工配合比，水泥∶砂∶石为

$1:x(1+W_x):y(1+W_y)=1:2.3\times(1+0.03):4.27\times(1+0.01)\approx1:2.37:4.31$

用 250L 搅拌机，每拌一次材料用量（施工配料）为

水泥：$300\times0.25=75$（kg）；

砂：$75\times2.37\approx177.8$（kg）；

石：$75\times4.31\approx323.3$（kg）；

水：$75\times0.6-75\times2.3\times0.03-75\times4.27\times0.01\approx36.6$（kg）。

思政案例

荆江铁女、碎石先锋——辛志英

1952 年，年仅 19 岁的辛志英投身于中华人民共和国第一座大型防洪工程的建设。她在工程中创新了“鹞子翻身碎石法”，显著提高了碎石效率。由于她的杰出贡献，辛志英成为中华人民共和国第一批劳动模范之一，被誉为“荆江铁女”和“碎石先锋”。她所代表的奋进精神，至今仍然鼓舞着一代又一代人不断追求卓越。

2. 混凝土搅拌机的选择与搅拌制度的确定

（1）搅拌机的选择

混凝土搅拌是将各种组成材料拌制成质地均匀、颜色一致、具备一定流动性的混凝土拌合物。如果混凝土搅拌不均匀，就不能获得密实的混凝土，影响混凝土的质量，所以搅拌是混凝土施工工艺中很重要的一道工序。由于人工搅拌混凝土质量差，消耗水泥多，而且劳动强度大，所以只有在工程量很小时才用人工搅拌。一般采用机械搅拌。

混凝土搅拌机按其搅拌原理分为自落式和强制式两类，如图 4-26 所示。

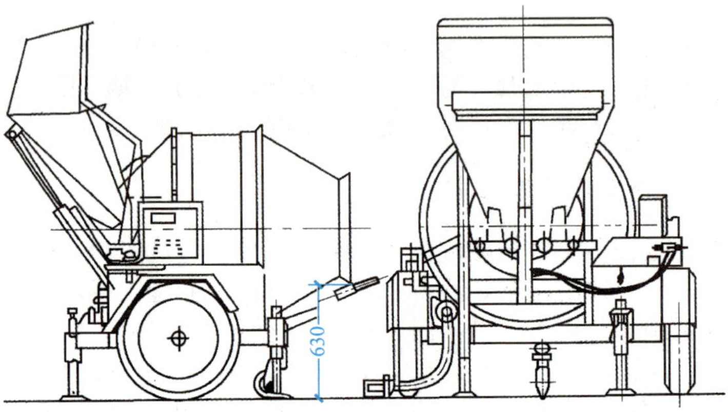

（a）锥形自落式搅拌机

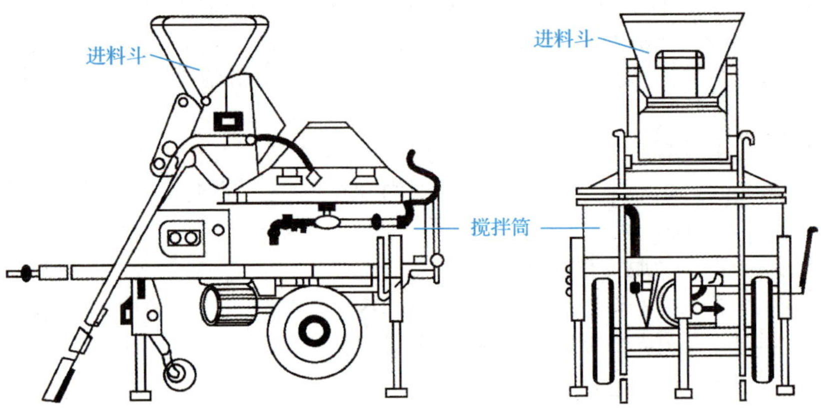

（b）强制式搅拌机

图 4-26　混凝土搅拌机

1）自落式搅拌机的搅拌筒内壁焊有弧形叶片，当搅拌筒绕水平轴旋转时，叶片不断将物料提升到一定高度，利用重力的作用自由下落。由于各物料颗粒下落的时间、速度、落点和滚动距离不同，从而使物料颗粒达到混合的目的。自落式搅拌机宜于搅拌塑性混凝土和低流动性混凝土。

JZ 锥形反转出料搅拌机是自落式搅拌机中较好的一种，由于它的主、副叶片分别与拌筒轴线成 45° 和 40° 夹角，故搅拌时叶片使物料做轴向窜动，所以搅拌运动比较强烈。它正转搅拌，反转出料，功率消耗大。这种搅拌机构造简单，质量小，搅拌效率高，出料干净，维修保养方便。

2）强制式搅拌机利用运动着的叶片强迫物料颗粒朝环向、径向和竖向各个方面产生运动，使各物料均匀混合。强制式搅拌机作用比自落式强烈，宜于搅拌干硬性混凝土和轻骨料混凝土。

强制式搅拌机分立轴式和卧轴式，立轴式又分涡桨式和行星式。1965 年我国研制出构造简单的 JW 涡桨式搅拌机，尽管这种搅拌机在生产的混凝土质量、搅拌时间、搅拌效率等方面明显优于鼓筒型搅拌机，但也存在一些缺点，如动力消耗大、叶片和衬板磨损大、混凝土骨料尺寸大时易把叶片卡住而损坏机器等。卧轴式又分 JD 单卧轴搅拌机和 JS 双卧轴搅拌机，由旋转的搅拌叶片强制搅动，兼有自落和强制搅拌两种机能，搅拌强烈，搅拌的混凝土质量好，搅拌时间短，生产效率高。卧轴式搅拌机是在我国 20 世纪 80 年代才出现的，但发展很快，已形成了系列产品，并有一些新结构出现。

我国规定混凝土搅拌机以其出料容量（m^3）×1000 标定规格，现行混凝土搅拌机的系列为 50、150、250、350、500、750、1000、1500 和 3000。

选择搅拌机时，要根据工程量大小、混凝土的坍落度、骨料尺寸等而定，既要满足技术上的要求，也要考虑经济效果和节约能源。

（2）搅拌制度的确定

为了获得质量优良的混凝土拌合物，除正确选择搅拌机外，还必须正确确定搅拌制度，即搅拌时间、投料顺序等。

1）搅拌时间：搅拌时间是影响混凝土质量及搅拌机生产率的重要因素之一，时间过短，拌和不均匀，会降低混凝土的强度及和易性；时间过长，不仅会影响搅拌机的生产率，而且会使混凝土和易性降低或产生分层离析现象。搅拌时间与搅拌机的类型、鼓筒尺寸、骨料的品种和粒径，以及混凝土的坍落度等有关，混凝土搅拌的最短时间（即自全部材料装入搅拌筒中起到卸料为止）可按表 4-17 采用。

表 4-17　混凝土搅拌的最短时间

混凝土坍落度/mm	搅拌机机型	搅拌最短时间/s		
		搅拌机出料容量<250L	搅拌机出料容量为 250～500L	搅拌机出料容量>500L
≤30	自落式	90	120	150
	强制式	60	90	120
>30	自落式	90	90	120
	强制式	60	60	90

注：掺有外加剂时，搅拌时间应适当延长。

2）投料顺序：投料顺序应从提高搅拌质量，减少叶片、衬板的磨损，减少拌合物与搅拌筒的黏结，减少水泥飞扬，改善工作条件等方面综合考虑确定。其常用方法如下：

① 一次投料法。即在上料斗中先装石子，再加水泥和砂，然后一次投入搅拌机。在鼓筒内先加水或在料斗提升进料的同时加水，这种上料顺序使水泥夹在石子和砂中间，上料时不致飞扬，又不致粘住斗底，且水泥和砂先进入搅拌筒形成水泥砂浆，可缩短包裹石子的时间。

② 二次投料法。它又分为预拌水泥砂浆法和预拌水泥净浆法。预拌水泥砂浆法是先将水泥、砂和水加入搅拌筒内进行充分搅拌，成为均匀的水泥砂浆，再投入石子搅拌成均匀的混凝土。预拌水泥净浆法是将水泥和水充分搅拌成均匀的水泥净浆后，再加入砂和石子

搅拌成混凝土。二次投料法搅拌的混凝土与一次投料法相比较，混凝土强度提高约 15%，在强度相同的情况下，可节约水泥 15%～20%。

③ 水泥裹砂法。此法又被称为 SEC 施工法，采用这种方法拌制的混凝土称为 SEC 施工法混凝土，也称造壳混凝土。其搅拌程序是先加一定量的水，将砂表面的含水量调节到某一规定的数值后，再将石子加入与湿砂拌匀，然后将全部水泥投入，与润湿后的砂、石拌和，使水泥在砂、石表面形成一层低水灰比的水泥浆壳（此过程称为“成壳”），最后将剩余的水和外加剂加入，搅拌成混凝土。采用 SEC 施工法制备的混凝土与一次投料法比较，强度可提高 20%～30%，混凝土不易产生离析现象，泌水少，工作性能好。

使用搅拌机时，必须注意安全。在鼓筒正常转动之后，才能装料入筒。在运转时，不得将头、手或工具伸入筒内。在因故（如停电）停机时，要立即设法将筒内的混凝土取出，以免凝结。在搅拌工作结束时，也应立即清洗鼓筒内外。叶片磨损面积如超过 10%左右，则应按原样修补或更换。

3. 混凝土搅拌站

混凝土拌合物在搅拌站集中拌制，可以做到自动上料、自动称量、自动出料和集中操作控制，机械化、自动化程度大大提高，劳动强度大大降低，使混凝土质量得到改善，可以取得较好的技术经济效果。施工现场可根据工程任务的大小、现场的具体条件、机具设备的情况，因地制宜地选用，如采用移动式混凝土搅拌站等。

搅拌站的机械化及自动化水平一般较高，用自卸汽车直接供应搅拌好的混凝土，然后直接浇筑入模。这种供应“商品混凝土”的生产方式，在改进混凝土的供应，提高混凝土的质量及节约水泥、骨料等方面，有很多优点。

4.3.2 混凝土的运输

1. 对混凝土拌合物运输的要求

在运输过程中，应保持混凝土的均匀性，避免产生分层离析现象，混凝土运至浇筑地点，应符合浇筑时所规定的坍落度，如表 4-18 所示；混凝土应以最少的中转次数、最短的时间，从搅拌地点运至浇筑地点，保证混凝土从搅拌机卸出后到浇筑完毕的延续时间不超过表 4-19 所示的规定；运输工作应保证混凝土的浇筑工作连续进行；运送混凝土的容器应严密，其内壁应平整光洁、不吸水、不漏浆，黏附的混凝土残渣应经常清除。

表 4-18 混凝土浇筑时的坍落度

单位：mm

项次	结构种类	坍落度
1	基础或地面等的垫层、无配筋的厚大结构（挡土墙、基础或厚大的块体等）或配筋稀疏的结构	10～30
2	板、梁和大型及中型截面的柱子等	30～50
3	配筋密列的结构（薄壁、斗仓、筒仓、细柱等）	50～70
4	配筋特密的结构	70～90

注：1. 本表系指采用机械振捣的坍落度，采用人工捣实时可适当增大。
2. 需要配制大坍落度混凝土时，应掺用外加剂。
3. 曲面或斜面结构的混凝土，其坍落度值应根据实际需要另行选定。
4. 轻骨料混凝土的坍落度，宜比表中数值减少 10～20mm。
5. 自密实混凝土的坍落度另行规定。

表 4-19　混凝土从搅拌机中卸出后到浇筑完毕的延续时间

混凝土强度等级	延续时间/min	
	气温≤25℃	气温>25℃
C30 及 C30 以下	120	90
C30 以上	90	60

注：1．掺用外加剂或采用快硬水泥拌制混凝土时，应按试验确定。

2．轻骨料混凝土的运输、浇筑延续时间应适当缩短。

2. 混凝土运输工作分类

混凝土运输工作分为地面运输、垂直运输和楼面运输 3 种情况。

1）地面运输。当运距较大时，可采用自卸汽车或混凝土搅拌运输车；工地范围内的运输多用载重 1t 的小型机动翻斗车，近距离亦可采用双轮手推车。

2）垂直运输。目前多用塔式起重机、井架，也可采用混凝土泵。塔式起重机运输的优点是地面运输、垂直运输和楼面运输都可以采用。混凝土在地面由水平运输工具或搅拌机直接卸入吊斗被吊起运至浇筑部位进行浇筑。

3）楼面运输。除采用塔式起重机之外，还可使用井架。混凝土在地面用双轮手推车运至井架的升降平台上，然后井架将双轮手推车提升到楼层上，再将手推车沿铺在楼面上的跳板推到浇筑地点。另外，井架可以兼运其他材料，利用率较高。由于在浇筑混凝土时，楼面上已立好模板，扎好钢筋，因此需铺设手推车行走用的跳板。为了避免压坏钢筋，跳板可用马凳垫起。手推车的运输道路应形成回路，避免交叉和运输堵塞。

3. 混凝土运输工具

混凝土泵是一种有效的混凝土运输工具，它以泵为动力，沿管道输送混凝土，可以按时完成水平和垂直运输，将混凝土直接运送至浇筑地点，我国一些大中城市及重点工程正逐渐推广使用并取得了较好的技术经济效果。多层和高层框架建筑、基础、水下工程和隧道等都可以采用混凝土泵输送混凝土。

混凝土泵根据驱动方式分为柱塞式混凝土泵和挤压式混凝土泵。

1）柱塞式混凝土泵根据传动机构不同，又分为机械传动和液压传动两种，图 4-27 所示为液压柱塞式混凝土泵的工作原理。它主要由料斗、液压缸和柱塞、混凝土缸、分配阀、Y 形输送管、冲洗设备、液压系统和动力系统等组成。柱塞泵工作时，搅拌机卸出的或由混凝土搅拌运输车卸出的混凝土倒入料斗，吸入端水平片阀移开，排出端竖直片阀关闭，液压活塞在液压作用下，带动混凝活塞左移，混凝土在自重及真空力作用下，进入混凝土缸内。然后移开混凝土被压入 Y 形输送管，将混凝土输送到浇筑地点。单缸混凝土泵的出料是脉冲式的，所以一般混凝土泵有两个混凝土缸并列交替进料和出料，通过 Y 形输送管送入同一管道使出料较为稳定。

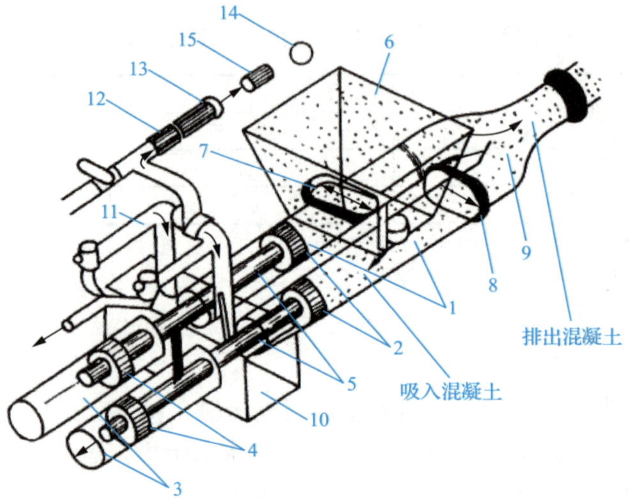

1—混凝土缸；2—混凝活塞；3—液压缸；4—液压活塞；5—活塞杆；6—料斗；7—吸入端水平片阀；8—排出端竖直片阀；9—Y 形输送管；10—水箱；11—水洗装置换向阀；12—水洗用高压软管；13—冰洗法兰；14—海绵球；15—清洗活塞。

图 4-27 液压柱塞式混凝土泵的工作原理

2）挤压式混凝土泵的工件原理和挤牙膏的原理相同。转子式双滚轮型挤压泵如图 4-28 所示。在泵体内壁上粘贴一层橡胶衬垫，借助两个做行星运动的滚轮，挤压紧靠在橡胶衬垫上的混凝土挤压胶管，将挤压胶管中的混凝土挤入输送管道中。由于泵体内是密封的，内部保持真空状态，所以被滚轮挤压后的挤压软管能恢复原状，随后又将混凝土从料斗中吸入压送软管，如此反复进行，便可连续压送混凝土。挤压泵构造简单、使用寿命长、能逆运转、易于排除故障，管道内混凝土压力较小，其输送距离较柱塞泵小。

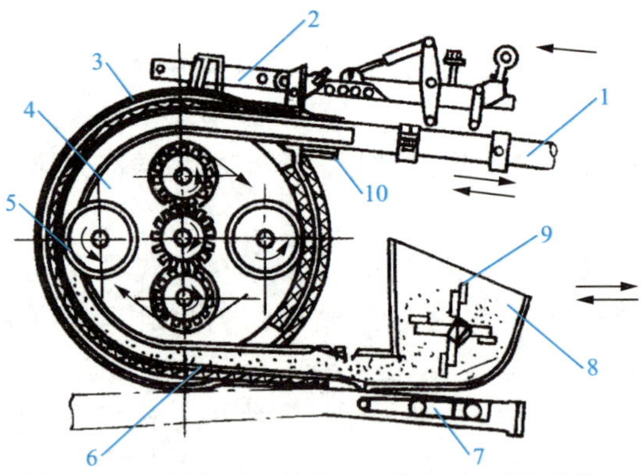

1—输送管；2—缓冲架；3—橡胶衬垫；4—链条；5—滚轮；6—挤压胶管；7—料斗移动油缸；8—料斗；9—搅拌叶片；10—密封套。

图 4-28 转子式双滚轮型挤压泵

混凝土泵车是将混凝土泵装在车上，车上装有可以伸缩或屈折的布料杆，管道装在杆内，末端是一段软管，可将混凝土直接送到浇筑地点。这种泵车布料范围广、机动性好、移动方便。图 4-29 所示为三折叠式布料车浇筑范围，用于多层框架结构施工。

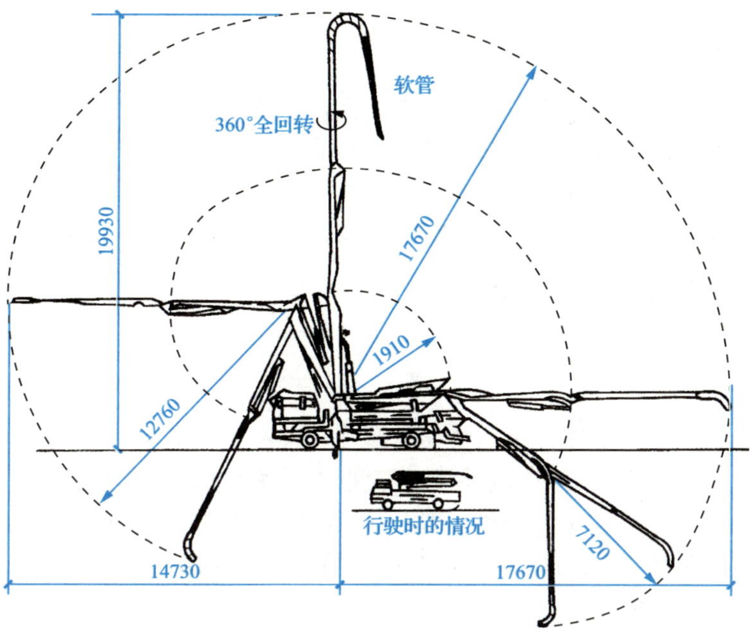

图 4-29　三折叠式布料车浇筑范围

不同型号的混凝土泵，其排量不同，水平运距和垂直运距也不同。常见的多为混凝土排量 30～90m³/h，水平运距 200～500m、垂直运距 50～100m。它宜与混凝土泵混凝土搅拌运输车配套使用，且应使混凝土搅拌站的供应能力和混凝土搅拌车的运输能力大于混凝土泵的输送能力，以保证混凝土泵能连续工作。

泵送混凝土除应满足结构设计强度外，还要满足可泵性的要求，即混凝土在泵管内易于流动，有足够的黏聚性，不泌水、不离析，并且摩阻力小。要求泵送混凝土所采用粗骨料应为连续级配，其针片状颗粒含量不宜大于 10%；粗骨料的最大粒径与输送管径之比应符合相关规范的规定；泵送混凝土宜采用中砂，其通过 0.315mm 筛孔的颗粒含量不应少于 15%，最好能达到 20%。泵送混凝土应选用硅酸盐水泥、普通硅酸盐水泥、矿渣硅酸盐水泥和粉煤灰硅酸盐水泥，不宜采用火山灰质硅酸盐水泥。为改善混凝土工作性能，延缓凝结时间，增大坍落度和节约水泥，泵送混凝土应掺用泵送剂或减水剂，并宜掺用粉煤灰或其他活性矿物掺和料。掺磨细粉煤灰，可提高混凝土的稳定性、抗渗性、和易性和可泵性，既能节约水泥，又可使混凝土在泵管中增加润滑能力，提高泵和泵管的使用寿命。混凝土的坍落度宜为 80～180mm；泵送混凝土的用水量与水泥和矿物掺和料的总量之比不宜大于 0.60。泵送混凝土的水泥和矿物掺和料的总量不宜小于 300kg/m³。为防止泵送混凝土经过泵管时产生阻塞，要求泵送混凝土比普通混凝土的砂率要高，其砂率宜为 35%～45%。此外，砂的粒度也很重要。

在输送混凝土前，混凝土泵的管道应先用水泥浆或砂浆润滑。泵送时要连续工作，如中断时间过长，混凝土将出现分层离析现象，应将管道内的混凝土清除，以免堵塞，泵送完毕后要立即将管道冲洗干净。

4.3.3 混凝土的浇筑

混凝土浇筑要保证混凝土的均匀性和密实性，保证结构的整体性、尺寸准确和钢筋、预埋件的位置正确，拆模后混凝土表面平整、光洁。

浇筑前应检查模板、支架、钢筋和预埋件的正确位置，并进行验收。由于混凝土工程属于隐蔽工程，因而对混凝土量大的工程、重要工程或重点部位的浇筑，以及其他施工中的重大问题，均应随时填写施工记录。

1. 浇筑要求

(1) 防止离析

浇筑混凝土时，混凝土拌合物由料斗、漏斗、混凝土输送管、运输车内卸出时，如自由倾落高度过大，由于粗骨料在重力作用下克服黏着力后的下落动能大，下落速度较砂浆快，因而可能形成混凝土离析。为此，混凝土自高处倾落的自由高度不应超过 2m，在竖向结构中限制自由倾落高度不宜超过 3m，否则应沿串筒、斜槽、溜管等下料。

(2) 正确留置施工缝

混凝土结构大多要求整体浇筑，当因技术或组织上的原因不能连续浇筑，且停顿时间有可能超过混凝土的初凝时间时，应事先确定在适当位置留置施工缝。混凝土的抗拉强度约为其抗压强度的 1/10，因而施工缝是结构中的薄弱环节，宜留在结构剪力较小的部位，同时要方便施工。柱子宜留在基础顶面、梁或吊车梁牛腿的下面、吊车梁的上面、无梁楼盖柱帽的下面（图 4-30）。和板连成整体的大截面梁应留在板底面以下 20～30mm 处，当板下有梁托时，留置在梁托下部。单向板应留在平行于板短边的任何位置。有主次梁的楼盖宜顺着次梁方向浇筑，施工缝应留在次梁跨度的中间 2/3 长度范围内，如图 4-31 所示。墙可留在门洞口过梁跨中 1/3 范围内，也可留在纵横墙的交接处。

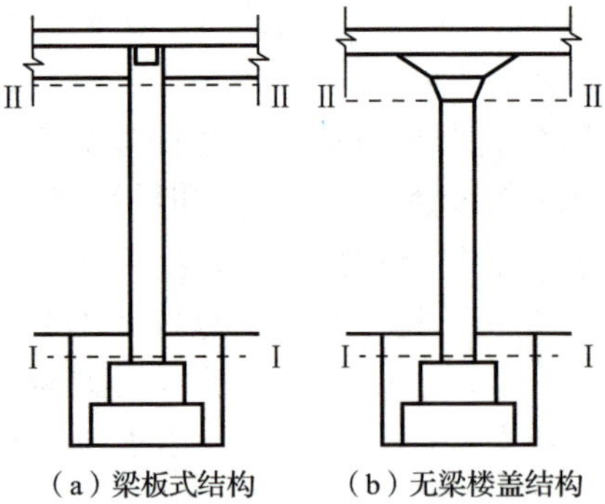

（a）梁板式结构　（b）无梁楼盖结构

图 4-30　柱子的施工缝位置

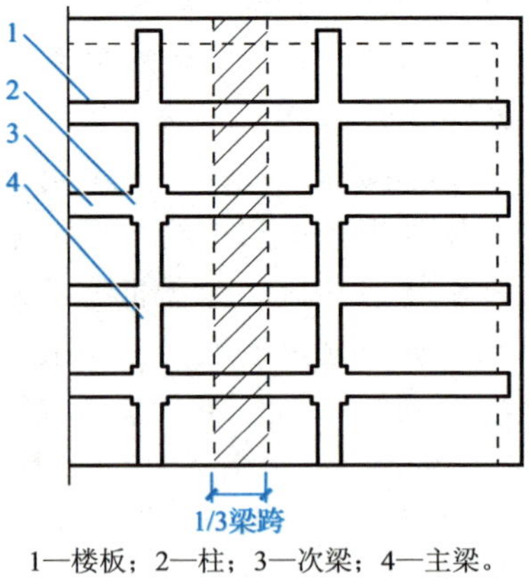

1—楼板；2—柱；3—次梁；4—主梁。

图 4-31　有主次梁楼盖的施工缝位置

双向受力的楼板、大体积混凝土结构、拱、薄壳、多层框架等及其他复杂的结构，应按设计要求留置施工缝。

在施工缝处继续浇筑混凝土时，应除掉水泥浮浆和松动石子，并用水冲洗干净，待已浇筑的混凝土的强度不低于 1.2MPa 时才允许继续浇筑，在结合面应先铺抹一层水泥浆或与混凝土砂浆成分相同的砂浆。

2. 浇筑方法

(1) 钢筋混凝土框架结构的浇筑

浇筑这种结构首先要划分施工层和施工段，施工层一般按结构层划分，而每一施工层如何划分施工段，则要考虑工序数量、技术要求、结构特点等。要做到木工在第一施工层安装完模板，准备转移到第二施工层的第一施工段上时，该施工段所浇筑的混凝土强度应达到允许工人在上面操作的强度（1.2MPa）。

施工层与施工段确定后，就可求出每班（或每小时）应完成的工程量，据此选择施工机具和设备并计算其数量。

混凝土浇筑前应做好必要的准备工作，如模板、钢筋和预埋管线的检查和清理及隐蔽工程的验收；浇筑用脚手架、走道的搭设和安全检查；根据实验室下达的混凝土配合比通知单准备和检查材料并做好施工用具的准备等。

浇筑柱子时，施工段内的每排柱子应由外向内对称地顺序浇筑，不要由一端向另一端推进。预防柱模板因湿胀造成受推倾斜而积累误差难以纠正。截面在 400mm×400mm 以内，或有交叉箍筋的柱子，应在柱模板侧面开孔用斜溜槽分段浇筑，每段高度不超过 2m。截面在 400mm×400mm 以上、无交叉箍筋的柱子，如柱高不超过 4.0m，则可从柱顶浇筑；如用轻骨料混凝土从柱顶浇筑，则柱高不得超过 3.5m。柱子开始浇筑时，底部应先浇筑一层厚 50～100mm 与所浇筑混凝土成分相同的水泥砂浆。浇筑完毕，如柱顶处有较大厚度的砂浆层，则应加以处理。柱子浇筑后，应间隔 1～1.5h，待所浇混凝土拌合物初步沉实，再浇筑上面的梁板结构。

梁和板一般应同时浇筑，从一端开始向前推进。只有当梁高大于 1m 时才允许将梁单独浇筑，此时的施工缝留在楼板板面下 20～30mm 处。梁底与梁侧面注意振实，振动器不要直接触及钢筋和预埋件。楼板混凝土的虚铺厚度应略大于板厚，用表面振动器或内部振动器振实，用铁插尺检查混凝土厚度，振捣完后用长的木抹子抹平。为保证捣实质量，混凝土应分层浇筑，每层厚度如表 4-20 所示。

表 4-20　混凝土浇筑层的厚度　　单位：mm

项次	捣实混凝土的方法		浇筑层厚度
1	插入式振动		振动器作用部分长度的 1.25 倍
2	表面振动		200
3	人工捣固	1）在基础或无筋混凝土和配筋稀疏的结构中	250
		2）在梁、墙、板、柱结构中	200
		3）在配筋密集的结构中	150
4	轻骨料混凝土	插入式振动	300
		表面振动（振动时加荷）	200

浇筑叠合式受弯构件时，应按设计要求确定是否设置支撑，且叠合面应根据设计要求预留凸凹差（当无要求时，凸凹差为 6mm），形成自然粗糙面。

（2）大体积混凝土结构浇筑

大体积混凝土结构在工业建筑中多为设备基础，在高层建筑中多为厚大的桩基承台或基础底板等，整体性要求较高，往往不允许留施工缝，要求一次连续浇筑完毕。

1）大体积混凝土结构浇筑方案。为保证结构的整体性，混凝土应连续浇筑，要求每一处的混凝土在初凝前就被后部分混凝土覆盖并捣实成整体，根据结构特点不同，可分为全面分层、分段分层、斜面分层等浇筑方案，如图 4-32 所示。

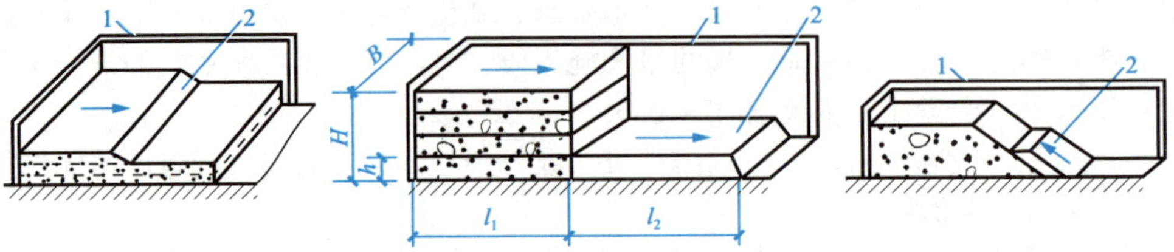

（a）全面分层　（b）分段分层　（c）斜面分层

1—模板；2—新浇筑的混凝土。

图 4-32　大体积混凝土浇筑方案

① 全面分层。当结构平面面积不大时，可将整个结构分为若干层进行浇筑，即第一层全部浇筑完毕后，再浇筑第二层，如此逐层连续浇筑，直到结束。为保证结构的整体性，要求次层混凝土在前层混凝土初凝前浇筑完毕。若结构平面面积为 A（m^2），浇筑分层厚为 h（m），每小时浇筑量为 Q（m^3/时），混凝土从开始浇筑至初凝的延续时间为 T（h）（一般等于混凝土初凝时间减去混凝土运输时间），为保证结构的整体性，则应满足

$$Ah \leqslant QT \tag{4-7}$$

$$A \leqslant QT/h \tag{4-8}$$

② 分段分层。当结构平面面积较大时，全面分层已不适应，这时可采用分段分层浇筑方案。即将结构分为若干段，每段又分为若干层，先浇筑第一段各层，然后浇筑第二段各层，如此逐段逐层连续浇筑，直至结束。为保证结构的整体性，要求次段混凝土应在前段混凝土初凝前浇筑并与之捣实成整体。若结构的厚度为 H（m），宽度为 b（m），分段长度为 L（m），为保证结构的整体性，则应满足

$$L \leqslant QT/b(H-h) \tag{4-9}$$

③ 斜面分层。当结构的长度超过厚度的 3 倍时，可采用斜面分层的浇筑方案。这时，振捣工作应从浇筑层斜面下端开始，逐渐上移，且振动器应与斜面垂直。

2）早期温度裂缝的预防。厚大钢筋混凝土结构由于体积大，水泥水化热聚积在内部不易散发，内部温度显著升高，外表散热快，形成较大内外温差，内部产生压应力，外表产生拉应力，如内外温差过大（25℃以上），则混凝土表面将产生裂缝。当混凝土内部逐渐散热冷却，产生收缩，由于受到基底或已硬化混凝土的约束，不能自由收缩，而产生拉应力。温差越大，约束程度越高，结构长度越大，则拉应力越大。当拉应力超过混凝土的抗拉强度时即产生裂缝，裂缝从基底向上发展，甚至贯穿整个基础。要防止混凝土产生早期温度裂缝，就要降低混凝土的温度应力。控制混凝土的内外温差，使之不超过 25℃，以防止表面开裂；控制混凝土冷却过程中的总温差和降温速度，以防止基底开裂。早期温度裂缝的预防方法：优先采用水化热低的水泥（如矿渣硅酸盐水泥）；减少水泥用量；掺入适量的粉

煤灰或在浇筑时投入适量的毛石；放慢浇筑速度和减少浇筑厚度，采用人工降温措施（拌制时，用低温水，养护时用循环水冷却）；浇筑后应及时覆盖，以控制内外温差，减缓降温速度，尤应注意寒潮的不利影响；必要时，取得设计单位同意后，可分块浇筑，块和块间留 1m 宽厚浇带，待各分块混凝土干缩后，再浇筑后浇带。分块长度可根据有关手册计算，当结构厚度在 1m 以内时，分块长度一般为 20～30m。

3）泌水处理。大体积混凝土的另一特点是上、下浇筑层施工间隔时间较长，各分层之间易产生泌水层，它将使混凝土强度降低，产生酥软、脱皮起砂等不良后果。采用自流方式和抽吸方法排除泌水，会带走一部分水泥浆，影响混凝土的质量。泌水处理措施主要有在同一结构中使用两种不同坍落度的混凝土，或在混凝土拌合物中掺减水剂。

3. 混凝土密实成型

混凝土浇入模板以后是较疏松的，里面含有空气与气泡。而混凝土的强度、抗冻性、抗渗性及耐久性等，都与混凝土的密实程度有关。目前主要是用人工或机械捣实混凝土使混凝土密实。人工捣实是用人力的冲击来使混凝土密实成型，只在缺乏机械、工程量不大或机械不便工作的部位采用。机械捣实的方法有多种，下面主要介绍振动捣实。

1）混凝土振动密实原理。振动机械的振动一般是由电动机、内燃机或压缩空气马达带动偏心块转动而产生的简谐振动。产生振动的机械将振动能量通过某种方式传递给混凝土拌合物使其受到强迫振动。在振动力作用下，混凝土内部的黏着力和内摩擦力显著减少，使骨料犹如悬浮在液体中，在其自重作用下向新的位置沉落，紧密排列，水泥砂浆均匀分布填充空隙，气泡被排出，游离水被挤压上升，混凝土填满了模板的各个角落并形成密实体积。机械振实混凝土可以大大减轻工人的劳动强度，减少蜂窝麻面的发生，提高混凝土的强度和密实性，加快模板周转，节约水泥 10%～15%。影响振动器的振动质量和生产率的因素是复杂的。当混凝土的配合比、骨料的粒径、水泥的稠度及钢筋的疏密程度等因素确定之后，振动质量和生产率取决于振动制度，也就是振动的频率、振幅和振动时间等。

2）振动机械的选择。振动机械可分为内部振动器、表面振动器、外部振动器和振动台，如图 4-33 所示。

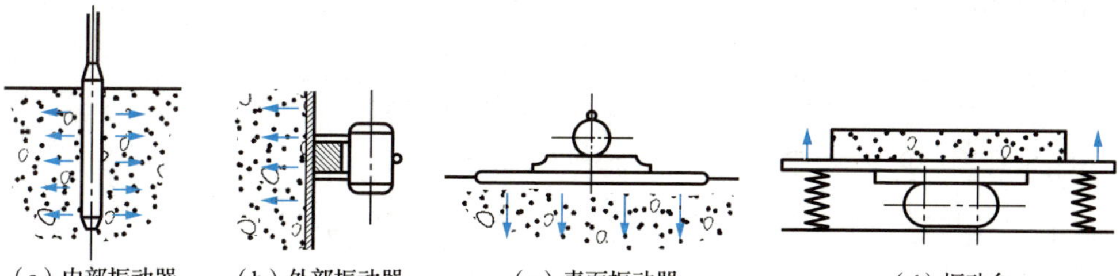

（a）内部振动器　（b）外部振动器　（c）表面振动器　（d）振动台

图 4-33　振动机械示意图

① 内部振动器又称插入式振动器，是建筑工地应用最多的一种振动器，多用于振实梁、柱、墙、厚板和基础等。其工作部分是一棒状空心圆柱体，内部装有偏心振子，在电动机带动下高速转动而产生高频微幅的振动。根据振动棒激振的原理，内部振动器有偏心式和行星滚锥式（简称行星式）两种，其激振结构的工作原理如图 4-34 所示。

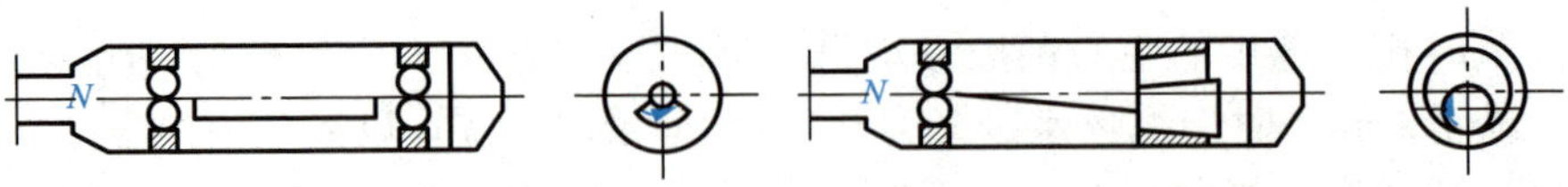

（a）偏心轴式　　（b）行星滚锥式

图 4-34　振动棒的激振原理

偏心轴式内部振动器利用振动棒中心具有偏心质量的转轴产生高频振动，其振动频率为 5000～6000 次/min。

行星滚锥式内部振动器利用振动棒中一端空悬的转轴旋转时其下垂端圆锥部分沿棒壳内圆锥面滚动，形成滚动体的行星运动而驱动棒体产生圆振动，其振动频率为 12000～15000 次/min，振捣效果好，且构造简单，使用寿命长，是当前常用的内部振动器。电动软轴行星滚锥式内部振动器的构造如图 4-35 所示。

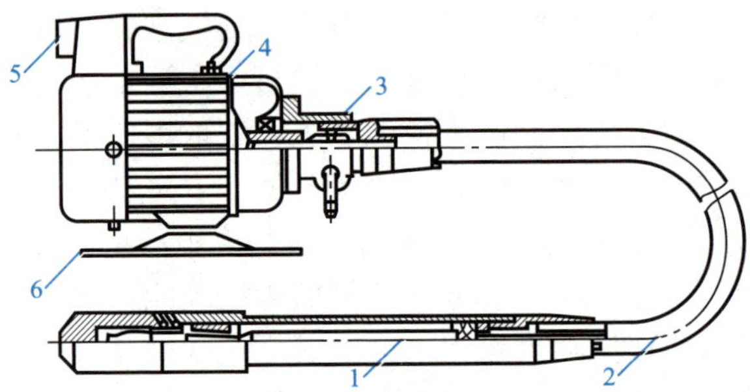

1—振动棒；2—软轴；3—防逆装置；4—电动机；5—电器开关；6—支座。

图 4-35　电动软轴行星滚锥式内部振动器的构造

用插入式振动器振动混凝土时，应垂直插入，并插入下层混凝土 50mm，以促使上下层混凝土结合成整体。每一振点的振捣延续时间，应使混凝土捣实（即表面呈现浮浆和不再沉落）。采用插入式振动器捣实普通混凝土的移动间距，不宜大于作用半径的 1.5 倍。捣实轻骨料混凝土的间距，不宜大于作用半径的 1 倍；振动器与模板的距离不应大于振动器作用半径的 1/2，并应尽量避免碰撞钢筋、模板、预埋件等。插点的分布有行列式和交错式两种，如图 4-36 所示。

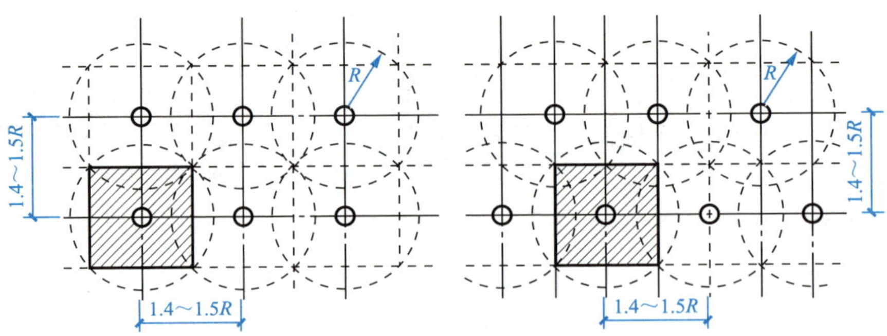

（a）行列式　　（b）交替式

图 4-36　插点的分布

② 表面振动器又称平板振动器，它是将电动机装上左右两个偏心块固定在一块平板上

而成的，其振动作用可直接传递到混凝土面层上。这种振动器适用于捣实楼板、地面、板形构件和薄壳等薄壁结构。在无筋或单层钢筋结构中，每次振实的厚度不大于 250mm；在双层钢筋结构中，每次振实厚度不大于 120mm。表面振动器的移动间距，应保证振动器的平板覆盖已振实部分的边缘，以使该处的混凝土振实出浆为准。也可进行两遍振实，第一遍和第二遍的方向要互相垂直，第一遍主要使混凝土密实，第二遍则使表面平整。

③ 外部振动器又称附着式振动器，它通过螺栓或夹钳等固定在模板外侧的横档或竖档上，偏心块旋转所产生的振动力通过模板传给混凝土，使之振实。但模板应有足够的刚度。对于小截面直立构件，插入式振动器的振动棒很难插入，可使用外部振动器，外部振动器的设置间距，应通过试验确定，在一般情况下，可每隔 1～1.5m 设置一个。

④ 振动台是混凝土制品厂中的固定生产设备，用于振实预制构件。

4. 水下浇筑混凝土

深基础、地下连续墙、沉井及钻孔灌注桩等常需在水下或泥浆中浇筑混凝土。在水下或泥浆中浇筑混凝土时，应保证水或泥浆不混入混凝土内，水泥浆不被水带走，混凝土能借压力挤压密实。水下浇筑混凝土常采用导管法，如图 4-37 所示。导管直径为 200～300mm，且不小于骨料粒径的 8 倍，每节管长 1.5～3m，用法兰密封连接，顶部有漏斗，导管用起重机吊住，可以升降。灌注前，用钢丝吊住球塞堵住导管下口，然后将管内灌满混凝土，并使导管下口距地基约 300mm，距离太小，容易堵管；距离太大，则开管时冲出的混凝土不能及时封埋管口端处，而导致水或泥浆渗入混凝土内。漏斗及导管内应有足够的混凝土，以保证混凝土下落后能将导管下端埋入混凝土内 0.5～0.6m。剪断钢丝后，混凝土在自重作用下冲出管口，并迅速将管口下端埋住。此后，一面不断灌注混凝土，一面缓缓提起导管，且始终保持导管在混凝土内有一定的埋深，埋深越大，则挤压作用越大，混凝土越密实，但也越不易浇筑，一般埋深 h_2 为 0.5～0.8m。这样，最先浇筑的混凝土始终处于最外层，与水接触，且随混凝土的不断挤入不断上升，故水或泥浆不会混入混凝土内，水泥浆不会

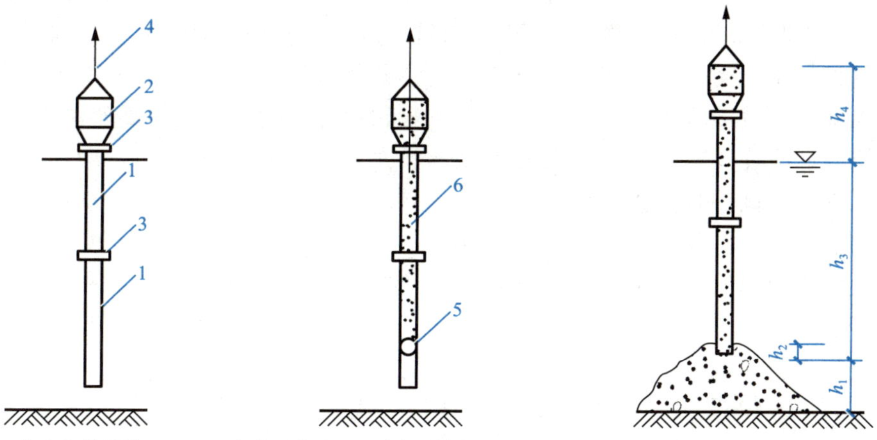

（a）组装导管　（b）导管内悬吊球口塞并浇入混凝土　（c）浇混凝土，提管

1—钢导管；2—漏斗；3—密封接头；4—吊索；5—球塞；6—钢丝或绳子。

图 4-37　导管法水下浇筑混凝土

被带走，而混凝土又能在压力作用下自行挤密。为保证与水接触的表层混凝土能呈塑性状态上升，每一灌注点应在混凝土初凝前浇至设计标高。混凝土应连续浇筑，导管内应始终注满混凝土，以防空气混入，并应防止堵管，如堵管超过半小时，则应立即换备用管进行浇筑。一般情况下，第一导管灌注范围以 4m 为限，面积更大时，可用几根导管同时浇筑，或待一浇筑点浇筑完毕后再将导管换插到另一浇筑点进行浇筑，而不应在一浇筑点将导管做水平移动以扩大浇筑范围。浇筑完毕后，应清除与水接触的表层厚约 0.2m 的松软混凝土。

水下浇筑时，混凝土的密实程度取决于混凝土所受的挤压力。为保证混凝土在导管出口处有一定的超压力 P，则应保持导管内混凝土超出水面一定高度 h_4，若导管下口至水面的距离为 h_3，则

$$\begin{gathered} P = 0.025h_4 + 0.015h_3 \\ h_4 = 40P - 0.6h_3 \end{gathered} \tag{4-10}$$

要求的超压力 P 与导管作用半径有关，当作用半径为 4m 时，P 为 0.25N/mm^2；当作用半径为 3.5m 时，P 为 0.15N/mm^2；当作用半径为 3.0m 时，P 为 0.1N/mm^2。

4.3.4 混凝土的养护与拆模

1. 混凝土的养护

混凝土浇筑捣实后，逐渐凝固硬化，这个过程主要由水泥的水化作用来实现，而水化作用必须在适当的温度和湿度条件下才能完成。因此，为了保证混凝土有适宜的硬化条件，使其强度不断增长，必须对混凝土进行养护。

混凝土浇筑后，如气候炎热、空气干燥，不及时进行养护，混凝土中的水分蒸发过快出现脱水现象，使已形成凝胶体的水泥颗粒不能充分水化，不能转化为稳定的结晶，缺乏足够的黏结力，从而会在混凝土表面出现片状或粉状剥落，影响混凝土的强度。此外，在混凝土尚未具备足够的强度时，水分过早地蒸发，还会产生较大的变形，出现干缩裂缝，影响混凝土的整体性和耐久性。因此，混凝土养护绝不是一件可有可无的事，而是一个重要的环节，应按照要求，精心进行。混凝土养护方法分为自然养护和人工养护。

自然养护是指利用平均气温高于 5℃的自然条件，用保水材料或草帘等对混凝土加以覆盖后适当浇水，使混凝土在一定的时间内在湿润状态下硬化。当最高气温低于 25℃时，混凝土浇筑完后应在 12h 以内加以覆盖和浇水；最高气温高于 25℃时，应在 6h 以内开始养护。浇水养护时间的长短视水泥品种而定，硅酸盐水泥、普通硅酸盐水泥和矿渣硅酸盐水泥拌制的混凝土，不得少于 7 昼夜；火山灰质硅酸盐水泥和粉煤灰硅酸盐水泥拌制的混凝土或有抗渗性要求的混凝土，不得少于 14 昼夜。浇水次数应使混凝土保持具有足够的湿润状态。养护初期，水泥的水化反应较快，需要的水也较多，所以要特别注意在浇筑以后前几天的养护工作，此外，在气温高、湿度低时，也应增加洒水的次数。混凝土必须养护至其强度达到 1.2MPa 以后，方可在其上踩踏和安装模板及支架。

也可通过在构件表面喷洒塑料薄膜来养护混凝土，它适用于不易洒水养护的高耸构筑物和大面积混凝土结构。它是将过氯乙烯树脂塑料溶液用喷枪喷洒在混凝土表面，溶液挥发后在混凝土表面形成一层塑料薄膜，使混凝土与空气隔绝，阻止水分的蒸发以保证水化

作用的正常进行。所选薄膜在养护完成后能自行老化脱落。不能自行脱落的薄膜，不宜喷洒在要做粉刷的混凝土表面上，在夏季，薄膜成型后要防晒，否则易产生裂纹。

人工养护就是用人工来控制混凝土的养护温度和湿度，使混凝土强度增长，如蒸汽养护、热水养护、太阳能养护等，主要用来养护预制构件，现浇构件大多采用自然养护。

2. 混凝土的拆模

模板拆除日期取决于混凝土的强度、模板的用途、结构的性质及混凝土硬化时的气温。不承重的侧模，在混凝土强度能保证其表面棱角不因拆除模板而受损坏时，即可拆除。承重模板，如梁、板等底模，应待混凝土达到规定强度后，方可拆除。结构的类型跨度不同，其拆模时的混凝土强度要求也不同。底模拆除时对混凝土强度的要求如表 4-1 所示。

已拆除承重模板的结构，应在混凝土达到规定的强度等级后，才允许承受全部设计荷载。拆模后应由监理（建设）单位、施工单位对混凝土的外观质量和尺寸偏差进行检查，并做好记录。现浇结构的外观质量缺陷性质，应由监理（建设）单位、施工单位等各方根据其对结构性能和使用功能影响的严重程度，按表 4-21 确定。

表 4-21　现浇结构的外观质量缺陷性质

名称	现象	严重缺陷	一般缺陷
露筋	构件内钢筋未被混凝土包裹而外露	纵向受力钢筋有露筋	其他钢筋有少量露筋
蜂窝	混凝土表面缺少水泥砂浆而形成石子外露	构件主要受力部位有蜂窝	其他部位有少量蜂窝
孔洞	混凝土中孔穴深度和长度均超过保护层厚度	构件主要受力部位有孔洞	其他部位有少量孔洞
夹渣	混凝土中夹有杂物且深度超过保护层厚度	构件主要受力部位有夹渣	其他部位有少量夹渣
疏松	混凝土中局部不密实	构件主要受力部位有疏松	其他部位有少量疏松
裂缝	缝隙从混凝土表面延伸至混凝土内部	结构性能或使用功能的裂缝	其他部位有少量裂缝，不影响结构性
连接部位缺陷	构件连接外混凝土缺陷及连接钢筋、连接件松动	连接部位有影响结构传力性能的缺陷	连接部位有基本不影响结构传力性能的缺陷
外形缺陷	缺棱掉角、棱角不直、翘曲不平、飞边凸肋等	清水混凝土构件有影响使用功能或装饰效果的外形缺陷	其他混凝土构件有不影响使用功能的外形缺陷
外表缺陷	构件表面麻面、掉皮、起砂、沾污等	具有重要装饰效果的清水混凝土构件有外表缺陷	其他混凝土构件有不影响使用功能的外表缺陷

如发现缺陷，则应进行修补。对面积小、数量不多的蜂窝或露石的混凝土，应先用钢丝刷或压力水洗刷基层，然后用 1∶（2～2.5）的水泥砂浆抹平；对较大面积的蜂窝、露石、露筋，应先按其全部深度凿去薄弱的混凝土层，然后用钢丝刷或压力水冲刷，再用比原混凝土强度等级高一个级别的细骨料混凝土填塞，并仔细捣实。对影响结构性能的缺陷，应与设计单位研究处理。

4.3.5 混凝土工程施工质量验收

混凝土工程的施工质量检验应按主控项目、一般项目并按规定的检验方法进行检验。检验批合格质量应符合规定：主控项目和一般项目的质量经抽样检验合格；当采用计数检验时，除有专门要求外，一般项目的合格点率应达到 80%及以上，且不得有严重缺陷；具有完整的施工操作依据和质量验收记录。

1. 主控项目

1）水泥进场时应对其品种、级别、包装或散装仓号、出厂日期等进行检查，并应对其强度、安全性及其他必要的性能指标进行复验，其质量必须符合国家现行标准的要求。当在使用中对水泥质量有怀疑或水泥出厂超过 3 个月（快硬硅酸盐水泥超过 1 个月）时，应进行复验，并按复验结果使用。

在钢筋混凝土结构、预应力混凝土结构中，严禁使用含氯化物的水泥。

检查数量：按同一生产厂家、同一等级、同一品种、同一批号且连续进场的水泥，袋装不超过 2.0t 为一批，散装不超过 500t 为一批，每批抽样不少于一次。

检验方法：检查产品合格证、出厂检验报告和进场复验报告。

2）混凝土中掺用外加剂的质量及应用技术应符合国家现行标准和有关环境保护的规定。在预应力混凝土结构中，严禁使用含氯化物的外加剂。在钢筋混凝土结构中，当使用含氯化物的外加剂时，混凝土中氯化物的总含量应符合国家现行标准的规定。

检查数量：按进场的批次和产品的抽样检验方案确定。

检验方法：检查产品合格证、出厂检验报告和进场复验报告。

3）混凝土强度等级、耐久性和工作性等应按《普通混凝土配合比设计规程》（JGJ 55—2011）的有关规定进行配合比设计。对有特殊要求的混凝土，其配合比设计尚应符合国家现行标准的专门规定。

检验方法：检查配合比设计资料。

4）结构混凝土的强度等级必须符合设计要求。用于检查结构构件混凝土强度的试件，应在混凝土的浇筑地点随机抽取。取样与试件留置应符合下列规定：

每拌制 10 盘且不超过 100m 的同配合比的混凝土时，取样不得少于一次；每工作班拌制的同一配合比的混凝土不足 100 盘时，取样不得少于一次；当一次连续浇筑超过 $1000m^3$ 时，同一配合比的混凝土每 $200m^3$ 取样不得少于一次；每一楼层、同一配合比的混凝土，取样不得少于一次；每次取样应至少留置一组标准养护试件，同条件养护试件的留置组数应根据实际需要确定。

检验方法：检查施工记录及试件强度试验报告。

5）对有抗渗要求的混凝土结构，其混凝土试件应在浇筑地点随机取样。同一工程、同一配合比的混凝土，取样不应少于一次，留置组数可根据实际需要确定。

检验方法：检查试件抗渗试验报告。

6）混凝土原材料每盘称量的偏差应符合的规定：水泥、掺和料±5%；粗、细骨料±3%；水、外加剂±2%。

检查数量：每工作班抽查不应少于一次。当遇雨天或含水率有显著变化时，应增加含水率检测次数，并及时调整水和骨料的用量。

检验方法：复称。

7）混凝土运输、浇筑及间歇的全部时间不应超过混凝土的初凝时间。同一施工段的混凝土应连续浇筑，并应在底层混凝土初凝之前将上一层混凝土浇筑完毕。

当底层混凝土初凝后浇筑上一层混凝土时，应按施工技术方案中对施工缝的要求进行处理。

检查数量：全数检查。

检验方法：观察，检查施工记录。

8）现浇结构的外观质量不应有严重缺陷。对已经出现的严重缺陷，应由施工单位提出技术处理方案，并经监理（建设）单位认可后进行处理。对经处理的部位，应重新检查验收。

检查数量：全数检查。

检验方法：观察，检查技术处理方案。

9）现浇结构不应有影响结构性能和使用功能的尺寸偏差。对超过尺寸允许偏差且影响结构性能和安装、使用功能的部位，应由施工单位提出技术处理方案，并经监理（建设）单位认可后进行处理。对经处理的部位，应重新检查验收。

检查数量：全数检查。

检验方法：量测，检查技术处理方案。

2. 一般项目

1）混凝土中掺用矿物掺和料，粗、细骨料及拌制混凝土用水的质量应符合国家现行标准的规定。

检查数量：按进场的批次和产品的抽样检验方案确定。

检验方法：检查出厂合格证和进场复验报告，粗、细骨料检查进场复验报告，拌制混凝土用水检查水质试验报告。

2）首次使用的混凝土配合比应进行开盘鉴定，其工作性应满足设计配合比的要求。开始生产时应至少留置一组标准养护试件，作为验证配合比的依据。

检验方法：检查开盘鉴定资料和试件强度试验报告。

3）混凝土拌制前，应测定砂、石含水率并根据测试结果调整材料用量，提出施工配合比。

检查数量：每工作班检查一次。

检验方法：检查含水率测试结果和施工配合比通知单。

4）施工缝、后浇带的位置应在混凝土浇筑前按设计要求和施工技术方案确定。施工缝处理、后浇带混凝土的浇筑应按施工技术方案执行。

检查数量：全数检查。

检验方法：观察，检查施工记录。

5）现浇结构和混凝土设备基础拆模后的尺寸允许偏差和检验方法应符合表 4-22 和表 4-23 的规定。

表 4-22　现浇结构尺寸的允许偏差和检验方法

项目		允许偏差/mm	检验方法
轴线位移	基础	15	尺量检查
	独立基础	10	
	柱、墙、梁	8	
	剪力墙	5	
标高	层高	±10	用水准仪或拉线，钢直尺检查
	全高	±30	

续表

项目			允许偏差/mm	检验方法
截面尺寸			+8，-5	钢直尺检查
垂直度	层高	≤5m	8	用经纬仪或吊线，钢直尺检查
		>5m	10	
	全高 H		H/1000 且≤30	用经纬仪或吊线，钢直尺检查
表面平整度			8	用 2m 靠尺和塞尺检查
预埋设施中心线位置	预埋件		10	钢直尺检查
	预埋螺栓		5	
	预埋管		5	
预留洞中心线位置			15	钢直尺检查
电梯井	井筒长、宽对定位中心线		+25，0	钢直尺检查
	井筒全高（H）垂直度		H/1000 且≤30	用经纬仪和钢直尺检查

注：检查轴线、中心线位置时，应沿纵、横两个方向量测，并取其中的较大值。

表 4-23　混凝土设备基础的允许偏差和检验方法

项目		允许偏差/mm	检验方法
坐标位置		20	钢直尺检查
不同平面的标高		0，20	用水准仪或拉线，钢直尺检查
平面外形尺寸		±20	钢直尺检查
凸台上平面外形尺寸		0，-20	
凹穴尺寸		+20，0	
平面水平度	每米	5	用水平尺和塞尺检查
	全长	10	用水准仪或拉线，钢直尺检查
垂直度	每米	5	用经纬仪或吊线，钢直尺检查
	全高	10	
预埋地脚螺栓	标高（顶高）	+20，0	用水准仪或拉线，钢直尺检查
	中心距	±2	钢直尺检查
预埋地脚螺栓孔	中心线位置	10	钢直尺检查
	深度尺寸	+20，0	钢直尺检查
	孔垂直度	10	钢直尺检查
预埋活动地脚螺栓锚板	标高	+20，0	用水准仪或拉线，钢直尺检查
	中心线位置	5	钢直尺检查
	带槽锚板平整度	5	用钢直尺和塞尺检查
	带螺纹孔锚板平整度	2	

注：检查坐标、中心线位置时，应沿纵、横两个方向量测，并取其中的较大值。

检查数量：按楼层、结构缝或施工段划分检验批。在同一检验批内，对梁、柱、独立基础，应抽查构件数量的 10%，且不少于 3 件；对墙和板，应按有代表性的自然间抽查 10%，且不少于 3 间；对大空间结构，墙可按相邻轴线间高度 5m 左右划分检查面，板可按纵、横轴线划分检查面，抽查 10%，且均不少 3 面；对电梯井，应全数检查。对设备基础，应全数检查。

知识窗

混凝土施工安全技术

1. 垂直运输设备的规定

1）垂直运输设备，应有完善可靠的安全保护装置（如起重量及提升高度的限制、制动、防滑、信号等装置及紧急开关等），严禁使用安全保护装置不完善的垂直运输设备。

2）垂直运输设备安装完毕后，应按出厂说明书要求进行无负荷、静负荷、动负荷实验及安全保护装置的可靠性实验。

3）对垂直运输设备应建立定期检修和保养责任制。

4）操作垂直运输设备的司机，必须通过专业培训。考核合格后持证上岗，严禁无证人员操作垂直运输设备。

5）在有下列情况之一时，不得操作垂直运输设备：

① 司机与起重机之间视线不清或夜间照明不足，且缺乏可靠的信号、自动停车、限位等安全装置。

② 设备的传动机构、制动机构或安全保护装置存在故障，问题不清，动作不灵。

③ 电气设备无接地或接地不良，电气线路存在漏电现象。

④ 设备超负荷或超定员。

⑤ 无明确的统一信号和操作规程。

2. 混凝土机械

（1）混凝土搅拌机的安全规定

1）进料时，严禁将头或手伸入料斗与机架之间察看或探摸进料情况，运转中不得用手或工具等物伸入搅拌筒内扒料或出料。

2）料斗升起时，严禁在其下方工作或穿行。料坑底部要设料斗枕垫，清理料坑时必须将料斗用链条扣牢。

3）向搅拌筒内加料应在运转中进行，添加新料前必须先将搅拌机内原有的混凝土全部卸出来。不得在满载荷时或中途停机后再起动搅拌机，反转出料除外。

4）作业中，如发生故障导致无法运转，应立即切断电源，清除筒内的混凝土，然后进行检修。

（2）混凝土泵送设备作业的安全事项

1）支腿应全部伸出并支固，未支固前不得起动布料杆。布料杆升离支架后方可回转。布料杆伸出时应按顺序进行。严禁用布料杆起吊或拖拉物件。

2）当布料杆处于全伸状态时，严禁移动车身。作业中需要移动时，应将上段布料杆折叠固定，移动速度不超过 10km/h。布料杆不得使用超过规定直径的配管，装接的软管应系防脱安全绳带。

3）应随时监视各种仪表和指示灯，发现异常情况应及时调整或处理。如发现输送管道堵塞，应进行逆向运转使混凝土返回料斗，必要时可拆管排除堵塞。

4）泵送工作应连续作业，必须暂停时应每隔 5 ~ 10min（冬季 3 ~ 5min）泵送一次。停止较长时间后重新泵送时，应逆向运转 1 ~ 2 个行程，然后顺向泵送。泵送时料斗内应保持一定量的混凝土，不得吸空。

5）应保持泵送系统内储满清水，发现水质混浊并有较多砂粒时应及时检查处理。

6）当泵送系统受压力时，严禁开启任何输送管道和液压管道。液压系统的安全阀不得任意调整，蓄能器只能充入氮气。

3. 混凝土振捣器的使用规定

1）使用前应检查各部件是否连接牢固，旋转方向是否正确。

2）振捣器不得放在初凝的混凝土、地板、脚手架、道路或干硬的地面上进行试振。维修或作业间断时，应切断电源。

3）插入式振捣器软轴的弯曲半径不得小于 50cm，并不超过两个弯，操作时，振动棒应自然垂直地沉入混凝土，不得用力硬插、斜推或使钢筋夹住棒头，也不得全部插入混凝土中。

4）振捣器应保持清洁，电动机外壳上不得有混凝土黏结，以免阻碍散热。

5）作业转移时，电动机的导线应保持有足够的长度和松度；严禁用电源线拖拉振捣器。

6）用绳拉平板振捣器时，绳应干燥绝缘，移动或转向时不得用脚踢电动机。

7）振捣器与平板应保持紧固，电源线必须固定在平板上，电器开关应装在手把上。

8）在一个构件上同时使用几台附着式振捣器工作时，所有振捣器的频率必须相同。

9）操作人员必须戴绝缘手套。

10）作业结束后，必须进行清洗和保养工作，将振捣器放置在干燥处。

巩固与提升

1. 试述模板的作用。对模板及其支架的基本要求有哪些？模板有哪些类型？各有何特点？其适用范围怎样？

2. 基础、柱、梁、楼板结构的模板构造及安装要求有哪些？

3. 试述定型组合钢模板的特点、组成及组合钢模板的配板原则。

4. 试分析柱、梁、楼板模板计算荷载及计算简图。模板支架、顶撑承载能力怎样计算？

5. 什么是钢筋冷拉？冷拉的作用和目的是什么？影响冷拉质量的主要因素有哪些？

6. 钢筋冷拉控制方法有哪几种？各用于什么情况？采用控制应力方法冷拉时，冷拉应力怎样取值？冷拉率有何限制？采用控制冷拉率方法时，其控制冷拉率怎样确定？

7. 冷拉设备有哪些？如何计算设备能力及测力计的负荷？

8. 钢筋闪光对焊工艺有哪几种？如何选用？

9. 钢筋闪光对焊接头质量检查包括哪些内容？

10. 电弧焊接头有哪几种形式？如何选用？质量检查内容有哪些？

11．如何计算钢筋下料长度及编制钢筋配料单？

12．试述钢筋加工工序和绑扎、安装要求。绑扎接头有何规定？

13．钢筋工程检查验收内容包括哪几方面？应注意哪些问题？

14．混凝土工程施工包括哪几个施工过程？

15．混凝土施工配合比怎样根据实验室配合比求得？施工配料怎样计算？

16．混凝土搅拌参数指什么？各有何影响？什么是一次投料、二次投料？各有何特点？二次投料为什么会提高混凝土强度？

17．混凝土运输有哪些要求？有哪些运输工具机械？各适用于何种情况？

18．混凝土泵有哪几类？采用泵送时，对混凝土有哪些要求？

19．混凝土浇筑前对模板钢筋应做哪些检查？

20．混凝土浇筑的基本要求有哪些？怎样防止离析？

21．什么是施工缝？留设位置怎样？继续浇筑混凝土时，对施工缝有何要求？如何处理？

22．什么是混凝土的自然养护？自然养护有哪些方法？其具体做法怎样？混凝土拆模强度怎样？

23．混凝土质量检查包括哪些内容？对试块制作有哪些规定？强度评定标准怎样？

5

项　目

预应力混凝土结构工程施工

项目导读

预应力混凝土工程自1928年由法国弗来西奈首先研究成功以后，在世界各国广泛推广应用。其推广数量和范围是衡量一个国家建筑技术水平的重要标志之一。我国从1950年开始采用预应力混凝土结构，目前在数量和结构类型上都得到了快速发展。预应力技术已经从最初的单个构件发展到预应力结构新阶段，如无黏结预应力现浇平板结构、装配式整体预应力板柱结构、预应力薄板叠合板结构、大跨度部分预应力框架结构等。预应力混凝土按施工方法的不同可分为先张法和后张法两大类；按钢筋张拉方式的不同可分为机械张拉法、电热张拉法与自应力张拉法等。

学习目标

知识目标

1. 了解预应力混凝土施工的基本原理。
2. 掌握预应力混凝土施工先张法、后张法、无黏结预应力的施工工艺及质量控制方法。
3. 掌握预应力混凝土的施工质量验收标准及检测方法。
4. 掌握预应力混凝土结构施工的安全技术。

能力目标

1. 能进行钢筋的配料计算。
2. 能对预应力混凝土施工进行质量控制，并对工程进行质量验收及检测。

素养目标

1. 了解我国建筑的发展历程，增强民族自信，激发爱国情怀。
2. 树立标准意识、质量意识，严格执行国家标准和行业标准。
3. 培养勤于思考、善于总结、勇于探索的科学精神。

思维导图

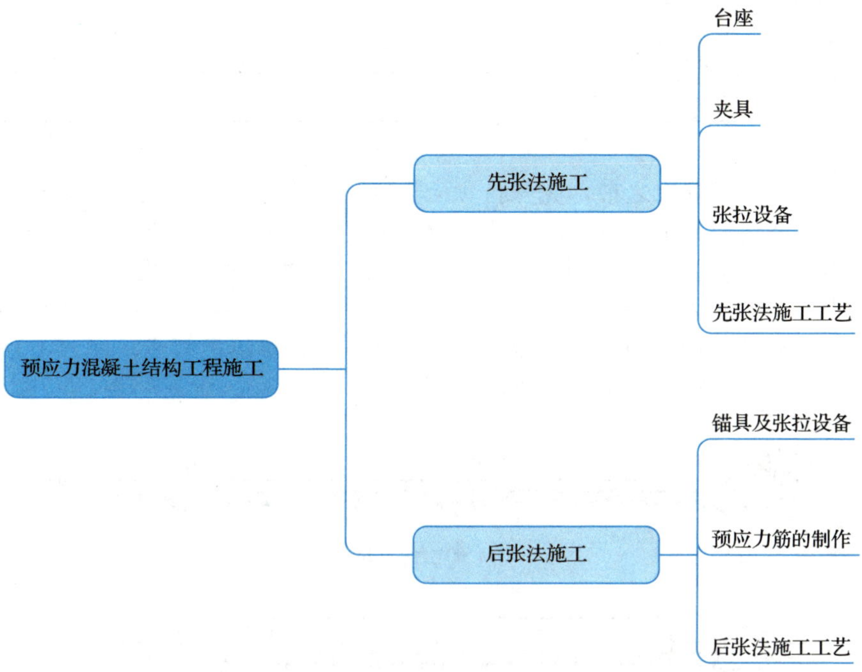
预应力混凝土结构工程施工
先张法施工
台座
夹具
张拉设备
先张法施工工艺
后张法施工
锚具及张拉设备
预应力筋的制作
后张法施工工艺

任务 5.1 先张法施工

先张法是在浇筑混凝土之前，先张拉预应力筋，并将张拉的预应力筋临时固定在台座或钢模上，然后浇筑混凝土，待混凝土达到设计强度的 75%以上，混凝土与预应力筋具有足够的黏结力之后，放张或切断预应力筋，使预应力筋弹性回缩，通过混凝土与预应力筋之间的黏结力传递预应力，使之对钢筋混凝土构件受拉区的混凝土产生预压应力。预应力筋的张拉力，主要是由预应力筋与混凝土之间的黏结力传递给混凝土。图 5-1 所示为预应力混凝土构件先张法（台座）生产示意图。

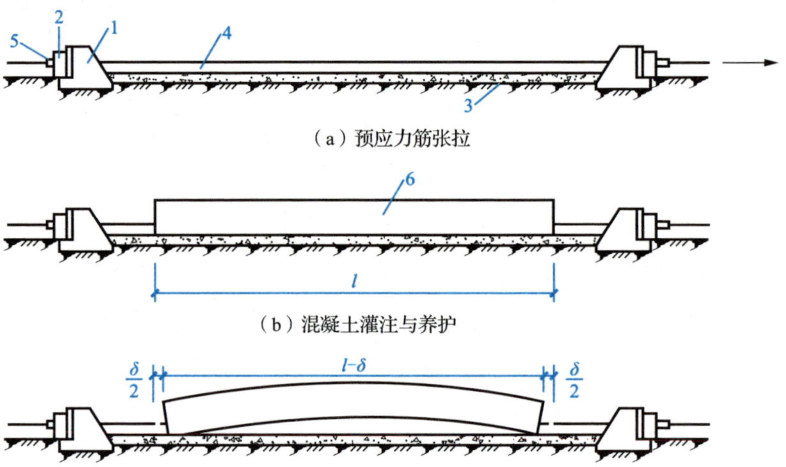

（a）预应力筋张拉

（b）混凝土灌注与养护

（c）放张预应力筋

1—台座承力结构；2—横梁；3—台面；4—预应力筋；5—锚固夹具；6—混凝土构件。

δ—伸缩量。

图 5-1 先张法（台座）示意图

先张法生产可采用台座法和机组流水法。台座法是构件在台座上生产，即预应筋的张拉、固定、混凝土浇筑、养护和预应力筋的放松等工序均在台座上进行。机组流水法是利用钢模板作为固定预应力筋的承力架，构件连同模板通过固定的机组，按流水方式完成其生产过程。

先张法适用于生产定型的中小型构件，如空心板、屋面板、吊车梁、檩条等。先张法施工中常用的预应力筋有钢丝和钢筋两类。

先张法施工的设备主要包括台座、夹具和张拉设备。

5.1.1 台座

台座是先张法施工中主要的设备之一，由台面、横梁和承力结构组成，是张拉预应力筋和临时固定预应力筋的支撑结构，承受全部预应力筋的拉力。它必须具备足够的强度、刚度和稳定性，以免因台座的变形、倾覆和滑移而引起预应力值的损失。台座按构造形式不同可分为墩式台座和槽式台座。

1. 墩式台座

墩式台座由承力台墩、台面和横梁组成，如图 5-2 所示。目前常用的是现浇钢筋混凝土制成的台座，承力台墩与台面共同受力。

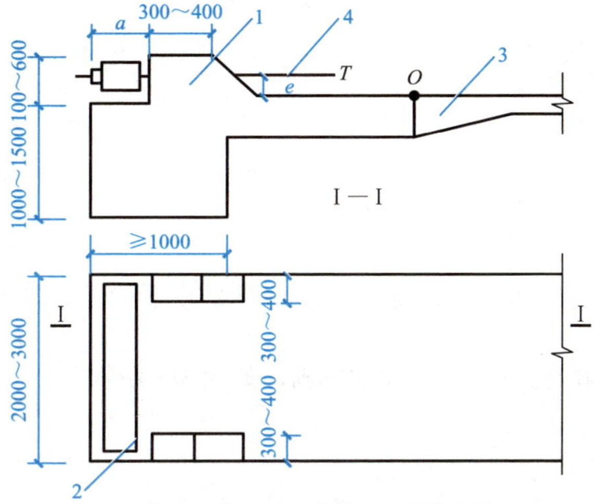

1—台墩；2—横梁；3—台面；4—预应力筋。

图 5-2　墩式台座

台座的长度和宽度由场地大小、构件类型和产量而定，一般长度为 100～150m，宽度为 2～4m，这样既可充分利用钢丝较长的特点，张拉一次可生产多根（块）构件，又可以减少因钢丝滑动或台座横梁变形引起的预应力损失。

台座稍有变形、滑移或倾角，均会引起较大的应力损失。在设计台座时，应进行稳定性和强度验算。稳定性验算包括台座的抗倾覆验算和抗滑移验算。

2. 槽式台座

槽式台座由端柱、传力柱、上下横梁及砖墙组成，如图 5-3 所示。端柱和传力柱是槽式台座的主要受力结构，采用钢筋混凝土结构。砖墙一般为一砖厚，起挡土作用，同时也是蒸汽养护的保温侧墙。

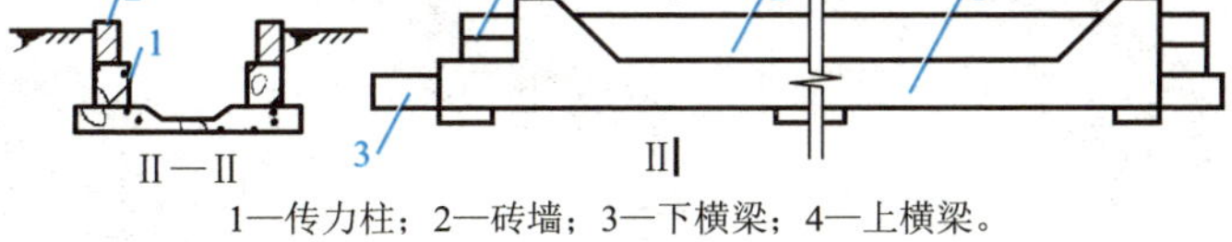

1—传力柱；2—砖墙；3—下横梁；4—上横梁。

图 5-3　槽式台座

槽式台座适用于张拉吨位较大的构件，如吊车梁、屋架、薄腹梁等。

5.1.2　夹具

夹具是预应力筋张拉和临时固定的锚固装置，用在先张法施工中。夹具按用途不同，可分为锚固夹具和张拉夹具。

1. 夹具的要求

1）当预应力夹具组装件达到实际极限拉力时，全部零件不应出现肉眼可见的裂缝和破坏。

2）具有良好的自锚性能。

3）具有良好的松锚性能。

4）能够多次重复使用。

2. 锚固夹具

（1）钢质锥形夹具

钢质锥形夹具主要用来锚固直径为3～5mm的单根钢丝，如图5-4所示。

（2）墩头夹具

墩头夹具适用于预应力钢丝固定端的锚固，如图5-5所示。

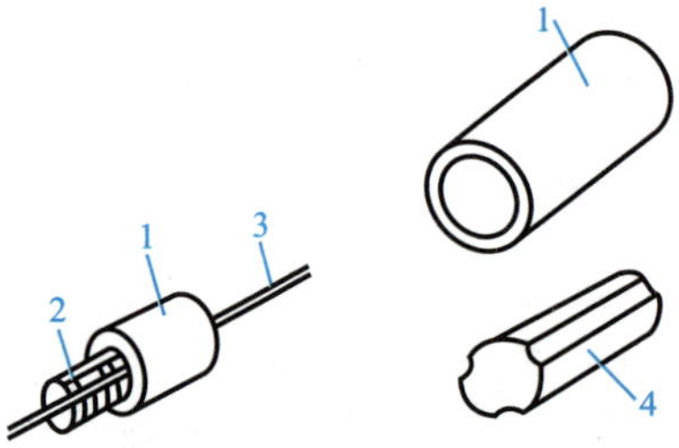

（a）圆锥齿板式　（b）圆锥式

1—套筒；2—齿板；3—钢丝；4—锥塞。

图5-4　钢质锥形夹具

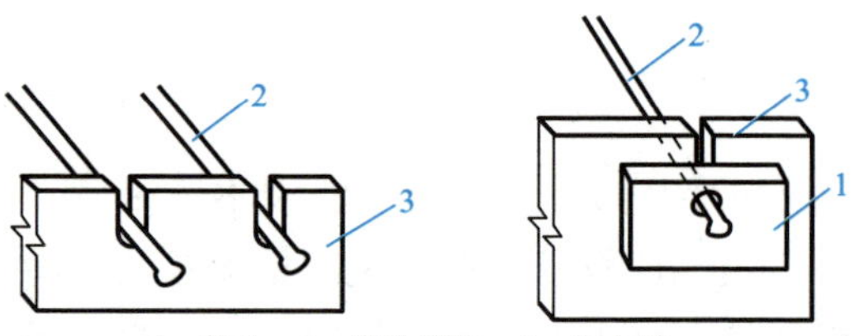

1—垫片；2—墩头钢丝；3—承力板。

图5-5　固定端墩头夹具

3. 张拉夹具

张拉夹具是将预应力筋与张拉机械连接起来进行预应力张拉的工具，常用的张拉夹具包括月牙形夹具、偏心式夹具和楔形夹具等，如图5-6所示。

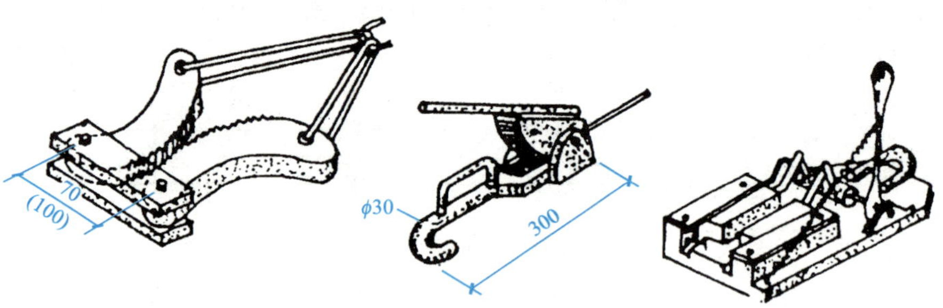

（a）月牙形夹具　（b）偏心式夹具　（c）楔形夹具

图5-6　张拉夹具

5.1.3 张拉设备

张拉设备要求工作可靠、控制应力准确、能以稳定的速率加大拉力。常用的张拉设备包括油压千斤顶、卷扬机、电动螺杆张拉机等。

1. 油压千斤顶

油压千斤顶可用来张拉单根或多根成组的预应力筋，可直接从油压表的读数得到张拉应力值。图 5-7 所示为 YC-20 型穿心式千斤顶张拉过程示意图。成组张拉时，由于拉力较大，通常使用油压千斤顶，如图 5-8 所示。

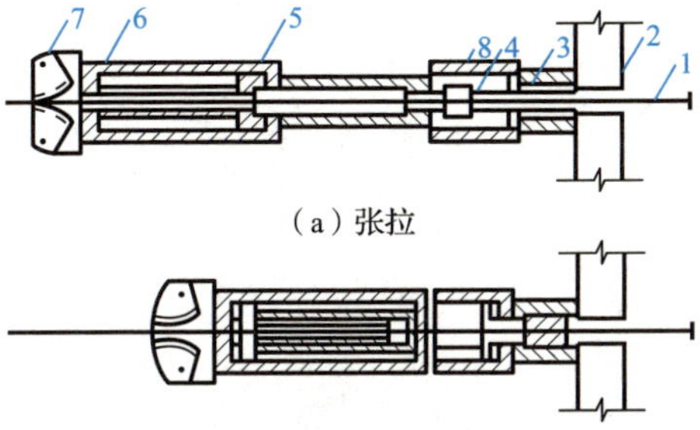

（a）张拉

（b）暂时锚固，回油

1—台座；2、3—前后横梁；4—钢筋；5、6—油嘴；7—偏心式夹具；8—弹簧。

图 5-7　YC-20 型穿心式千斤顶张拉过程示意图

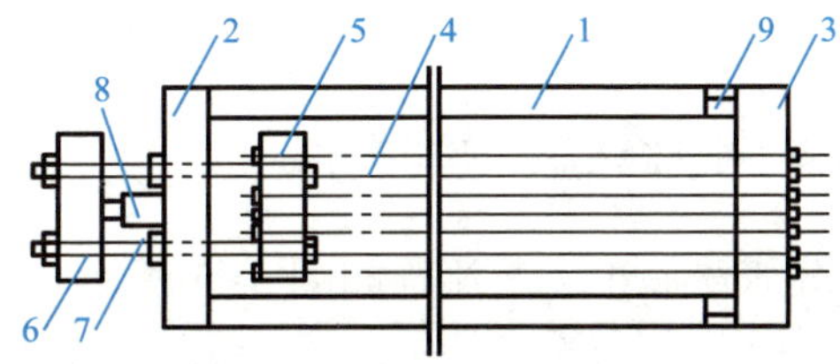

1—钢筋；2—台座；3—穿心式夹具；4—弹性顶压头；5、6—拉力架横梁；7—大螺钉杆；8—油压千斤顶；9—放松装置。

图 5-8　油压千斤顶成组张拉

2. 卷扬机

由于在长线台座上预应力筋的张拉伸长值较大，一般千斤顶的行程无法满足要求，因此可采用卷扬机张拉小直径预应力筋。同时使用弹簧测力计时，宜设行程开关，当张拉到规定的应力时，能自行停机，如图 5-9 所示。

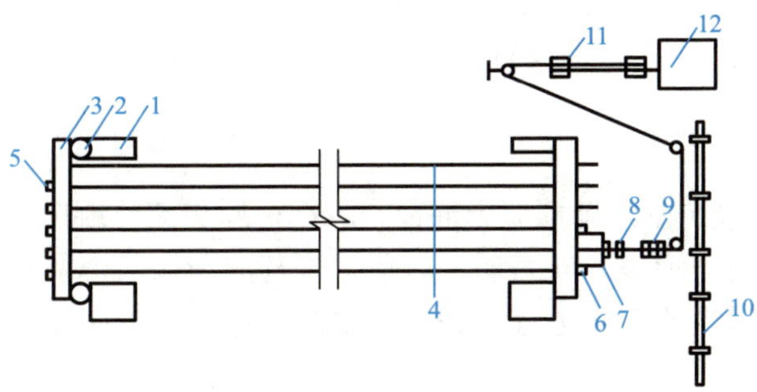

1—台座；2—放松装置；3—横梁；4—钢筋；5—镦头；6—垫块；7—销片夹具；8—张拉夹具；9—弹簧测力计；10—固定梁；11—滑轮组；12—卷扬机。

图 5-9　用卷扬机张拉预应力筋

3. 电动螺杆张拉机

电动螺杆张拉机（图 5-10）由螺杆、电动机、测力计等组成，适用于张拉单根预应力钢丝或钢筋。张拉时，顶杆支于台座横梁上，用张拉夹具夹紧钢筋后，启动电动机，通过带传动、齿轮传动使螺杆做直线运动，从而完成张拉过程。这种张拉设备的特点是运行稳定，具有自锁性能，恒载性能好，操作速度快，张拉行程大。

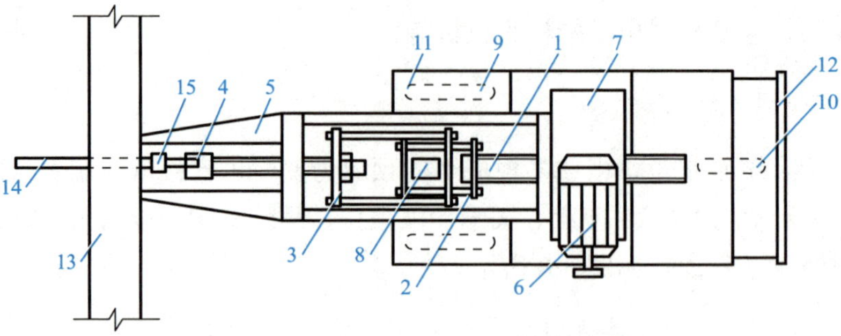

1—螺杆；2、3—拉力架；4—张拉夹具；5—顶杆；6—电动机；7—齿轮减速箱；8—测力计；9、10—车轮；11—底盘；12—手把；13—横梁；14—钢筋；15—锚固夹具。

图 5-10　电动螺杆张拉机

5.1.4　先张法施工工艺

先张法施工工艺流程如图 5-11 所示。

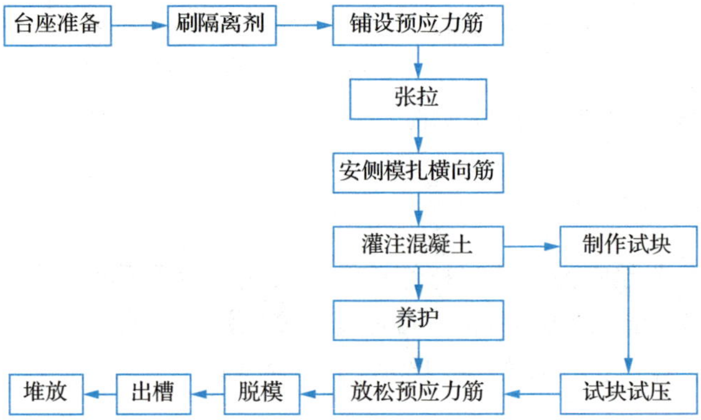

图 5-11　先张法施工工艺流程

1. 预应力筋的铺设、张拉

1）预应力筋的铺设。在铺设预应力筋前，应在台座表面涂刷隔离剂，一般选用非油类模板隔离剂。隔离剂不得污染预应力筋，以免影响预应力筋与混凝土的黏结。如果预应力筋受到污染，应使用适当的溶剂进行清洗。在生产过程中，应防止雨水冲刷掉台面上的隔离剂。

2）预应力筋的张拉。预应力筋的张拉控制应力σ_{con}应符合设计要求。施工中预应力筋需超张拉时，可比设计要求提高 5%，但其最大张拉控制应力不得超过表 5-1 的规定。

表 5-1　最大张拉控制应力值

钢种	张拉方法	
	先张法	后张法
消除应力钢丝、钢绞线	$0.8f_{ptk}$	$0.8f_{ptk}$
热处理钢筋	$0.75f_{ptk}$	$0.70f_{ptk}$

注：f_{ptk} 为预应力筋强度标准值。

3）预应力筋张拉力的计算。预应力筋张拉力 P（单位为 kN）计算公式为

$$P=(1+m)\sigma_{con}A_p$$

式中，m ——超张拉百分率（%）；

σ_{con} ——张拉控制应力；

A_p——预应力筋截面面积。

4）张拉程序。预应力筋的张拉程序可按下列程序之一进行：

$$0\longrightarrow 103\%\sigma_{con}$$

或

$$0\longrightarrow 105\%\sigma_{con}\xrightarrow{\text{持荷2min}}\sigma_{con}$$

在第一种张拉程序中，超张拉 3%是为了弥补预应力筋的松弛损失，这种张拉程序施工简便，一般多采用。

在第二种张拉程序中，超张拉 5%并持荷 2min 的目的是减少预应力筋的松弛损失。

钢筋松弛的数值与控制应力、延续时间有关，控制应力越高，松弛也就越大，同时还随着时间的延续不断增加，但在第一分钟内完成损失总值的 50%左右，24h 内则完成 80%。在上述程序中，超张拉 5% σ_{con} 持荷 2min，可以减少 50%以上的松弛损失。

2. 混凝土的浇筑与养护

为了减少预应力损失，在设计配合比时应考虑减少混凝土的收缩和徐变，应采用低水灰比，控制水泥用量，采用良好的骨料级配并振捣密实。

振捣混凝土时，振动器不得碰撞预应力筋。混凝土未达到一定强度前也不允许碰撞和踩动预应力筋，以保证预应力筋与混凝土有良好的黏结力。预应力混凝土可采用自然养护和湿热养护。当采用湿热养护时，应采取正确的养护制度，减少因温差引起的预应力损失。在台座生产的构件采用湿热养护时，由于温度升高后，预应力筋膨胀而台座长度并无变化，因而预应力筋的应力减少。若在这种情况下混凝土逐渐硬结，则在混凝土硬化前，预应力筋由于温度升高而引起的应力降低将无法恢复，形成温差应力损失。因此，为了减少温差应力损失，应使混凝土达到一定强度（$10N/mm^2$）前，将温度升高限制在一定范围内（一般不超过 20℃）。用机组流水法钢模制作预应力构件，因为在湿热养护时钢模与预应筋同样伸缩，所以不存在因温差引起的预应力变化。

3. 预应力筋的放张

（1）放张要求

放张预应力筋时，混凝土应达到设计要求的强度。如设计无明确要求，则混凝土强度不得低于设计混凝土强度等级的 75%。

放张预应力筋前应拆除构件的侧模，确保构件在放张时能自由压缩，以免损坏模板或造成构件开裂。对于具有横肋的构件（如大型屋面板），其横肋断面应具有适宜的斜度，也可以采用活动模板以免放张时构件端肋开裂。

（2）放张方法

对于配筋较少的中小型构件，可用砂轮锯或切断机等设备放张钢丝。对于配筋较多的钢筋混凝土构件，钢丝应同时放张，如逐根放张，最后几根钢丝将由于承受过大的拉力而突然断裂，使得构件端部容易开裂。

对钢丝、热处理钢筋不得用电弧切割，宜用砂轮锯或切断机切断。当预应力筋数量较多时，可用千斤顶、砂箱、楔块等装置同时放张，其放张装置如图 5-12 所示。

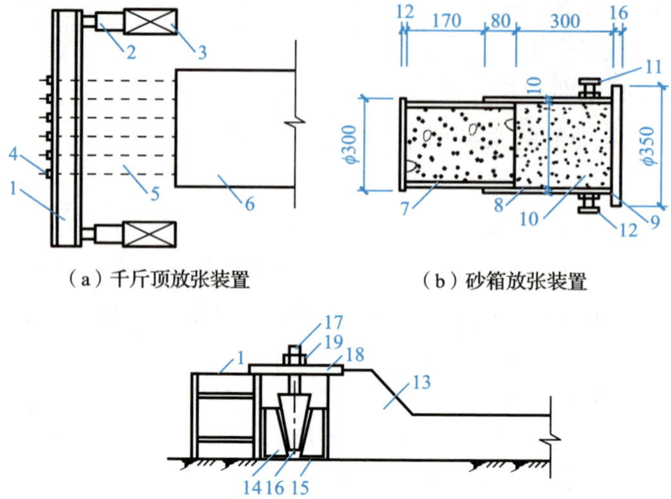

（a）千斤顶放张装置　　（b）砂箱放张装置

（c）楔块放张装置

1—横梁；2—千斤顶；3—承力架；4—夹具；5—钢丝；6—构件；7—活塞；8—套箱；9—套箱底板；10—砂；11—进砂口；12—出砂口；13—台座；14、15—固定楔块；16—滑动楔块；17—螺杆；18—承力板；19—螺母。

图 5-12　预应力筋放张装置

（3）放张顺序

预应力筋的放张顺序应满足设计要求，如设计无要求，则应满足下列规定：

1）对于承受轴心预压力的构件（如压杆、桩等），所有预应力筋应同时放张。

2）对于承受偏心预压力的构件（如梁等），应先同时放张预压力较小区域的预应力筋，再同时放张预压力较大区域的预应力筋。

3）当不能按 1）、2）项规定放张时，则应分阶段、对称、相互交错地放张，以防止在放张过程中构件发生翘曲、裂纹及预应力筋断裂等现象。

4）放张后预应力筋的切断顺序，宜由张端开始，逐次切向另一端。对配筋不多的预应力钢丝放张，可采用剪切、割断的方法，由中间向两侧逐根放张，以减少回弹量，利于脱模；对配筋较多的预应力钢丝放张，宜采用同时放张的方法，以防止最后的预应力钢丝因应力突然增大而断裂或使端部开裂。当构件的预应力筋为钢筋时，放张应缓慢进行，对配筋不多的预应力筋，可采用逐根加热熔断或用预先设置在钢筋锚固端的楔块单根放张；对配筋较多的预应力筋，所有钢筋应同时放张，可采用楔块或砂箱放张装置缓慢进行。

任务 5.2　后张法施工

后张法是先制作构件，在应放置预应力筋的部位预先留有孔道，待构件混凝土强度达到设计规定的数值后，用张拉机具夹持预应力筋将其张拉至设计规定的控制预应力，并借助锚具在构件端部将预应力筋锚固，最后进行孔道灌浆（或不灌浆）。预应力筋的张拉力主要靠构件端部的锚具传递给混凝土，使混凝土产生预压应力。图 5-13 所示为预应力混凝土后张法生产示意图。

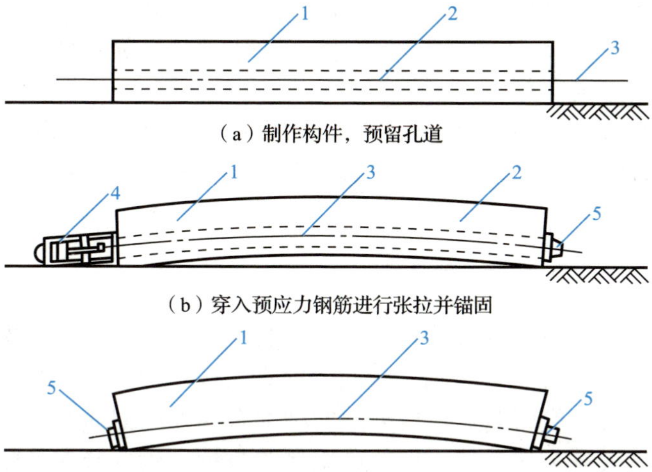

1—混凝土构件；2—预留孔道；3—预应力筋；4—千斤顶；5—锚具。

图 5-13 预应力混凝土后张法生产示意图

5.2.1 锚具及张拉设备

1. 锚具的要求

锚具是预应力筋张拉和永久固定在预应力混凝土构件上的传递预应力的工具。锚具按锚固性能不同，可分为 I 类锚具和 II 类锚具。I 类锚具适用于承受动载、静载的预应力混凝土结构；II 类锚具仅适用于有黏结预应力混凝土结构，且锚具只能处于预应力筋应力变化不大的部位。

锚具的静载锚固性能，由预应力锚具组装件的静载试验测定的锚具效率系数 η_a 和达到实测极限拉力时的总应变 ε_{apu} 确定。锚具的静载锚固性能应符合表 5-2 的规定。

表 5-2 锚具效率系数与总应变

锚具类型	锚具效率系数 η_a	实测极限拉力时的总应变 ε_{apu} /%
I	≥0.95	≥2.0
II	≥0.90	≥1.7

锚具效率系数 η_a 按下式计算：

$$\eta_a = \frac{F_{apu}}{\eta_p F_{apu}^c} \tag{5-1}$$

式中，F_{apu}——预应力筋锚具组装件的实测极限拉力（kN）；

F_{apu}^c——预应力筋锚具组装件中各根预应力钢材计算极限拉力之和（kN）；

η_p——预应力筋的效率系数。

对于重要预应力混凝土结构工程使用的锚具，预应力筋的效率系数 η_p 应按国家现行标准《预应力筋用锚具、夹具和连接器》（GB/T 14370—2015）的规定进行计算。

对于一般预应力混凝土结构工程使用的锚具，当预应力筋为钢丝、钢绞线或热处理钢筋时，预应力筋的效率系数 η_p 取 0.97。

除满足上述要求外，锚具还应满足下列规定：

1）当预应力筋锚具组装件达到实测极限拉力时，除设计允许的现象外，所有零件均不得出现肉眼可见的裂缝或破坏。

2）除了能满足分级张拉和补张拉工艺的要求外，还应具有能放松预应力筋的功能。

3）锚具或其附件上应设置灌浆孔道，灌浆孔道应具有足够的截面积，以确保浆液顺畅流动。

2. 铺具的种类

后张法所用锚具根据其锚固原理和构造型式的不同，可分为螺杆锚具、夹片锚具、锥销式锚具和镦头锚具 4 种体系。根据在预应力筋张拉过程中锚具所在位置与作用不同，又可分为张拉端锚具和固定端锚具。预应力筋的种类有热处理钢筋束、消除应力钢筋束或钢绞线束、钢丝束，因此根据锚具锚固钢筋或钢丝的数量，还可分为单根粗钢筋锚具，钢筋束、钢绞线束锚具和钢丝锚具。

（1）单根粗钢筋锚具

1）螺栓端杆锚具。螺栓端杆锚具由螺栓端杆、垫板和螺母组成，适用于锚固直径不大于 36mm 的热处理钢筋，如图 5-14 所示。

螺栓端杆可用同类热处理钢筋或热处理 45 钢制作。制作时，先粗加工至接近设计尺寸，再进行热处理，然后精加工至设计尺寸。热处理后不能有裂纹和伤痕。螺母可用 3 钢制作。最后，将螺栓端杆锚具与预应力筋对焊，用张拉设备张拉螺栓端杆后，用螺母进行锚固。

2）帮条锚具。帮条锚具由一块方形衬板与 3 根帮条组成，如图 5-14（b）所示。衬板采用普通低碳钢板，帮条采用与预应力筋同类型的钢筋。帮条安装时，3 根帮条与衬板相接触的截面应在一个垂直平面上，以免受力时产生扭曲。帮条锚具一般用于单根粗钢筋作为预应力筋的固定端。

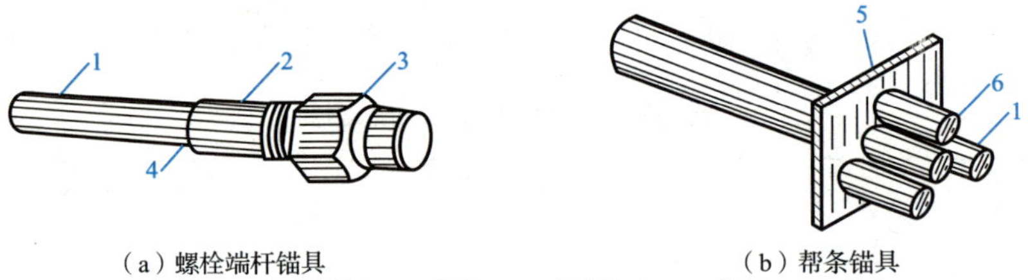

（a）螺栓端杆锚具　　（b）帮条锚具

1—钢筋；2—螺栓端杆；3—螺母；4—焊接接头；5—衬板；6—帮条。

图 5-14　单根筋锚具

（2）钢筋束、钢绞线束锚具

钢筋束和钢绞线束目前使用的锚具包括 JM 型、KT-Z 型、XM 型、QM 型和镦头锚具等。

1）JM 型锚具。JM 型锚具由锚环与夹片组成，如图 5-15 所示。锚环分甲型和乙型两种。甲型锚环为一个具有锥形内孔的圆柱体，外形比较简单，使用时直接放置在构件端部的垫板上；乙型锚环在圆柱体外部增添了正方形肋板，使用时锚环预埋在构件端部，无需另设垫板。夹片呈扇形，利用两侧的半圆槽锚固预应力筋。为增加夹片与预应力筋之间的摩擦力，在半圆槽内刻有截面为梯形的齿痕，夹片背面的坡度与锚环一致。锚环和夹片均用 45 钢制造，甲型锚环和夹片必须经过热处理，乙型锚环可不必进行热处理。

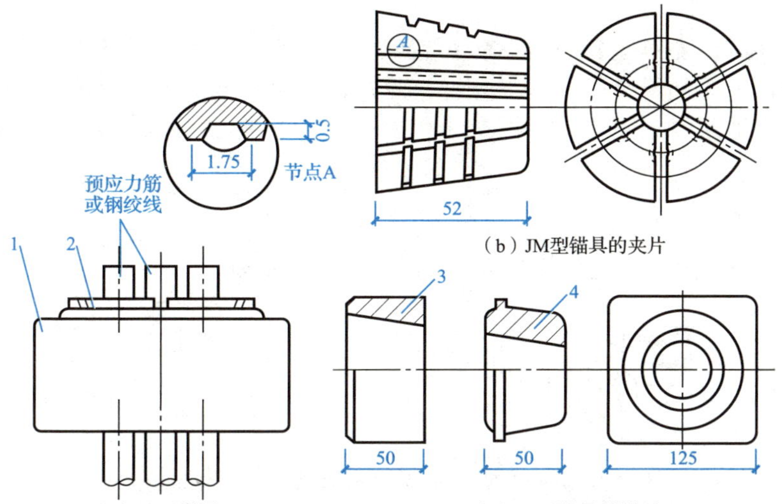

（a）JM型锚具　　（b）JM型锚具的夹片　　（c）JM型锚具的锚环

1—锚环；2—夹片；3—圆锚环；4—方锚环。

图 5-15　JM 型锚具

JM 型锚具可用于锚固 3～6 根直径为 12mm 的光圆或螺纹钢筋束，也可以用于锚固 5～6 根 12mm 的钢绞线束。它可以作为张拉端或固定端锚具，也可作为重复使用的工具锚。

2）KT-Z 型锚具。KT-Z 型锚具为可锻铸铁锥形锚具，由锚环和锚塞组成，如图 5-16 所示。它分为 A 型和 B 型两种，当预应力筋的最大张拉力超过 450kN 时，采用 A 型；不超过 450kN 时，采用 B 型。KT-Z 型锚具适用于锚固 3～6 根直径为 12mm 的钢筋束或钢绞线束。该锚具为半埋式，使用时先将锚环小头嵌入承压钢板中，并用断续焊缝焊牢，然后共同预埋在构件端部。预应力筋的锚固需借千斤顶将锚塞顶入锚环，其顶压力为预应力筋张拉力的 50%～60%。使用 KT-Z 型锚具时，预应力筋在锚环小口处会形成弯折，造成摩擦损失。预应力筋的损失值：钢筋束约为 $4\%\sigma_{con}$，钢绞线约为 $2\%\sigma_{con}$。

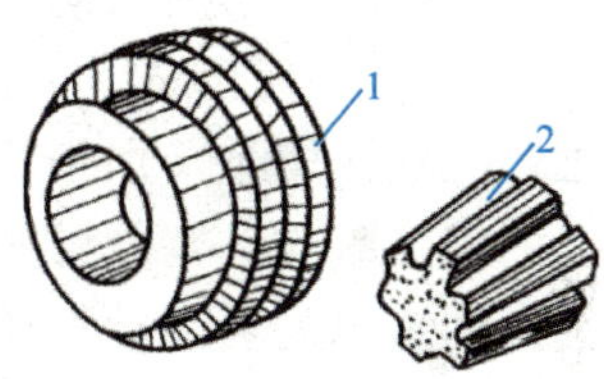

1—锚环；2—锚塞。

图 5-16　KT-Z 型锚具

3）XM 型锚具。XM 型锚具属于新型大吨位群锚体系锚具。它由锚环和夹片组成，3 个夹片为一组夹持一根预应力筋形成一锚固单元。由一个锚固单元组成的锚具称为单孔锚具，由两个或两个以上的锚固单元组成的锚具称为多孔锚具，如图 5-17 所示。

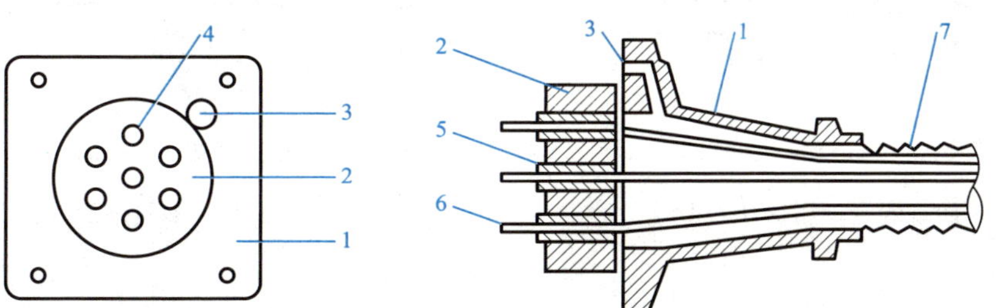

1—喇叭管；2—锚环；3—灌浆孔；4—圆锥孔；5—夹片；6—钢绞线；7—波纹管。

图 5-17　XM 型锚具

XM 型锚具的夹片为斜开缝，以确保夹片能夹紧钢绞线或钢丝束中每一根外围钢丝，形成可靠的锚固。夹片开缝宽度一般平均为 1.5mm。XM 型锚具既可作为工作锚，又可兼作工具锚。

4）QM 型锚具。QM 型锚具与 XM 型锚具相似，它也是由锚板和夹片组成，但锚孔为直孔，锚板顶面为平面，夹片为垂直开缝。此外，它配有配套喇叭形铸铁垫板和弹簧圈等配件。这种锚具适用于锚固 4～31 根ϕ^{j}12 和 3～9 根ϕ^{j}15 钢绞线束，如图 5-18 所示。

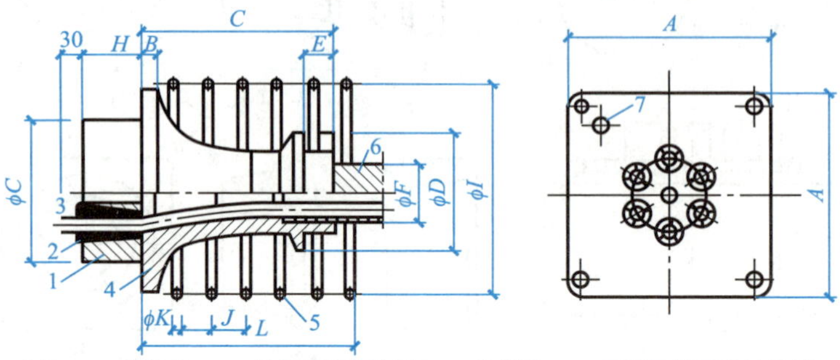

1—锚板；2—夹片；3—钢绞线；4—喇叭形铸铁垫板；5—弹簧圈；6—预留孔道用的波纹管；7—灌浆孔。

图 5-18　QM 型锚具及配件

5）镦头锚具。镦头锚具用于固定端，如图 5-19 所示，它由锚固板和带镦头的预应力筋组成。

（3）钢丝锚具

目前国内常用的钢丝锚具类型包括钢质锥形锚具、锥形螺杆锚具、钢丝束镦头锚具等。

1）钢质锥形锚具。钢质锥形锚具由锚环和锚塞组成，如图 5-20 所示。它用于锚固以锥锚式双作用千斤顶张拉的钢丝束。钢丝分布在锚环锥孔内侧，由锚塞塞紧锚固。锚环内孔的锥度应与锚塞的锥度一致，锚塞上刻有细齿槽，用于夹紧钢丝，防止滑移。钢质锥形锚具的缺点是当钢丝直径误差较大时，易产生单根滑丝现象，且很难补救。如用加大顶锚力的办法来防止滑丝，钢丝又易被咬伤。此外，钢丝锚固时呈辐射状态，弯折处的受力较大。在国外，钢质锥形锚具的使用已很少见。

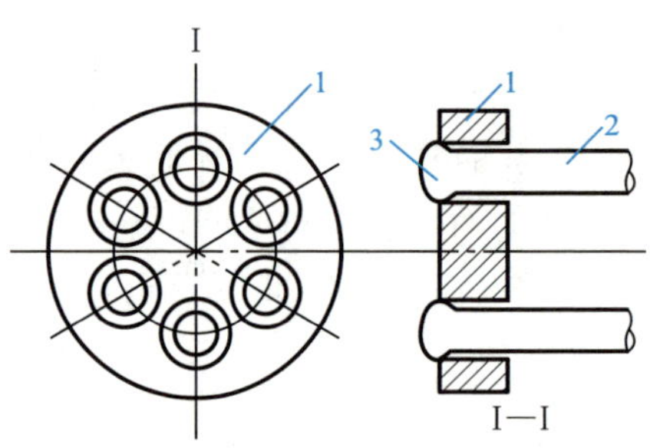

1—锚固板；2—预应力筋；3—镦头。

图 5-19　固定端用镦头锚具

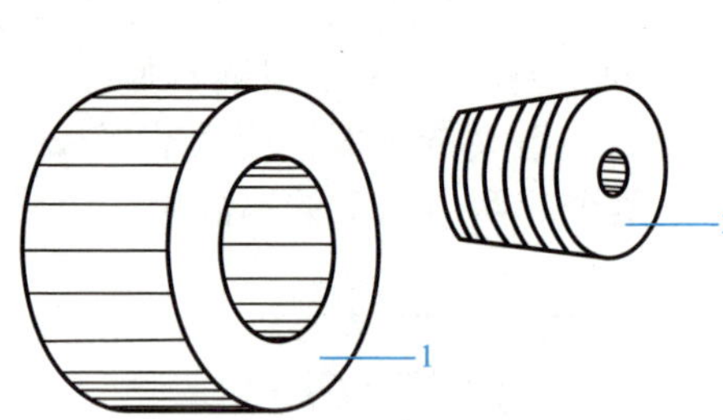

1—锚环；2—锚塞。

图 5-20　钢质锥形锚具

2）锥形螺杆锚具。锥形螺杆锚具适用于锚固 14～28 根ϕ^s5 组成的钢丝束。它由锥形螺杆、套筒、垫板等组成，如图 5-21 所示。

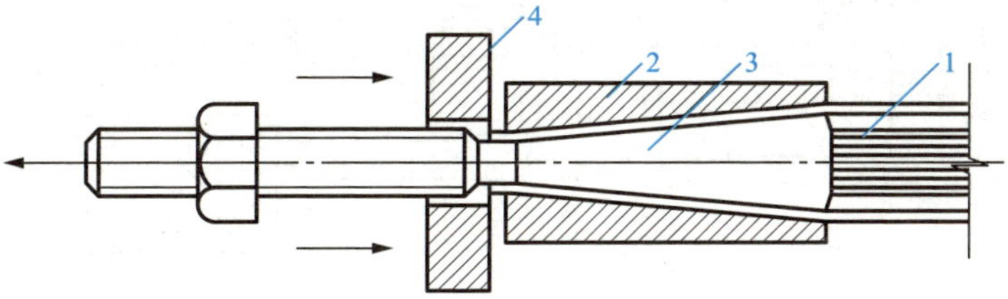

1—钢丝；2—套筒；3—锥形螺杆；4—垫板。

图 5-21　锥形螺杆锚具

3）钢丝束镦头锚具。钢丝束镦头锚具用于锚固 12～54 根ϕ^s5 碳素钢丝束，锚具型号分为 DM5A 型和 DM5B 型两种。DM5A 型用于张拉端，由锚环和螺母组成；DM5B 型用于固定端，仅有一块锚板，如图 5-22 所示。

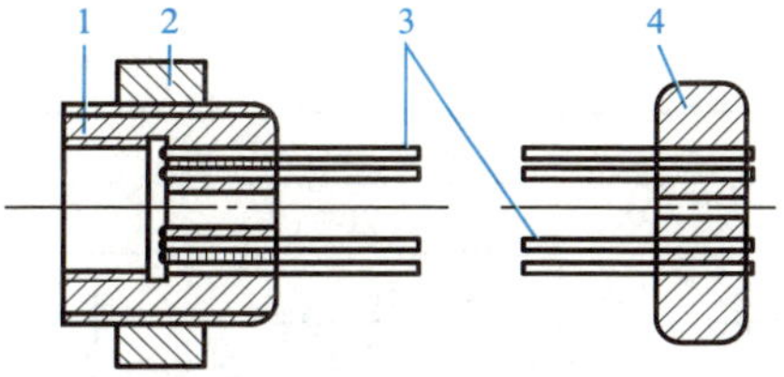

1—A 型锚环；2—螺母；3—铜线束；4—铺板。

图 5-22　钢丝束墩头锚具

锚环的内外壁均有丝扣，内丝扣用于连接张拉螺杆，外丝扣用于拧紧螺母，以锚固钢丝束。在锚环和锚板四周钻孔，以固定镦头的钢丝，孔数和间距由钢丝根数确定。钢丝可用液压冷镦器进行镦头处理。钢丝束一端可在制束时将头镦好，另一端则待穿束后镦头，但构件孔道端部需要设置扩孔。

张拉时，张拉螺杆一端与锚环内丝扣连接，另一端与拉杆式千斤顶连接，当张拉达到规定控制应力时，先拉出锚环，再拧紧锚环外丝扣上的螺母加以锚固。

3. 张拉设备

后张法主要的张拉设备包括千斤顶和高压油泵。

（1）千斤顶

1）拉杆式千斤顶（YL 型）。拉杆式千斤顶主要用于张拉带有螺钉端杆锚具的粗钢筋、锥形螺杆锚具钢丝束及镦头锚具钢丝束。

拉杆式千斤顶的构造如图 5-23 所示，由主缸 1、主缸活塞 2、副缸 4、副缸活塞 5、连接器 7、顶杆 8 和拉杆 9 等组成。张拉预应力筋时，首先使连接器 7 与预应力筋 11 的螺钉端杆 14 连接，并使顶杆 8 支承在构件端部的预埋钢板 13 上。当高压油泵将油液从主缸油嘴 3 进入主缸时，推动主缸活塞向左移动，带动拉杆 9 和连接在拉杆末端的螺钉端杆，预应力筋即被拉伸。当达到张拉力后，拧紧预应力筋端部的螺母 10，使预应力筋锚固在构件端部。锚固完毕后，改用副缸油嘴 6 进油，推动副缸活塞和拉杆向右移动，回到开始张拉时的位置。与此同时，主缸 1 的高压油也回到油泵中。目前工地上常用的为 600kN 拉杆式千斤顶，其主要技术性能如表 5-3 所示。

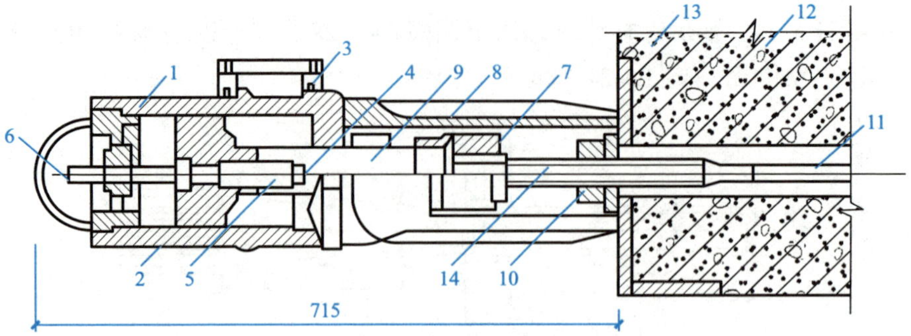

1—主缸；2—主缸活塞；3—主缸油嘴；4—副缸；5—副缸活塞；6—副缸油嘴；7—连接器；8—顶杆；9—拉杆；10—螺母；11—预应力筋；12—混凝土构件；13—预埋钢板；14—螺钉端杆。

图 5-23　拉伸机构造示意图

表 5-3　拉杆式千斤顶的主要技术性能

项目	单位	技术性能
最大张拉力	kN	600
张拉行程	mm	150
主缸活塞面积	cm^2	152
最大工作油压	MPa	40
质量	kg	68

2）锥锚式千斤顶（YZ 型）。锥锚式千斤顶主要用于张拉 KT-Z 型锚具锚固的钢筋束或钢绞线束和使用锥形锚具的预应力钢丝束。其张拉油缸用于张拉预应力筋，顶压油缸用于顶压锥塞，因此又称双作用千斤顶，如图 5-24 所示。

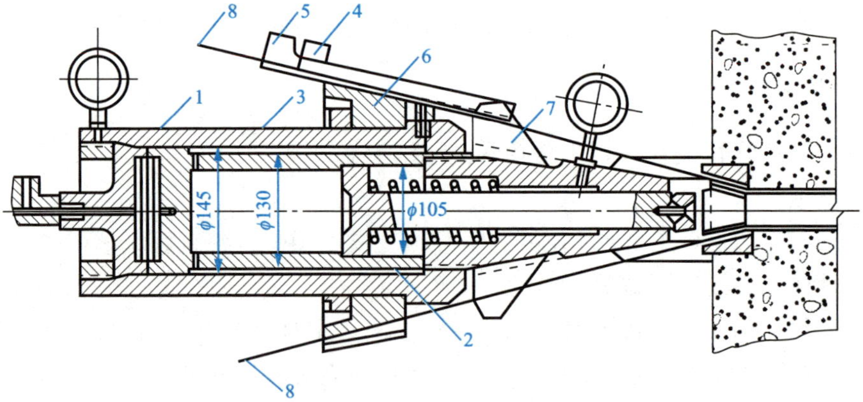

1—主缸；2—副缸；3—退楔缸；4—楔块（张拉时位置）；5—楔块（退出时位置）；6—锥形卡环；7—退楔翼片；8—预应力筋。

图 5-24　锥锚式千斤顶的构造

张拉预应力筋时，主缸进油，主缸被压移，使固定在其上的钢筋被张拉。钢筋被张拉后，改由副缸进油，随即由副缸活塞将锚塞顶入锚圈中。主缸和副缸的回油则是借助设置在主缸和副缸中的弹簧的作用来完成的。

3）穿心式千斤顶（YC 型）。穿心式千斤顶适用性很强，它适用于张拉采用 JM12 型、QM 型、XM 型的预应力钢丝束、钢筋束和钢绞线束。配置撑脚和拉杆等附件后，又可作为拉杆式千斤顶使用。在千斤顶前端装上分束顶压器，并在千斤顶与撑套之间用钢管接长后可作为 YZ 型千斤顶使用，以张拉钢质锥形锚具。穿心式千斤顶的特点是千斤顶中心有穿通的孔道，以便预应力筋或拉杆穿过后用工具锚临时固定在千斤顶的顶部进行张拉。根据张拉力和构造的不同，有 YC60、YC20D、YCD120、YCD200 和无顶压机构的 YCQ 型千斤顶。下面以 YC60 型千斤顶为例，说明其工作原理，如图 5-25 所示。

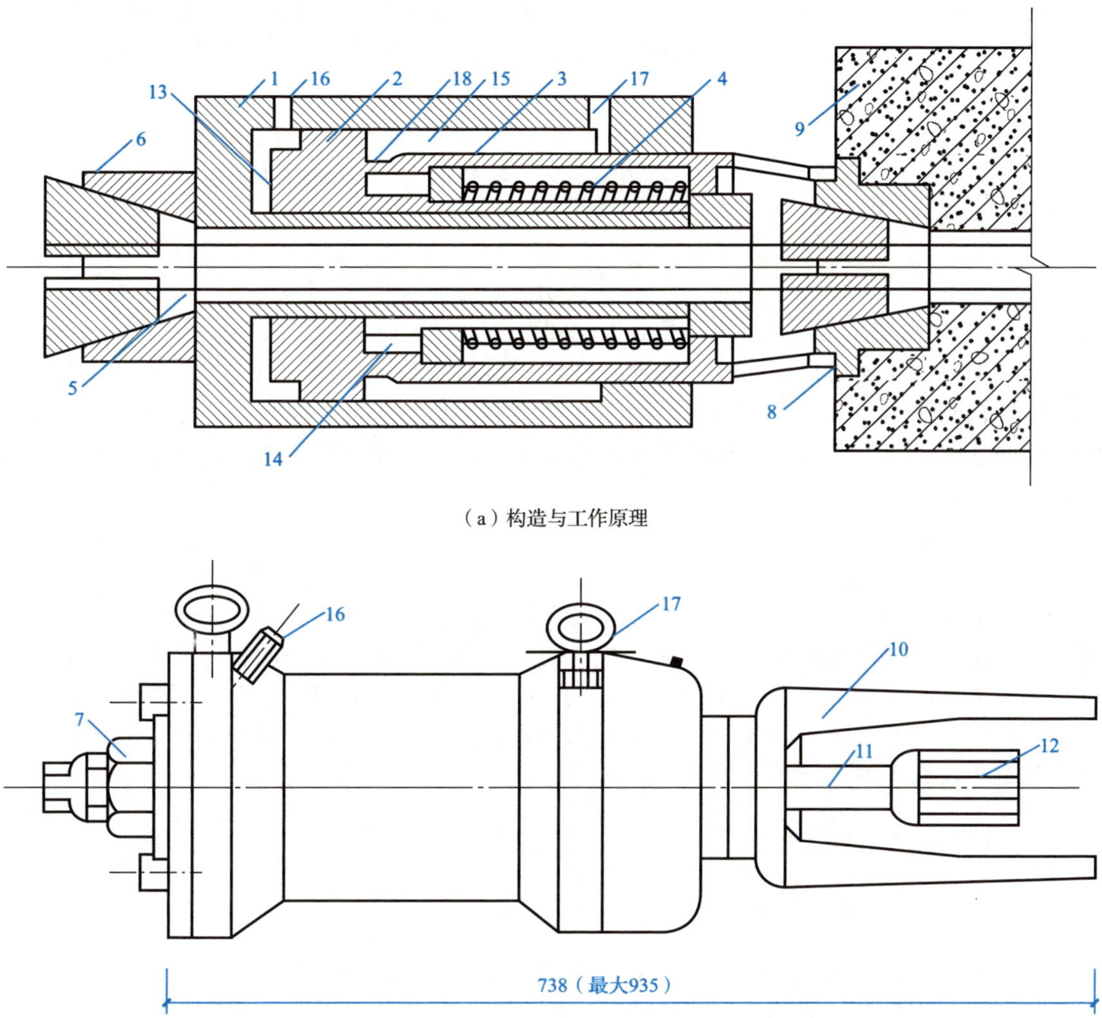

（a）构造与工作原理

（b）加撑脚后的外貌

1—张拉油缸；2—顶压油缸（即张拉活塞）；3—顶压活塞；4—弹簧；5—预应力筋；6—工具锚；7—螺母；8—锚环；9—构件；10—撑脚；11—张拉杆；12—连接器；13—张拉工作油室；14—顶压工作油室；15—张拉回程油室；16—张拉缸油嘴；17—顶压缸油嘴；18—油孔。

图 5-25　YC60 型千斤顶

张拉前，先把装好锚具的预应力筋穿入千斤顶的中心孔道，并在张拉油缸的端部用工具锚 6 加以锚固。张拉时，用高压油泵将高压油液由张拉缸油嘴 16 进入张拉工作油室 13，由于顶压油缸 2 顶在构件 9 上，因而张拉油缸 1 逐渐向左移动而张拉预应力筋。

在张拉过程中，由于张拉油缸 1 向左移动而使张拉回程油室 15 的容积逐渐减小，所以须将顶压缸油嘴 17 开启以便回油。张拉完毕立即进行顶压锚固。顶压锚固时，高压油液由顶压缸油嘴经油孔 18 进入顶压工作油室 14，由于顶压油缸 2 顶在构件 9 上，且张拉工作油室中的高压油液尚未回油，因此顶压活塞向左移动顶压 JM12 型锚具的夹片，按规定的顶压力将夹片压入锚环 8 内，将预应力筋锚固。张拉和顶压完成后，开启张拉缸油嘴 16，同时顶压缸油嘴 17 继续进油，由于顶压活塞 3 仍顶住夹片，顶压工作油室 14 的容积不变，进入的高压油液全部进入张拉回程油室 15，因而张拉油缸 1 逐渐向左移动进行复位，然后油泵停止工作，开启油嘴门，利用弹簧 4 使顶压活塞 3 复位，并使顶压工作油室 14、张拉回程油室 15 回油卸荷。

4）千斤顶的校正。采用千斤顶张拉预应力筋，预应力的大小通过油压表的读数表达。油压表读数表示千斤顶活塞单位面积的油压力。若张拉力为 N，活塞面积为 A，则油压表的相应读数为 P，即

$$P=\frac{N}{A} \tag{5-2}$$

因为千斤顶活塞与油缸之间存在着一定的摩阻力，所以实际张拉力往往比式（5-2）计算的小。为保证预应力筋张拉应力的准确性，应定期校验千斤顶与油压表读数的关系，制成表格或绘制 P 与 N 的关系曲线，供施工中直接查用。校验时，千斤顶活塞方向应与实际张拉时的活塞运行方向一致，校验期不应超过半年。如在使用过程中张拉设备出现反常现象，则应重新校验。

千斤顶校正的方法主要有标准测力计校正、压力机校正及用两台千斤顶互相校正等。

（2）高压油泵

高压油泵与液压千斤顶配套使用，它的作用是向液压千斤顶的各个油缸供油，使其活塞按照一定速度伸出或回缩。高压油泵按驱动方式分为手动和电动两种，一般采用电动高压油泵。常见的油泵型号有 ZB0.8/500、ZB0.6/630、ZB4/500、ZB10/500，其中斜线左边的数字表示每分钟的流量，斜线右边的数字表示工作油压（kg/cm^2）。选用高压油泵时，应确保其额定压力等于或大于千斤顶的额定压力。

5.2.2 预应力筋的制作

1. 单根预应力筋的制作

单根预应力筋一般采用热处理钢筋，其制作过程包括配料、对焊、冷拉等工序。为保证质量，宜采用控制应力的方法进行冷拉。配料时应根据钢筋的品种测定冷拉率。如果同一批钢筋的冷拉率变化较大，则应尽可能地把冷拉率相近的钢筋对焊在一起进行冷拉，以保证钢筋冷拉力的均匀性。

钢筋的对焊接长应在钢筋冷拉前进行。钢筋的下料长度由计算确定，如图 5-26 所示。当构件两端均采用螺钉端杆锚具时，预应力筋的下料长度为

$$L=\frac{l+2l_2-2l_1}{1+\gamma-\delta}+n\varDelta \tag{5-3}$$

式中，l——构件的孔道长度；

l_1——螺钉端杆长度，一般为 320mm；

l_2——螺钉端杆伸出构件外的长度，一般为 120～150mm 或按下式计算：

张拉端为 $l_2=2H+h+5\text{mm}$，锚固端为 $l_2=H+h+10\text{mm}$，其中 H 为螺母高度，h 为垫板厚度；

γ——预应力筋的冷拉率（由试验定）；

δ——预应力筋的冷拉回弹率，一般为 0.4%～0.6%；

n——对焊接头数量；

Δ——每个对焊接头的压缩量，取一个钢筋直径。

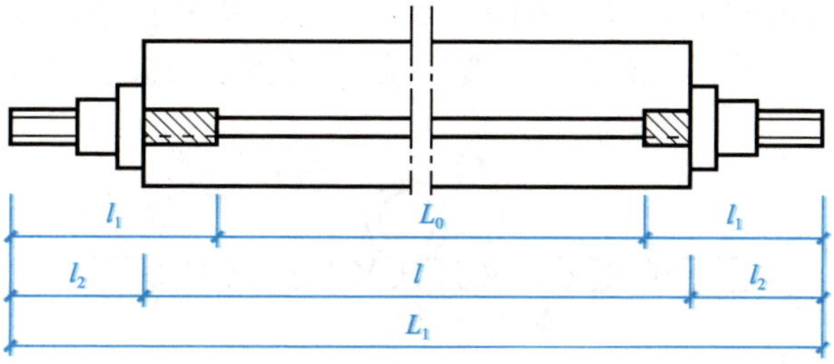

图 5-26　预应力筋下料长度计算

当一端采用螺钉端杆锚具，另一端采用帮条锚具或镦头锚具时，预应力筋下料长度为

$$L=\frac{l+l_2+l_3-l_1}{1+\gamma-\delta}+n\Delta \tag{5-4}$$

式中，l_3——帮条或镦头锚具所需钢筋长度。

2. 钢筋束及钢绞线束的制作

钢筋束由直径为 10mm 的热处理钢筋编束而成，钢绞线束由直径为 12mm 或 15mm 的钢绞线束编束而成。预应力筋的制作一般包括开盘冷拉、下料和编束等工序。每束 3～6 根，一般不需对焊接长。下料在钢筋冷拉后进行。钢绞线下料前，应在切割口两侧各 50mm 处用钢丝绑扎，切割后应立即焊牢切割口，以免松散。

为了保证构件孔道穿入筋和张拉时不发生扭结，应对预应力筋进行编束。编束时一般把预应力筋理顺后，用 18～22 号钢丝每隔 1m 左右绑扎一道，形成束状。预应力钢筋束或钢绞线束的下料长度 L 为

$$\text{一端张拉时：}L=l+a+b(5-10)$$

$$\text{两端张拉时：}L=l+2a(5-11)$$

式中，l——构件孔道长度；

a——张拉端留量，与锚具和张拉千斤顶尺寸有关；

b——固定端留量，一般为 80mm。

3. 钢丝束的制作

钢丝束的制作根据锚具的不同而有所变化，一般需经调直、下料、编束和安装锚具等工序。

为了保证张拉时各钢丝应力均匀，应采用锥形螺杆锚具和镦头锚具的钢丝束，要求钢丝每根长度要相等。下料长度相对误差要控制在 $L/5000$ 以内且不大于 5mm。因此，要求钢丝在控制应力状态下切断下料，控制应力为 300MPa。

为了保证钢丝不发生扭结，必须进行编束。编束前应对钢丝直径进行测量，直径相对误差不得超过 0.1mm，以保证成束钢丝与锚具可靠连接。采用锥形螺杆锚具时，编束工作在平整的场地上把钢丝理顺放平，用 22 号钢丝将钢丝每隔 1m 编成帘子状，然后每隔 1m 放置 1 个螺旋衬圈，再将编好的钢丝帘绕衬圈围成圆束，用钢丝绑扎牢固，如图 5-27 所示。

当采用镦头锚具时，根据钢丝分圈布置的特点，编束时首先将内圈和外圈钢丝分别用钢丝顺序编扎，然后将内圈钢丝放在外圈钢丝内扎牢。编束好后，先在一端安装锚杯并完成镦头工作，另一端钢丝的镦头待钢丝束穿过孔道安装上锚板后再进行。

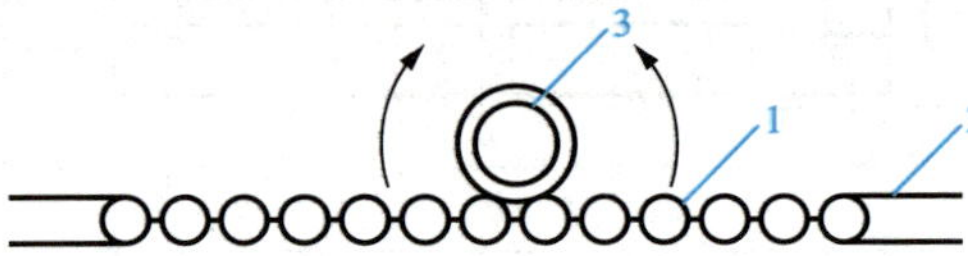

1—钢丝；2—铅丝；3—衬圈。

图 5-27　钢丝束的编束

5.2.3　后张法施工工艺

后张法施工工艺与预应力施工有关的主要是孔道留设、预应力筋张拉和孔道灌浆 3 部分，图 5-28 所示为后张法施工工艺流程图。

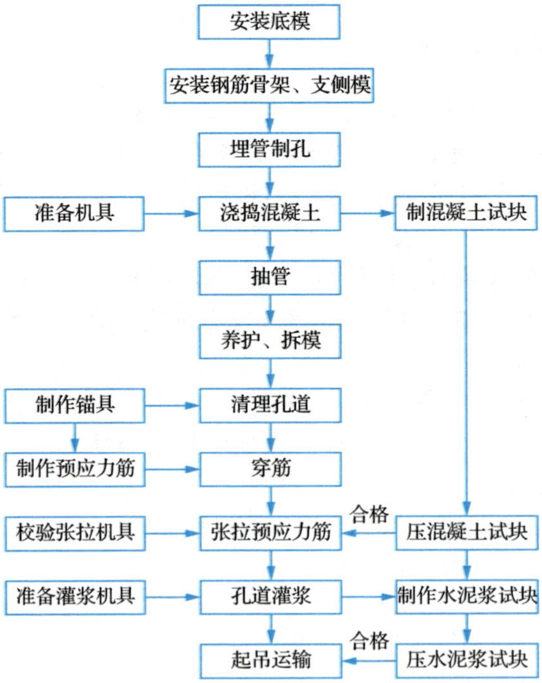

图 5-28　后张法施工工艺流程图

1. 孔道留设

孔道留设的方法有钢管抽芯法、胶管抽芯法、橡胶抽拔棒法和预埋管法（主要采用波纹管）等。预应力的孔道形式一般有直线、曲线和折线 3 种。钢管抽芯法只用于直线孔道的成型，胶管抽芯法、橡胶抽拔棒法和预埋管法则可以适用于直线、曲线和折线的孔道。

孔道的留设是制作后张法构件的关键工序之一。所留孔道的尺寸与位置应正确，孔道要平顺，端部的预埋钢板应垂直于孔中心线。孔道直径一般应比预应力筋的接头外径或需穿入孔道锚具外径大 10～15mm，以利于穿入预应力筋。

（1）钢管抽芯法

钢管抽芯法是将钢管预先埋设在模板内孔道位置，在混凝土浇筑和养护过程中，每隔一定时间要慢慢转动钢管一次，以防止混凝土与钢管黏结。在混凝土初凝后、终凝前抽出钢管，即在构件中形成孔道。为保证预留孔道质量，施工中应注意以下几点：

1）钢管要平直，表面光滑，安放位置准确。钢管不直，在转动及拔管时易将混凝土管壁挤裂。钢管预埋前应除锈、刷油，以便抽管。钢管的位置一般用钢筋井字架固定，井字架间距一般为 1～2m。在灌注混凝土时，应防止振动器直接接触钢管，以免产生位移。

2）钢管每根长度最好不超过 15m，以便旋转和抽管。钢管两端应各伸出构件 500mm 左右。较长构件可用两根钢管接长，两根钢管接头处可用 0.5mm 厚铁皮做成的套管连接，其连接方式如图 5-29 所示。套管内表面要与钢管外表面紧密结合，以防漏浆堵塞孔道。

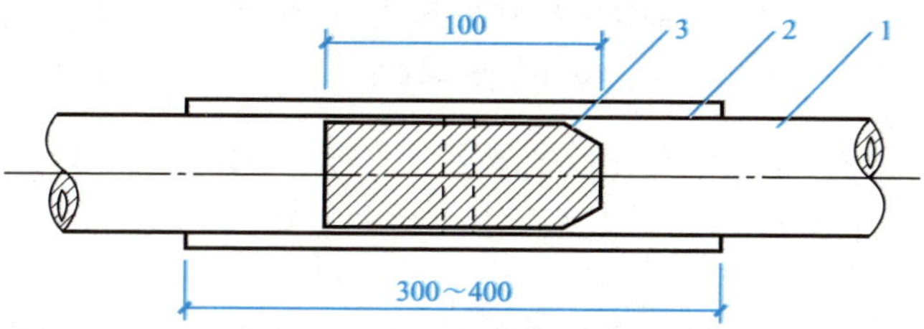

1—钢管；2—铁皮套筒；3—硬木塞。

图 5-29　钢管连接方式

3）恰当地掌握抽管时间。抽管时间与水泥品种、气温和养护条件有关。

抽管宜在混凝土终凝前、初凝后进行，以用手指按压混凝土表面不显指纹为宜。常温下的抽管时间为在混凝土浇筑后 3～6h。抽管时间过早，会造成坍孔事故；太晚，混凝土与钢管黏结牢固，抽管困难，甚至抽不出来。

4）抽管顺序和方法。抽管顺序宜先上后下。抽管时速度要均匀，边抽边转，并与孔道保持在一直线上。抽管后，应及时检查孔道，并做好孔道清理工作，以免增加以后穿筋的困难。

5）灌浆孔和排气孔的留设。由于孔道灌浆的需要，每个构件与孔道垂直的方向应留设若干个灌浆孔和排气孔，孔距一般不大于 12m，孔径为 20mm，可用木塞或白铁皮管成孔。

（2）胶管抽芯法

胶管抽芯法是一种用于留设孔道的方法。留设孔道用的胶管一般有 5 层或 7 层夹布胶管和供预应力混凝土专用的钢丝网橡皮管两种。前者必须在管内充气或充水后才能使用。后者质硬，且有一定弹性，预留孔道时与钢管一样使用。下面介绍常用的夹布胶管留设孔道的方法。

胶管采用钢筋井字架固定，间距不宜大于 0.5m，并与钢筋骨架绑扎牢。然后充水（或充气）加压到 0.5～0.8N/mm^2，此时胶管直径可增大约 3mm。待混凝土初凝后，放出压缩空气或压力水，胶管直径变小并与混凝土脱离，以便于抽出形成孔道。为了保证留设孔道质量，使用时应注意以下几个问题：

1）胶管必须有良好的密封装置，勿漏水、漏气。密封的方法是将胶管一端外表面削去 1～3 层胶皮及帆布，然后将外表面带有粗丝扣的钢管（钢管一端用铁板密封焊牢）插入胶管端头孔内，再用 20 号铅丝与胶管外表面密缠牢固，铅丝头用锡焊牢。胶管另一端接上阀门，其方法与密封端基本相同。

2）胶管接头处理。图 5-30 所示为胶管接头方法。图中 1mm 厚钢管用无缝钢管加工而成，其内径等于或略小于胶管外径，以便于打入硬木塞后起到密封作用。铁皮套管与胶管外径相等或稍大（在 0.5mm 左右），以防在振捣混凝土时胶管受振外移。

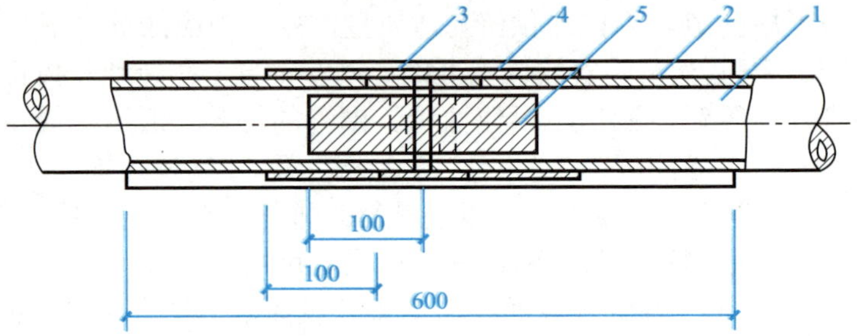

1—胶管；2—白铁皮套筒；3—钉子；4—厚 1mm 的钢管；5—硬木塞。

图 5-30　胶管接头方法

3）抽管时间和顺序。抽管时间比钢管略迟。一般可参照气温和浇筑后的小时数的乘积，达 200℃ • h 左右。抽管顺序一般为先上后下、先曲后直。

（3）预埋管法

预埋管法是将与孔道直径相同的金属波纹管埋在构件中，无须抽出，一般采用黑铁皮管、薄钢管或镀锌双波纹金属软管。预埋管法因省去抽管工序，且孔道留设的位置、形状也易保证，故目前应用较为普遍。金属波纹管质量小、刚度好、弯折方便且与混凝土黏结好。金属波纹管每根长 4～6m，也可根据需要现场制作，其长度不限。波纹管在 1kN 径向力作用下不变形，使用前应做灌水试验，检查有无渗漏现象。波纹管的固定，采用钢筋井字架，间距不宜大于 0.8m，为曲线孔道时应加密，并用钢丝绑扎牢。波纹管的连接，可采用大一号同型波纹管，接头管长度应大于 200mm，用密封胶带或塑料热塑管封口。

2. 张拉预应力筋

用后张法张拉预应力筋时，混凝土强度应符合设计要求，如设计无规定，则不应低于设计强度等级的 75%。

（1）张拉控制应力

张拉控制应力越高，建立的预应力值就越大，构件抗裂性就越好。但是张拉控制应力过高，构件在使用过程中则会经常处于高应力状态，构件出现裂缝的荷载与破坏荷载很接近，往往构件被破坏前没有明显预兆，而且控制应力过高会使构件混凝土预压应力过大而导致混凝土的徐变应力损失增加，因此控制应力应符合设计规定。在施工中预应力筋需要超张拉时，可比设计要求提高 5%，但其最大张拉控制应力不得超过表 5-1 的规定。

为了减少预应力筋的松弛损失，预应力筋的张拉程序可为

$$0 \longrightarrow 1.05\sigma_{\text{con}} \xrightarrow{\text{持荷2min}} \sigma_{\text{con}}$$

或

$$0 \longrightarrow 1.03\sigma_{\text{con}}$$

（2）张拉顺序

张拉顺序应使构件不扭转与侧弯，不产生过大偏心力，预应力筋一般应对称张拉。

对配有多根预应力筋的构件，不可能同时张拉时，应分批、分阶段对称张拉，张拉顺序应符合设计要求。

分批张拉时，后批张拉的作用力使混凝土再次产生弹性压缩导致先批预应力筋应力下降。此应力损失可按下式计算后加到先批预应力筋的张拉应力中去。分批张拉的损失也可以采取对先批预应力筋逐根复位补足的办法处理。

$$\Delta\sigma = \frac{E_{\text{s}}(\sigma_{\text{con}} - \sigma_1)A_{\text{p}}}{E_{\text{c}}A_{\text{n}}} \tag{5-5}$$

式中，$\Delta\sigma$——先批张拉钢筋应增加的应力；

E_{s}——预应力筋弹性模量；

σ_{con}——控制应力；

σ_1——后批张拉预应力筋的第一批预应力损失（包括锚具变形后和摩擦损失）；

E_{c}——混凝土弹性模量；

A_{p}——后批张拉的预应力筋面积；

A_{n}——构件混凝土的净截面面积（包括构造钢筋折算面积）。

（3）张拉端的设置

为了减少预应力筋与预留孔壁摩擦引起的预应力损失，对于抽芯成形孔道，曲线预应力筋和长度大于 24m 的直线预应力筋，应在两端张拉；长度等于或小于 24m 的直线预应力筋，可在一端张拉。对于预埋波纹管孔道，曲线预应力筋和长度大于 30m 的直线预应力筋，宜在两端张拉；长度小于 30m 的直线预应力筋，可在一端张拉。当同一截面中有多根一端张拉的预应力筋时，张拉端宜分别设在构件的两端，以免构件受力不均匀。

（4）预应力值的校核和伸长值的测定

为了了解预应力值建立的可靠性，需对预应力筋的应力及损失进行检验和测定，以便在张拉时补足和调整预应力值。检验应力损失最方便的办法是，在预应力筋张拉 24h 后孔道灌浆前重拉一次，测读前后两次应力值之差，即为钢筋预应力损失（并非应力损失全部，但已完成很大部分）。预应力筋张拉锚固后，实际预应力值与工程设计规定检验值的相对允许偏差为±5%。

在测定预应力筋伸长值时，须先建立 10%σ_{con} 的初应力，预应力筋的伸长值也应从建立初应力后开始测量，但须加上初应力的推算伸长值，推算伸长值可根据预应力弹性变形呈直线变化的规律求得。例如，某筋应力自 0.2‰增至 0.3a_{cor-} 时，其变形为 4mm，即应力每增加 0.1σ_{con}，变形增加 4mm，故该筋初应力 10%σ_{con} 时的伸长值为 4mm。对后张法尚应扣除混凝土构件在张拉过程中的弹性压缩值。预应力筋在张拉时，通过伸长值的校核，可以综合反映出张拉应力是否满足，孔道摩阻损失是否偏大，以及预应力筋是否有异常现象等。如实际伸长值与计算伸长值的偏差超过±6%，则应暂停张拉，分析原因后采取措施。

3. 孔道灌浆

预应力筋张拉完毕后，应进行孔道灌浆。灌浆是为了防止钢筋锈蚀，增加结构的整体性和耐久性，提高结构抗裂性和承载力。

灌浆用的水泥浆应有足够强度和黏结力，且应有较好的流动性、较小的干缩性和泌水性，水灰比控制在0.4～0.45，搅拌后3h泌水率宜控制在2%，最大不得超过3%，对孔隙较大的孔道，可采用砂浆灌浆。

为了增加孔道灌浆的密实性，在水泥浆或砂浆内可掺入对预应力筋无腐蚀作用的外加剂，如占水泥质量0.25%的本质素磺酸钙或占水泥质量0.05%的铝粉。

灌浆用的水泥浆或砂浆应过筛，并在灌浆过程中不断搅拌，以免沉淀析水。灌浆前，用压力水冲洗和湿润孔道，然后用电动或手动灰浆泵进行灌浆。灌浆工作应连续进行，不得中断，并应防止空气压入孔道而影响灌浆质量。灌浆压力以0.5～0.6MPa为宜。

灌浆顺序应先下后上，以避免上层孔道漏浆时把下层孔道堵塞。当灰浆强度达到15N/mm^{2}时，方能移动构件，灰浆强度达到100%设计强度时，才允许吊装。

巩固与提升

1. 什么是先张法？什么是后张法？比较它们的异同点。
2. 先张法对所用夹具有何要求？
3. 施加预应力的方法有哪几种？其预应力值是如何建立和传递的？
4. 先张法长线台座由哪几部分组成？各起什么作用？如何进行台座的稳定性验算？
5. 试述先张法的张拉程序。
6. 超张拉的作用是什么？有何要求？
7. 先张法的张拉设备有哪些？
8. 预应力筋放张的条件是什么？
9. 后张法常用的锚具有哪些？对锚具有何要求？
10. 后张法孔道留设方法有哪几种？各适用于什么情况？
11. 后张法张拉设备有哪些？
12. 后张法的张拉顺序是如何确定的？
13. 预应力筋伸长值如何校核？
14. 预应力筋张拉与钢筋冷拉有何区别？
15. 分批张拉时，如何弥补混凝土弹性压缩造成的预应力损失？

项目 6

结构安装工程施工

项目导读

结构安装工程是建筑施工过程中的一项重要工作，涉及建筑物的钢结构安装、预制构件安装等内容。本项目主要介绍安装机具及机械、钢筋混凝土排架结构单层工业厂房结构吊装。

学习目标

知识目标

1. 了解结构安装工程常用安装工具及机械。
2. 理解单层工业厂房结构吊装的准备工作、吊装工艺、构件平面布置方法及要求。
3. 掌握钢结构构件的焊接、连接、防腐、吊装等施工方法、工艺标准及质量检验要求。

能力目标

1. 能正确选择起重机械型号、确定吊装方案。
2. 能编制结构吊装工程施工专项方案。
3. 能进行施工技术交底和结构吊装工程施工质量检查。

素养目标

1. 培养认真细致的工作态度和严谨的工作作风。
2. 发扬一丝不苟、精益求精、追求卓越的工匠精神。
3. 自觉践行“绿水青山就是金山银山”的理念。

思维导图

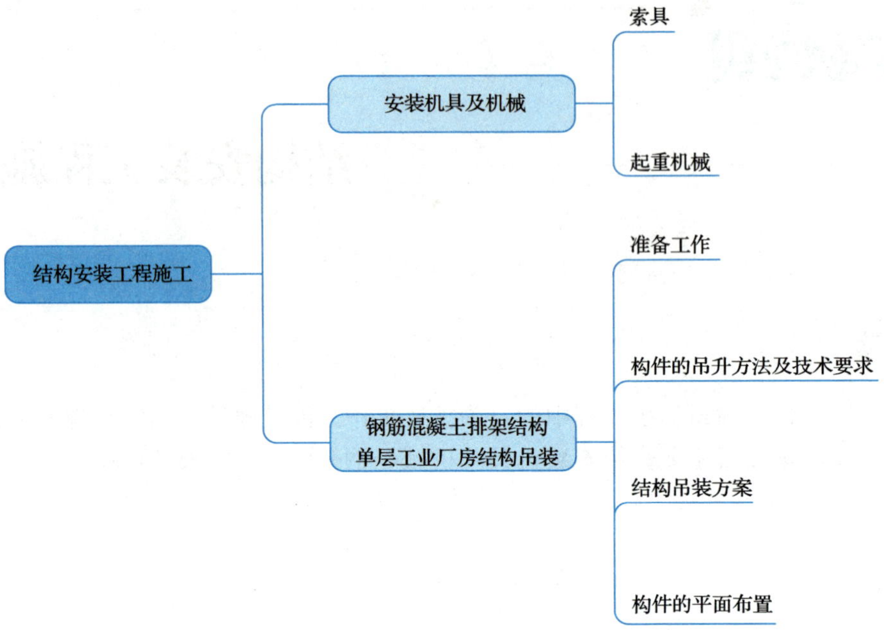
结构安装工程施工
安装机具及机械
索具
起重机械
钢筋混凝土排架结构单层工业厂房结构吊装
准备工作
构件的吊升方法及技术要求
结构吊装方案
构件的平面布置

任务 6.1 安装机具及机械

6.1.1　索具

1. 钢丝绳

钢丝绳是吊装工作中常用的绳索，具有强度高、韧性好、耐磨性好等优点。钢丝绳磨损后表面产生毛刺，易被发现，及时更换可避免事故的发生。

1）钢丝绳是由直径相同的光面钢丝捻成钢丝股，再由 6 股钢丝股和 1 股绳芯搓捻而成的。钢丝绳按每股钢丝的根数可分为以下 3 种规格：

① 6×19+1 即 6 股钢丝股，每股 19 根钢丝，中间加 1 股绳芯，钢丝粗、硬而耐磨，不易弯曲，一般用作缆风绳。

② 6×37+1 即为 6 股钢丝股，每股 37 根钢丝，中间加 1 股绳芯，钢丝细、较柔软，用于穿滑车组和作为吊索。

③ 6×61+1 即 6 股钢丝股，每股 61 根钢丝，中间加 1 股绳芯，质地软，用于重型起重机械。

2）钢丝绳按钢丝和钢丝股搓捻方向不同可分为顺捻绳和反捻绳两种，具体介绍如下。

① 顺捻绳：每股钢丝的搓捻方向与钢丝股的搓捻方向相同。它柔性好、表面平整、不易磨损，但易松散和扭结卷曲，吊重物时，易使重物旋转，一般用于拖拉或牵引装置。

② 反捻绳：每股钢丝的搓捻方向与钢丝股的搓捻方向相反。钢丝绳较硬，不易松散，吊重物不扭结旋转，多用于吊装工作。

3）钢丝绳按抗拉强度分为 1400N/mm^2、1550N/mm^2、1700N/mm^2、1850N/mm^2、2000N/mm^2 共 5 种。

2. 吊具

（1）吊索

吊索也称千斤绳，根据形式不同可分为环状吊索、万能吊索和开口吊索，如图 6-1 所示。

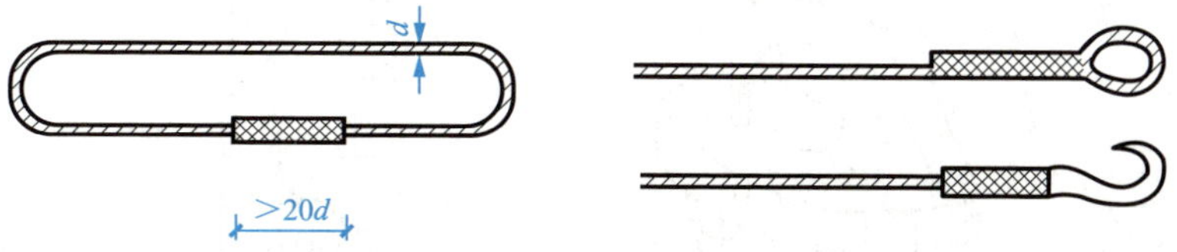

（a）环状吊索　　（b）开口吊索

图 6-1　吊索

作吊索用的钢丝绳要求质地软，易弯曲，直径大于 11mm，一般用 6×37+1、6×61+1 做成。

（2）吊钩

吊钩有单钩和双钩两种，如图 6-2 所示。吊装时一般用单钩，双钩多用于桥式或塔式起重机。使用时，要认真进行检查，表面应光滑，不得有剥裂、刻痕、锐角、裂缝等缺陷。吊钩不得直接钩在构件的吊环中。

（a）单钩　（b）双钩

图 6-2　吊钩

（3）卡环（卸甲）

卡环用于吊索之间或吊索与构件吊环之间的连接。它由弯环与销子两部分组成，弯环的形式有直形和马蹄形；销子的形式有螺栓式和活络式。图 6-3 所示为卡环，活络卡环的销子端头和弯环孔眼无螺纹，可以直接抽出，多用于吊装柱子，可以避免高处作业。活络卡环绑扎柱子如图 6-4 所示。

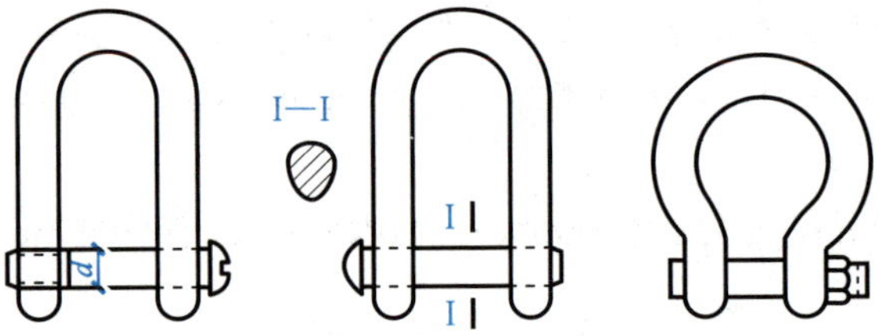

（a）螺栓　（b）活络式　（c）马蹄形

图 6-3　卡环

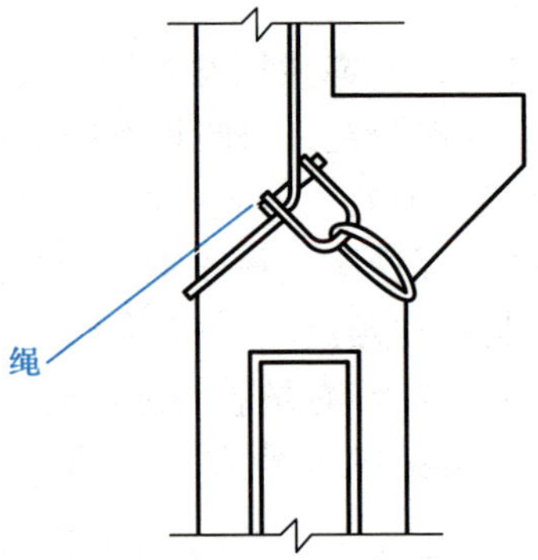

图 6-4　活络卡环绑扎柱子

（4）钢丝绳卡扣

钢丝绳卡扣主要用来固定钢丝绳端，卡扣外形如图 6-5 所示。

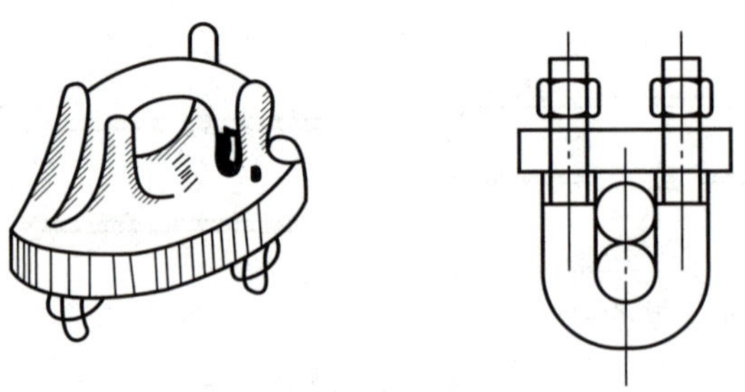

图 6-5　钢丝绳卡扣外形

（5）横吊梁（铁扁担）

为了承受吊索对构件的轴向压力和减少起吊高度，可采用横吊梁。图 6-6 所示为吊柱子用的钢板横吊梁，图 6-7 所示为吊屋架用的钢管横吊梁。

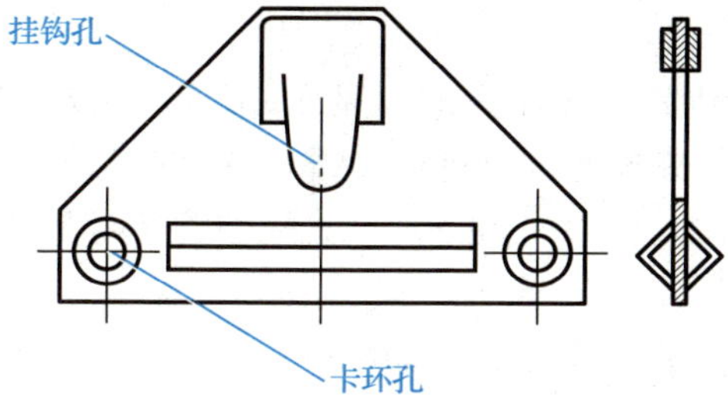

图 6-6　钢板横吊梁

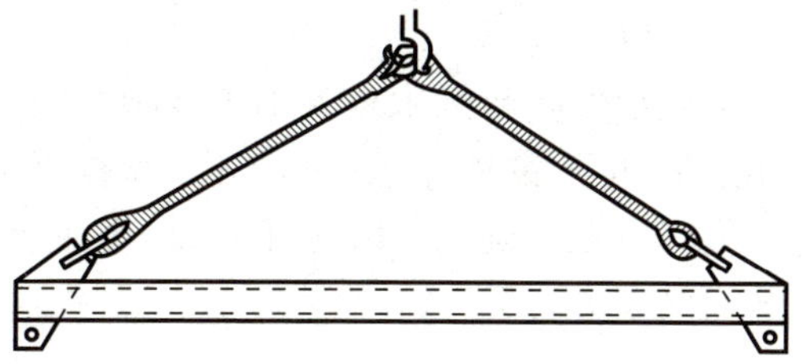

图 6-7　钢管横吊梁

3. 滑轮组

滑轮组由一定数量的定滑轮和动滑轮及绕过它们的绳索所组成。它既能省力，又可以改变力的方向。

滑轮组中共同负担构件质量的绳索根数称为工作线数。在动滑轮上穿绕的绳组起重省力的多少，主要取决于工作线数和滑动轴承的摩阻力大小。滑轮跑头从定滑轮和动滑轮上引出。

4. 卷扬机

建筑施工中常用的电动卷扬机有快速和慢速两种。慢速卷扬机（JJM 型）主要用于吊装结构、冷拉钢筋和张拉预应力筋；快速卷扬机（JJK 型）主要用于垂直运输和水平运输及打桩作业。

卷扬机在使用时必须用地锚固定，以防作业时产生滑动或倾覆。固定卷扬机的方法有螺栓锚固法、水平锚固法、立桩锚固法和压重物锚固法 4 种，如图 6-8 所示。

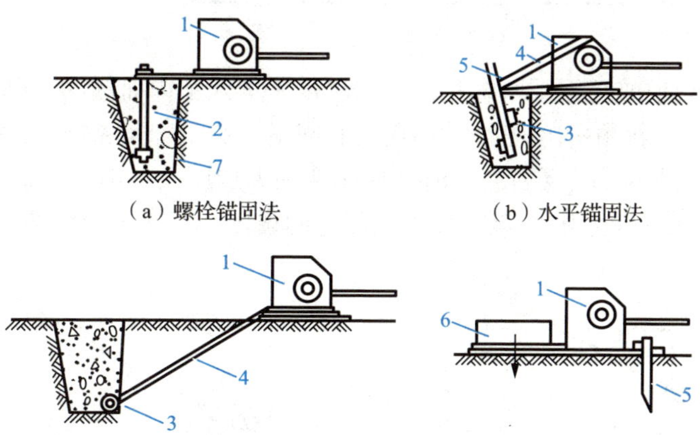

（a）螺栓锚固法　（b）水平锚固法
（c）立桩锚固法　（d）压重物锚固法

1—卷扬机；2—地脚螺栓；3—横木；4—拉索；5—木桩；6—压重；7—压板。

图 6-8　卷扬机的锚固方法

5. 地锚

地锚又称锚碇，用来固定缆风绳、卷扬机、导向滑车、拔杆的平衡绳索等。常用的地锚有桩式地锚和水平地锚两种。

（1）桩式地锚

桩式地锚是将圆木打入土中承担拉力，多用于固定受力不大的缆风绳。圆木直径为18～30cm，桩入土深度为 1.2～1.5m。根据受力大小，桩式地锚可打成单排、双排或三排。桩前一般埋有水平圆木，以加强锚固。这种地锚承载力为 10～50kN。桩式地锚的参考尺寸和承载力如表 6-1 所示。

表 6-1　桩式地锚参考尺寸和承载力

类型	承载力/kN	10	15	20	30	40	50
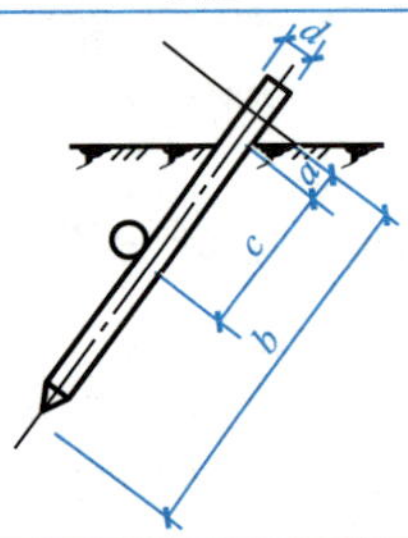	桩尖处施于土的压力/MPa	0.15	0.2	0.23	0.31		
	a/cm	30	30	30	30		
	b/cm	150	120	120	120		
	c/cm	40	40	40	40		
	d/cm	18	20	22	26		
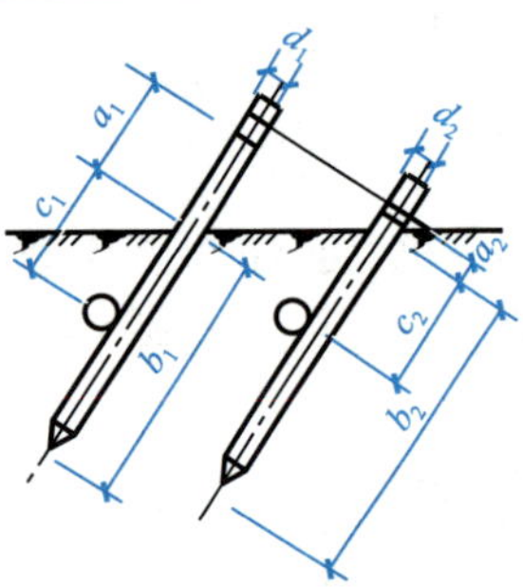	桩尖处施于土的压力/MPa				0.15	0.2	0.28
	a_1/cm				30	30	30
	b_1/cm				120	120	120
	c_1/cm				90	90	90
	d_1/cm				22	25	26
	a_2/cm				30	30	30
	b_2/cm				120	120	120
	c_2/cm				40	40	40
	d_2/cm				20	22	24

（2）水平地锚

水平地锚是用一根或几根圆木绑扎在一起，水平埋入土内而成的。钢丝绳系在横木的一点或两点，成30°～50°斜角引出地面，然后用土石回填夯实。水平地锚一般埋入地下1.5～3.5m，为防止地锚被拔出，当拉力大于 75kN 时，应在地锚上加压板；当拉力大于 150kN 时，还要在地锚前加立柱及垫板（板栅），以加强土坑侧壁的耐压力。水平地锚的构造如图 6-9 所示。

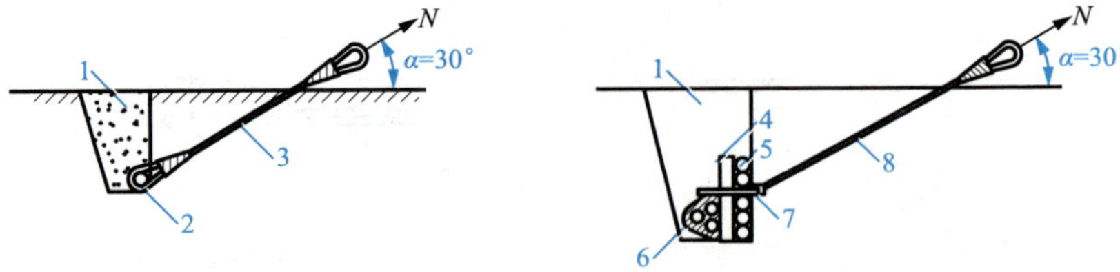

（a）拉力30kN以下　（b）拉力100～400kN

1—回填土逐层夯实；2—地龙木 1 根；3—钢丝绳或钢筋；4—柱木；5—挡木；6—地龙木 3 根；7—压板；8—钢丝绳圈或钢筋环。

图 6-9　水平地锚的构造

6.1.2　起重机械

结构安装用的起重机械主要有桅杆式起重机、自行式起重机及塔式起重机。

1. 桅杆式起重机

桅杆式起重机可分为独脚拔杆、人字拔杆、悬臂拔杆和牵缆式桅杆起重机等。这种机械的特点是制作简单，装拆方便，起重量可达 100t 以上，但起重半径小，移动较困难，需要设置较多的缆风绳。它适用于安装工程量集中、结构质量大、安装高度大及施工现场狭窄的情况。

（1）独脚拔杆

独脚拔杆由拔杆、起重滑轮组、卷扬机、缆风绳和地锚等组成。根据独脚拔杆的制作材料不同，可分为木独脚拔杆、钢管独脚拔杆和金属格构式独脚拔杆等。木独脚拔杆和钢格构式独脚拔杆如图 6-10 所示。

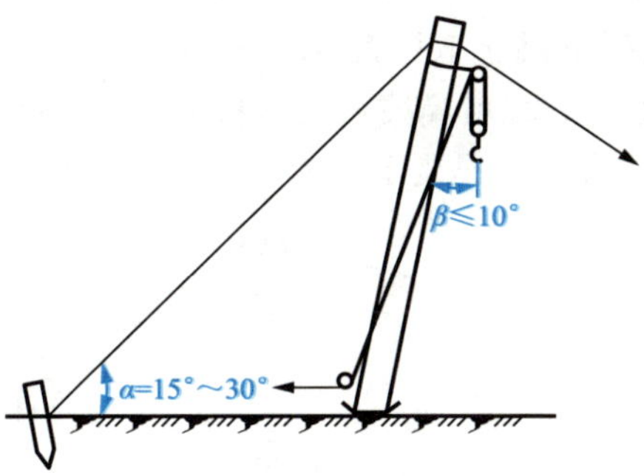

（a）木独脚拔杆

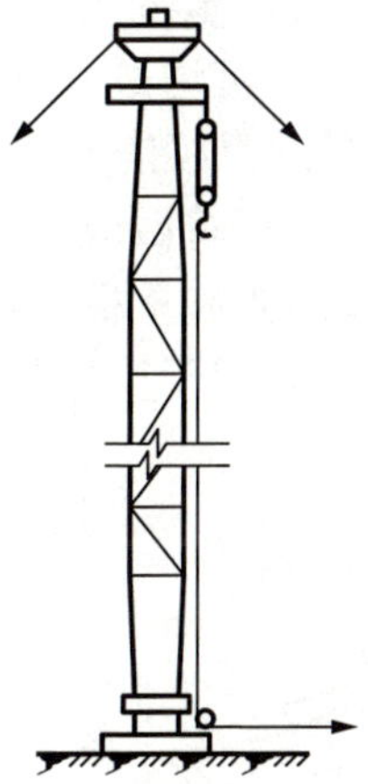

（b）钢格构式独脚拔杆

图 6-10　独脚拔杆

木独脚拔杆由圆木制成，圆木梢径为 200～300mm，起重高度在 15m 以内，起重量在 10t 以下；钢管独脚拔杆起重量在 30t 以下，起重高度在 20m 以内；金属格构式独脚拔杆起重高度可达 70m，起重量可达 100t。各种拔杆的起重能力应按实际情况验算。

独脚拔杆在使用时应保持一定的倾角（不宜大于 10°），以便在吊装时，构件不致撞碰拔杆。拔杆的稳定主要依靠缆风绳，缆风绳一般为 6～12 根，依起重量、起重高度和绳索强度而定，但不能少于 4 根。缆风绳与地面的夹角α一般为 30°～45°，角度过大会对拔杆产生过大压力。

（2）人字拔杆

人字拔杆由两根圆木或钢管，或格构式构件，用钢丝绳绑扎或铁件铰接成人字形，如图 6-11 所示。拔杆的顶部夹角以 30°为宜。拔杆的前倾度，每高 1m 不得超过 10cm。两杆下端要用钢丝绳或钢杆拉住。缆风绳的数量，根据起重量和起吊高度决定。

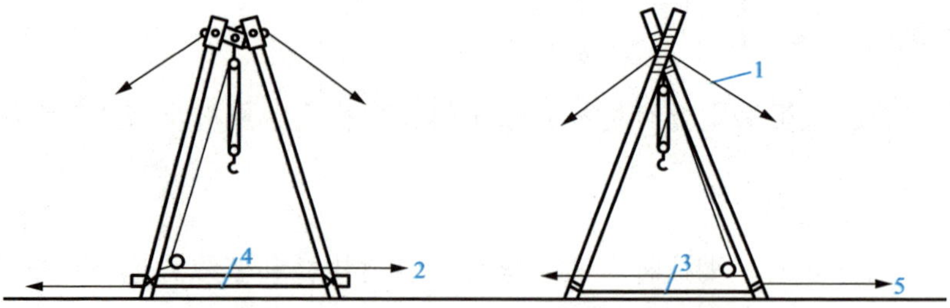

（a）顶端用铁件铰接　　（b）顶端用绳索捆扎

1—缆风绳；2—卷扬机；3—拉绳；4—拉杆；5—地锚。

图 6-11　人字拔杆

（3）悬臂拔杆

在独脚拔杆的中部 2/3 高处，装上一根起重杆，即成悬臂拔杆，如图 6-12 所示。悬臂起重杆可以顺转和起伏，因此有较大的起重高度和相应的起重半径，悬臂起重杆能左右摆动（120°～270°），但起重量较小，多用于轻型构件安装。

（4）牵缆式桅杆起重机

牵缆式桅杆起重机通过在独脚拔杆的根部装一个可以回转和起伏的吊杆而成，如图 6-13 所示。这种起重机的起重臂不仅可以起伏，而且整个机身可做全回转，因此工作范围大，机动灵活。由钢管做成的牵缆式起重机起重量在 10t 左右，起重高度达 25m；由格构式结构组成的牵缆式起重机起重量为 60t，起重高度可达 80m。但这种起重机使用缆风绳较多，移动不便，一般用于构件多且集中的结构安装工程或固定的起重作业（如高炉安装）。

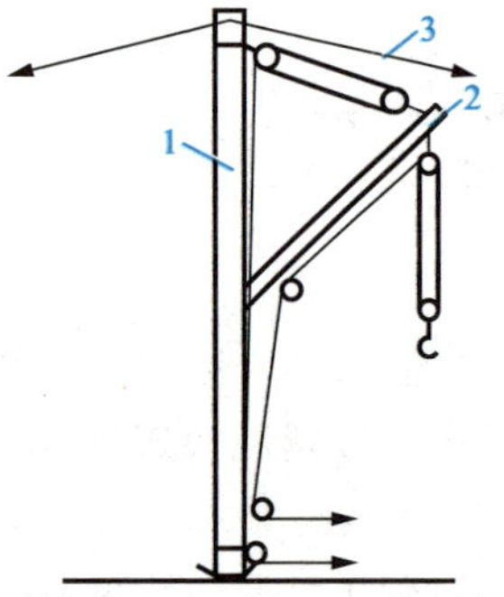

1—拔杆；2—起重臂；3—缆风绳。

图 6-12　悬臂拔杆

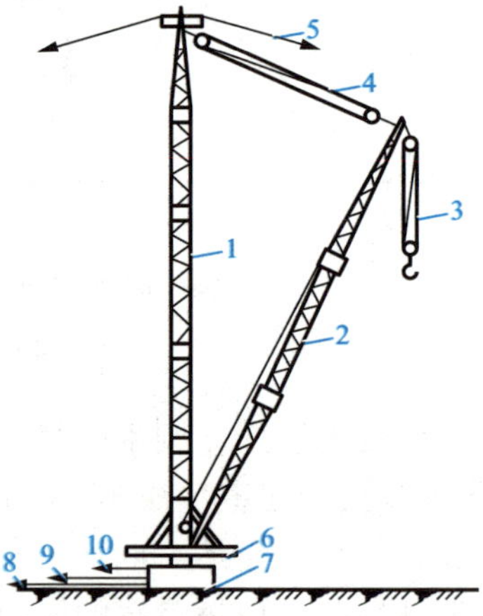

1—桅杆；2—起重臂；3—起重滑轮组；4—变幅滑轮组；5—缆风绳；6—回转盘；7—底座；8—回转索；9—起重索；10—变幅索。

图 6-13　牵缆式桅杆起重机

2. 自行式起重机

自行式起重机主要有履带式起重机、汽车式起重机和轮胎式起重机等。

（1）履带式起重机

履带式起重机主要由动力装置、传动机构、行走机构（履带）、工作机构（起重杆、滑轮组、卷扬机）及平衡重等组成，如图 6-14 所示。履带式起重机是一种可 360° 全回转的起重机，操作灵活，行走方便，能负载行驶，其缺点是稳定性较差。履带式起重机行走时对路面破坏较大，行走速度慢，在城市中和长距离转移时，需用拖车进行运输。目前履带式起重机是结构吊装工程中常用的机械之一。

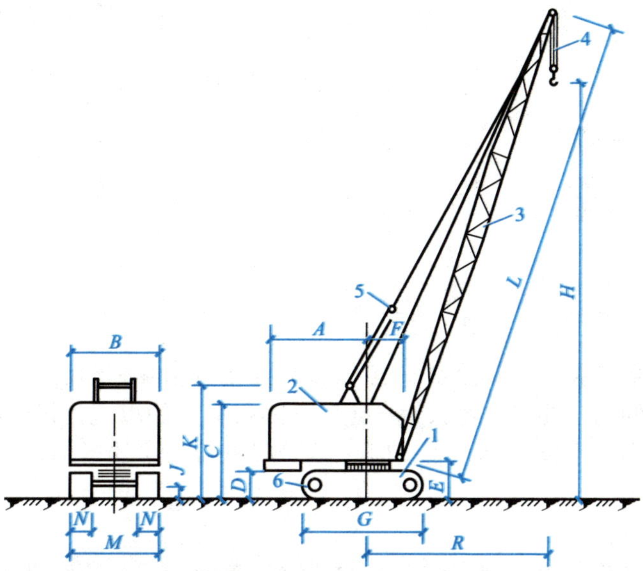

1—底盘；2—机棚；3—起重臂；4—起重滑轮组；5—变幅滑轮组；6—履带；
A～G、M、N、J、K—外形尺寸（表 6-2）；L—起重臂长度；H—起升高度；R—工作幅度。

图 6-14 履带式起重机

常用的履带式起重机主要有国产 W_1-50 型、W_1-100 型、W_1-200 型和一些进口机械。

W_1-50 型起重机的最大起重量为 10t，适用于吊装跨度在 18m 以下、高度在 10m 以内的小型单层厂房结构和装卸工作。

W_1-100 型起重机的最大起重量为 15t，适用于吊装跨度为 18～24m 的厂房。

W_1-200 型起重机的最大起重量为 50t，适用于大型厂房。

履带式起重机的外形尺寸如表 6-2 所示。

表 6-2 履带式起重机的外形尺寸

尺寸符号	尺寸名称	尺寸值		
		W_1-50	W_1-100	W_1-200
A	机棚尾部到回转中心的距离/mm	2900	3300	4500
B	机棚宽度/mm	2700	3120	3200
C	机棚顶部距地面的高度/mm	3220	3675	4125
D	回转平台底面距地面的高度/mm	1000	1045	1190
E	起重臂枢轴中心距地面的高度/mm	1555	1700	2100
F	起重臂枢轴中心至回转中心的距离/mm	1000	1300	1600
G	履带长度/mm	3420	4005	4950
M	履带架宽度/mm	2850	3200	4050
N	履带板宽度/mm	550	675	800
J	行走底架距地面的高度/mm	300	275	390
K	双足支架顶部距地面的高度/mm	3480	4170	4300

履带式起重机的起重能力常用起重量、起重高度和起重半径 3 个参数表示。三者的相互关系如表 6-3 所示。

表 6-3　履带式起重机的性能参数

参数		单位	参数值							
			W_1-50			W_1-100		W_1-200		
起重臂长度		m	10	18	18 带鸟嘴	13	23	15	30	40
起重半径	最大工作幅度	m	10	17	10	12.5	17	15.5	22.5	30
	最小工作幅度	m	3.7	4.5	6	4.23	6.5	4.5	8	10
起重量	最小工作幅度时	t	10	7.5	2	15	8	50	20	8
	最大工作幅度时	t	2.6	1	1	3.5	1.7	8.2	4.3	1.5
起重高度	最小工作幅度时	m	9.2	17.2	17.2	11	19	12	26.8	36
	最大工作幅度时	m	3.7	7.6	14	5.8	16	3	19	25

起重量、起重半径和起重高度 3 个工作参数存在着相互制约的关系，其取值大小取决于起重臂长度及其仰角。当起重臂长度一定时，随着仰角的增大，起重量和起重高度增加，而起重半径减小；当起重臂的仰角不变时，随着起重臂长度的增加，起重半径和起重高度增加，而起重量减小。

（2）汽车式起重机

汽车式起重机是将起重机构安装在普通载重汽车或专用汽车底盘上的一种自行式回转起重机，如图 6-15 所示。

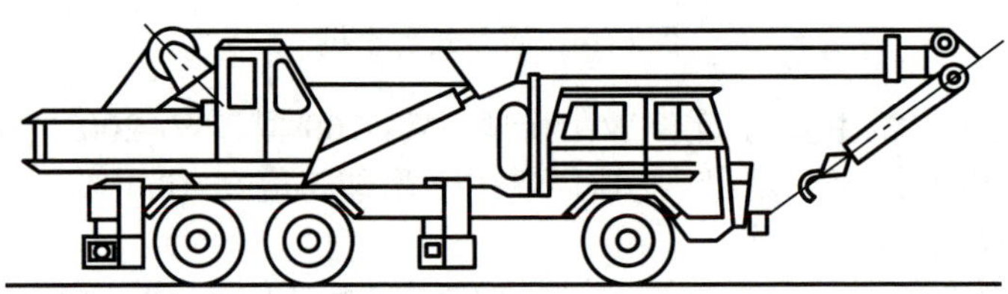

图 6-15　汽车式起重机

汽车式起重机行驶速度快，能迅速转移，对路面破坏性很小；缺点是吊重物时必须支腿，因而不能负荷行驶。

我国生产的汽车式起重机的型号有 Q2-8、Q2-12、Q2-16、Q2-32、QY40、QY65、QY100 等多种。表 6-4 所示为 Q2-8、Q2-12、Q2-16 型汽车式起重机的性能参数。

表 6-4　汽车式起重机的性能参数

参数		单位	参数值									
			Q2-8				Q2-12			Q2-16		
起重臂长度		m	6.95	8.5	10.15	11.7	8.5	10.8	13.2	8.8	14.4	20
起重半径	最大起重半径时	m	3.2	3.4	4.2	4.9	3.6	4.6	5.5	3.8	5	7.4
	最小起重半径时	m	5.5	7.5	9	10.5	6.4	7.8	10.4	7.4	12	14
起重量	最小起重半径时	t	6.7	6.7	4.2	3.2	12	7	5	16	8	4
	最大起重半径时	t	1.5	1.5	1	0.8	4	3	2	4	1	0.5
起重高度	最小起重半径时	m	9.2	9.2	10.6	12	8.4	10.4	12.8	8.4	14.1	19
	最大起重半径时	m	4.2	4.2	4.8	5.2	5.8	8	8	4	7.4	14.2

(3) 轮胎式起重机

轮胎式起重机是将起重机构安装在加重型轮胎和轮轴组成的特制底盘上的全回转起重机，如图 6-16 所示。吊装时一般用 4 个支腿支撑，以保证机身的稳定性。

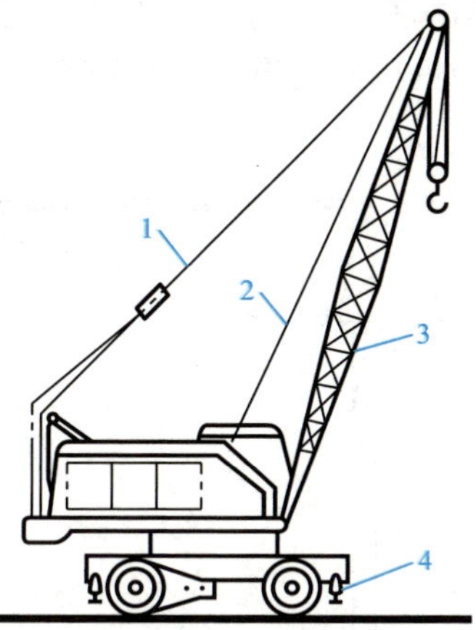

1—起重杆；2—起重索；3—变幅索；4—支腿。

图 6-16　轮胎式起重机

国产轮胎式起重机有 QL2-8 型、QL3-16 型、QL3-25 型、QL3-40 型、QL1-16 型等。QL3-16 型、QL3-25 型、QL1-16 型轮胎式起重机的性能参数如表 6-5 所示。

表 6-5　轮胎式起重机的性能参数

参数			单位	参数值									
				QL3-16			QL3-25				QL1-16		
起重臂长度			m	10	15	20	12	17	22	27	32	10	15
起重半径	最大起重量时		m	4	4.7	8	4.5	6	7	8.5	10	4	4.7
	最小起重量时		m	11	15.5	20	11.5	14.5	19	21	21	11	15.5
起重量	最小起重半径时	用支腿	t	16	11	8	25	14.5	10.6	7.2	5	16	11
		不用支腿	t	7.5	6	—	6	3.5	3.4	—	—	7.5	6
	最大起重半径时	用支腿	t	2.8	1.5	0.8	4.6	2.8	1.4	0.8	0.6	2.8	1.5
		不用支腿	t	—	—	—	—	0.5	—	—	—	—	—
起重高度	最小起重半径时		m	8.3	13.2	17.9	—	—	—	—	8.3	8.3	13.2
	最大起重半径时		m	5.3	4.6	6.85	—	—	—	—	8.3	5	4.6

3. 塔式起重机

塔式起重机的起重臂安装在塔身上部，具有较大的起重高度和工作幅度，工作速度快，生产效率高，广泛用于多层和高层的工业与民用建筑施工。

1）塔式起重机按起重能力可分为轻型塔式起重机、中型塔式起重机和重型塔式起重机。

① 轻型塔式起重机：起重量为 0.5～3t，一般用于 6 层以下民用建筑施工。

② 中型塔式起重机：起重量为 3～15t，适用于一般工业建筑与高层民用建筑施工。

③ 重型塔式起重机：起重量为 20～40t，一般用于大型工业厂房的施工和高炉等设备的吊装。

2）塔式起重机按构造性能可分为轨道式塔式起重机、爬升式塔式起重机、附着式塔式起重机和固定式塔式起重机 4 类。

① 轨道式塔式起重机。轨道式塔式起重机是可在轨道上行走的起重机械，其工作范围大，适用于工业与民用建筑的结构吊装或材料仓库装卸工作。

轨道式塔式起重机按其旋转机构的位置分上旋转塔式起重机（图 6-17）和下旋转塔式起重机两类。

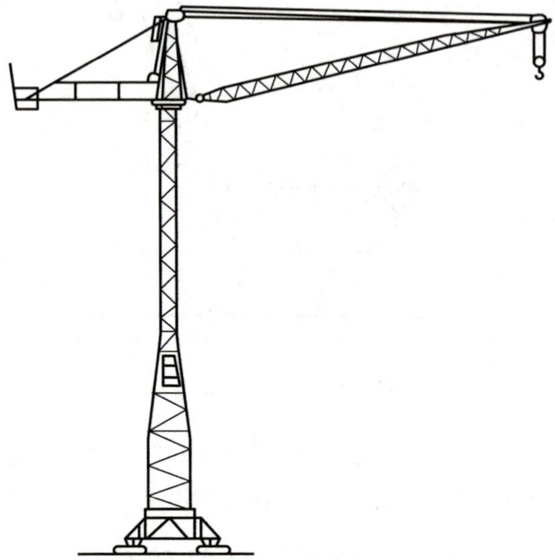

图 6-17　上旋转塔式起重机

② 爬升式塔式起重机。爬升式塔式起重机主要安装在建筑物内部框架或电梯间结构上，每隔 1～2 层楼爬升一次。其特点是机身体积小、安装简单，适用于现场狭窄的高层建筑结构的安装。

爬升式塔式起重机由底座、塔身、塔顶、行走式起重臂、平衡臂等部分组成，如图 6-18 所示。爬升式塔式起重机的爬升过程示意图如图 6-19 所示，即固定下支座→提升套架→下支座脱空→提升塔身→固定下支座。

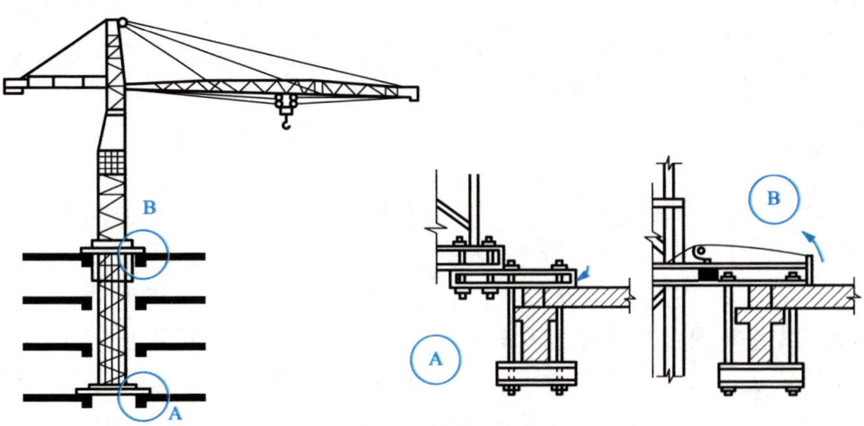

图 6-18　爬升式塔式起重机

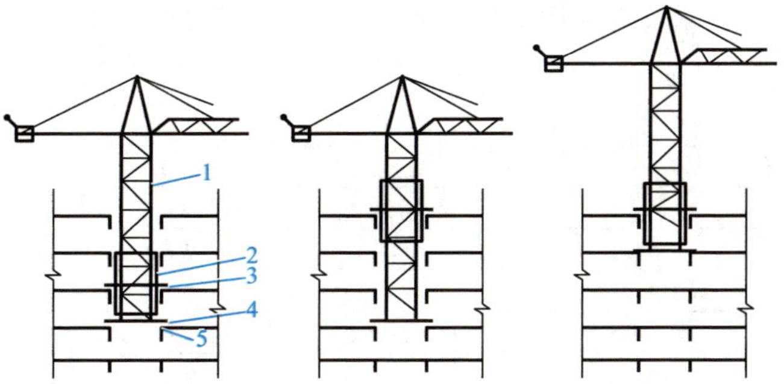

（a）工作位置　　（b）提升套架　　（c）提升塔身

1—塔身；2—套架；3—套架梁；4—塔身底座梁；5—建筑物楼盖梁。

图 6-19　爬升式塔式起重机的爬升过程示意图

③ 附着式塔式起重机。附着式塔式起重机是固定在建筑物近旁钢筋混凝土基础上的起重机，它随建筑物的升高，利用液压自升系统逐步将塔顶顶升、塔身接高。为了减少塔身的计算长度应每隔 20m 左右将塔身与建筑物用锚固装置联结起来，如图 6-20 所示。

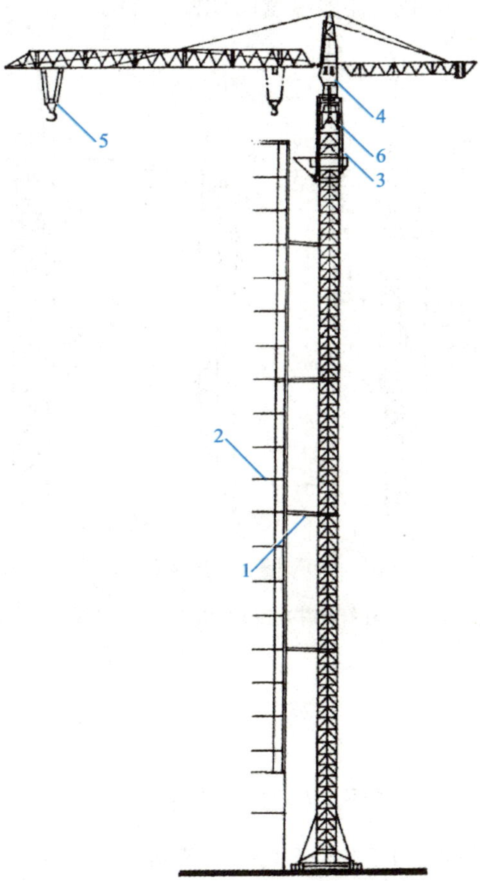

1—撑杆；2—建筑物；3—标准节；4—操纵室；5—起重小车；6—顶升套架。

图 6-20　附着式塔式起重机

附着式塔式起重机的主要技术性能参数如表 6-6 所示。

表 6-6 附着式塔式起重机的主要技术性能参数

型号		参数值			
		QTZ20	QTZ40	QTZ80	QT_4-10
起重力矩/（kN • m）		200	400	800	1600
工作幅度/m	最大	30/33	48	53	35
	最小	—	2.5	—	3
起重量/t	最大工作幅度时	—	0.7	1.3	3
	最大起重量时	26.5	27	45	
起重高度/m	独立工作	50	120	160	160
	附着式	50	120	160	80/160
起升速度/（m/min）		—	70/46/7	—	80/160
回转速度/（r/min）		—	0～0.46	—	0.47
变幅速度/（m/min）		—	33/22	—	18

附着式塔式起重机的液压顶升系统主要包括：顶升套架、长行程液压千斤顶、支承座、顶升横梁及定位销等。液压千斤顶的缸体装在塔吊上部结构的底端支承座上。活塞杆通过顶升横梁支承在塔身顶部。其爬升过程示意图如图 6-21 所示。

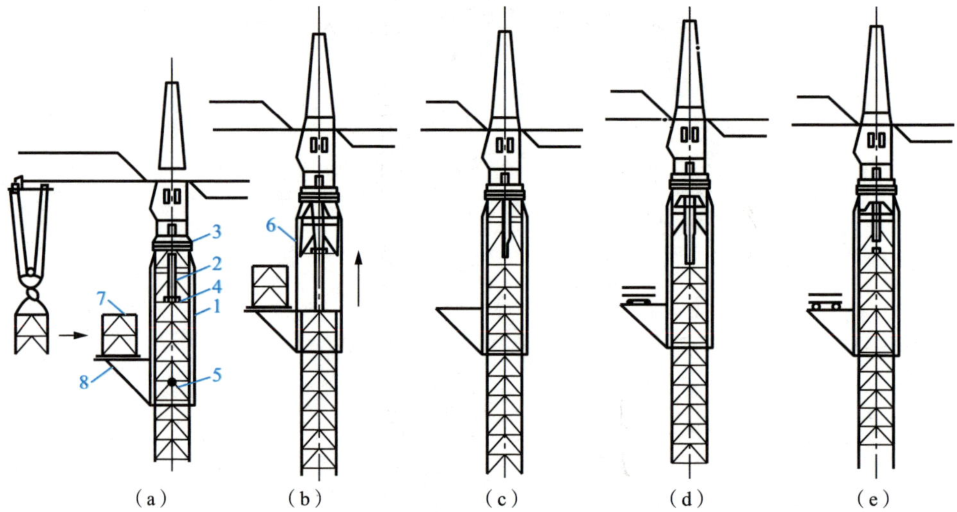

1—顶升套架；2—液压千斤顶；3—支承座；4—顶升横梁；5—定位销；6—过渡节；7—标准节；8—摆渡小车。

图 6-21 附着式塔式起重机的爬升过程示意图

知识窗

港珠澳大桥彰显国家综合实力

港珠澳大桥于 2018 年 10 月 24 日正式投入使用，是当今世界最长、规模最大、标准最高、技术最先进的跨海大桥，被誉为桥梁界的“珠穆朗玛峰”，全长 55km，可抗 16 级台风，设计寿命达 120 年。作为我国境内连接香港、珠海和澳门的跨海大桥，它不仅为三地居民的出行提供了极大便利，也为粤港澳大湾区的进一步融合发展发挥了重要作用。

港珠澳大桥的顺利建成，离不开上海振华重工、中联重科等制造企业的大力支持。这些企业提供了我国自行研发的自动化工程机械，如海上起重船、塔式起重机、龙门吊等诸多起重机械，为大桥的建设提供了重要保障。

港珠澳大桥的建设向世界展示了我国强大的技术实力，也体现了我国在基础设施建设领域的卓越成就。这座大桥不仅是工程技术的奇迹，更是国家综合实力不断提升的象征。

任务 6.2 钢筋混凝土排架结构单层工业厂房结构吊装

6.2.1 准备工作

准备工作的内容包括场地清理、道路修筑、基础准备、构件运输、堆放、拼装加固、检查清理、弹线编号及吊装机具的准备等。

1. 杯形基础的准备

杯形基础的准备工作主要是在柱吊装前对杯底抄平和在杯口顶面弹线。

杯底的抄平是对杯底标高的检查和调整，以保证吊装后牛腿面标高的准确。杯底标高在制作时一般比设计要求低 50mm，以便柱子长度有误差时能抄平调整。测量杯底标高，先在杯口内弹出比杯口顶面设计标高低 100mm 的水平线，随后用尺对杯底标高进行测量，小柱测中间一点，大柱测 4 个角点，得出杯底实际标高。牛腿面设计标高与杯底实际标高的差，就是柱子牛腿面到柱底的应有长度，与实际量得的长度相比，得到制作误差，再结合柱底平面的平整度，用水泥砂浆或细石混凝土将杯底抹平，垫至所需标高。例如，实测杯底标高为-1.20m，柱牛腿面设计标高为+7.80m，量得柱底至牛腿面的实际长度为 8.95m，则杯底标高的调整值（抄平厚度）为 Δh= ［7.80-（-1.20）］-8.95=+0.05（m）。

基础顶面弹线要根据厂房的定位轴线测出，并与柱的安装中心线相对应。一般在基础顶面弹十字交叉的安装中心线，并画上红三角。

2. 构件的运输

一些质量不大而数量很多的构件，可在预制厂制作，用汽车运到工地。

构件的运输要保证构件不变形、不损坏。构件的混凝土强度达到设计强度的 75%时方可运输。构件的支垫位置要正确，要符合受力情况，上下垫木要在同一垂直线上。

构件的运输顺序及卸车位置应按施工组织设计的规定进行，以免造成构件二次就位。

3. 构件的堆放

构件的堆放场地应平整压实，并按设计的受力情况搁置在垫木或支架上。重叠堆放时一般梁可堆叠 2～3 层；大型屋面板不超过 6 块；空心板不宜超过 8 块。构件吊环要向上，标志要向外。

4. 构件的检查与清理

为保证施工质量，在结构吊装前，应对所有构件做全面检查。

1）构件强度检查。构件吊装时混凝土强度不低于设计混凝土强度标准值的 75%。

2）检查构件的外形尺寸，预埋件的位置及大小。

3）检查构件的表面有无损伤、缺陷、变形、裂缝等。预埋件如有污物，则应加以清除，以免影响构件的拼装和焊接。

4）检查吊环的位置，吊环有无变形损伤。

5. 构件的弹线与编号

在每个构件上弹出安装的定位墨线和校正所用墨线，作为构件安装、对位、校正的依据，具体做法如下：

1）柱子：在柱身三面弹出安装中心线，所弹中心线的位置与柱基环口面上的安装中心线相吻合。此外，在柱顶与牛腿面上还要弹出安装屋架及吊车梁的定位线。

2）屋架：在屋架上弦顶面应弹出几何中心线，并从跨中向两端分别弹出天窗架、屋面板或檩条的安装定位线；在屋架两端弹出安装中心线。

3）梁：在两端及顶面弹出安装中心线。

4）编号：应按图纸对构件进行编号。

6.2.2 构件的吊升方法及技术要求

单层工业厂房结构的主要构件有柱子、吊车梁、屋架、天窗架、屋面板、连系梁等。其吊装过程主要有绑扎、吊升、就位、临时固定、校正、最后固定等工序。

1. 柱子的吊装

（1）绑扎

绑扎柱子的吊具有吊索、卡环和铁扁担等。为了在高空中脱钩方便，应尽量用活络式卡环。为了避免起吊时吊索磨损柱子表面，一般在吊索和柱子之间垫以麻袋等物。柱子的绑扎按起吊后柱身是否垂直，可分斜吊绑扎法和直吊绑扎法；按绑扎点及牛腿的数量，可分为一点绑扎法、两点绑扎法及三面牛腿绑扎法等。柱子的绑扎位置和点数，要根据柱子的形状、断面、长度、配筋和起重机性能等确定。中小型柱子可采用一点绑扎，重型柱子或配筋少而细长的柱子（如抗风柱）需采用两点绑扎，且吊索合力点应偏向柱重心上部。采用一点绑扎时，绑扎点位置常选在牛腿下 200mm 处。工字形截面和双肢柱的绑扎点选在实心处，否则应在绑扎位置用方木垫平。

1）一点绑扎斜吊法，如图 6-22 所示。这种方法不需要翻动柱子，但柱子平放起吊时抗弯强度要符合要求。柱吊起后呈倾斜状态，由于吊索歪在柱的一边，起重钩低于柱顶，因此起重臂可以短些。

2）一点绑扎直吊法。当柱子的宽度方向抗弯不足时，可在吊装前先将柱子翻身后再起吊，如图 6-23 所示。起吊后，铁扁担跨在柱顶上，柱身呈直立状态，便于插入杯口，但需要较大的起吊高度。

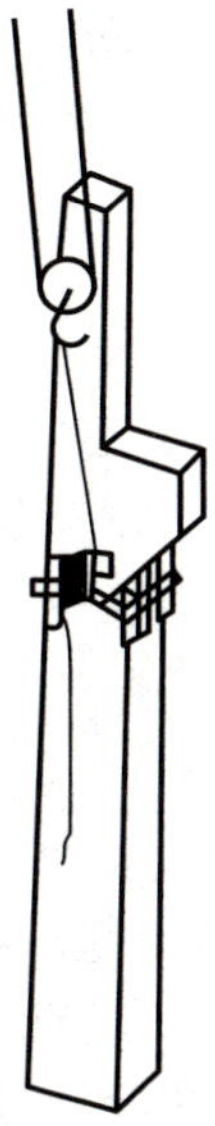

图 6-22　一点绑扎斜吊法

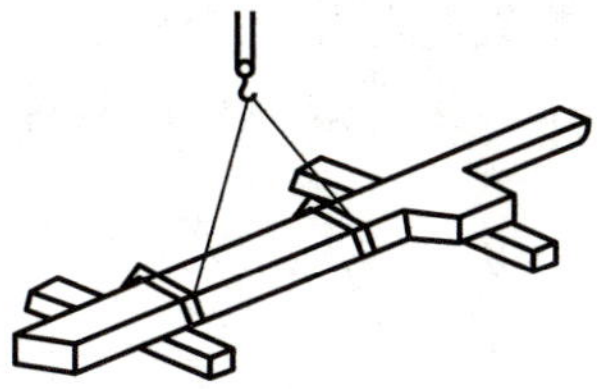

（a）柱翻身时绑扎法

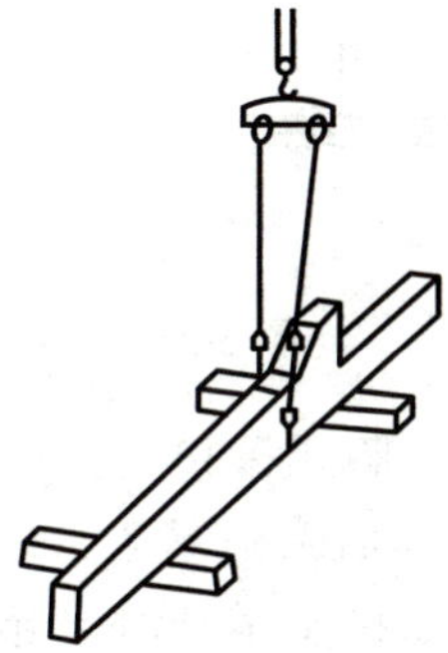

（b）柱直吊时绑扎法

（c）柱的吊升

图 6-23　一点绑扎直吊法

3）两点绑扎法。当柱身较长，采用一点绑扎时柱的抗弯能力不足时可采用两点绑扎法，如图 6-24 所示。

4）三面牛腿绑扎法。采用直吊绑扎法，用两根吊索分别沿柱角吊起，如图 6-25 所示。

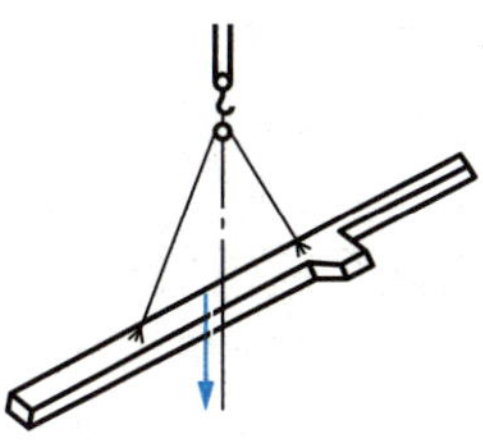

（a）斜吊

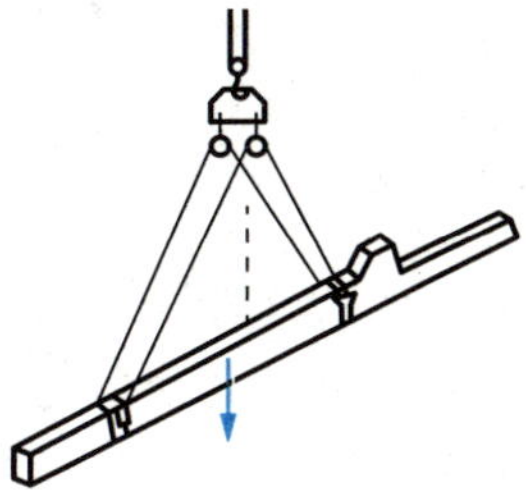

（b）直吊

图 6-24　柱的两点绑扎法

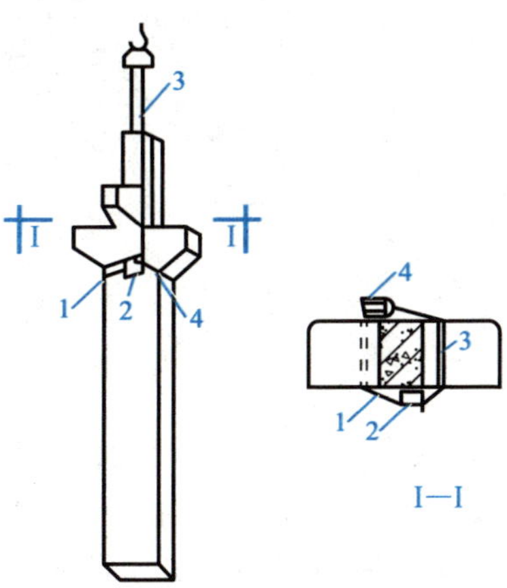

1—短吊绳；2—活络卡环；3—长吊绳；4—普通卡环。

图 6-25　三面牛腿绑扎法

（2）吊升

柱子的吊升方法，根据柱子质量、长度、起重机性能和现场施工条件而定。根据柱子吊升过程中的运动特点，可分为旋转法和滑行法。根据起重机的数量，可分为单机起吊和双机抬吊。

1）单机旋转法。如图 6-26 所示，柱的绑扎点、柱脚、杯基中心三者宜位于起重机的同一工作幅度的圆弧上，即三点共弧。起吊时，起重臂边升钩边回转，柱顶随起重钩的运动，也边升起边回转，绕柱脚旋转起吊。当柱子呈直立状态后，起重机将柱吊离地面插入杯口。旋转法吊升柱受振动小，生产效率高，但对起重机的机动性要求高。

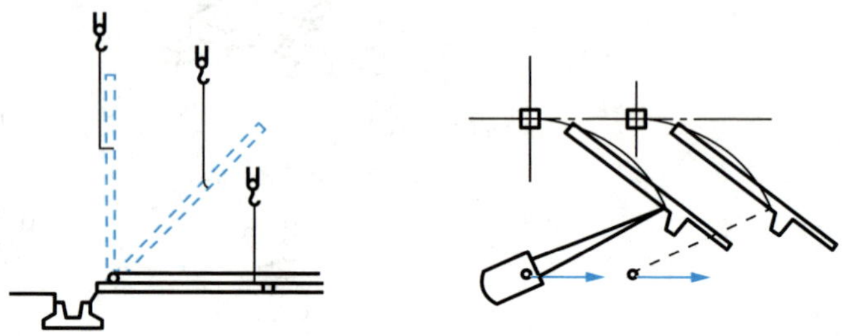

（a）柱吊升过程　（b）柱平面布置

图 6-26　单机旋转法

当采用履带式、汽车式、轮胎式等起重机时，宜采用此法。

2）单机滑行法。柱的绑扎点宜靠近基础，绑扎点与杯口中心均位于起重机的同一起重半径的圆弧上，即两点共圆弧。柱子吊升时，起重机只升钩，起重臂不转动，使柱脚沿地面滑行逐渐直立，然后插入杯口，如图 6-27 所示。滑行法吊升时，柱在滑行过程中受振动，但起吊过程中起重机只需升钩一个动作。当采用独脚拔杆、人字拔杆吊升柱时常采用此法。另外，对一些长而重的柱，为便于构件布置和吊升，也常采用此法。

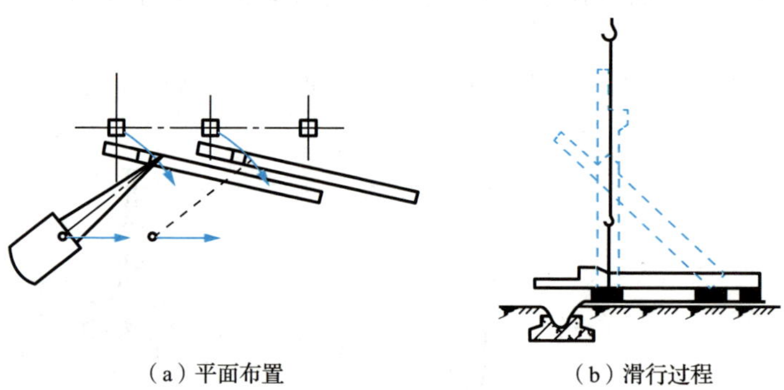

（a）平面布置　（b）滑行过程

图 6-27　单机滑行法

3）双机抬吊旋转法。对于重型柱子，一台起重机吊不起来，可采用两台起重机抬吊。采用此法时，应两点绑扎，一台起重机抬上吊点，另一台起重机抬下吊点。当双机将柱子抬至离地面一定距离（为下吊点到柱脚距离+300mm）时，上吊点的起重机将柱上部逐渐提升，下吊点不需要再提升，使柱子呈直立状态后，旋转起重臂使柱脚插入杯口，如图 6-28 所示。

4）双机抬吊滑行法。柱为一点绑扎，且绑扎点靠近基础。起重机在柱基础的两侧，两台起重机在柱的同一绑扎点抬吊，使柱肢沿地面向基础滑行，呈直立状态后，将柱脚插入基础杯口内，如图 6-29 所示。

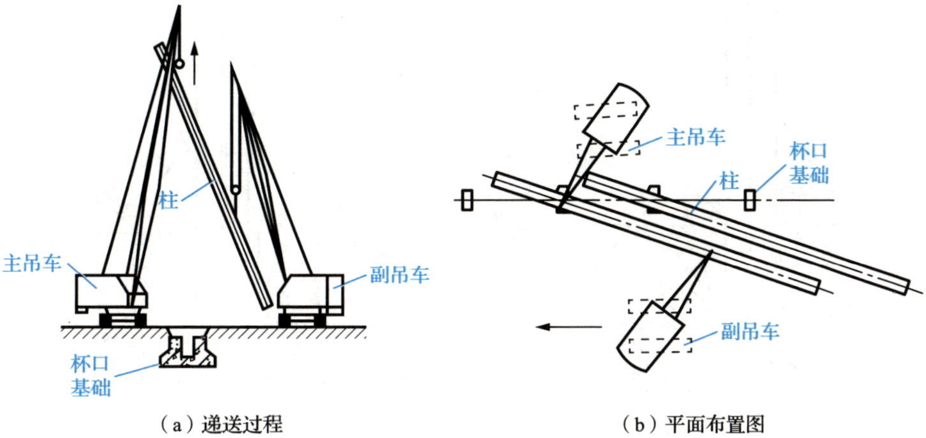

图 6-28　双机抬吊旋转法

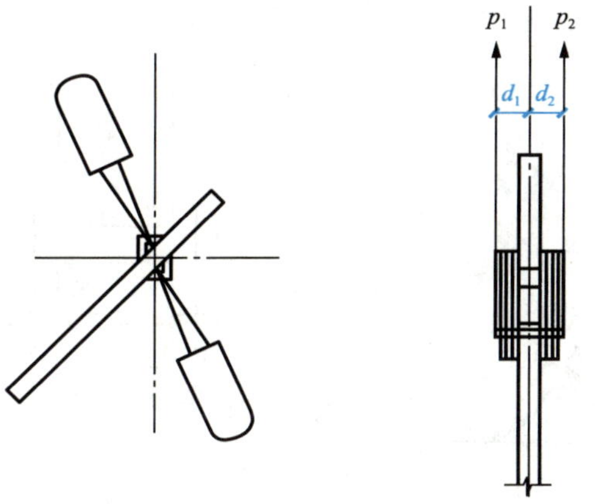

图 6-29　双机抬吊滑行法

(3) 就位和临时固定

柱子就位时，一般柱脚插入杯口后应悬离杯底 30～50mm 处。对位时用 8 只木楔或钢楔从柱的四边放入杯口，并用撬棍撬动柱脚，使柱的安装中心线对准杯口上的安装中心线，并使柱子基本保持垂直。柱对位后，应先把楔块略打紧，再放松吊钩，检查柱沉至杯底的对中情况，若符合要求，则将楔块打紧，将柱临时固定。

吊装重型柱或细长柱时，除按上述方法进行临时固定外，必要时还应增设缆绳拉锚。

(4) 校正和最后固定

柱子的校正包括平面位置校正和垂直校正。平面位置校正一般在临时固定时已校正好。垂直度偏差检查是用两台经纬仪从柱相邻两面观察柱的安装中心线是否垂直。若超过允许偏差值，则可采用钢管撑杆校正法、千斤顶校正法等进行校正，如图 6-30 所示。

柱子的最后固定是在柱子与杯口的空隙用细石混凝土浇灌密实，所用的细石混凝土应比柱子混凝土强度提高一级，分二次浇筑。第一次浇至楔块底面，待混凝土强度达到 25% 时拔去楔块，再浇第二次混凝土，直到灌满杯口。

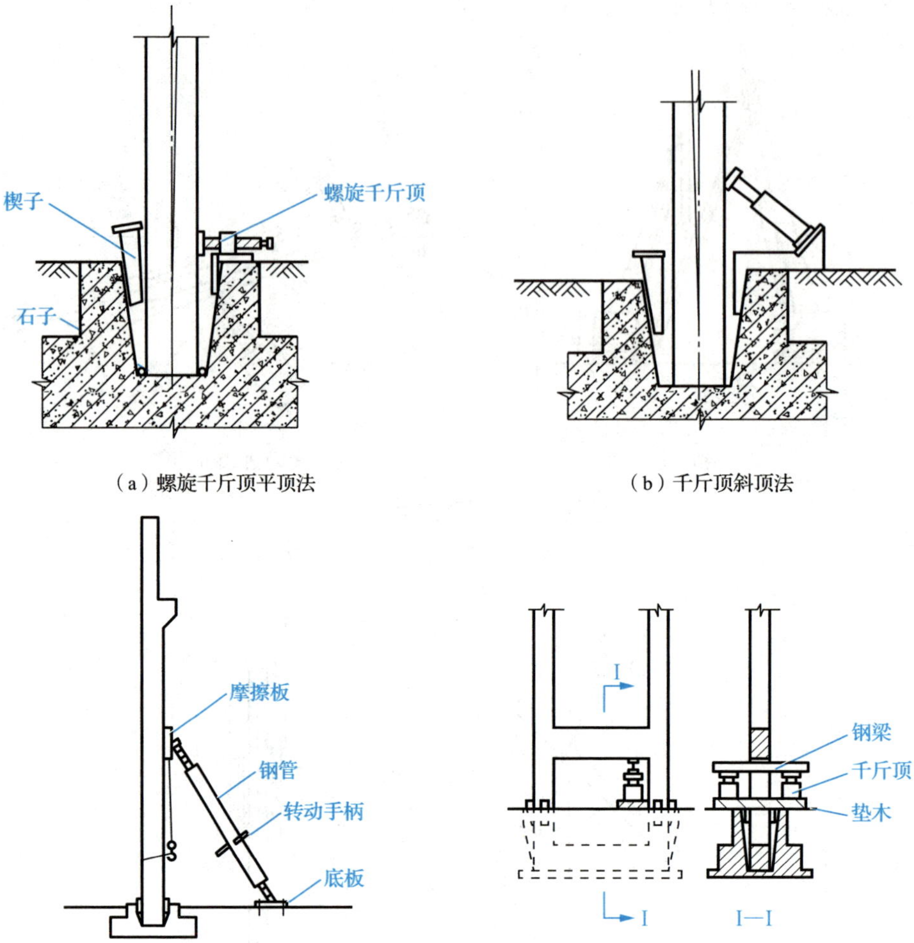

（a）螺旋千斤顶平顶法　（b）千斤顶斜顶法　（c）钢管支撑斜顶法　（d）千斤顶立顶法

图 6-30　柱垂直度的校正方法

2. 吊车梁的吊装

吊车梁的吊装应在柱子杯口第二次浇灌混凝土强度达到设计强度的 75%时进行。

（1）绑扎、吊升、就位与临时固定

吊车梁的绑扎应采用两点绑扎，对称起吊，吊钩应对称梁的重心，以便使梁起吊后保持水平，梁的两端用溜绳控制，以免在吊升过程中碰撞柱子。

吊车梁对位后，不宜用撬棍在纵轴方向撬动，因为柱在此方向刚度较差，过分撬动会使柱身弯曲产生偏差。

吊车梁对位后，由于梁本身稳定性较好，仅用垫铁垫平即可，不需采取临时固定措施。但当梁的高宽比大于 4 时，宜用钢丝将吊车梁临时绑在柱上。

（2）校正和最后固定

吊车梁的校正主要是平面位置和垂直度的校正。吊车梁的标高取决于柱牛腿标高，在柱吊装前已经调整。如仍存在偏差，则可待安装吊车轨道时进行调整。吊车梁的校正工作一般在屋面构件安装、校正并最后固定后进行。因为在安装屋架、支撑等构件时，可能引起柱子偏差影响吊车梁的准确位置。但对质量大的吊车梁，脱钩后撬动比较困难，应采取边吊边校正的方法。

吊车梁的垂直度校正一般采用吊线锤检查，如存在偏差，则可在梁的支座处垫上薄钢板调整。吊车梁的平面位置的校正常用通线法和平移轴线法。

1）通线法。根据柱的定位轴线，在车间两端地面用木桩定出吊车梁定位轴线位置，并设置经纬仪。先用经纬仪将车间两端的 4 根吊车梁的位置校正准确，用钢直尺检查两列吊车梁之间的跨距是否符合要求，再沿校正好的端部吊车梁的轴线拉上钢丝通线，逐根拨正，如图 6-31 所示。

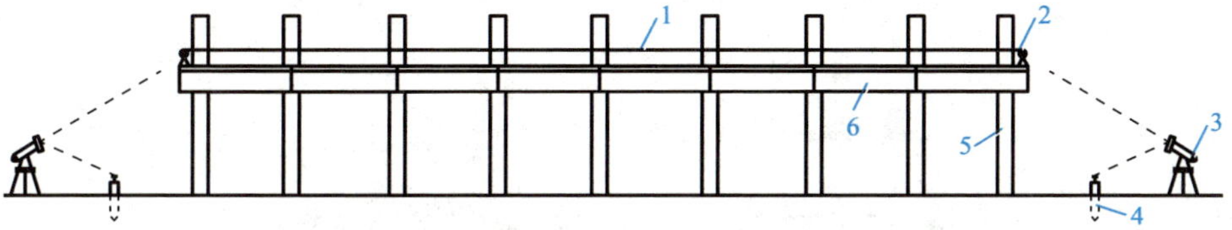

1—通线；2—支架；3—经纬仪；4—木桩；5—柱；6—吊车梁。

图 6-31　通线法校正吊车梁示意图

2）平移轴线法。在柱列边设置经纬仪，如图 6-32 所示。逐根将杯口中柱的吊装准线投影到吊车梁顶面处的柱身上，并做出标志。若安装准线到柱定位轴线的距离为 a，则标志距吊车梁定位轴线应为$\lambda-a$（一般λ=750mm），据此逐根拨正吊车梁安装中心线。

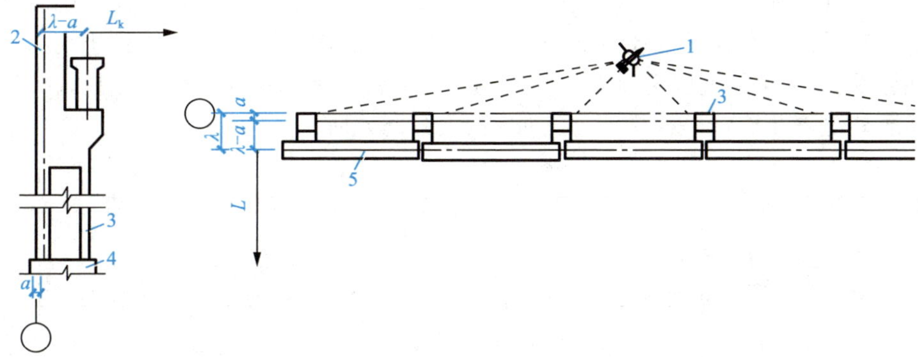

1—经纬仪；2—标志；3—柱；4—柱基础；5—吊车梁。

图 6-32　平移轴线法校正吊车梁

吊车梁的最后固定是将吊车梁用钢板与柱侧面、吊车梁顶面预埋件焊牢，并在接头处、吊车梁与柱的空隙处支模浇筑细石混凝土。

3. 屋架的吊装

钢筋混凝土预应力屋架一般在施工现场平卧叠浇生产，吊装前应将屋架扶直、就位。屋架安装的主要工序有绑扎、扶直与就位、吊升、对位、临时固定、校正、最后固定等。

（1）绑扎

屋架的绑扎点应选在屋架上弦节点处，左右对称于屋架的重心。一般屋架跨度小于 18m

时采用两点绑扎；大于 18m 时采用四点绑扎；大于 30m 时，应考虑使用铁扁担，以减少绑扎高度；对钢性较差的组合屋架，因下弦不能承受压力，也采用铁扁担四点绑扎。屋架绑扎时吊索与水平面的夹角不宜小于 45°，否则应采用铁扁担，以减少屋架所承受的压力。屋架的绑扎方法如图 6-33 所示。

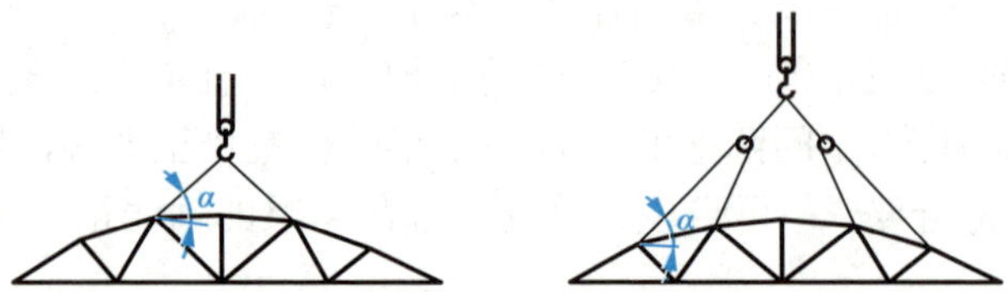

（a）跨度小于或等于18m时　（b）跨度大于18m时

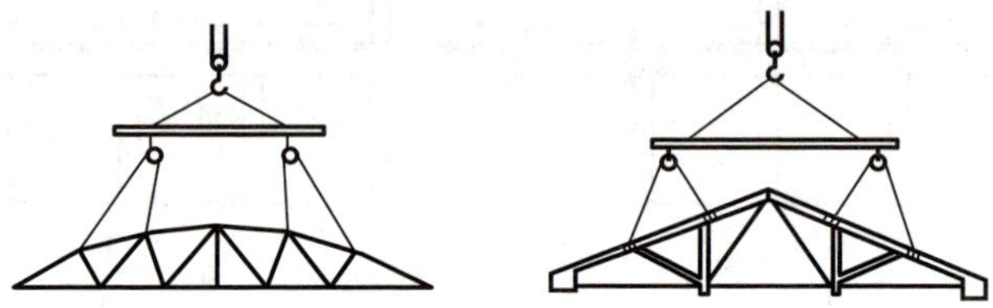

（c）跨度大于30m时　（d）三角形组合屋架

图 6-33　屋架的绑扎方法

（2）扶直与就位

按照起重机与屋架预制时相对位置的不同，屋架扶直有正向扶直和反向扶直两种。

1）正向扶直。起重机位于屋架下弦杆一边，吊钩对准上弦中点，收紧吊钩后略起臂使屋架脱模，然后升钩并起臂使屋架绕下弦旋转呈直立状态，如图 6-34（a）所示。

2）反向扶直。起重机位于屋架上弦一边，吊钩对准上弦中点，收紧吊钩，接着升钩并降臂，使屋架绕下弦旋转呈直立状态，如图 6-34（b）所示。

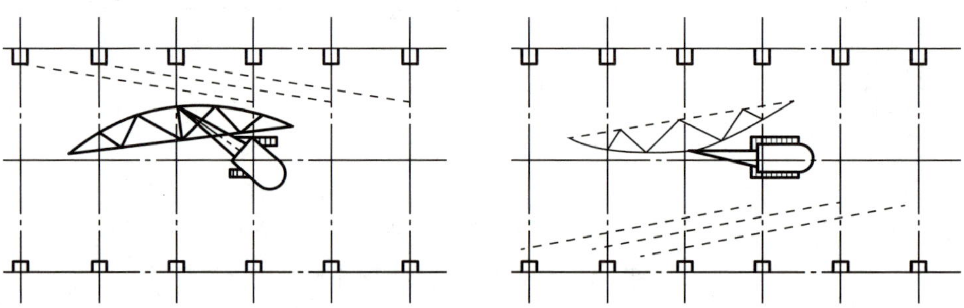

（a）正向扶直　（b）反向扶直

图 6-34　屋架的扶直与就位

正向扶直与反向扶直的不同之处在于前者长臂，后者降臂。长臂比降臂易于操作且比较安全，故应尽可能采用正向扶直。

钢筋混凝土屋架的侧向刚度差，扶直时由于自重作用使屋架产生平面弯曲，部分杆件将改变应力情况，特别是下弦杆杉易扭曲造成屋架损伤。因此，吊前应进行吊装应力验算，如果截面强度不够，则需采取必要的加固措施。

屋架扶直后应按规定位置就位。屋架的就位位置与起重机的性能和安装方法有关。当屋架就位位置与屋架的预制位置在起重机开行路线同一侧时，称为同侧就位，如图 6-34（a）所示。当屋架就位位置与屋顶的预制位置分别在起重机开行路线各一侧时，称为异侧就位，如图 6-34（b）所示。

（3）吊升、对位与临时固定

屋架起吊后先在离地面约 300mm 处转至吊装位置下方，再将其吊升超过柱顶约 300mm，然后缓缓下落在柱顶上，力求对准安装准线。

屋架对位后，先进行临时固定，然后使起重机脱钩。

第一榀屋架的临时固定，可用 4 根缆风绳从两边拉牢。因为它是单片结构，侧向稳定性差，又是第二榀屋架的支撑，如图 6-35 所示。

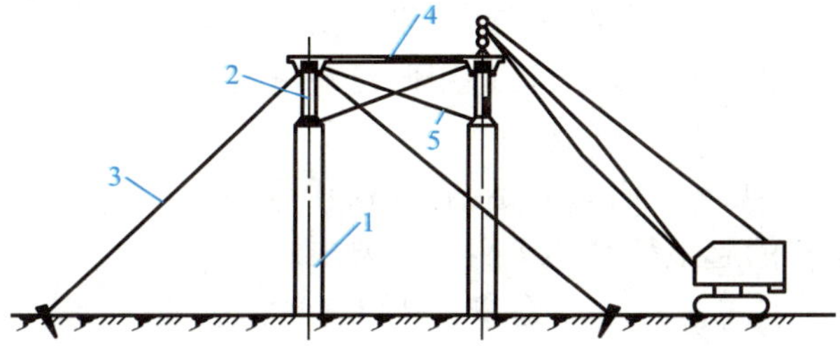

1—柱子；2—屋架；3—缆风绳；4—工具式支撑；5—屋架垂直支撑。

图 6-35　屋架的临时固定

第二榀屋架及以后各榀屋架可用工具式支撑临时固定到前一榀屋架上，如图 6-36 所示。

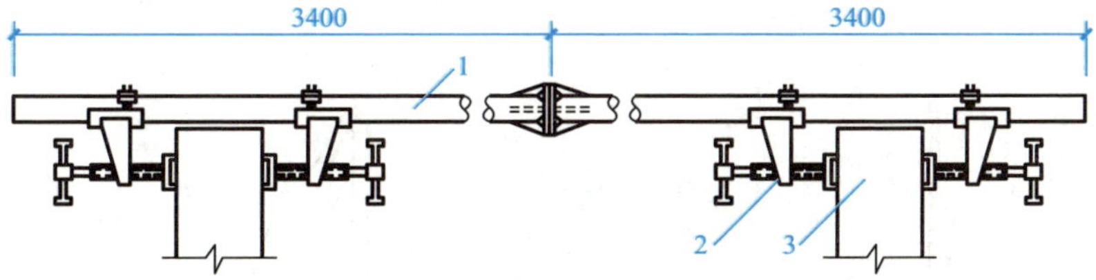

1—钢管；2—撑脚；3—屋架上弦。

图 6-36　工具式支撑的构造

（4）校正、最后固定

屋架校正是用经纬仪或垂球检查屋架垂直度的。施工规范规定屋架上弦中部对通过两支座中心的垂直面偏差不得大于 $h/250$（h 为屋架高度）。如超过偏差允许值，则应用工具式支撑加以纠正，并在屋架端部支承面垫入薄钢片。校正无误后，立即用电焊焊牢作为最后固定。

4. 屋面板的吊装

屋面板的 4 个角一般埋有吊环，用 4 根带吊钩的吊索吊升。吊索应等长且拉力相等，屋面板保持水平。屋面板的吊装顺序应从两边檐口对称地铺向屋脊，以免屋架承受半边荷载的作用。

屋面板就位后应立即用电焊固定，除最后一块屋面板外，每块屋面板可焊 3 点，最后一块屋面板只能焊 2 点。

6.2.3 结构吊装方案

结构吊装方案着重解决起重机的选择、结构安装方法、起重机开行路线和停机位置。

1. 起重机的选择

（1）起重机的类型选择原则

1）对于中小型厂房结构，采用自行式起重机安装比较合理。

2）当厂房结构高度和长度较大时，可选用塔式起重机安装屋盖结构。

3）在缺乏自行式起重机的地方，可采用桅杆式起重机安装。

4）对于大跨度的重型工业厂房，应结合设备安装来选择起重机类型。

5）当用一台起重机无法吊装时，可选用两台起重机抬吊。

（2）起重机型号和起重臂长度的选择

所选的起重机 3 个主要参数必须满足结构吊装的要求。

1）起重量。起重机的起重量必须满足下式要求：

$$Q \geqslant Q_1 + Q_2 \tag{6-1}$$

式中，Q——起重机的起重量（t）；

Q_1——构件质量（t）；

Q_2——吊索质量（t）。

2）起重高度。起重机的起重高度必须满足构件吊装的要求，履带式起重机起吊高度计算简图如图 6-37 所示。

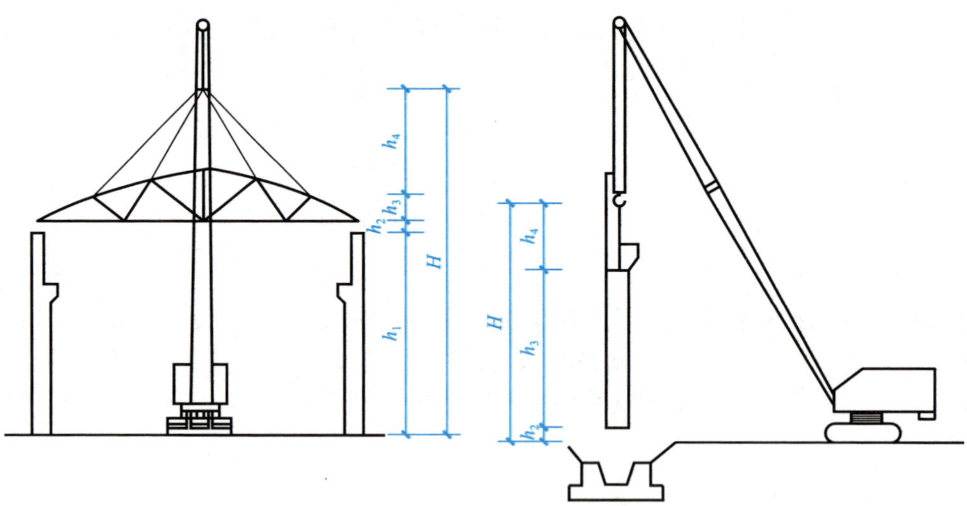

（a）屋架吊装　　（b）柱子吊装

图 6-37　履带式起重机起吊高度计算简图

$$H \geqslant h_1 + h_2 + h_3 + h_4 \tag{6-2}$$

式中，H——起重机的起重高度（m）；

h_1——安装支座表面高度（m），从停机面算起；

h_2——安装空隙，不小于 0.3m；

h_3——绑扎点至构件吊起底面的距离（m）；

h_4——索具高度，自绑扎点至吊钩钩中心的距离（m）。

3）起重半径。当起重机可以不受限制地开到所吊构件附近去吊装构件时，可不验算起重半径。当起重机受限制不能靠近安装位置去吊装构件时，则应验算。当起重机的起重半径为一定值时，起重量和起重半径是否满足吊装构件的要求，一般根据所需的起重量、起重高度值选择起重机型号。

4）最小起重臂长度的确定。当起重机的起重臂需跨过屋架去安装屋面板时，为了不碰动屋架，需求出起重臂的最小臂杆长度，可用数解法和图解法求得。

（3）起重机数量的确定

起重机的数量可按下式计算：

$$N=\frac{1}{TCK}\sum\frac{Q_i}{P_i} \tag{6-3}$$

式中，N——起重机台数；

T——工期（d）；

C——每天工作班数；

K——时间利用系数，一般取 0.8～0.9；

Q_i——每种构件的安装工程量（件或 t）；

P_i——起重机相应的产量定额（件/台班）或（t/台班）。

此外，在决定起重机数量时还应考虑构件装卸和就位工作的需要。若起重机数量已定，也可按式（6-3）计算所需工期或每天工作班数。

2. 结构安装方法

单层厂房的结构安装方法主要有分件安装法和综合安装法两种。

（1）分件安装法

分件安装法是指起重机在车间内每开行一次仅安装一种或两种构件，通常分 3 次开行。

第一次开行：安装全部柱子，并对柱子校正和最后固定。

第二次开行：安装全部吊车梁、连系梁及柱间支撑。

第三次开行：分节间安装屋架、天窗架、屋面板及屋面支撑等。图 6-38 所示为分件安装时构件的吊装顺序。

分件安装法的优点是每次吊装同类构件时，无须经常更换索具，操作程序基本相同，所以安装速度快，并且有充分的时间校正。构件可分批进场，供应单一，平面布置比较容易，现场不致拥挤。缺点是不能为后续工程及早提供工作面，起重机开行路线长。装配式钢筋混凝土单层工业厂房多采用分件安装法。

（2）综合安装法

综合安装法是指起重机在车间内的一次开行中，分节间安装所有各种类型的构件。具体做法是先安装 4～6 根柱子，立即加以校正和最后固定，接着安装吊车梁、连系梁、屋架、屋面板等构件。安装完一个节间的所有构件后，转入安装下一个节间的构件。

综合安装法的优点是开行路线短，起重机停机点少，可为后期工程及早提供工作面，使各工种能交叉平等流水作业；缺点是一种机械同时吊装多类型构件，现场拥挤，校正困难。

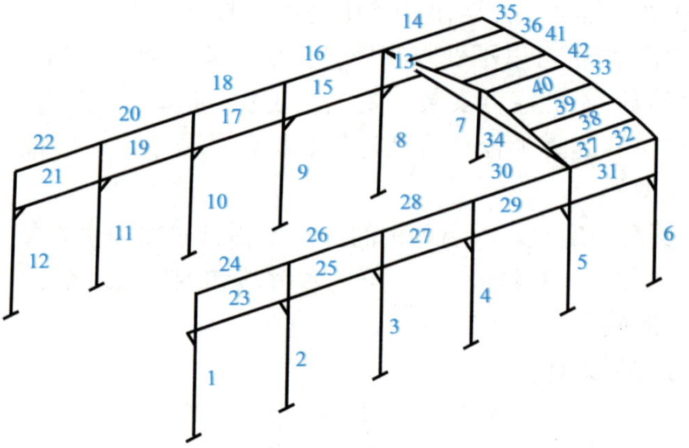

1～12—柱；13～32—单数是吊车梁，双数是连系梁；33、34—屋架；35～42—屋面板。

图 6-38　分件安装时构件的吊装顺序

注：图中数字表示构件吊装顺序。

3. 起重机开行路线和停机位置

起重机的开行路线和停机位置与起重机的性能、构件尺寸及质量、构件的平面布置、构件的供应方式、安装方法等多种因素有关。

采用分件安装时，起重机的开行路线如下：

1）柱子吊装时应视跨度大小、柱的尺寸、质量及起重机性能，可沿跨中开行或跨边开行，如图 6-39 所示。

当起重半径 $R \geqslant L/2$（L 为厂房跨度）时，起重机在跨中开行，每个停机点吊 2 根柱子，如图 6-39（a）所示。

当起重半径 $R \geqslant \sqrt{(L/2)^2+(b/2)^2}$（$b$ 为柱距）时，起重机跨中开行，每个停机点安装 4 根柱子，如图 6-39（b）所示。

当 $R<L/2$ 时，起重机沿跨边开行，每个停机点安装 1 根柱子，如图 6-39（c）所示。

当 $R \geqslant \sqrt{a^2+(b/2)^2}$（$a$ 为开行路线到跨边的距离）时，起重机在跨内靠边开行，每个停机点可吊 2 根柱子，如图 6-39（d）所示。

柱子布置在跨外时，起重机在跨外开行，每个停机点可吊 1～2 根柱子。

2）屋架扶直就位及屋盖系统吊装时，起重机在跨中开行。

图 6-40 所示为单跨厂房采用分件安装法时的起重机开行路线及停机位置。起重机从Ⓐ轴线进场，沿跨外开行吊装 A 列柱，再沿Ⓑ轴线跨内开行吊装 B 列柱，然后转到Ⓐ轴线扶直屋架并将其就位，再转到Ⓑ轴线吊装 B 列吊车梁、连系梁，随后转到Ⓐ轴线吊装 A 列吊车梁、连系梁，最后转到跨中吊装屋盖系统。

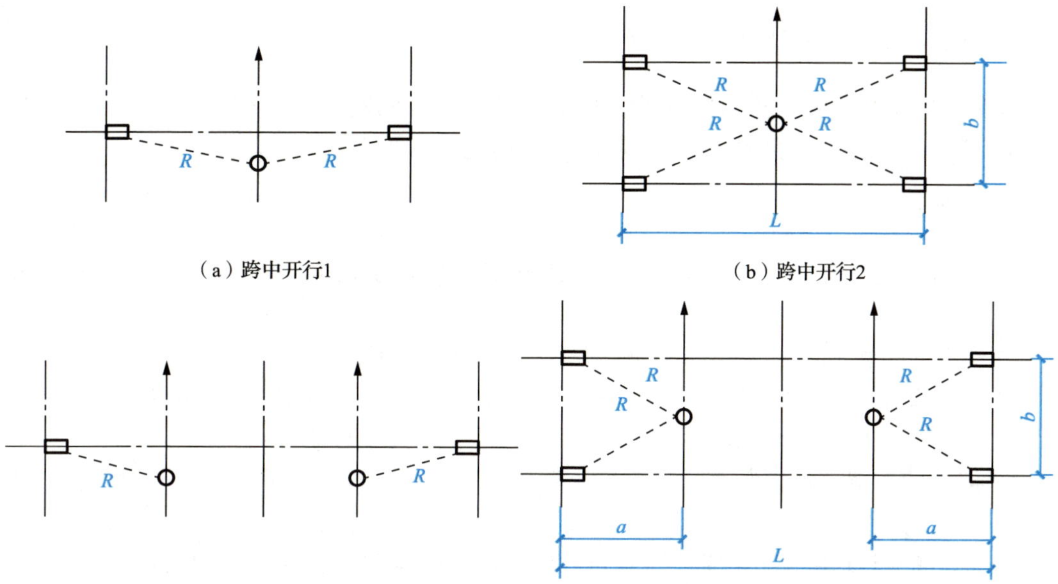

（a）跨中开行1　（b）跨中开行2　（c）跨边开行1　（d）跨边开行2

图 6-39　起重机吊装柱时的开行路线及停机位置

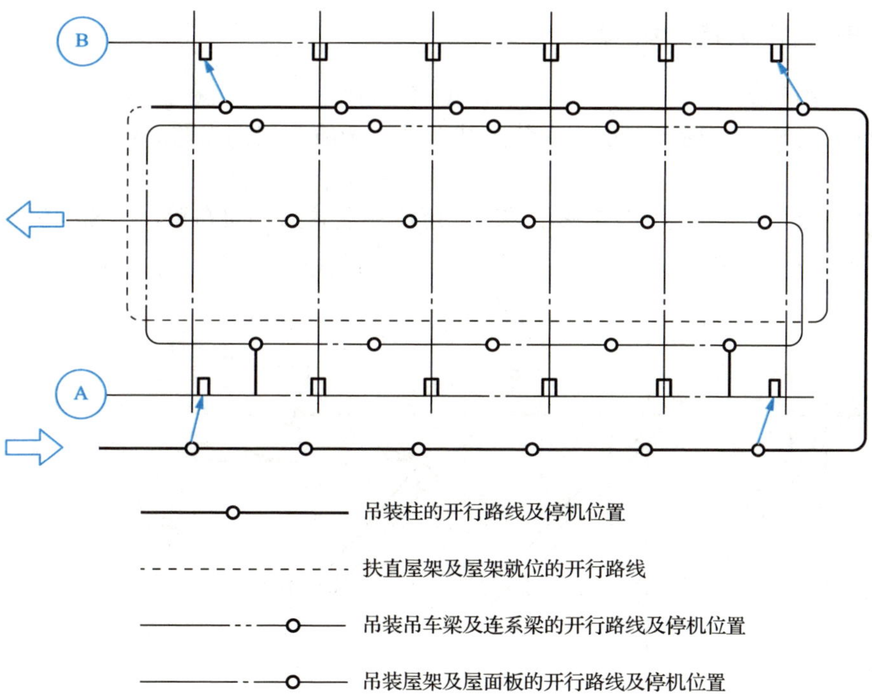

图 6-40　起重机的开行路线及停机位置

当单层厂房面积大或具有多跨结构时，为加快进度，可将建筑物划分为若干段，选用多台起重机同时作业。每台起重机可以独立作业，完成一个区段的全部吊装工作；也可以选用不同性能的起重机协同作业，有的专门吊柱，有的专门吊屋盖系统结构，组织大流水施工。

6.2.4 构件的平面布置

构件的平面布置和起重机的性能、安装方法、构件的制作方法有关。在选定起重机型号、确定施工方案后，可根据施工现场的实际情况进行平面布置。

1. 构件的平面布置原则

1）每跨的构件宜布置在本跨内，如场地狭窄、布置有困难，也可布置在跨外便于安装的地方。

2）构件的布置应便于支模和浇筑混凝土。对预应力构件应留有抽管、穿筋的操作场地。

3）构件的布置要满足安装工艺的要求，尽可能在起重机的工作半径内，减少起重机“跑吊”的距离及起伏起重杆的次数。

4）构件的布置应保证起重机、运输车辆的道路畅通。起重机回转时，机身不得与构件相碰。

5）构件的布置要注意安装时的朝向，以免在空中调向，影响进度和安全。

6）构件应布置在坚实地基上。在新填土上布置构件时，土要夯实，并采取一定措施防止土下沉影响构件质量。

2. 预制阶段的构件平面布置

（1）柱子的布置

柱子的布置方式与场地大小、安装方法有关，一般有斜向布置、纵向布置、横向布置3种。

1）柱的斜向布置。采用旋转法吊装时，可按三点共弧斜向布置，其预制位置可采用作图法（图6-41），其作图步骤如下。

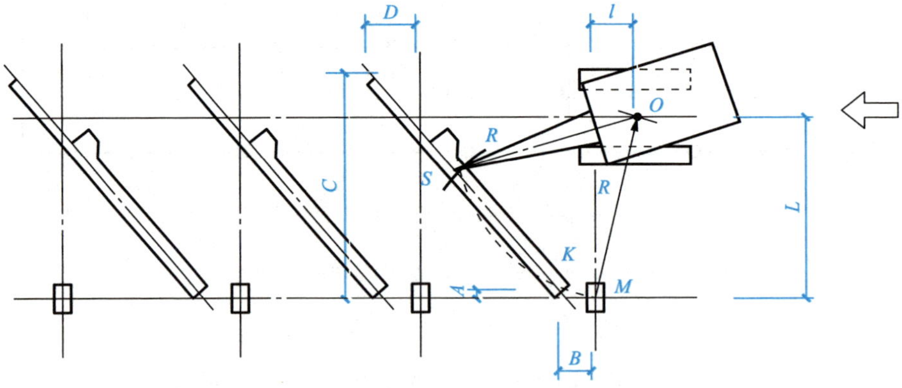

图6-41 柱子的斜向布置

① 确定起重机开行路线到柱基中线的距离 L。距离 L 和起重机吊装柱子时起重机的工作幅度 R，起重机的最小起重半径 R_{min} 有关，要求 $R_{min} < L \leqslant R$。同时，开行路线不要通过回填土地段，不要过分靠近构件，防止起重机回转时碰撞构件。

② 确定起重机的停机位置。以柱基中心点 M 为圆心，所选的工作幅度 R 为半径，画

弧交开行路线于 O 点，O 点即为安装该柱的停机点。

③ 确定柱预制位置。以停机点 O 为圆心、OM 为半径画弧，在靠近柱基的弧上选点 K 作为柱脚中心点，再以 K 点为圆心、柱脚到吊点的长度为半径画弧，与 OM 半径所画的弧相交于 S 点，连 KS 线，得出柱中心线，即可画出柱子的模板图。同时量出柱顶、柱脚中心点到柱列纵横轴线的距离 A、B、C、D，作为支模时的参考。

柱的布置应注意牛腿的朝向，避免安装时在空中调头，当柱布置在跨内时，牛腿应面向起重机；当柱布置在跨外时，牛腿应背向起重机。

若场地限制或柱过长，难以做到三点共弧时，可按两点共弧布置。一种是将杯口、柱脚中心点共弧，吊点放在起重半径 R 之外，如图 6-42（a）所示，安装时，先用较大的工作幅度 R' 吊起柱子，并抬升起重臂，当工作幅度变为 R 后，停止升臂，随后用旋转法吊装。另一种是将吊点与柱基中心共弧，柱脚可斜向任意方向，如图 6-42（b）所示，吊装时，可用旋转法，也可用滑行法。

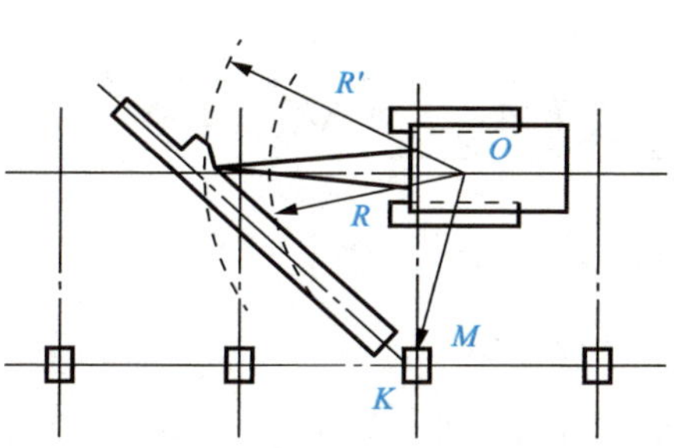

（a）柱脚与柱基两点共弧

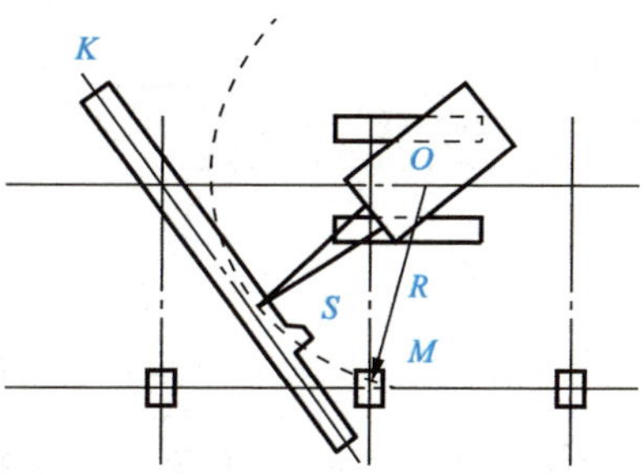

（b）吊点与桩基两点共弧

图 6-42　两点共弧布置法

2）柱的纵向布置：对一些较轻的柱，起重机能力有富余，考虑到节约场地、方便构件制作，可顺柱列纵向布置，如图 6-43 所示。

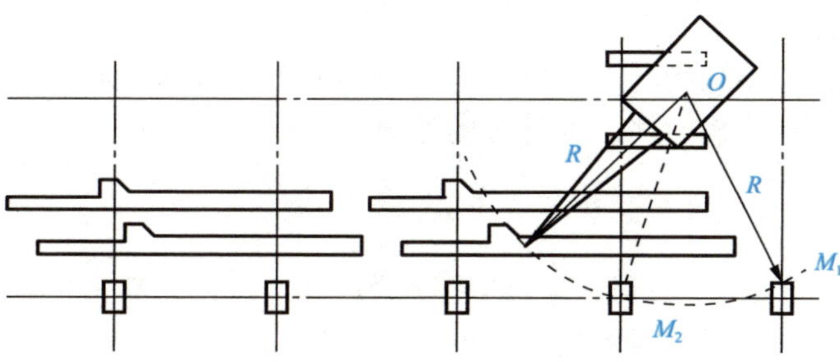

图 6-43　柱的纵向布置

柱纵向布置时，起重机的停机点应安排在两柱基的中点，使 $OM_1=OM_2$，这样每个停机点可吊 2 根柱子。

柱可 2 根叠浇生产，层间应涂刷隔离剂，上层柱在吊点处需预埋吊环；下层柱则在底模预留砂孔，便于起吊时穿钢丝绳。

（2）屋架的布置

屋架一般在跨内平卧叠浇预制，每叠 3～4 榀，布置方式主要有正面斜向布置、正反斜向布置、正反纵向布置 3 种，如图 6-44 所示。其中，优先采用正面斜向布置，它便于屋架扶直就位，只有当场地限制时，才采用其他方式。

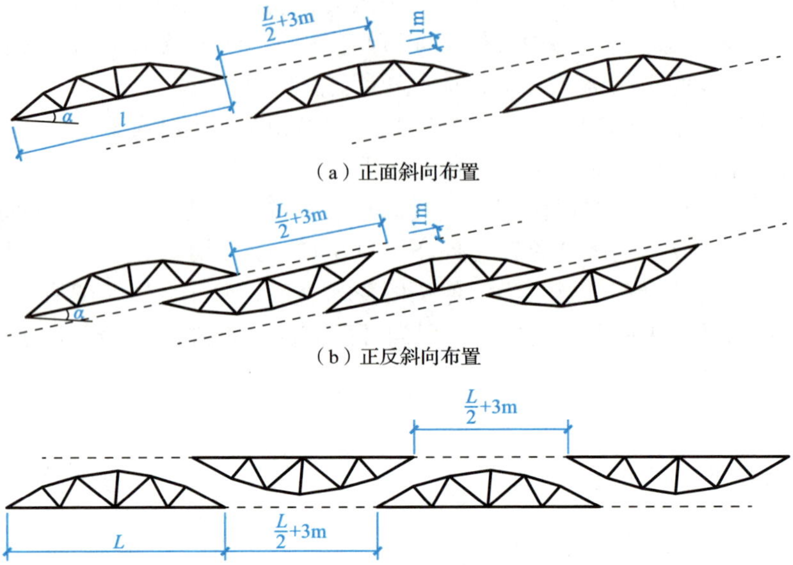

（a）正面斜向布置

（b）正反斜向布置

（c）正反纵向布置

图 6-44　屋架预制时的 3 种布置方式

屋架正面斜向布置时，下弦与厂房纵轴线的夹角α=10°～20°；预应力屋架的两端应留出$\frac{L}{2}$（L 为屋架跨度）+3m 的距离。如用胶皮管预留孔道，则距离可适当缩短。

屋架之间的间隙可取 1m 左右，以便支模及浇筑混凝土。

在布置屋架的预制位置时，还应考虑到屋架的扶直排放要求及屋架扶直的先后次序，先扶直的放在上层。对屋架两端朝向及预埋件位置，也要注意做出标记。

（3）吊车梁的位置

当吊车梁安排在现场预制时，可靠近柱基顺纵向轴线或略做倾斜布置，也可插在柱子的空档中预制；如具有运输条件，也可在场外集中预制。

3. 安装阶段构件的就位布置及运输堆放

安装阶段的就位布置，是指柱子安装完毕后，其他构件的就位位置，包括屋架的扶直就位，吊车梁、连系梁、屋面板的运输、就位堆放等。

（1）屋架的扶直就位

屋架的就位方式有两种：一种是靠柱边斜向就位，另一种是靠柱边成组纵向就位。

1）屋架靠柱边斜向就位。

① 确定起重机安装屋架时的开行路线及停机位置。安装屋架时，起重机一般沿跨中开行，先在跨中画出平行于厂房纵轴线的开行路线。再以欲吊装的某轴线（如②轴线）的屋架中心点 M_2 为圆心、以选择好的工作幅度 R 为半径画弧，交平行路线于 O_2 点，O_2 点即为安装②轴线屋架时的停机点，如图 6-45 所示。

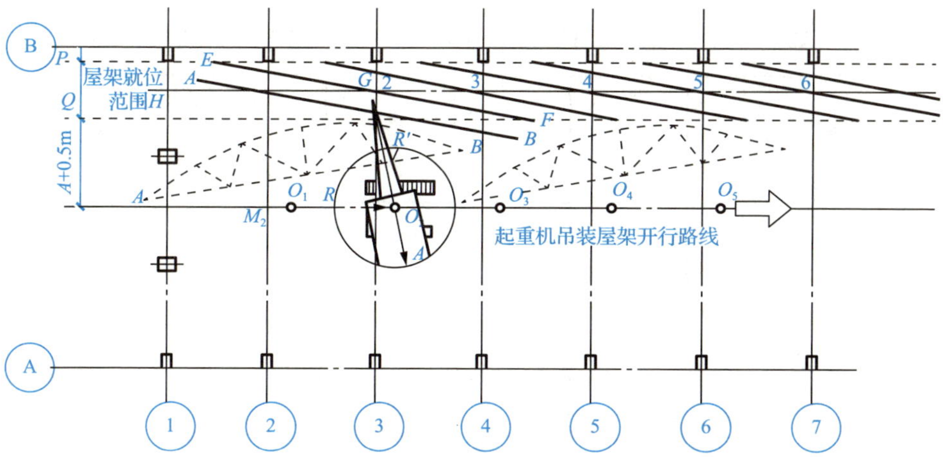

图 6-45　屋架同侧斜向就位（虚线表示屋架预制时的位置）

② 确定屋架的就位范围。屋架一般靠柱边就位，但应离开柱边不小于 0.2m，并可利用柱子作为屋架的临时支撑。当受场地限制时，屋架的端头也可稍许伸出跨外。根据以上原则，确定就位范围的外边界线 *PP*。起重机安装屋架及屋面板时，机身需要回转，设起重机尾部至机身回转中心的距离为 *A*，则在距开行路线为 *A*+0.5m 的范围内，不宜布置屋架和其他构件。据此，可定出屋架就位内边线 *QQ*。在两条边界线 *PP*、*QQ* 之间，即为屋架的就位范围。但当厂房跨度大，这个范围过宽时，可适当缩小。

③ 确定屋架的就位位置。屋架就位范围确定后。画出 *PP*、*QQ* 两线的中心线 *HH*，屋架就位后，屋架的中心点均在 *HH* 线上。以②轴线屋架为例，就位位置可按下述方式确定：以停机点 O_2 为圆心、吊装屋架时起重半径 *R* 为半径，画弧交 *HH* 线于 *G* 点，*G* 点即为②轴线屋架就位后屋架的中点。再以 *G* 点为圆心、屋架跨度的 1/2 为半径，画弧交 *PP*、*QQ* 两线于 *E*、*F* 两点，连接 *EF*，即为②轴线屋架就位的位置，其他屋架的就位位置均应平行于此屋架，端头相距 6m。但①轴线屋架由于抗风柱阻挡，要退到②轴屋架的附近排放。

2）屋架靠柱边成组纵向就位。屋架纵向就位一般以 4～5 榀为一组靠柱边顺轴线纵向排列。屋架与屋架之间的净距均不小于 0.2m，相互之间应用铅丝及支撑拉紧、撑牢。每组屋架之间应留 3m 左右的间距作为横向通道。每组屋架就位中心线应安排在该组屋架倒数第二榀安装轴线之后 2m 外，这样，可避免在已安装好的屋架下绑扎和起吊屋架，起吊后不与已安装好的屋架相碰，如图 6-46 所示。

（2）吊车梁、连系梁、屋面板的运输、就位堆放

单层厂房除柱子、屋架外，其他构件（如吊车梁、连系梁、屋面板）均在预制厂或附近工地的露天预制场制作，然后运至工地就位吊装。

构件运至工地后，应按施工组织设计的规定位置，根据编号及构件吊装顺序进行集中堆放。

吊车梁、连系梁的就位位置，一般在其吊装位置的柱列附近，跨内、跨外均可；也可以从运输车上直接吊装，不需在现场排放。屋面板的就位位置，跨内、跨外均可，如图 6-47 所示。

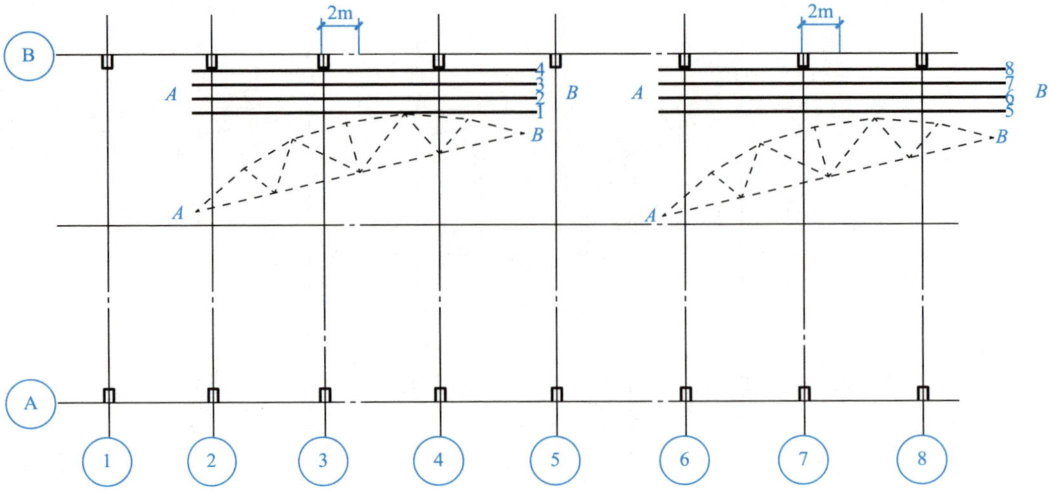

图 6-46　屋架的成组纵向就位（虚线表示屋架预制时的位置）

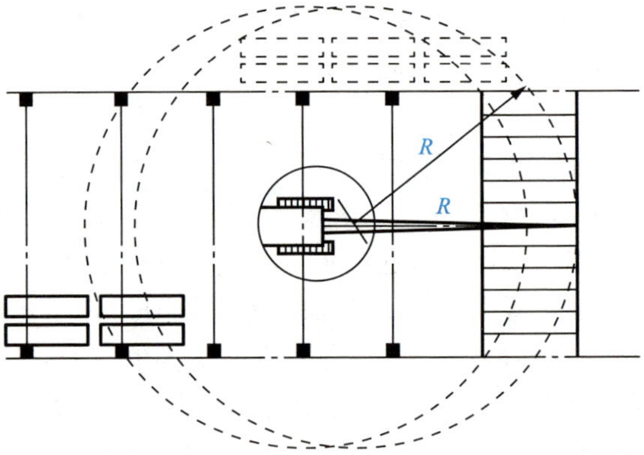

图 6-47　屋面板吊装就位布置

根据起重机吊屋面板时所需的起重半径，当屋面板在跨内排放时，应向后退 3～4 节间开始排放；当在跨外排放时，应向后退 1～2 节间开始排放。

以上所介绍的构件预制位置和排放位置是通过作图定出来的。但构件的平面布置图（图 6-47）因受很多因素影响，制定时要密切联系现场实际，确定出切实可行的构件平面布置图。排放构件时，可按比例将各类构件的外形用硬纸片剪成小模型，在同样比例的平面图上进行布置和调整。经研究可行后，给出构件平面布置图。

知识窗

装配式建筑创新案例

随着国家产业结构调整和建筑行业对绿色节能建筑理念的倡导，装配式建筑受到越来越多的关注。众所周知，装配式建筑具有环境污染小、工期短、建造质量高等优点。2016 年 9 月，国务院办公厅发布《关于大力发展装配式建筑的指导意见》，提出“力争用 10 年左右的时间，使装配式建筑占新建建筑面积的比例达到 30%”。

2020～2021 年度，湖南东方红建设集团承建的山河智能总部大楼荣获中国建设工程鲁班奖，成为全国首个项目装配率达 55%的装配式清水混凝土建筑鲁班奖项目。为了保证施工工艺与质量，该项目的预制外墙挂板、预制内隔墙、叠合楼板等共计 3965 个构件均在工厂生产，采用定制化不锈钢模具和自密实混凝土，同一原材料、同一配合比、同一批工人、同一振捣方式、同一养护标准，确保所有预制构件达到同一品质标准。通过这一方式，所有预制构件表面洁净光滑、颜色均匀、无色差，达到“镜面清水混凝土”效果，成为装配式建筑行业的一大亮点。

此外，该项目率先在全省试点应用 BIM 智能建造，实现了智能设计、智慧生产及施工信息化管理。从传统的贴瓷砖外墙到清水混凝土预制外墙，从传统的内外保温技术到夹心饼永久性保温一体化技术，从传统建造到 BIM 智能建造，项目建设始终坚持工匠精神，创新引领变革，实现了标准化设计、工厂化生产、装配化施工、一体化装修和信息化管理，从源头上减少了建筑材料生产、现场施工等所带来的资源能源的消耗，降低了建筑建造环节的碳排放，减少了环境污染，为国家生态文明建设做出了贡献。

知识窗

吊装作业安全规范

1. 对使用机械的安全要求

1）吊装所用的钢丝绳，事先必须认真检查，确保表面无明显磨损，若磨损程度达到钢丝绳直径的 10%，则不得使用。

2）起重机负重开行时，应缓慢行驶，且构件离地不得超过 500mm。起重机在接近满荷时，不得同时进行两种操作动作。

3）起重机工作时，严禁碰触高压电线。起重臂、钢丝绳、重物等与架空电线要保持一定的安全距离。

4）发现吊钩、卡环出现变形或裂纹时，不得再使用。

5）起吊构件时，吊钩的升降要平稳，避免紧急制动和冲击。

6）对新到、修复或改装的起重机，使用前必须进行检查和试吊，且要进行静、动负荷试验。试验时，所吊重物的重量为最大起重量的 125%，且离地面 1m，悬空 10min。

7）起重机停止工作时，起动装置要关闭上锁。吊钩必须升高，防止摆动伤人，并且不得悬挂物件。

2. 对操作人员的安全要求

1）要对从事安装的操作人员进行体格检查，心脏病或高血压患者不得进行高处作业。

2）操作人员进入现场时，必须佩戴安全帽、手套，高处作业时还要系好安全带，所带工具要用绳子扎牢或放入工具包内。

3）在高空进行电焊焊接时，要系安全带，佩戴防护罩；在潮湿地点作业，要穿绝缘胶鞋。

4）在进行结构安装时，要统一用哨声、红绿旗、手势等信号进行指挥，所有作业人员应熟悉各种信号。

3. 现场安全设施

1）吊装现场的周围应设置临时栏杆，禁止非工作人员入内。地面操作人员应尽量避免在高处作业面的正下方停留或通过，也不得在起重机的起重臂或正在吊装的构件下停留或通过。

2）应配备悬挂或斜靠的轻便爬梯，供人上下使用。

3）如需在悬空的屋架上弦行走，则应在其上设置安全栏杆。

4）在雨期或冬期，必须采取防滑措施。例如，扫除构件上的冰雪、在屋架上捆绑麻袋、在屋面板上铺垫草袋等。

巩固与提升

1. 起重机械的种类有哪些？试说明其优缺点及适用范围。
2. 试述履带式起重机的起重高度、起重半径与起重量之间的关系。
3. 在什么情况下对履带式起重机进行稳定性验算？如何验算？
4. 吊装柱子前应进行哪些准备工作？
5. 试说明旋转法和滑行法吊装的特点及适用范围。
6. 试述柱按三点共弧进行斜向布置的方法。
7. 怎样对柱进行临时固定和最后固定？
8. 怎样校正吊车梁的安装位置？
9. 屋架的排放有哪些方法？要注意哪些问题？
10. 构件的平面布置应遵守哪些原则？
11. 分件安装法和综合安装法各有什么特点？
12. 预制阶段柱的布置方式有哪几种？各有什么特点？
13. 屋架在预制阶段布置的方式有哪几种？
14. 屋架在安装阶段的扶直有几种方法？如何确定屋架的就位范围和就位位置？
15. 试述高强度螺栓安装前的准备工作与技术要求。
16. 试述高强度螺栓的安装方法。

项目 7 防水工程施工

项目导读

防水工程是一项系统工程，涉及防水材料、防水工程设计、施工技术等各个方面。防水工程质量直接影响建（构）筑物的使用寿命和居住的舒适性及安全性。

建筑工程防水按其部位可分为屋面防水、地下防水、卫生间防水等。按其构造做法又可分为结构构件的刚性自防水和防水卷材、防水涂料作防水层的柔性防水。

学习目标

知识目标

1. 了解建筑防水的分类和等级，熟悉防水材料的种类、基本性能、质量要求和适用范围。
2. 掌握屋面防水、地下防水和室内其他部位防水的施工工艺和施工质量要求。
3. 理解防水工程施工中质量通病的防治措施。

能力目标

1. 能制定防水方案，选用防水材料。
2. 能指导防水层施工过程及质量检测。
3. 能正确处理防水质量通病。

素养目标

1. 强化质量意识，践行以人为本的施工理念。
2. 遵循生态文明理念，践行人与自然和谐共生的施工理念。
3. 坚持理论联系实际的工作作风，因地制宜进行施工设计。

思维导图

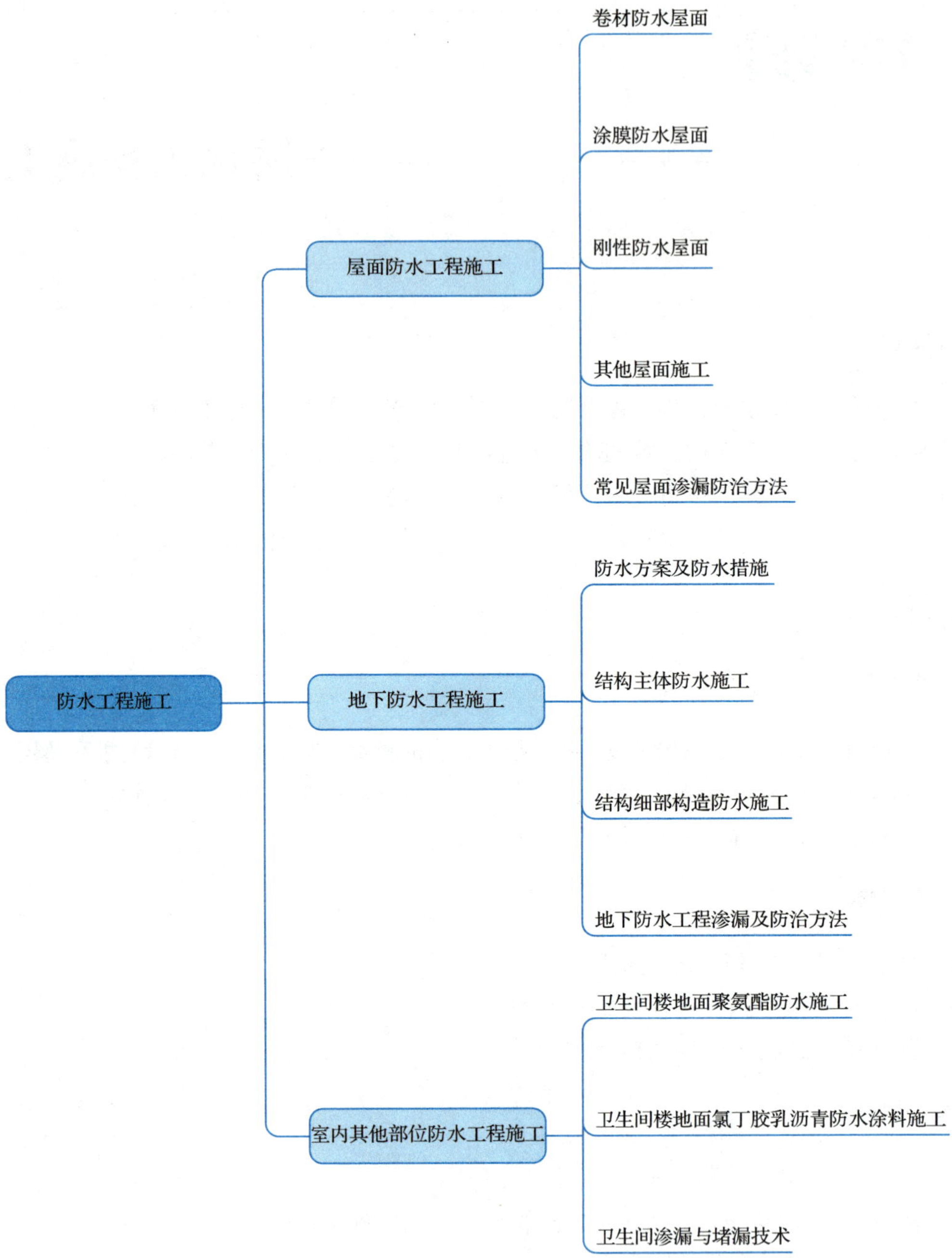
防水工程施工
屋面防水工程施工
卷材防水屋面
涂膜防水屋面
刚性防水屋面
其他屋面施工
常见屋面渗漏防治方法
地下防水工程施工
防水方案及防水措施
结构主体防水施工
结构细部构造防水施工
地下防水工程渗漏及防治方法
室内其他部位防水工程施工
卫生间楼地面聚氨酯防水施工
卫生间楼地面氯丁胶乳沥青防水涂料施工
卫生间渗漏与堵漏技术

任务 7.1　屋面防水工程施工

屋面防水工程是房屋建筑的一项重要工程。根据建筑物的性质、重要程度、使用功能要求及防水层耐用年限等因素，将屋面防水分为两个等级，并按不同等级进行设防，其要求如表 7-1 所示。防水屋面的常见种类有卷材防水屋面、涂膜防水屋面和刚性防水屋面等。

表 7-1　屋面防水等级和设防要求

项目	屋面防水等级	
	I	II
建筑物类别	特别重要或高层建筑	一般建筑
设防要求	两道防水设防	一道防水设防
防水层选用材料	宜选用合成高分子防水卷材、高聚物改性沥青防水卷材、金属板材、合成高分子防水涂料、细石防水混凝土等材料	宜选用高聚物改性沥青防水卷材、合成高分子防水卷材、金属板材、合成高分子防水涂料、高聚物改性沥青防水涂料、细石防水混凝土、平瓦、油毡瓦等材料

屋面工程所采用的防水、保温隔热材料应有产品合格证书和性能检测报告，材料的品种、规格、性能等应符合现行国家产品标准和设计要求。屋面工程施工前，要编制施工方案。屋面工程施工时，应建立各道工序的自检、交接检和专职人员检查的“三检”制度，并有完整的检查记录。伸出屋面的管道、设备或预埋件应在防水层施工前安设好。施工时每道工序完成后，要经监理单位检查验收，才可进行下道工序的施工。

屋面的防水层和保温层严禁在雨天、雪天和五级以上大风下施工，温度过低也不宜施工。屋面工程完工后，应对屋面细部构造、接缝和保护层等进行外观检验，并通过淋水或蓄水测试进行检验，防水层不得有渗漏或积水现象。

知识窗

我国传统建筑屋顶的排水与防水设计

我国传统建筑的屋顶多采用大坡度设计。靠近屋顶的坡度超过 60°，靠近屋檐的坡度则小于 30°，这种屋顶设计称为举折，其独特的曲面设计利用雨水下落的惯性，将雨水冲出屋檐，此为屋顶的排水。

我国传统建筑的屋面的木望板和瓦面下面会分层铺设各种泥背，将护板灰（生石灰、水、麻丝按比例混合）、麻刀泥（生石灰、黄土、麻丝按比例混合）、月白灰（生石灰、水、少量青浆混合而成）、青灰（青浆、生石灰、水按比例混合）等作为防水材料，此为屋顶的防水。

7.1.1 卷材防水屋面

卷材防水屋面是用胶结材料粘贴卷材进行防水的屋面。这种屋面具有质量小、防水性能好的优点，其防水层的柔韧性好，能适应一定程度的结构振动和胀缩变形。所用卷材有高聚物改性沥青防水卷材和合成高分子防水卷材两大系列。

微课：屋面防水施工

1. 卷材屋面构造

卷材防水屋面的构造层次示意图如图 7-1 所示。

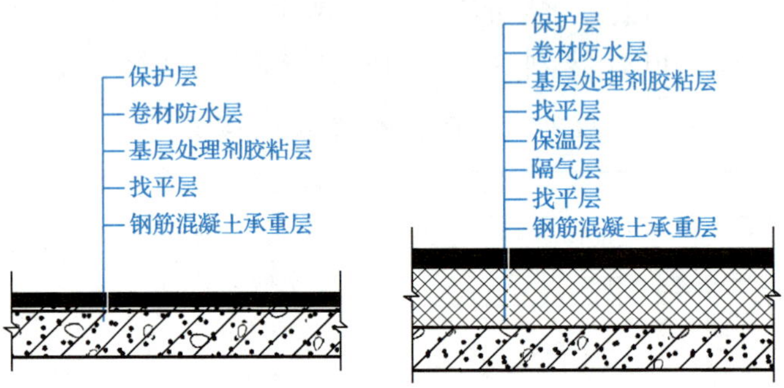

（a）不保温卷材屋面　（b）保温卷材屋面

图 7-1　卷材防水屋面构造层次示意图

2. 卷材防水层施工

（1）基层要求

基层施工质量将直接影响屋面工程的整体质量。基层应有足够的强度和刚度，承受荷载时不致产生显著变形。基层一般采用水泥砂浆、细石混凝土或沥青砂浆找平，做到平整、坚实、清洁、无凹凸形及尖锐颗粒。其平整度可用 2m 长的直尺检查，基层与直尺间的最大空隙不应超过 5mm，空隙仅允许平缓变化，每米长度内不得多于一处。铺设屋面隔气层和防水层之前，基层必须清扫干净。

屋面及檐口、檐沟、天沟找平层的排水坡度，必须符合设计要求，平屋面采用结构找坡应不小于 3%，采用材料找坡宜为 2%，天沟、檐沟纵向找坡不应小于 1%，沟底水落差不得超过 200mm，与突出屋面结构的连接处及在基屋的转角处均应做成圆弧，其圆弧半径应符合要求：高聚物改性沥青防水卷材为 50mm，合成高分子防水卷材为 20mm。

为防止由于温差及混凝土构件收缩而使防水屋面开裂，找平层应留分格缝，缝宽一般为 20mm。缝应留在预制板支承边的拼缝处，其纵横向最大间距：当找平层采用水泥砂浆或细石混凝土时，不宜大于 6m；采用沥青砂浆时，则不宜大于 4m。分格缝处应附加 200～300mm 宽的油毡，用沥青胶结材料单边点贴覆盖。

采用水泥砂浆或沥青砂浆找平层做基层时，其厚度和技术要求应符合表 7-2 所示的规定。

表 7-2　找平层厚度和技术要求

类别	基层种类	厚度/mm	技术要求
水泥砂浆找平层	整体现浇混凝土板	15～20	1：（2.5～3）（水泥：砂）体积比，水泥强度等级不低于 32.5
	整体或板状材料保温层	20～25	
	装配式混凝土板、松散材料保温层	20～30	

续表

类别	基层种类	厚度/mm	技术要求
细石混凝土找平层	板状材料保温层	30～35	混凝土强度等级不低于 C20，宜加钢筋网片
	装配式混凝土板		
沥青砂浆找平层	整体现浇混凝土板	15～20	质量比 1∶8（沥青∶砂）
	装配式混凝土板、整体或板状材料保温层	20～25	

（2）材料选择

1）基层处理剂。基层处理剂是为了增强防水材料与基层之间的黏结力，在防水层施工前，预先涂刷在基层上的涂料，其选择应与所用卷材的材性相容。常用的基层处理剂有用于高聚物改性沥青防水卷材屋面的氯丁胶沥青乳胶、橡胶改性沥青溶液、沥青溶液（即冷底子油）和用于合成高分子防水卷材屋面的聚氨酯煤焦油系的二甲苯溶液、氯丁胶乳溶液、氯丁胶沥青乳胶等。

2）胶粘剂。卷材防水层的黏结材料，必须选用与卷材相应的胶粘剂。

高聚物改性沥青卷材可选用橡胶或再生橡胶改性沥青的汽油溶液或水乳液作为胶粘剂，其黏结剪切强度应大于 0.05MPa，黏结剥离强度应大于 8N/10mm。

合成高分子防水卷材可选用以氯丁橡胶和丁基酚醛树脂为主要成分的胶粘剂或以氯丁橡胶乳液制成的胶粘剂，其黏结剥离强度不应小于 15N/10mm，其用量为 0.4～0.5kg/m^2。胶粘剂均由卷材生产厂家配套供应。常用合成高分子卷材配套胶粘剂如表 7-3 所示。

表 7-3　常用合成高分子卷材配套胶粘剂

卷材名称	基层与卷材胶粘剂	卷材与卷材胶粘剂	表面保护层涂料
三元乙丙-丁基橡胶卷材	CX-404 胶	丁基黏结剂 A、B 组分（1∶1）	水乳型醋酸乙烯-丙烯酸酯共聚，油溶型乙丙橡胶和甲苯溶液
氯化聚乙烯卷材	BX-12 胶粘剂	BX-12 乙组分胶	水乳型醋酸乙烯-丙烯酸酯共聚，油溶型乙丙橡胶和甲苯溶液
LYX-603 氯化聚乙烯卷材	LYX-603-3（3 号胶）甲、乙组分	LYX-603-2（2 号胶）	LYX-603-1（1 号胶）
聚氯乙烯卷材	FL-5 型（5～15℃时使用） FL-15 型（15～40℃时使用）	—	—

3）卷材。主要防水卷材的分类如表 7-4 所示。

表 7-4　主要防水卷材的分类

类别		防水卷材名称
高聚物改性沥青防水卷材		SBS，APP，SBS-APP，丁苯橡胶改性沥青卷材；胶粉改性沥青卷材、再生胶卷材、PVC 改性煤焦油沥青卷材等
合成高分子防水卷材	硫化型橡胶或橡胶共混卷材	三元乙丙卷材、氯磺化聚乙烯卷材、丁基橡胶卷材、氯丁橡胶卷材、氯化聚乙烯-橡胶共混卷材等
	非硫化型橡胶或橡塑共混卷材	丁基橡胶卷材、氯丁橡胶卷材、氯化聚乙烯-橡胶共混卷材等
	合成树脂系防水卷材	氯化聚乙烯卷材、PVC 卷材等
特种卷材		热熔卷材、冷自粘卷材、带孔卷材、热反射卷材、沥青瓦等

高聚物改性沥青防水卷材的外观质量要求如表 7-5 所示。

表 7-5　高聚物改性沥青防水卷材的外观质量要求

项目	质量要求
孔洞、缺边、裂口	不允许
边缘不整齐	不超过 10mm
胎体露白、未浸透	不允许
撒布材料粒度、颜色	均匀
每卷卷材的接头	不超过 1 处，较短的段不应小于 1000mm，接头处应加长 150mm

合成高分子防水卷材的外观质量要求如表 7-6 所示。

表 7-6　合成高分子防水卷材的外观质量要求

项目	质量要求
折痕	每卷不超过 2 处，总长度不超过 20mm
杂质	大于 0.5mm 颗粒不允许，每 1m 不超过 9mm^2
凹痕	每卷不超过 6 处，深度不超过本身厚度的 30%，树脂深度不超过 15%
胶块	每卷不超过 6 处，每处面积不大于 4mm^2
每卷卷材的接头	橡胶类每 20m 不超过 1 处，较短的一段不应小于 3000mm，接头处应加长 150mm，树脂类 20m 长度内不允许有接头

各种防水材料及制品均应符合设计要求，具有质量合格证明，进场前应按相关规范要求进行抽样复检，严禁使用不合格产品。

3. 卷材施工

（1）沥青卷材防水施工

卷材防水施工的一般工艺流程如图 7-2 所示。

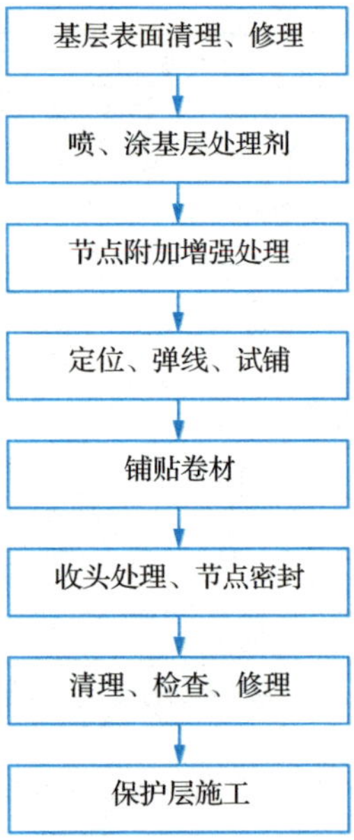

图 7-2　卷材防水施工工艺流程

1）铺设方向。卷材的铺设方向应根据屋面坡度和屋面是否有振动来确定。当屋面坡度小于 3%时，卷材宜平行于屋脊铺贴；当屋面坡度为 3%～15%时，卷材可平行或垂直于屋脊铺贴；当屋面坡度大于 15%或屋面受振动时，沥青防水卷材应垂直于屋脊铺贴。上下层卷材不得相互垂直铺贴。

2）施工顺序。屋面防水层施工时，应先做好节点、附加层和屋面排水比较集中部位（如屋面与水落口连接处、檐口、天沟、屋面转角处、板端缝等）的处理，然后由屋面最低标高处向上施工。铺贴天沟、檐沟卷材时，宜顺天沟、檐口方向，尽量减少搭接。铺贴多跨和有高低跨的屋面时，应按先高后低、先远后近的顺序进行。大面积屋面施工时，应根据屋面特征及面积大小等因素合理划分流水施工段。施工段的界线宜设在屋脊、天沟、变形缝等处。

3）搭接方法及宽度要求。铺贴卷材采用搭接法，上下层及相邻两幅卷材的搭接缝应错开。平行于屋脊的搭接应顺流水方向；垂直于屋脊的搭接应顺主导风向。叠层铺设的各层卷材，在天沟与屋面的连接处，应采用叉接法搭接，搭接缝应错开，接缝宜留在屋面或天沟侧面，不宜留在沟底。各种卷材搭接宽度应符合表 7-7 的要求。

表 7-7　卷材搭接宽度　　单位：mm

<table>
<tr><th colspan="2" rowspan="3">卷材种类</th><th colspan="4">搭接宽度</th></tr>
<tr><th colspan="2">短边搭接</th><th colspan="2">长边搭接</th></tr>
<tr><th>满粘法</th><th>空铺、点粘、条粘法</th><th>满粘法</th><th>空铺、点粘、条粘法</th></tr>
<tr><td colspan="2">沥青防水卷材</td><td>100</td><td>150</td><td>70</td><td>100</td></tr>
<tr><td colspan="2">高聚物改性沥青防水卷材</td><td>80</td><td>100</td><td>80</td><td>100</td></tr>
<tr><td rowspan="4">合成高分子防水卷材</td><td>胶粘剂</td><td>80</td><td>100</td><td>80</td><td>100</td></tr>
<tr><td>胶粘带</td><td>50</td><td>60</td><td>50</td><td>60</td></tr>
<tr><td>单缝焊</td><td colspan="4">60，有效焊接宽度不小于 25</td></tr>
<tr><td>双缝焊</td><td colspan="4">80，有效焊接宽度 10×2+空腔宽</td></tr>
</table>

4）屋面特殊部位的铺贴要求。天沟、檐沟、檐口、水落口、泛水、变形缝和伸出屋面管道的防水构造，必须符合设计要求。天沟、檐沟、檐口、泛水和立面卷材收头的端部应裁齐，塞入预留凹槽内，用金属压条，钉压固定，最大钉距不应大于 900mm，并用密封材料嵌填封严，凹槽距屋面找平层不小于 250mm，凹槽上部墙体应做防水处理。

水落口杯应被牢固地固定在承重结构上，如系铸铁制品，所有零件均应除锈，并刷防锈漆；天沟、檐沟铺贴卷材应从沟底开始。如沟底过宽，卷材纵向搭接，则搭接缝必须用密封材料封口，密封材料嵌填必须密实、连续、饱满，黏结牢固，无气泡，不开裂、脱落。沟内卷材附加层在与屋面交接处宜空铺，其空铺宽度不小于 200mm，其卷材防水层应由沟底翻上至沟外檐顶部，卷材收头应用水泥钉固定并用密封材料封严，铺贴檐口 800mm 范围内的卷材应采取满粘法。

铺贴泛水处的卷材应采取满粘法，防水层贴入水落口杯内不小于 50mm，水落口周围直径 500mm 范围内的坡度不小于 5%，并用密封材料封严。

变形缝处的泛水高度不小于 250mm，伸出屋面管道的周围与找平层或细石混凝土防水层之间，应预留 20mm×20mm 的凹槽，并用密封材料嵌填严密，在管道根部直径 500mm 范围内，找平层应抹出高度不小于 30mm 的圆台。管道根部四周应增设附加层，宽度和高度均不小于 300mm。管道上的防水层收头应用金属箍紧固，并用密封材料封严。

5）排气屋面的施工。卷材应铺设在干燥的基层上。当屋面保温层或找平层干燥有困难而又急需铺设屋面卷材时，则应采用排气屋面。排气屋面是整体连续的，在屋面与垂直面连接的地方，隔气层应延伸到保温层顶部，并高出 150mm，以便与防水层相连，要防止房间内的水蒸气进入保温层，造成防水层起鼓破坏，保温层的含水率必须符合设计要求。在铺贴第一层卷材时，采用条粘、点粘、空铺等方法使卷材与基层之间留有纵横相互贯通的空隙作为排气道（图 7-3），排气道的宽度为 30～40mm，深度一直到结构层。对于有保温层的屋面，也可在保温层上的找平层上留槽作为排气道，并在屋面或屋脊上设置一定的排气孔（每 36m^2 左右一个）与大气相通，这样就能使潮湿基层中的水分蒸发排出，防止油毡起鼓。排气屋面适用于气候潮湿、雨量充沛、夏季阵雨多、保温层或找平层含水率较大，且干燥有困难的地区。

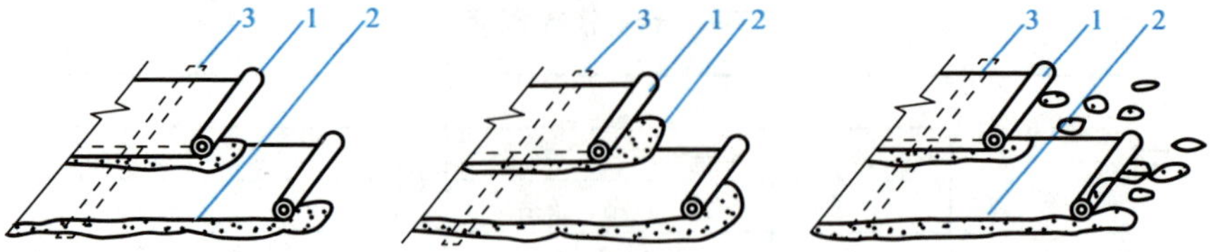

（a）空铺法　　（b）条粘法　　（c）点粘法

1—卷材；2—沥青胶；3—附加卷材条。

图 7-3　排气屋面卷材铺法

（2）高聚物改性沥青卷材防水施工

高聚物改性沥青防水卷材，是指对石油沥青进行改性，为改善防水卷材使用性能，延长防水层寿命而生产的一类沥青防水卷材。对沥青的改性，主要通过添加高分子聚合物实现，其分类品种包括塑性体沥青防水卷材、弹性体沥青防水卷材、自黏结油毡、聚乙烯膜沥青防水卷材等。使用较为普遍的是 SBS 改性沥青卷材、APP 改性沥青卷材、PVC 改性沥青卷材和再生胶改性沥青卷材等。其施工工艺流程与普通沥青卷材防水层相同。

依据高聚物改性沥青防水卷材的特性，其施工方法有冷粘法、热熔法和自粘法之分。在立面或大坡面铺贴高聚物改性沥青防水卷材时，应采用满粘法，并宜减少短边搭接。

1）冷粘法施工。冷粘法施工是利用毛刷将胶粘剂涂刷在基层或卷材上，然后直接铺贴卷材，使卷材与基层、卷材与卷材黏结的方法。施工时，胶粘剂涂刷应均匀、不露底、不堆积。空铺法、条粘法、点粘法应按规定的位置与面积涂刷胶粘剂。铺贴卷材时应平整顺直，搭接尺寸准确，接缝应满涂胶粘剂，辊压、黏结牢固，不得扭曲，破折溢出的胶粘剂随即刮平封口；也可采用热熔法接缝。接缝口应用密封材料封严，宽度不应小于 10mm。

2）热熔法施工。热熔法施工是指利用火焰加热器熔化防水卷材底层的热熔胶进行粘贴的方法。施工时，在卷材表面热熔后（以卷材表面熔融至光亮黑色为度）应立即滚铺卷材，使之平展，并辊压、黏结牢固。搭接缝处必须以溢出热熔的改性沥青胶为度，并应随即刮封接口。加热卷材时应均匀，不得过分的加热或烧穿卷材。对厚度小于 3mm 的高聚物改性沥青防水卷材，严禁采用热熔法施工。

3）自粘法施工。自粘法施工是指采用带有自粘胶的防水卷材，不用热施工，也不需涂胶结材料，而进行黏结的方法。铺贴前，基层表面应均匀涂刷基层处理剂，待干燥后及时铺贴卷材。铺贴时，应先将自粘胶底面隔离纸完全撕净，排除卷材下面的空气，并辊压、黏结牢固，不得空鼓。搭接部位必须采用热风焊枪加热后随即粘贴牢固，溢出的自粘胶随即刮平封口。接缝口用不小于 10mm 宽的密封材料封严。

（3）合成高分子卷材防水施工

合成高分子卷材的主要品种有三元乙丙橡胶防水卷材、氯化聚乙烯-橡胶共混防水卷材、氯化聚乙烯防水卷材和聚氯乙烯防水卷材等。其施工工艺流程与前相同。

施工方法一般有冷粘法、自粘法和热风焊接法 3 种。

冷粘法、自粘法的施工要求与高聚物改性沥青防水卷材基本相同，但冷粘法施工时搭接部位应采用与卷材配套的接缝专用胶粘剂，在搭接缝黏合面上涂刷均匀，并控制涂刷与黏合的间隔时间，排除空气，辊压、黏结牢固。

热风焊接法是利用热空气焊枪进行防水卷材搭接黏合的方法。焊接前，卷材应铺放平整顺直，搭接尺寸正确；施工时焊接缝的接合面应清扫干净，应无水滴、油污及附着物。先焊长边搭接缝，后焊短边搭接缝，焊接处不得有漏焊、缺焊、焊焦或焊接不牢的现象，也不得损害非焊接部位的卷材。

4. 保护层施工

卷材铺设完毕，经检查合格后，应立即进行保护层的施工，及时保护防水层免受损伤，从而延长卷材防水层的使用年限。常用的保护层做法有以下几种：

（1）涂料保护层

保护层涂料一般在现场配制，常用的有铝基沥青悬浮液、丙烯酸浅色涂料或在涂料中掺入铝粉的反射涂料。施工前防水层表面应干净、无杂物。涂刷方法与用量按涂料使用说明书操作，涂刷应均匀、不漏涂。

（2）绿豆砂保护层

绿豆砂保护层在沥青卷材非上人屋面中使用较多。在卷材表面涂刷最后一道沥青胶后，趁热撒铺一层粒径为 3～5mm 的绿豆砂（或人工砂），绿豆砂应撒铺均匀，全部嵌入沥青胶中。为了嵌入牢固，绿豆砂须经干燥并加热至 100℃左右干燥后使用。边撒砂边扫铺均匀，并用软辊轻轻压实。

（3）细砂、云母或蛭石保护层

细砂、云母或蛭石保护层主要用于非上人屋面的涂膜防水层的保护层，使用前应先筛去粉料，砂可采用天然砂。当涂刷最后一道涂料时，应边涂刷边撒布细砂（或云母、蛭石），同时用软胶辊反复轻轻滚压，使保护层牢固地黏结在涂层上。

（4）混凝土预制板保护层

混凝土预制板保护层的结合层可采用砂或水泥砂浆。混凝土板的铺砌必须平整，并满足排水要求。在砂结合层上铺砌块体时，砂层应洒水压实、刮平；板块对接铺砌，缝隙应一致，缝宽 10mm 左右，砌完洒水轻拍压实。板缝先填砂一半高度，再用 1∶2 水泥砂浆勾成凹缝。为防止砂子流失，在保护层四周 500mm 范围内，应改用低强度等级水泥砂浆做结合层。采用水泥砂浆做结合层时，应先在防水层上做隔离层，隔离层可采用热砂、干铺油毡、铺纸筋灰或麻刀灰、黏土砂浆、白灰砂浆等多种方法施工。预制块体应先浸水湿润并阴干。摆铺完后应立即挤压密实、平整，使之结合牢固。

预留板缝（10mm）用 1∶2 水泥砂浆勾成凹缝。上人屋面的预制块体保护层、块体材料应按照楼地面工程质量要求选用，结合层应选用 1∶2 水泥砂浆。

（5）水泥砂浆保护层

水泥砂浆保护层与防水层之间应设置隔离层。保护层用的水泥砂浆配合比一般为 1∶（2.5～3）（体积比）。

保护层施工前，应根据结构情况每隔 4～6m 用木模设置纵横分格缝。铺设水泥砂浆时应随铺随拍实，并用刮尺刮平。排水坡度应符合设计要求。

立面水泥砂浆保护层施工时，为使砂浆与防水层黏结牢固，可事先在防水层表面粘上砂粒或小豆石，然后做保护层。

（6）细石混凝土保护层

施工前应在防水层上铺设隔离层，并按设计要求支设好分格缝木模，当设计无要求时，每格面积不大于 36m^2，分格缝宽度为 20mm。一个分格内的混凝土应连续浇筑，不留施工缝。振捣宜采用铁辊滚压或人工拍实，以防破坏防水层。拍实后随即用刮尺按排水坡度刮平，初凝前用木抹子提浆抹平，初凝后及时取出分格缝木模，终凝前用铁抹子压光。

细石混凝土保护层浇筑后应及时进行养护，养护时间不应少于 7d。养护期满即将分格缝清理干净，待干燥后嵌填密封材料。

知识窗

从 1990 年亚运会到 2008 年奥运会建筑防水技术的进步

1990 年北京亚运会期间，亚运村屋面发生大面积渗漏问题，造成了国际国内负面影响。这一问题凸显了当时建筑技术的不足。然而，到 2008 年北京奥运会时，我国在奥运场馆建设方面取得了显著进步，展示了享誉世界的高水平、高难度的建设技术。

例如，水立方的屋面防水采用了 ETFE 膜结构，这种膜屋面的一个重要作用就是抵御各种天气变化对内部空间的影响，保持建筑物内部的舒适性。为了能将雨水排除，膜材和接缝必须进行密封防水处理，膜边缘也必须进行特殊的细部设计，以防雨水进入室内。

7.1.2 涂膜防水屋面

涂膜防水屋面是在屋面基层上涂刷防水涂料，经固化后形成一层有一定厚度和弹性的整体涂膜，从而达到防水目的的一种防水屋面形式。其典型的构造层次如图 7-4 所示。这种屋面具有施工操作简便、无污染、冷操作、无接缝、能适应复杂基层、防水性能好、温度适应性强、容易修补等特点，适用于防水等级为Ⅱ级的屋面防水，也可作为Ⅰ级屋面多道防水设防中的一道防水层。

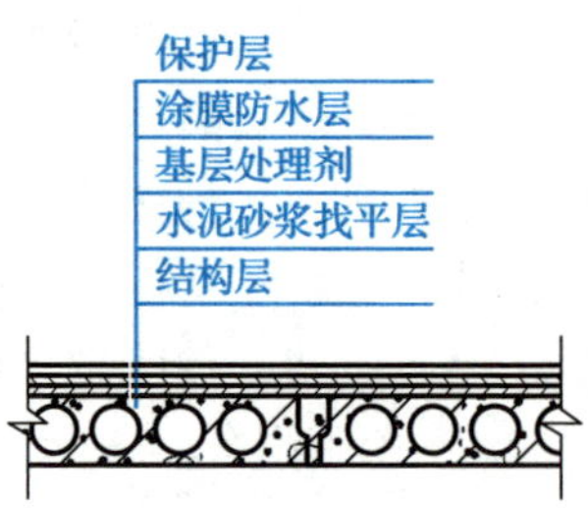

（a）无保温层涂膜屋面

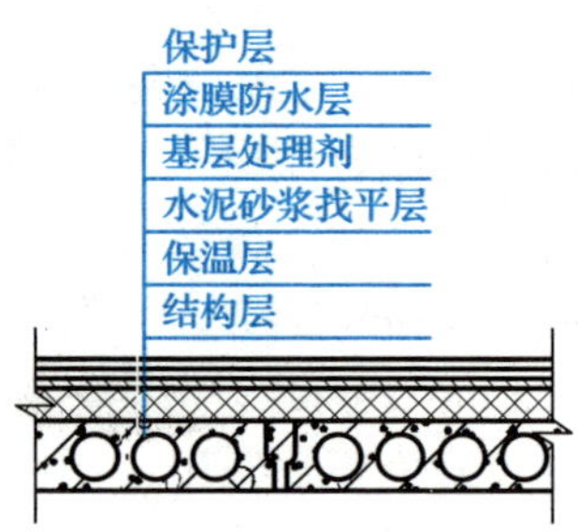

（b）有保温层涂膜屋面

图 7-4　涂膜防水屋面构造

1. 材料要求

根据防水涂料成膜物质的主要成分，适用涂膜防水层的涂料可分为高聚物改性沥青防水涂料和合成高分子防水涂料两类。防水涂料根据其形成液态的方式，可分为溶剂型、反应型和水乳型 3 类，如表 7-8 所示。各类防水涂料及胎体增强材料的质量要求分别如表 7-9～表 7-11 所示。

表 7-8 主要防水涂料的分类

类别	材料名称	
高聚物改性沥青防水涂料	溶剂型	再生橡胶沥青涂料、氯丁橡胶沥青涂料等
	水乳型	丁苯胶乳沥青涂料、氯丁胶乳沥青涂料、PVC 煤焦油涂料等
合成高分子防水涂料	乳型	硅橡胶涂料、丙烯酸酯涂料、AAS 隔热涂料等
	反应型	聚氨酯防水涂料、环氧树脂防水涂料等

表 7-9 高聚物改性沥青防水涂料的质量要求

项目		质量要求	
		水乳型	溶剂型
固体含量/%		≥45	≥48
耐热度/（80℃，5h）		无流淌、起泡和滑动	无流淌、起泡和滑动
低温柔性/（℃，2h）		-15，无裂纹	-15，无裂纹
不透水性	压力/MPa	≥0.1	≥0.2
	保持时间/min	≥30 不渗透	≥30 不渗透
断裂伸长率		≥600	—
抗裂性/mm		—	基层裂缝 0.3mm，涂膜无裂纹

表 7-10 合成高分子防水涂料的质量要求

项目		质量要求		
		反应固化型	挥发固化型	聚合物水泥涂料
固体含量/%		≥94	≥65	≥70
拉伸强度/MPa		≥1.65	≥1.5	≥1.2
断裂延伸率/%		≥300	≥300	≥200
柔性/℃		-30 弯折无裂纹	-20 弯折无裂纹	-10，无裂纹
不透水性	压力/MPa	≥0.3	≥0.3	≥0.3
	保持时间/min	≥30	≥30	≥30

表 7-11 胎体增强材料的质量要求

项目		质量要求	
		聚酯无纺布	化纤无纺布
外观		均匀，无团状，平整无褶皱	
拉力（宽 50mm）/N	纵向	≥150	≥45
	横向	≥100	≥35
延伸率/%	纵向	≥10	≥20
	横向	≥20	≥25

2. 基层要求

涂膜防水层要求基层的刚度大，空心板安装牢固，找平层有一定强度，表面平整、密实，不应有起砂、起壳、龟裂、爆皮等现象。表面平整度应用 2m 直尺检查，基层与直尺的最大间隙不应超过 5mm，间隙仅允许平缓变化。基层与凸出屋面结构连接处及基层转角处应做成圆弧形或钝角。按设计要求做好排水坡度，不得有积水现象。施工前应将分格缝清理干净，不得有异物和浮灰。对屋面的板缝处理应遵守有关规定。等基层干燥后方可进行涂膜施工。

3. 涂膜防水施工

涂膜防水施工的一般工艺流程：基层表面清理、修理→喷涂基层处理剂→特殊部位附加增强处理→涂布防水涂料及铺贴胎体增强材料→清理与检查修理→保护层施工。

基层处理剂常用涂膜防水材料稀释后使用，其配合比应根据不同防水材料按要求配置。涂膜防水必须由两层以上涂层组成，每层应刷2～3遍，且应根据防水涂料的品种、分层分别涂布，不能一次涂成，并待先涂的涂层干燥成膜后，方可涂后一遍涂料，其总厚度必须达到设计要求。涂膜厚度选用应符合表7-12所示的规定。

表7-12　涂膜防水层最小厚度　　单位：mm

屋面防水等级	最小厚度		
	聚合物水泥防水涂膜	高聚物改性沥青防水涂料	合成高分子防水涂料
Ⅰ级	1.5	2.0	1.5
Ⅱ级	2.0	3.0	2.0

涂料的涂布顺序为先高跨后低跨，先远后近，先立面后平面。同一屋面上先涂布排水较集中的水落口、天沟、檐口等节点部位，再进行大面积涂布。涂层应厚薄均匀、表面平整，不得有露底、漏涂和堆积现象。两涂层施工间隔时间不宜过长，否则易形成分层现象。涂层中夹铺增强材料时，宜边涂边铺胎体。胎体增强材料长边搭接宽度不得小于50mm，短边搭接宽度不得小于70mm。当屋面坡度小于15%时，可平行屋脊铺设；当屋面坡度大于15%时，应垂直屋脊铺设。采用两层胎体增强材料时，上下层不得互相垂直铺设，搭接缝应错开，其间距不应小于幅宽的1/3。找平层分格缝处应增设胎体增强材料的空铺附加层，其宽度以200～300mm为宜。涂膜防水层收头应用防水涂料多遍涂刷或用密封材料封严。在涂膜未干前，不得在防水层上进行其他施工作业。涂膜防水屋面上不得直接堆放物品。涂膜防水屋面的隔气层设置原则与卷材防水屋面相同。

涂膜防水屋面应设置保护层。保护层材料可采用细砂、云母、蛭石、浅色涂料、水泥砂浆或块材等。采用水泥砂浆或块材时，应在涂膜与保护层之间设置隔离层。当用细砂、云母、蛭石时，应在最后一遍涂料涂刷后随即撒上，并用扫帚轻扫均匀、轻拍粘牢。当用浅色涂料做保护层时，应在涂膜固化后进行。

7.1.3　刚性防水屋面

刚性防水屋面是指利用刚性防水材料做防水层的屋面，主要有普通细石混凝土防水屋面、补偿收缩混凝土防水屋面、块体刚性防水屋面、预应力混凝土防水屋面等。与卷材及涂膜防水屋面相比，刚性防水屋面所用材料易得，价格低廉，耐久性好，维修方便，但刚性防水层材料的表观密度大，抗拉强度低，极限拉应力变小，易受混凝土或砂浆的干湿变形、温度变形和结构变位而产生裂缝。它主要适用于防水等级为Ⅲ级的屋面防水，也可用作Ⅰ、Ⅱ级屋面多道防水设防中的一道防水层，不适用于设有松散材料保温层的屋面及受较大震动或冲击和坡度大于 15%的建筑屋面。

细石混凝土防水屋面的一般构造形式如图 7-5 所示。

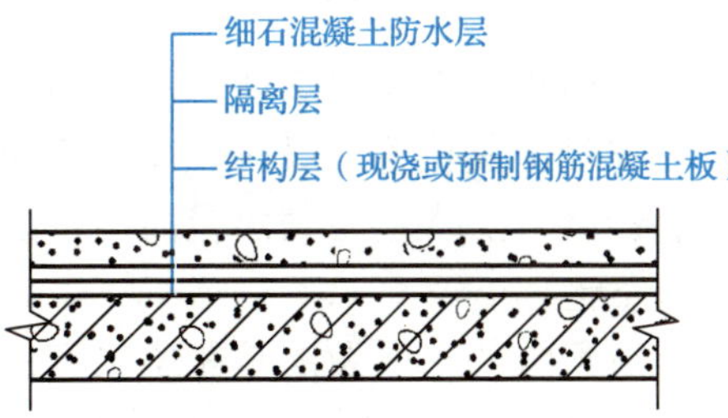

图 7-5　细石混凝土防水屋面构造

1. 材料要求

防水层的细石混凝土宜用普通硅酸盐水泥或硅酸盐水泥，用矿渣硅酸盐水泥时应采取减少泌水性措施。水泥强度等级不宜低于 32.5 级。不得使用火山灰质水泥。

防水层的细石混凝土和砂浆中，粗骨料的最大粒径不宜超过 15mm，含泥量不应大于 1%；细骨料应采用中砂或粗砂，含泥量不应大于 2%；拌和用水应采用不含有害物质的洁净水。混凝土水灰比不应大于 0.55，每立方米混凝土水泥最小用量不应小于 330kg，含砂率宜为 35%～40%，灰砂比应为 1∶（2～2.5），并宜掺入外加剂；混凝土强度不得低于 C20。普通细石混凝土、补偿收缩混凝土的自由膨胀率应为 0.05%～0.1%。

块体刚性防水层使用的块体应无裂纹、无石灰颗粒、无灰浆泥面、无缺棱掉角，质地密实，表面平整。

2. 基层要求

刚性防水屋面的结构层宜为整体现浇的钢筋混凝土。当屋面结构层采用装配式钢筋混凝土板时，应用强度等级不小于 C20 的细石混凝土灌缝，灌缝的细石混凝土宜掺膨胀剂。当屋面板板缝宽度大于 40mm 或上窄下宽时，板缝内必须设置构造钢筋，板端缝应进行密封处理。

3. 隔离层施工

在结构层与防水层之间宜增加一层低强度等级砂浆、卷材、塑料薄膜等材料，起隔离作用，使结构层和防水层变形互不受约束，以减少混凝土产生拉应力而导致混凝土防水层开裂。

（1）黏土砂浆（或石灰砂浆）隔离层施工

预制板缝填嵌细石混凝土后板面应清扫干净，洒水湿润，但不得积水，按石灰膏∶砂∶黏土=1∶2.4∶3.6（或石灰膏∶砂=1∶4）的配合比拌和均匀，砂浆以干稠为宜，铺抹的厚度为 10～20mm，要求表面平整、压实、抹光，待砂浆基本干燥后，方可进行下道工序的施工。

（2）卷材隔离层施工

用 1∶3 水泥砂浆将结构层找平，并压实抹光养护，再在干燥的找平层上铺一层 3～8mm 干细砂滑动层，在其上铺一层卷材，搭接缝用热沥青胶胶结，也可以在找平层上直接铺一层塑料薄膜。

做好隔离层继续施工时，要注意对隔离层加强保护。混凝土运输不能直接在隔离层表面进行，应采取垫板等措施；绑扎钢筋时不得扎破表面，浇捣混凝土时更不能振散隔离层。

4. 分格缝的设置

为防止大面积的刚性防水层因温差、混凝土收缩等影响而产生裂缝，应按设计要求设置分格缝。其位置一般应设在结构应力变化较突出的部位，如结构层屋面板的支承端、屋面转折处、防水层与突出屋面结构的交接处，并应与板缝对齐。分格缝的纵横间距一般不大于 6m。

分格缝的一般做法是在施工刚性防水层前，先在隔离层上定好分格缝位置，再安放分格条，然后按分隔板块浇筑混凝土，待混凝土初凝后，将分格条取出即可。分格缝处可采用嵌填密封材料并加贴防水卷材的办法进行处理，以增加防水的可靠性。

5. 防水层施工

（1）普通细石混凝土防水层施工

混凝土浇筑应按先远后近、先高后低的原则进行，一个分格缝内的混凝土必须一次浇筑完毕，不得留施工缝。细石混凝土防水层厚度不小于 40mm，应配双向钢筋网片，间距为 100～200mm，但在分隔缝处应断开，钢筋网片应放置在混凝土的中上部，其保护层厚度不小于 10mm。混凝土的质量要严格保证，加入外加剂时，应准确计量，投料顺序得当，搅拌均匀。混凝土搅拌应采用机械搅拌，搅拌时间不少于 2min，混凝土运输过程中应防止漏浆和离析。混凝土浇筑时，先用平板振动器振实，再用滚筒滚压至表面平整、泛浆，然后用铁抹子压实抹平，并确保防水层的设计厚度和排水坡度。抹压时严禁在表面洒水、加水泥浆或撒干水泥。待混凝土初凝收水后，应进行二次表面压光，或在终凝前 3 次压光成活，以提高其抗渗性。混凝土浇筑 12～24h 后应进行养护，养护时间不应少于 14d。养护初期屋面不得上人。施工时的气温宜在 5～35℃，以保证防水层的施工质量。

（2）补偿收缩混凝土防水层施工

补偿收缩混凝土防水层是在细石混凝土中掺入膨胀剂拌制而成的，硬化后的混凝土产生微膨胀，以补偿普通混凝土的收缩，它在配筋情况下，由于钢筋限制其膨胀，从而使自应力起到致密混凝土，提高混凝土抗裂性和抗渗性的作用。其施工要求与普通细石混凝土防水层大致相同。当用膨胀剂拌制补偿收缩混凝土时，应按配合比准确称量，搅拌投料时膨胀剂应与水泥同时加入。混凝土连续搅拌时间不应少于 3min。

7.1.4 其他屋面施工

1. 架空隔热屋面

架空隔热屋面是在屋面增设架空层，利用空气流通进行隔热。隔热屋面的防水层做法同前述，施工架空层前，应将屋面清扫干净，根据架空板尺寸弹出砖垛支座中心线，架空屋面的坡度不宜大于 5%，为防止架空层砖垛下的防水层造成损伤，应加强其底面的卷材或涂膜防水层，在砖垛下铺贴附加层。架空隔热层的砖垛宜用 M5 水泥砂浆砌筑，铺设架空板时，应将灰浆刮平，随时扫净屋面防水层上的落灰和杂物，保证架空隔热层气流畅通，架空板应铺设平整、稳固，缝隙宜用水泥砂浆或水泥混合砂浆嵌填，并按设计要求留变形缝。

架空隔热屋面所用材料及制品的质量必须符合设计要求。非上人屋面架空砖垛所用的黏土砖强度等级不小于 MU10；架空盖板如采用混凝土预制板，其强度等级不应小于 C20，且板内宜放双向钢筋网片，严禁有断裂和露筋缺陷。

2. 瓦屋面

瓦屋面防水是我国传统的屋面防水技术。它的种类较多，有平瓦屋面、青瓦屋面、筒瓦屋面、石板瓦屋面、石棉水泥瓦屋面、玻璃钢波形瓦屋面、油毡瓦屋面、薄钢板屋面、金属压型夹心板屋面等。下面介绍的是目前使用较多并有代表性的几种瓦屋面。

（1）平瓦屋面

平瓦屋面采用黏土、水泥等材料制成的平瓦铺设在钢筋混凝土或木基层上进行防水。它适用于防水等级为Ⅱ、Ⅲ级及坡度不小于 20%的屋面。

平瓦屋面与立墙及突出屋面结构等交接处，均应做泛水处理。天沟、檐沟的防水层，应采用合成高分子防水卷材、高聚物改性沥青防水卷材、沥青防水卷材、金属板材或塑料板材等材料铺设。

（2）石棉水泥、玻璃钢波形瓦屋面

石棉水泥波瓦、玻璃钢波形瓦屋面适用于防水等级为Ⅳ级的屋面防水。铺设波瓦时，注意瓦楞与屋脊垂直，铺盖方向要与当地常年主导风雨方向相反，以避免搭口缝飘雨漏水。钉挂波瓦时，相邻两波瓦搭接处的每张盖瓦上，都应设一个螺栓或螺钉，并应设在靠近波瓦搭接部分的盖瓦波峰上。波瓦应采用带橡胶衬垫等防水垫圈的镀锌弯钩螺栓固定在金属檩条或混凝土檩条上，或用镀锌螺钉固定在木檩条上。固定波瓦的螺栓或螺钉不应拧得太紧，以垫圈稍能转动为宜。

（3）油毡瓦屋面

油毡瓦是一种新型屋面防水材料，它是以玻璃纤维毡为胎基，经浸涂石油沥青后，一面覆盖彩砂矿物粒料，另一面撒以隔离材料，并经切割所制成的瓦片屋面防水材料。它适用于防水等级为Ⅱ、Ⅲ级及坡度不小于 20%的屋面。

油毡瓦施工时，其基层应牢固平整。如为混凝土基层，则油毡瓦应用专用水泥钢钉与冷沥青玛琋脂黏结固定在混凝土基层上；如为木基层，则铺瓦前应在木基层上铺设一层沥青防水卷材垫毡，用油毡钉铺钉，钉帽应盖在垫毡下面。在油毡瓦屋面与立墙及突出屋面结构等交接处，均应做泛水处理。

3. 金属压型夹心板屋面

金属压型夹心板屋面是金属板材屋面中使用较多的一种，它由两层彩色涂层钢板、中间加硬质自熄性聚氨酯泡沫组成，通过辊轧、发泡、黏结一次成型。它适用于防水等级为Ⅱ、Ⅲ级的屋面单层防水，尤其是工业与民用建筑轻型屋盖的保温防水屋面。

铺设压型钢板屋面时，相邻两块板应顺年最大频率风向搭接，可避免刮风时冷空气贯入室内。上下两排板的搭接长度，应根据板型和屋面坡长确定。所有搭接缝内应用密封材料嵌填封严，防止渗漏。

4. 蓄水屋面

蓄水屋面是屋面上蓄水后利用水的蓄热和蒸发，大量消耗投射在屋面上的太阳辐射热，有效减少通过屋盖的传热量，从而达到保温隔热和延缓防水层老化的目的。蓄水屋面多用于我国南方地区，一般为开敞式。为加强防水层的坚固性，应采用刚性防水层或在卷材、涂膜防水层上再做刚性防水层，并采用耐腐蚀、耐霉烂、耐穿刺性好的防水层材料，以免异物掉入时损坏防水层。蓄水屋面应划分为若干蓄水区，以适应屋面变形的需要。根据多年的使用经验，每区的边长不宜大于10m，在变形缝的两侧应分成两个互不连通的蓄水区，长度超过40m的蓄水屋面应做横向伸缩缝一道。蓄水屋面应设置人行通道。考虑到防水要求的特殊性，蓄水屋面所设排水管、溢水口和给水管等，应在防水施工前安装完毕，并且为使每个蓄水区混凝土的整体防水性好，要求防水混凝土一次浇筑完毕，不得留施工缝。

蓄水屋面的所有孔洞应预留，不能后凿。蓄水屋面的刚性防水层完工后，应在混凝土终凝后，立即洒水养护，养护好后，及时蓄水，防止干涸开裂，蓄水屋面蓄水后不能断水。

5. 种植屋面

种植屋面是在屋面防水层上覆土或盖有锯木屑、膨胀蛭石等多孔松散材料，进行种植草皮、花卉、蔬菜、水果或设架种植攀缘植物等作物。这种屋面可以有效地保护防水层和屋盖结构层，对建筑物也有很好的保温隔热效果，并对城市环境能起到绿化和美化的作用，有益于保护环境和人们的健康。

种植屋面在施工挡墙时，留设的泄水孔位置应准确，且不得堵塞，以免给防水层带来不利，覆盖层施工时，应避免损坏防水层，覆盖材料的厚度和质量应符合设计要求，以防止屋面结构过量超载。

6. 倒置式屋面

倒置式屋面是把原屋面“防水层在上，保温层在下”的构造设置倒置过来，将憎水性或吸水率较低的保温材料放在防水层上，使防水层不易损伤，提高耐久性，并可防止屋面结构内部结露。倒置式屋面的保温层的基层应平整、干燥和干净。

倒置式屋面的保温材料铺设，对松散型应分层铺设，并适当压实，每层虚铺厚度不宜大于150mm；板块保温材料应铺设平稳，拼缝严密，分层铺设的板块上、下层接缝应错开，板间缝隙用同类材料嵌填密实。

保温材料有松散型、板状型和整体现浇（喷）保温层，其保温层的含水率必须符合设计要求。松散保温材料的质量要求如表7-13所示，板状保温材料的质量要求如表7-14所示。

表7-13　松散保温材料的质量要求

项目	膨胀蛭石	膨胀珍珠岩
粒径	3～15mm	≥0.15mm，<0.15mm的含量不大于8%
堆积密度	300kg/m^3	120kg/m^3
导热系数	≤0.14W/（m·K）	≤0.07W/（m·K）

表 7-14 板状保温材料的质量要求

项目	聚苯乙烯泡沫板		泡沫玻璃	微孔混凝土类	硬质聚氨酯泡沫塑料	膨胀蛭石（珍珠岩制品）
	模压	挤压				
表观密度/（kg/m^3）	15～30	≥32	≤200	≤425	≥30	≤350
导热系数/[W/（m·K）]	≤0.03	≤0.041	0.070	0.120	0.024	≤0.87
抗压强度/MPa	—	—	≥0.4	≥0.5	—	≥0.3
在 10%形变下的压缩应力/MPa	≥0.06	≥0.15	—	—	≥0.15	—
70℃，48h 后尺寸变化率%	≤5.0	≤2.0	—	—	≤2.0	—
吸水率/%	≤6.0	≤1.5	≤0.5	—	≤4.0	—
外观质量	板的外形基本平整，无严重凹凸不平，厚度允许偏差为 5%且不大于 4mm					

7.1.5 常见屋面渗漏防治方法

造成屋面渗漏的原因是多方面的，包括设计、施工、材料质量、维修管理等。要提高屋面防水工程的质量，应以材料为基础，以设计为前提，以施工为关键，并加强维护，对屋面工程进行综合治理。

1. *屋面渗漏的原因*

（1）山墙、女儿墙和突出屋面的烟囱等墙体与防水层相交部渗漏雨水

渗漏原因是节点做法过于简单，垂直面卷材与屋面卷材没有很好地分层搭接，或卷材收口处开裂，在冬季不断冻结，夏天炎热熔化，使开口增大，并延伸至屋面基层，造成漏水。此外，卷材转角处未做成圆弧形、钝角或角太小，女儿墙压顶砂浆等级低，滴水线未做或没有做好等原因，也会造成渗漏。

（2）天沟漏水

渗漏原因是天沟长度大，纵向坡度小，雨水口少，雨水斗四周卷材粘贴不严，排水不畅，造成漏水。

（3）屋面变形缝（伸缩缝、沉降缝）处漏水

渗漏原因是处理不当，如薄钢板凸棱安反、薄钢板安装不牢、泛水坡度不当等造成漏水。

（4）挑檐、檐口处漏水

渗漏原因是檐口砂浆未压住卷材，封口处卷材张口，檐口砂浆开裂，下口滴水线未做好而造成漏水。

（5）雨水口处漏水

渗漏原因是雨水口处水斗安装过高，泛水坡度不够，使雨水沿雨水斗外侧流入室内，造成渗漏。

（6）厕所、厨房的通气管根部处漏水

渗漏原因是防水层未盖严，或包管高度不够，在油毡上口未缠麻丝或钢丝，油毡没有做压毡保护层，使雨水沿出气管进入室内造成渗漏。

（7）大面积漏水

渗漏原因是屋面防水层找坡不够，表面凹凸不平，造成屋面积水而渗漏。

2. 屋面渗漏的预防及治理办法

女儿墙压顶开裂时，可铲除开裂压顶的砂浆，重抹 1∶（2～2.5）水泥砂浆，并做好滴水线，有条件者可换成预制钢筋混凝土压顶板。突出屋面的烟囱、山墙、管根等与屋面交接处、转角处做成钝角，垂直面与屋面的卷材应分层搭接，对已漏水的部位，可将转角渗透漏处的卷材割开，并分层将旧卷材烤干剥离，清除原有沥青胶。按图 7-6 和图 7-7 处理。

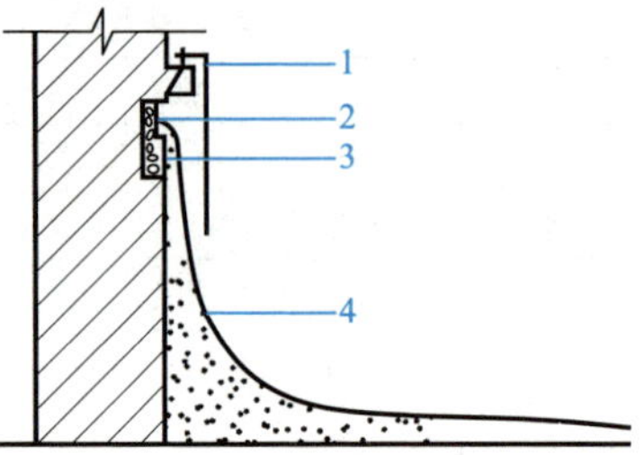

1—镀锌薄钢板泛水；2—水泥砂浆堵缝；3—预埋木砖；4—防水卷材。

图 7-6　女儿墙镀锌薄钢板泛水

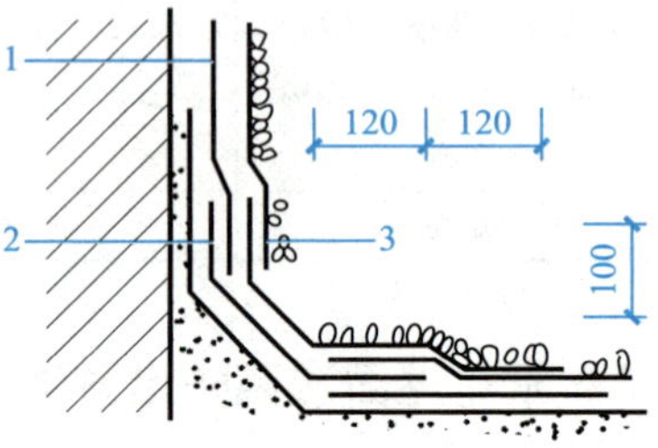

1—原有卷材；2—干铺一层新卷材；3—新附加卷材。

图 7-7　转角渗漏处卷材处理

出屋面管道：管根处做成钝角，并建议设计单位加做防雨罩，使油毡在防雨罩下收头，如图 7-8 所示。

檐口漏雨：将檐口处旧卷材掀起，用 24 号镀锌薄钢板将其钉于檐口，将新卷材贴于薄钢板上，如图 7-9 所示。

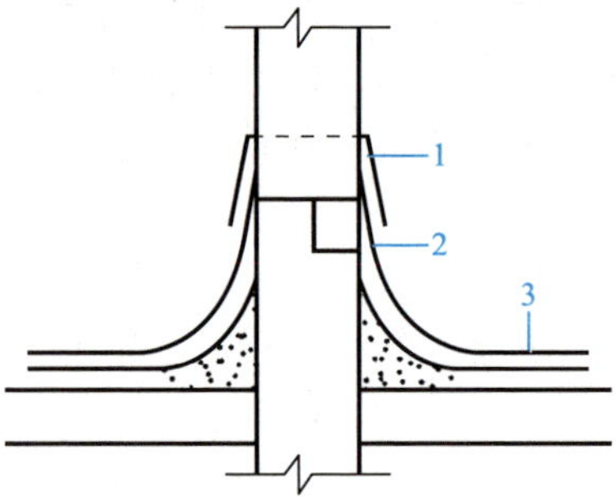

1—24 号镀锌薄钢板防雨罩；2—铅丝或麻绳；3—油毡。

图 7-8　出屋面管加薄钢板防雨罩

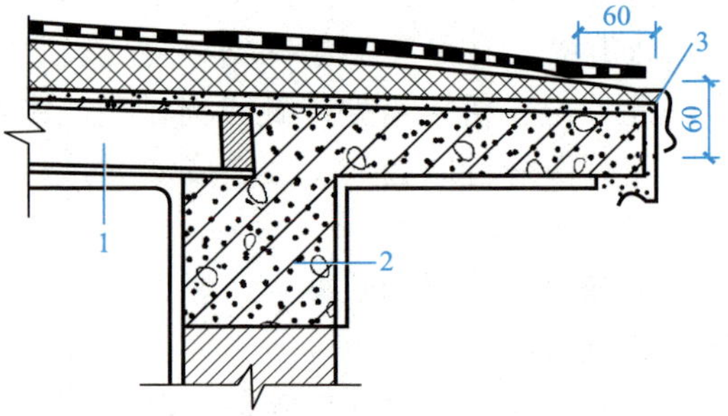

1—屋面板；2—圈梁；3—24 号镀锌薄钢板。

图 7-9　檐口漏雨处理

雨水口漏雨渗水：将雨水斗四周卷材铲除，检查短管是否紧贴基层板面或铁水盘。如短管浮搁在找平层上，则将找平层凿掉，清除后安装好短管，再用搭槎法重做三毡四油防水层，然后进行雨水斗附近卷材的收口和包贴，如图 7-10 所示。

如用铸铁弯头代替雨水斗，则需将弯头凿开取出，清理干净后安装弯头，再铺一层油毡（或卷材），其伸入弯头内应大于 50mm，最后做防水层至弯头内并与弯头端部搭接顺畅、抹压密实。

对于大面积渗漏屋面，针对不同原因可采用不同方法治理。一般有以下两种方法：

第一种方法：将原豆石保护层清扫一遍，去掉松动的浮石，抹 20mm 厚水泥砂浆找平层，然后做一布三油乳化沥青（或氯丁胶乳沥青）防水层和黄砂（或粗砂）保护层。

第二种方法：按上述方法将基层处理好后，将一布三油改为二毡三油防水层，再做豆石保护层。第一层油毡应干铺于找平层上，只在四周女儿墙和通风道处卷起，与基层粘贴。

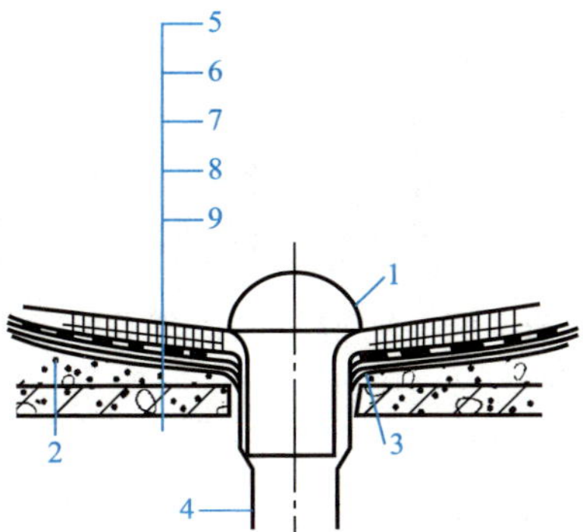

1—雨水罩；2—轻质混凝土；3—雨水斗紧贴基层；4—短管；5—沥青胶或油膏灌缝；6—二毡四油防水层；7—附加一层卷材；8—附加一层再生胶油毡；9—水泥砂浆找平层。

图 7-10　雨水口漏水处理

思政案例

故宫古建防水奇迹

北京故宫的排水系统是一项古代建筑工程的杰作，展示了中国古代建筑师的智慧和水利工程的高超技术。这一精妙的排水系统在夏季连日强降雨天气中一次次展现了其卓越的效果，有效保护了故宫建筑群的安全。

首先，故宫的地面设计充分考虑了北京的地理环境特点。整体走势呈北高南低、中间高两边低的设计，使得雨水能够自然流动，并以适当的速度排泄。这种设计既能避免积水过多造成损害，又能确保排水畅通。

其次，故宫内的排水沟渠长度达到了惊人的 15km，其中暗沟近 13km。这些沟渠将雨水引导至内金水河，并与周边的护城河、外金水河、中南海等水系相连。这种连通性保证了故宫周围水体的自然流动，有效降低了积水的风险。

此外，故宫的古代雨水沟在设计和施工上也显示出细致入微的考量。古人运用石头、砖块等材料建造出坚固耐用的排水系统，确保其持久有效。这些古代雨水沟至今存在，无疑是对古代工艺和智慧的巨大赞誉。

北京故宫的排水系统不仅仅是一个简单的水利工程，更是古代中国人聪明才智的结晶。它展示了中国古代建筑师对细节的关注和对自然环境的敬畏。在现代社会，我们应该从故宫排水系统的成功中汲取启示。在城市规划和建筑设计中，需要充分考虑自然环境的特点，合理设计排水系统，以应对极端天气事件的发生，确保城市建筑的安全和可持续发展。

任务 7.2　地下防水工程施工

地下防水工程是防止地下水对地下构筑物或建筑物基础的长期浸透，保证地下构筑物或地下室使用功能正常发挥的一项重要工程。由于地下工程常年受到地表水、潜水、上层滞水、毛细管水等的作用，所以，对地下工程防水的处理比屋面防水工程要求更高，防水技术难度更大。而如何正确选择合理有效的防水方案就成为地下防水工程中的首要问题。

地下工程的防水等级分 4 级，各级标准应符合表 7-15 的规定。

表 7-15 地下防水工程等级标准

防水等级	标准
1 级	不允许渗水，结构表面无湿渍
2 级	不允许漏水，结构表面可有少量湿渍 工业与民用建筑：湿渍总面积不大于总防水面积的 1‰，单个湿渍面积不大于 $0.1m^2$，任意 $100m^2$ 防水面积不超过 1 处 其他地下工程：湿渍总面积不大于总防水面积的 2‰，单个湿渍面积不大于 $0.2m^2$，任意 $100m^2$ 防水面积不超过 3 处
3 级	有少量漏水点，不得有线流和漏泥沙 单个湿渍面积不大于 $0.3m^2$，单个漏水点的漏水量不大于 2.5L/d，每 $100m^2$ 防水面积不超过 7 处
4 级	有漏水点，不得有线流和漏泥沙 整个工程平均漏水量不大于 2L/（m^2·d），任意 $100m^2$ 防水面积的平均漏水量不大于 4L/（m^2·d）

7.2.1 防水方案及防水措施

1. 防水方案

地下工程的防水方案，应遵循“防、排、截、堵结合，刚柔相济，因地制宜，综合治理”的原则，根据使用要求、自然环境条件及结构形式等因素确定。地下工程的防水，应采用经过试验、检测和鉴定并经实践检验质量可靠的新材料，行之有效的新技术、新工艺。常用的防水方案有以下 3 类：

（1）结构自防水

结构自防水依靠防水混凝土本身的抗渗性和密实性来进行防水。结构本身既是承重围护结构，又是防水层。因此，它具有施工简便、工期较短、改善劳动条件、节省工程造价等优点，是解决地下防水的有效途径，从而被广泛采用。

（2）设防水层

设防水层即在结构物的外侧增加防水层，以达到防水的目的。常用的防水层有水泥砂浆、卷材、沥青胶结料和金属防水层，可根据不同的工程对象、防水要求及施工条件选用。

（3）渗排水防水

渗排水防水利用盲沟、渗排水层等措施来排除附近的水源以达到防水目的，适用于形状复杂、受高温影响、地下水为上层滞水且防水要求较高的地下建筑。

2. 防水措施

地下工程的钢筋混凝土结构，应采用防水混凝土，并根据防水等级的要求采用防水措施。其防水措施的选用应根据地下工程的开挖方式确定，明挖法地下工程的防水设防要求如表 7-16 所示，暗挖法地下工程的防水设防要求如表 7-17 所示。

表 7-16　明挖法地下工程的防水设防要求

工程部位		主体							施工缝							后浇带						变形缝（诱导缝）					
防水措施		防水混凝土	防水卷材	防水涂料	塑料防水板	膨润土防水材料	防水砂浆	金属防水板	遇水膨胀止水条	中埋式止水带	外贴式止水带	外抹防水砂浆	外涂防水涂料	水泥基渗透结晶型防水涂料	预埋注浆管	补偿收缩混凝土	外贴式止水带	预埋注浆管	遇水膨胀止水条	防水密封材料	防水嵌缝材料	中埋式止水带	外贴式止水带	可卸式止水带	防水密封材料	外贴防水卷材	外涂防水涂料
防水等级	一级	应选	应选 1～2 种						应选 2 种							应选	应选 2 种					应选	应选 2 种				
	二级	应选	应选 1 种						应选 1～2 种							应选	应选 1～2 种					应选	应选 1～2 种				
	三级	应选	宜选 1 种						宜选 1～2 种							应选	宜选 1～2 种					宜选	宜选 1～2 种				
	四级	应选							宜选 1 种							应选	宜选 1 种					应选	宜选 1 种				

表 7-17　暗挖法地下工程的防水设防要求

工程部位		衬砌结构						内衬砌施工缝						内衬砌变形缝（诱导缝）				
防水措施		防水混凝土	塑料防水板	防水砂浆	防水涂料	防水卷材	金属防水层	外贴式止水带	预埋注浆管	遇水膨胀止水带	防水密封材料	中埋式止水带	水泥基渗透结晶型防水涂料	中埋防水止水带	外贴式止水带	可卸式止水带	防水密封材料	遇水膨胀止水条
防水等级	一级	必选	应选 1～2 种					应选 1～2 种						应选	应选 1～2 种			
	二级	应选	应选 1 种					应选 1 种						应选	应选 1 种			
	三级	宜选	宜选 1 种					宜选 1 种						应选	宜选 1 种			
	四级	宜选	宜选 1 种					宜选 1 种						应选	宜选 1 种			

7.2.2　结构主体防水施工

1. 防水混凝土结构的施工

微课：金属钢板防水施工

防水混凝土结构是指以本身的密实性而具有一定防水能力的整体式混凝土或钢筋混凝土结构。它兼有承重、围护和抗渗功能，还可满足一定的耐冻及耐侵蚀要求。

（1）防水混凝土的分类

防水混凝土一般分为普通防水混凝土、外加剂防水混凝土和膨胀水泥防水混凝土 3 类。

普通防水混凝土是以调整和控制配合比的方法，达到提高密实度和抗渗性要求的一种混凝土。

外加剂防水混凝土是指用掺入适量外加剂的方法，改善混凝土的内部组织结构，以增加密实性、提高抗渗性的混凝土。按所掺外加剂种类的不同，可分为减水剂防水混凝土、加气剂防水混凝土、三乙醇胺防水混凝土、氯化铁防水混凝土等。

膨胀水泥防水混凝土是指用膨胀水泥为胶结料配制而成的防水混凝土。

不同类型的防水混凝土具有不同特点，应根据使用要求加以选择。

（2）防水混凝土施工

防水混凝土结构工程质量的优劣，除取决于合理的设计、材料的性质及配合成分外，还取决于施工的各主要环节，如混凝土的搅拌、运输、浇筑振捣、养护等，均应严格遵循施工及验收规范和操作规程的各项规定。

防水混凝土所用模板，除满足一般要求外，应特别注意模板拼缝严密、支撑牢固。在浇筑防水混凝土前，应将模板内部清理干净。当两侧模板需用对拉螺栓固定时，应在螺栓或套管中间加焊止水环、螺栓堵头，如图 7-11 所示。

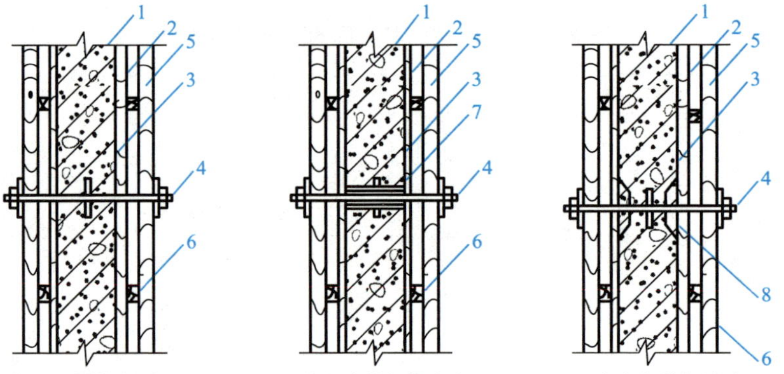

（a）螺栓加焊止水环　（b）套管加焊止水环　（c）螺栓加堵头

1—防水建筑；2—模板；3—止水环；4—螺栓；5—水平加劲肋；6—垂直加劲肋；7—预埋套管（拆模后将螺栓拔出，套管内用膨胀水泥砂浆封堵）；8—堵头（拆模后将螺栓沿平凹坑底割去，再用膨胀水泥砂浆封堵）。

图 7-11　螺栓穿墙止水措施

钢筋不得用钢丝或铁钉固定在模板上，必须采用相同配合比的细石混凝土或砂浆块做垫块，并确保钢筋保护层厚度符合规定，不得有负误差。结构内设置的钢筋确需用钢丝绑扎时，均不得接触模板。

防水混凝土的配合比应通过试验选定。在选定配合比时，应按设计要求的抗渗标号提高 0.2MPa。防水混凝土的抗渗等级不得小于 P6，所用水泥的强度等级不低于 32.5 级，石子的粒径宜为 5～40mm，宜采用中砂；防水混凝土可根据抗裂要求掺入钢纤维或合成纤维，其掺和料和外加剂的掺量应经试验确定，其水灰比不大于 0.50。地下防水工程所使用的防水材料须有产品合格证书和性能检测报告，材料的品种、规格、性能等应符合现行国家产品标准和设计要求，不合格的材料不得在工程中使用。配制防水混凝土时要用机械搅拌，先将砂、石、水泥一次倒入搅拌筒内搅拌 0.5～1.0min，再加水搅拌 1.5～2.5min。如掺外加剂，则应最后加入。外加剂必须先用水稀释均匀，其搅拌时间应根据外加剂的技术要求确定。对厚度不小于 250mm 的结构，混凝土坍落度宜为 10～30mm；对厚度小于 250mm 或钢筋稠密的结构，混凝土坍落度宜为 30～50mm。拌好的混凝土应在半小时内运至现场，于初凝前浇筑完毕。当运距较远或气温较高时，宜掺缓凝减水剂。防水混凝土拌合物在运输后，如出现离析，则必须进行二次搅拌；若坍落度损失导致无法满足施工要求，则应加入原水灰比的水泥浆或二次掺减水剂进行搅拌，严禁直接加水。混凝土浇筑时应分层连续浇筑，其自由倾落高度不得大于 1.5m。混凝土应用机械振捣密实，振捣时间为 10～30s，直至混凝土开始泛浆和不冒气泡，并避免漏振、欠振和超振。混凝土振捣后，须用铁锹拍实，等混凝土初凝后用铁抹子压光，以增加表面致密性。

防水混凝土应连续浇筑，尽量不留或少留施工缝。必须留设施工缝时，宜留在下列部位：墙体水平施工缝不应留在剪力与弯矩最大处或底板与侧墙的交接处，应留在高出底板表面不小于 300mm 的墙体上；拱（板）墙结合的水平施工缝，宜留在拱（板）墙接缝线以下 150～300mm 处；墙体有预留孔洞时，施工缝距孔洞边缘不应小于 300mm；垂直施工缝应避开地下水和裂隙水较多的地段，并宜与变形缝相结合。施工缝防水的构造形式如图 7-12 所示。

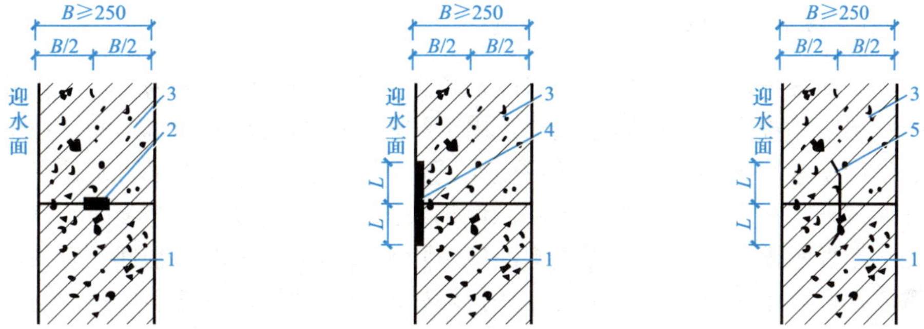

（a）防水基本构造1

（b）防水基本构造2
外贴止水带$L \geq 150$；
外涂防水涂料$L=200$；
外抹防水砂浆$L=200$。

（c）防水基本构造3
钢板止水带$L \geq 150$；
橡胶止水带$L \geq 200$；
钢边橡胶止水带$L \geq 120$。

1—先浇混凝土；2—遇水膨胀止水条；3—后浇混凝土；4—外贴防水层；5—中埋式止水带。

图 7-12　施工缝防水的构造形式

施工缝浇灌混凝土前，应将其表面浮浆和杂物清除干净，先刷水泥净浆或涂刷混凝土界面处理剂，再铺 30～50mm 厚的 1∶1 水泥砂浆，并及时浇灌混凝土，垂直施工缝可不铺水泥砂浆，选用的遇水膨胀止水条应牢固地安装在缝表面或预留槽内，且该止水条应具有缓胀性能，其 7d 的膨胀率不应大于最终膨胀率的 60%，采用中埋式止水带时，应位置准确，固定牢靠。

防水混凝土终凝后（一般浇后 4～6h），即应开始覆盖浇水养护，养护时间应在 14d 以上，冬期施工混凝土入模温度不应低于 5℃，宜采用综合蓄热法、暖棚法等养护方法，并应保持混凝土表面湿润，防止混凝土早期脱水。采用掺化学外加剂方法施工时，能降低水溶液的冰点，使混凝土在低温下硬化，但要适当延长混凝土的搅拌时间。不宜采用蒸汽养护和电热养护，地下构筑物应及时回填分层夯实，以避免由于干缩和温差产生裂缝。防水混凝土结构须在混凝土强度达到设计强度的40%以上时方可在其上面继续施工，达到设计强度的70%以上时方可拆摸。拆模时，混凝土表面温度与环境温度之差不得超过12℃，以防混凝土表面出现裂缝。

防水混凝土浇筑后严禁打洞，因此，所有的预留孔和预埋件在混凝土浇筑前必须埋设准确。对防水混凝土结构内的预埋件、穿墙管道等防水薄弱之处，应采取措施，仔细施工。

拌制防水混凝土所用材料的品种、规格和用量，每工作班检查不应少于两次；混凝土在浇筑地点的坍落度，每工作班至少检查两次。防水混凝土抗渗性能，应采用标准条件下养护混凝土抗渗试件的试验结果评定，试件应在浇筑地点制作。连续浇筑混凝土每500mm^{3}应留置一组抗渗试件，一组为6个试件，每项工程不得小于两组。

防水混凝土的工程质量检验，应按混凝土外露面积每100m^{2}抽查1处，每处10m^2，且不得少于3处，细部构造应全数检查。

防水混凝土的抗压强度和抗渗压力必须符合设计要求，其变形缝、施工缝、后浇带、穿墙管道、埋设件等设置和构造均要符合设计要求，严禁有渗漏。防水混凝土结构表面的裂缝宽度不应大于0.2mm，并不得贯通，其结构厚度不应小于250mm，迎水面钢筋保护层的厚度不应小于50mm。

2. 水泥砂浆防水层的施工

刚性抹面防水根据防水砂浆的材料组成及防水层构造的不同可分为两种：掺外加剂的水泥砂浆防水层与刚性多层抹面防水层，适用于结构主体的迎水面或背水面，在混凝土或砌体结构的基层上采用多层抹压施工，但不适用于环境有侵蚀性、持续振动或温度高于80℃的地下工程。掺外加剂的水泥砂浆防水层，近年来已从掺用一般无机盐类防水剂发展至用聚合物外加剂改性水泥砂浆，从而提高水泥砂浆防水层的抗拉强度及韧性，有效地增强了防水层的抗渗性，可单独用于防水工程，获得较好的防水效果。刚性多层抹面防水层主要是依靠特定的施工工艺要求来提高水泥砂浆的密实性，从而达到防水抗渗的目的，适用于埋深不大，不会因结构沉降、温度和湿度变化及受振动等产生有害裂缝的地下防水工程。

水泥砂浆防水层所采用的水泥强度等级不应低于32.5级，宜采用中砂，其粒径在3mm以下，外加剂的技术性能应符合国家或行业标准一等品及以上的质量要求。

刚性多层抹面防水层通常采用四层或五层抹面做法。一般在防水工程的迎水面采用五层抹面做法（图7-13），在背水面采用四层抹面做法（少一道水泥浆）。施工前要注意对基层的处理，使基层表面保持湿润、清洁、平整、坚实、粗糙，以保证防水层与基层表面结合牢固、不空鼓水。施工时应注意素灰层与砂浆层应在同一天完成。施工应连续进行，尽可能不留施工缝。一般顺序为先平面后立面。分层做法：第一层，在浇水湿润的基层上先抹1mm厚素灰（用铁板用力刮抹5～6遍），再抹1mm找平；第二层，在素灰层初凝后终凝前进行，使砂浆压入素灰层0.5mm并扫出横纹；第三层，在第二层凝固后进行，做法同第一层；第四层，做法同第二层，抹后在表面用铁板抹压5～6遍，

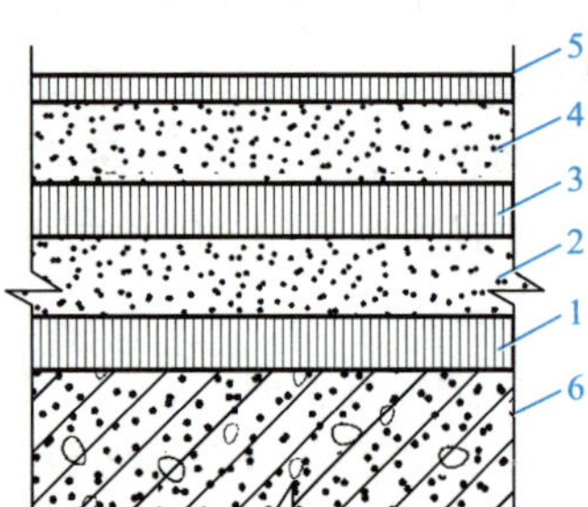

1、3—素灰层2mm；2、4—砂浆层4～5mm；5—水泥浆1mm；6—结构层。

图7-13　五层做法构造

最后压光；第五层，在第四层抹压两遍后刷水泥浆一遍，随第四层压光。水泥砂浆铺抹时，采用砂浆收水后两次抹光，使表面紧固密实。防水层的厚度应满足设计要求，一般为 18～20mm 厚，聚合物水泥砂浆防水层厚度要视施工层数而定。施工时应注意素灰层与砂浆层应在同一天完成，防水层各层之间应结合牢固、不空鼓。每层宜连续施工，尽可能不留施工缝；必须留施工缝时，应采用阶梯坡形槎，但离阴阳角处不小于 200mm，防水层的阴阳角应做成圆弧形。

水泥砂浆防水层不宜在雨天及 5 级以上大风中施工，冬期施工不应低于 5℃，夏季施工不应在 35℃以上或烈日照射下施工。

如采用普通水泥砂浆做防水层，则铺抹的面层终凝后应及时进行养护，且养护时间不得少于 14d。

当聚合物水泥砂浆防水层未达硬化状态时，不得浇水养护或受雨水冲刷，硬化后应采用干湿交替的养护方法。

3. 卷材防水层施工

卷材防水层是用沥青胶结材料粘贴卷材而成的一种防水层，属于柔性防水层。其特点是具有良好的韧性和延伸性，能适应一定的结构振动和微小变形，对酸、碱、盐溶液具有良好的耐腐蚀性，是地下防水工程常用的施工方法，采用高聚物改性沥青防水卷材和高分子防水卷材，抗拉强度高，延伸率大，耐久性好，施工方便。但由于沥青卷材吸水率大，耐久性差，机械强度低，直接影响防水层质量，而且材料成本高，施工工序多，操作条件差，工期较长，所以发生渗漏后修补困难。

（1）铺贴方案

地下防水工程一般把卷材防水层设置在建筑结构的外侧迎水面上称为外防水，这种防水层的铺贴法可以借助土压力压紧，并与结构一起抵抗有压地下水的渗透和侵蚀作用，防水效果良好，采用比较广泛。卷材防水层用于建筑物地下室，应铺设在结构主体底板垫层至墙体顶端的基面上，在外围形成封闭的防水层，卷材防水层为 1～2 层，防水卷材的厚度应满足表 7-18 所示的规定。

表 7-18　防水卷材的厚度　　单位：mm

<table>
<tr><td>卷材品种</td><td colspan="3">高聚物改性沥青防水卷材</td><td colspan="4">合成高分子卷材</td></tr>
<tr><td rowspan="2">单层厚度</td><td rowspan="2">弹性体改性沥青防水卷材、改性沥青聚乙烯胎防水卷材</td><td colspan="2">自粘聚合物改性沥青防水卷材</td><td rowspan="2">三元乙丙橡胶防水卷材</td><td rowspan="2">聚氯乙烯防水卷材</td><td rowspan="2">聚氯乙烯丙纶复合防水卷材</td><td rowspan="2">高分子自粘胶膜防水卷材</td></tr>
<tr><td>聚酯毡胎体</td><td>无胎体</td></tr>
<tr><td rowspan="2">双层厚度</td><td>≥4</td><td>≥3</td><td>≥1.5</td><td>≥1.5</td><td>≥1.5</td><td>卷材：≥0.9
黏结料：≥1.3
芯材厚度：≥0.6</td><td>≥1.2</td></tr>
<tr><td>≥（4+3）</td><td>≥3+3</td><td>≥(1.5+1.5)</td><td>≥(1.2+1.2)</td><td>≥(1.2+1.2)</td><td>卷材：≥（0.7+0.7）
黏结料：≥（1.3+1.3）
芯材厚度：≥0.5</td><td>—</td></tr>
</table>

阴阳角处应做成圆弧或 135° 折角，其尺寸视卷材品质而定，在转角处、阴阳角等特殊

部位，应增贴1～2层相同的卷材，宽度不宜小于500mm。

外防水的卷材防水层铺贴方法，按其与地下防水结构施工的先后顺序分为外贴法和内贴法两种。

1）外贴法。在地下建筑墙体做好后，直接将卷材防水层铺贴在墙上，然后砌筑保护墙，如图7-14所示。其施工程序为，首先浇筑需防水结构的底面混凝土垫层，并在垫层上砌筑永久性保护墙，墙下干铺油毡一层，墙高不小于结构底板厚度 B+(200～500mm)；然后在永久性保护墙上用石灰砂浆砌临时保护墙，墙高为150mm×(油毡层数+1)；再在永久性保护墙上和垫层上抹1∶3水泥砂浆找平层，在临时保护墙上用石灰砂浆找平；待找平层基本干燥后，在其上满涂冷底子油，然后分层铺贴立面和平面卷材防水层，并将顶端临时固定。在铺贴好的卷材表面做好保护层后，再进行需防水结构的底板和墙体施工。需防水结构施工完成后，将临时固定的接槎部位的各层卷材揭开并清理干净，再在此区段的外墙外表面上补抹水泥砂浆找平层，找平层上满涂冷底子油，将卷材分层错槎搭接向上铺贴在结构墙上。卷材接槎的搭接长度，高聚物改性沥青卷材为150mm，合成高分子卷材为100mm，当使用两层卷材时，卷材应错槎接缝，上层卷材应盖过下层卷材；应及时做好防水层的保护结构。

2）内贴法。在地下建筑墙体施工前先砌筑保护墙，然后将卷材防水层铺贴在保护墙上，最后施工并浇筑地下建筑墙体，如图7-15所示。其施工程序为，先在垫层上砌筑永久保护墙，然后在垫层及保护墙上抹1∶3水泥砂浆找平层，待其基本干燥后满涂冷底子油，沿保护墙与垫层铺贴防水层。卷材防水层铺贴完成后，在立面防水层上涂刷最后一层沥青胶时，趁热粘上干净的热砂或散麻丝，待冷却后，随即抹一层10～20mm厚的1∶3水泥砂浆保护层。在平面上可铺设一层30～50mm厚的1∶3水泥砂浆或细石混凝土保护层。最后进行需防水结构的施工。

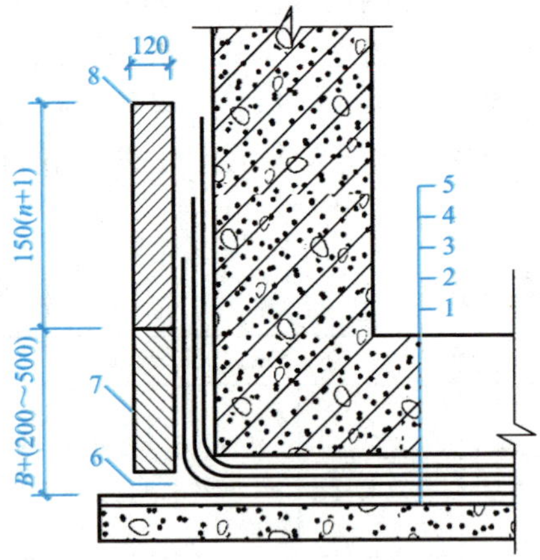

1—垫层；2—找平层；3—卷材防水层；4—保护层；5—构筑物；6—油毡；7—永久保护墙；8—临时性保护墙。

图7-14 外贴法

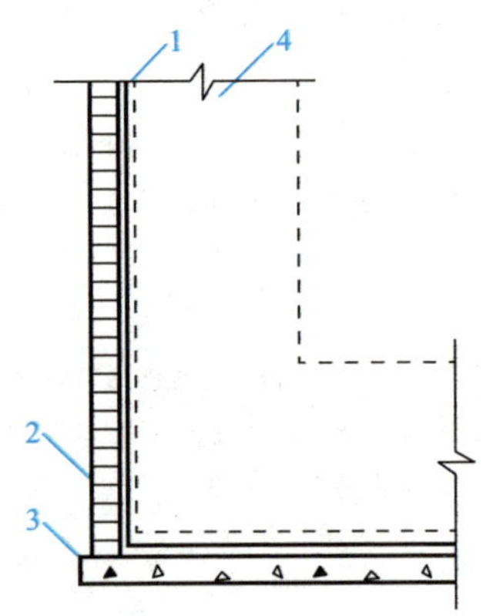

1—卷材防水层；2—永久保护墙；3—垫层；4—尚未施工的构筑物。

图7-15 内贴法

（2）施工要点

铺贴卷材的基层必须牢固、无松动现象；基层表面应平整干净；阴阳角处，均应做成圆弧形或钝角。铺贴卷材前，应在基面上涂刷基层处理剂，当基面较潮湿时，应涂刷湿固化型胶粘剂或潮湿界面隔离剂。基层处理剂应与卷材和胶粘剂的材性相容，基层处理剂可采用喷涂法或涂刷法施工，喷涂应均匀一致，不露底，待表面干燥后，再铺贴卷材。铺贴卷材时，每层的沥青胶要求涂布均匀，其厚度一般为 1.5～2.5mm。外贴法铺贴卷材应先铺平面，后铺立面，平、立面交接处应交叉搭接；内贴法宜先铺垂直面，后铺水平面。铺贴垂直面时应先铺转角，后铺大面。墙面铺贴时应待冷底子油干燥后自下而上进行。卷材接槎的搭接长度：高聚物改性沥青卷材为 150mm，合成高分子卷材为 100mm，当使用两层卷材时，上下两层和相邻两幅卷材的接缝应错开 1/3～1/2 幅宽，并不得互相垂直铺贴。在立面与平面的转角处，卷材的接缝应留在平面距立面不小于 600mm 处。在所有转角处均应铺贴附加层并仔细粘贴紧密。粘贴卷材时应展平压实。卷材与基层和各层卷材间必须粘贴紧密，搭接缝必须用沥青胶仔细封严。最后一层卷材贴好后，应在其表面均匀涂刷一层 1～1.5mm 的热沥青胶，以保护防水层。

铺贴高聚物改性沥青卷材应采用热熔法施工，在幅宽内卷材底表面均匀加热，不可过分加热或烧穿卷材，只使卷材的黏结面材料加热呈熔融状态后，立即与基层或已粘贴好的卷材黏结牢固，但对厚度小于 3mm 的高聚物改性沥青防水卷材不能采用热熔法施工。铺贴合成高分子卷材要采用冷粘法施工，所使用的胶粘剂必须与卷材材性相容。

用模板代替临时性保护墙时，应在其上涂刷隔离剂。从底面折向立面的卷材与永久性保护墙的接触部位，应采用空铺法施工，与临时性保护墙或围护结构模板接触的部位，应临时贴附在该墙上或模板上，卷材铺好后，其顶端应临时固定。当不设保护墙时，从底面折向立面的卷材的接槎部位应采取可靠的保护措施。

7.2.3　结构细部构造防水施工

1. 变形缝

地下结构物的变形缝是防水工程的薄弱环节，防水处理比较复杂。若处理不当，则会引起渗漏现象，从而直接影响地下工程的正常使用和寿命。为此，在选用材料、做法及结构形式上，应考虑变形缝处的沉降、伸缩的可变性，并且还应保证其在形态中的密闭性，即不产生渗漏水现象。用于伸缩的变形缝宜不设或少设，可根据不同的工程结构、类别及工程地质情况采用诱导缝、加强带、后浇带等替代措施。用于沉降的变形缝宽度宜为 20～30mm，用于伸缩的变形缝宽度宜小于此值，变形缝处混凝土结构的厚度不应小于 300mm，变形缝的防水措施可根据工程开挖方法，防水等级按表 7-16、表 7-17 所示选用。

对止水材料的基本要求：适应变形能力强、防水性能好、耐久性高、与混凝土黏结牢固等。防水混凝土结构的变形缝、后浇带等细部构造应采用止水带、遇水膨胀橡胶腻子止水条等高分子防水材料和接缝密封材料。

常见的变形缝止水带材料有橡胶止水带、塑料止水带、氯丁橡胶止水带和金属止水带（如镀锌钢板等）。其中，橡胶止水带与塑料止水带的柔性、适应变形能力与防水性能都比较好，是目前变形缝常用的止水材料；氯丁橡胶止水带是一种新型止水材料，具有施工简便、防水效果好、造价低且易修补的特点；金属止水带一般仅用于高温环境条件下无法采用橡胶止水带或塑料止水带的场合。金属止水带的适应变形能力差，制作困难。对环境温度高于 50℃处的变形缝，可采用 2mm 厚的纯铜片或 3mm 厚不锈钢金属止水带，在不受水压的地下室防水工程中，结构变形缝可采用加防腐掺和料的沥青浸过的松散纤维材料、软质板材等填塞严密，并用封缝材料严密封缝，墙的变形缝的填嵌应按施工进度逐段进行，每 300～500mm 高填缝一次，缝宽不小于 30mm，不受水压的卷材防水层，在变形缝处应加铺两层抗拉强度高的卷材，在受水压的地下防水工程中，温度经常小于 50℃；在不受强氧化作用时，变形缝宜采用橡胶或塑料止水带；当有油类侵蚀时，应选用相应的耐油橡胶或塑料止水带，止水带应整条，若必须接长，则应采用焊接或胶接，止水带的接缝宜为一处，应设在边墙较高位置上，不得设在结构转角处，止水带的埋设位置应准确，其中间空心圆环与变形缝的中心线应重合。止水带应妥善固定，顶、底板内止水带应成盆状安设，宜采用专用钢筋套或扁钢固定，止水带不得穿孔或用铁钉固定，损坏处应修补，止水带应固定牢固、平直，不能有扭曲现象。

变形缝接缝处两侧应平整、清洁、无渗水，并涂刷与嵌缝材料相容的基层处理剂，嵌缝应先设置与嵌缝材料隔离的背衬材料，并嵌填密实，与两侧黏结牢固。在缝上粘贴卷材或涂刷涂料前，应在缝上设置隔离层后才能进行施工。

止水带的构造形式通常有埋入式、可卸式、粘贴式等，目前采用较多的是埋入式。根据防水设计的要求，有时在同一变形缝处，可采用数层、数种止水带的构造形式。图 7-16 所示是埋入式橡胶（或塑料）止水带的构造，图 7-17 和图 7-18 所示分别是可卸式橡胶止水带和粘贴式氯丁橡胶板变形缝的构造。

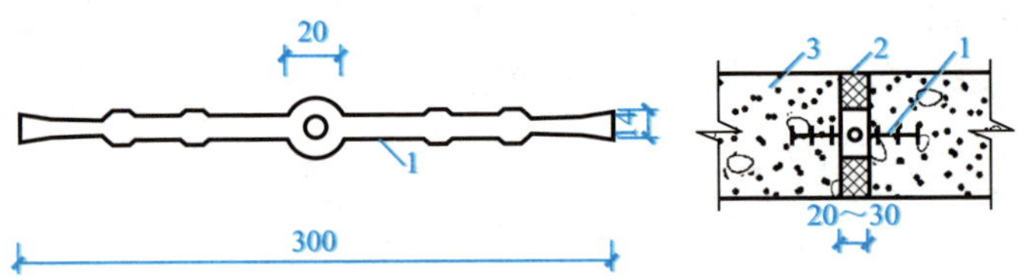

（a）橡胶止水带　　（b）变形缝构造

1—止水带；2—沥青麻丝；3—构筑物。

图 7-16　埋入式橡胶（或塑料）止水带的构造

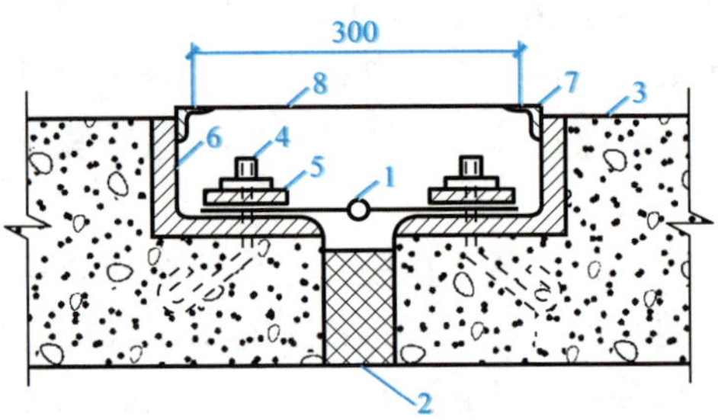

1—橡胶止水带；2—沥青麻丝；3—构筑物；4—螺栓；5—钢压条；6—角钢；7—支撑角钢；8—钢盖板。

图 7-17　可卸式橡胶止水带的构造

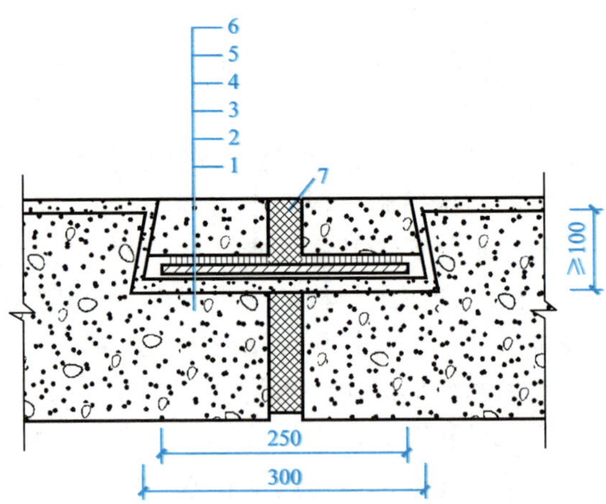

1—构筑物；2—刚性防水层；3—胶粘剂；4—氯丁胶板；5—素灰层；6—细石混凝土覆盖层；7—沥青麻丝。

图 7-18　粘贴式氯丁橡胶板变形缝的构造

2. 后浇带的处理

后浇带（也称后浇缝）是对不允许留设变形缝的防水混凝土结构工程（如大型设备基础等）采用的一种刚性接缝。

防水混凝土基础后浇带留设的位置及宽度应符合设计要求。其断面形式可留成平直缝或阶梯缝，但结构钢筋不能断开；如必须断开，则主筋搭接长度应大于 45 倍主筋直径，并应按设计要求加设附加钢筋。留缝时应采取支模或固定钢板网等措施，保证留缝位置准确、断口垂直、边缘混凝土密实。后浇带需超前止水时，后浇带部位混凝土应局部加厚，并增设外贴式或埋入式止水带。留缝后要注意保护，防止边缘毁坏或缝内进入垃圾杂物。

后浇带的混凝土施工，应在其两侧混凝土浇筑完毕后养护 6 个星期，待混凝土收缩变形基本稳定后再进行。但高层建筑的后浇带应在结构顶板浇筑混凝土 14d 后，再施工后浇带。浇筑前应将接缝处的混凝土表面凿毛并清洗干净，保持湿润；浇筑的混凝土应优先选用补偿收缩的混凝土，其强度等级不得低于两侧混凝土的强度等级；施工期的温度应低于两侧混凝土施工时的温度，而且宜选择在气温较低的季节施工；浇筑后的混凝土养护时间不应少于 4 个星期。

工程 案例

某高层建筑工程地下基础渗漏原因分析

某高层建筑工程项目，地上 18 层（框剪结构）、地下 2 层（箱型结构）。由于该工程地下水位较高，为了确保基础工程施工质量，在基坑开挖前，承包商编制了详细的施工方案和质量计划，主要包括基坑降水、坑壁支护、土方开挖与回填、基础混凝土浇筑与防水等方面，其中基础采用 C40、P8 商品混凝土浇筑。该工程施工完毕后，发现在预埋件部位出现多处渗漏水现象，试分析原因。

7.2.4　地下防水工程渗漏及防治方法

地下防水工程，常常由于设计考虑不周、选材不当或施工质量差而造成渗漏，直接影响生产和使用。渗漏水易发生的部位主要在施工缝、蜂窝麻面、裂缝、变形缝及穿墙管道等处。渗漏水的形式主要有孔洞漏水、裂缝漏水、防水面渗水或是上述几种渗漏水形式的综合。因此，堵漏前必须先查明其原因，确定其位置，弄清水压大小，然后根据不同情况采取不同的防治措施。

1. 渗漏部位及原因

（1）防水混凝土结构渗漏的部位及原因

由于模板表面粗糙或清理不干净、模板浇水湿润不够、脱模剂涂刷不均匀、接缝不严、振捣混凝土不密实等原因，致使混凝土出现蜂窝、孔洞、麻面而引起渗漏。墙板和底板及墙板与墙板间的施工缝处理不当而造成地下水沿施工缝渗入。混凝土中砂石含泥量大、养护不及时等原因会使混凝土产生干缩和温度裂缝而造成渗漏。混凝土内的预埋件及管道穿墙处未做认真处理致使地下水渗入。

（2）卷材防水层渗漏部位及原因

保护墙和地下工程主体结构沉降不同，会使粘在保护墙上的防水卷材被撕裂而造成漏水。卷材的压力和搭接接头宽度不够、搭接不严，结构转角处卷材铺贴不严实，后浇或后砌结构时卷材被破坏，或卷材韧性较差，结构不均匀沉降都会造成卷材被破坏，也会产生渗漏。另外，管道处的卷材与管道黏结不严，出现张口翘边现象也会引起渗漏。

（3）变形缝处渗漏原因

止水带固定方法不当，埋设位置不准确或在浇筑混凝土时被挤动，止水带两翼的混凝土包裹不严，特别是底板止水带下面的混凝土振捣不实；钢筋过密，浇筑混凝土时下料和振捣不当，造成止水带周围骨料集中、混凝土离析，产生蜂窝、麻面；混凝土分层浇筑前，止水带周围的木屑、杂物等未清理干净，混凝土中形成薄弱的夹层，均会造成渗漏。

2. 堵漏技术

堵漏技术就是根据地下防水工程的特点，针对不同程度的渗漏水情况，选择相应的防水材料和堵漏方法，进行防水结构渗漏水处理。在拟定处理渗漏水措施时，应本着将大漏变小漏，片漏变孔漏，线漏变点漏，使漏水部位汇集于一点或数点，最后堵塞的方法进行。

对防水混凝土工程的修补堵漏，通常采用的方法是用促凝剂和水泥拌制而成的快凝水泥胶浆，进行快速堵漏或大面积修补。近年来，采用膨胀水泥（或掺膨胀剂）作为防水修补材料的抗渗堵漏效果更好。对混凝土的微小裂缝，则采用化学灌浆堵漏技术。

（1）快硬性水泥胶浆堵漏法

1）堵漏材料。

① 促凝剂。促凝剂以水玻璃为主，并与硫酸铜、重铬酸钾及水配制而成。配制时按配合比先把定量的水加热至 100℃，然后将硫酸铜和重铬酸钾倒入水中，继续加热并不断搅拌至完全溶解后，冷却至 30～40℃，再将此溶液倒入称量好的水玻璃液体中，搅拌均匀，静置半小时后就可使用。

② 快凝水泥胶浆。快凝水泥胶浆的配合比是水泥∶促凝剂=1∶(0.5～0.6)。由于这种胶浆凝固快（一般 1min 左右就凝固），所以使用时注意随拌随用。

2）堵漏方法。地下防水工程的渗漏水情况比较复杂，堵漏的方法也较多。因此，在选用时要因地制宜。常用的堵漏方法有堵塞法和抹面法。

① 堵塞法。堵塞法适用于孔洞漏水或裂缝漏水时的修补处理。

孔洞漏水常用直接堵塞法和下管堵漏法。直接堵塞法适用于水压不大、漏水孔洞较小的情况。操作时，先将漏水孔洞处剔槽，槽壁必须与基面垂直，并用水刷洗干净，随即将配制好的快凝水泥胶浆捻成与槽尺寸相近的锥形团，在胶浆开始凝固时迅速压入槽内，并挤压密实，保持半分钟左右即可。当水压力较大、漏水孔洞较大时，可采用下管堵漏法，如图 7-19 所示。孔洞堵塞好后，在胶浆表面抹一层素灰、一层砂浆，以作保护。待砂浆有一定的强度后，将胶管拔出，按直接堵塞法将管孔堵塞。最后拆除挡水墙，再做防水层。

裂缝漏水的处理方法有裂缝直接堵塞法和下绳堵漏法。裂缝直接堵塞法适用于水压较小的裂缝漏水。操作时，沿裂缝剔成八字形坡的沟槽，刷洗干净后，用快凝水泥胶浆直接堵塞，经检查无渗水后，再做保护层和防水层。当水压力较大、裂缝较长时，可采用下绳堵漏法，如图 7-20 所示。

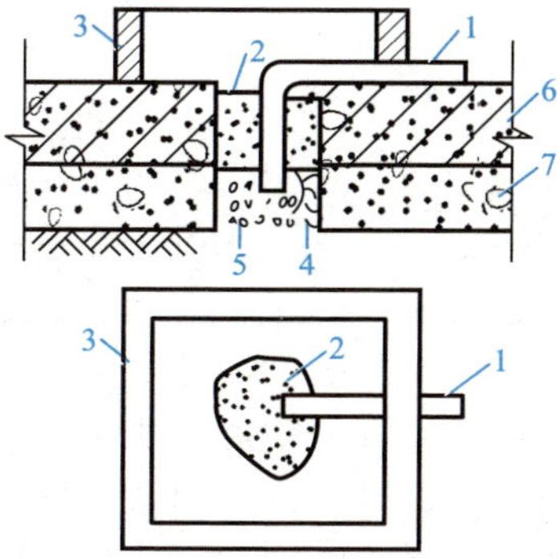

1—胶皮管；2—快凝胶浆；3—挡水墙；4—油毡一层；
5—碎石；6—构筑物；7—垫层。

图 7-19　下管堵漏法

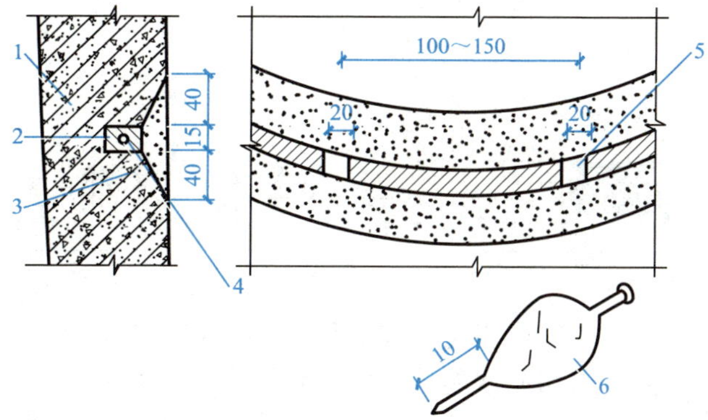

1—结构物；2—快凝胶浆填缝；3—砂浆层；4—小绳；
5—预留溢流口；6—铁钉。

图 7-20　下绳堵漏法

② 抹面法。抹面法适用于较大面积的渗水面，一般先降低水压或降低地下水位，将基层处理好，然后用抹面法做刚性防水层修补处理。先在漏水严重处用凿子剔出半贯穿性孔眼，插入胶管将水导出。这样就使“片渗”变为“点漏”，在渗水面做好刚性防水层修补处理。待修补的防水层砂浆凝固后，拔出胶管，再按孔洞直接堵塞法将管孔堵填好。

（2）化学灌浆堵漏法

1）灌浆材料。

① 氰凝。氰凝的主体成分是以多异氰酸酯与含羟基的化合物（聚酯、聚醚）制成的预聚体。使用前，在预聚体内掺入一定量的副剂（表面活性剂、乳化剂、增塑剂、溶剂与催化剂等），搅拌均匀即可配制成氰凝浆液。氰凝浆液不遇水不发生化学反应，稳定性好；当浆液被灌入漏水部位后，立即与水发生化学反应，生成不溶于水的凝胶体，同时释放二氧化碳气体，使浆液发泡膨胀，向四周渗透扩散直至反应结束。

② 丙凝。丙凝由双组分（甲溶液和乙溶液）组成。甲溶液是丙烯酰胺和 *N*—*N*′-甲撑双丙烯酰胺及β-二甲铵基丙腈的混合溶液，乙溶液是过硫酸铵的水溶液。两者混合后很快形成不溶于水的高分子硬性凝胶，这种凝胶可以封密结构裂缝，从而达到堵漏的目的。

2）灌浆施工。灌浆堵漏施工，可分为对混凝土表面处理、布置灌浆孔、埋设灌浆嘴、封闭漏水部位、压水试验、灌浆、封孔等工序。灌浆孔的间距一般为 1m 左右，并要交错布置；灌浆嘴的埋设如图 7-21 所示；灌浆结束，待浆液固结后，拔出灌浆嘴并用水泥砂浆封固灌浆孔。

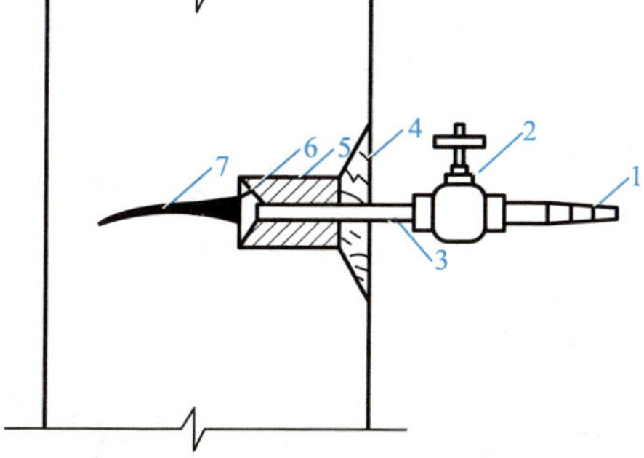

1—进浆嘴；2—阀门；3—灌浆嘴；4—一层素灰一层砂浆抹平；5—快硬水泥浆；6—半圆铁片；7—混凝土墙裂缝。

图 7-21　埋入式灌浆嘴埋设方法

任务7.3 室内其他部位防水工程施工

卫生间、厨房是建筑物中不可忽视的防水工程部位。传统的卷材防水做法已不适应卫生间、厨房防水施工的特殊性，即施工面积小，穿墙管道多，设备多，阴阳转角复杂，房间长期处于潮湿受水状态等不利条件。为此，通过大量的实验和实践证明，以涂膜防水代替各种卷材防水，尤其是选用高弹性的聚氨酯涂膜防水或选用弹塑性的氯丁胶乳沥青涂料防水等新材料和新工艺，可以使卫生间、厨房的地面和墙面形成一个没有接缝、封闭严密的整体防水层，从而提高其防水工程质量。下面以卫生间为例，介绍其防水做法。

7.3.1 卫生间楼地面聚氨酯防水施工

聚氨酯涂膜防水材料是双组分化学反应固化型的高弹性防水涂料，多以甲、乙双组分形式使用。其主要材料有聚氨酯涂膜防水材料甲组分、聚氨酯涂膜防水材料乙组分和无机铝盐防水剂等。施工用辅助材料应备有二甲苯、醋酸乙酯、磷酸等。

1. 基层处理

卫生间的防水基层必须用1∶3的水泥砂浆找平，要求抹平压光无空鼓，表面要坚实，不应有起砂、掉灰现象。在抹找平层时，在管道根部的周围应使其略高于地面，在地漏的周围应做成略低于地面的洼坑。找平层的坡度以1%～2%为宜，坡向地漏。凡遇到阴、阳角处，要抹成半径不小于10mm的小圆弧。与找平层相连接的管件、卫生洁具、排水口等，必须安装牢固、收头圆滑，按设计要求用密封膏嵌固。基层必须基本干燥，一般在基层表面均匀泛白无明显水印时，才能进行涂膜防水层施工。施工前要把基层表面的尘土杂物彻底清扫干净。

2. 施工工艺

（1）清理基层

需做防水处理的基层表面，必须彻底清扫干净。

（2）涂布底胶

将聚氨酯甲、乙两组分和二甲苯按1∶1.5∶2的比例（质量比，以产品说明为准）配合搅拌均匀，再用小滚刷或油漆刷均匀涂布在基层表面上。涂刷量为0.15～0.2kg/m^2，涂刷后应干燥固化4h以上，才能进行下道工序施工。

（3）配制聚氨酯涂膜防水涂料

将聚氨酯甲、乙组分和二甲苯按1∶1.5∶0.3的比例配合，用电动搅拌器强力搅拌均匀备用。应随配随用，一般在2h内用完。

（4）涂膜防水层施工

用小滚刷或油漆刷将已配好的防水涂料均匀涂布在底胶已干固的基层表面上。涂完第一度涂膜后，一般需固化 5h 以上，在基本不粘手时，再按上述方法涂布第二、三、四度涂膜，并使后一度与前一度的涂布方向相垂直。对管子根部、地漏周围及墙转角部位，必须认真涂刷，涂刷厚度不小于 2mm。在涂刷的最后一度涂膜固化前及时稀撒少许干净的粒径为 2～3mm 的小豆石，使其与涂膜防水层黏结牢固，作为与水泥砂浆保护层黏结的过渡层。

（5）做好保护层

当聚氨酯涂膜防水层完全固化和通过蓄水试验合格后，即可铺设一层厚度为 15～25mm 的水泥砂浆保护层，然后按设计要求铺设饰面层。

3. 质量要求

聚氨酯涂膜防水材料的技术性能应符合设计要求或材料标准规定，并应附有质量证明文件和现场取样进行检测的试验报告及其他有关质量的证明文件。聚氨酯的甲、乙料必须密封存放，甲料开盖后，吸收空气中的水分会起反应而固化，如在施工中混有水分，则聚氨酯固化后内部会有水泡，影响防水能力。涂膜厚度应均匀一致，总厚度不应小于 1.5mm。涂膜防水层必须均匀固化，不应有明显的凹坑、气泡和渗漏水的现象。

7.3.2　卫生间楼地面氯丁胶乳沥青防水涂料施工

氯丁胶乳沥青防水涂料是以氯丁橡胶和沥青为基料，经加工合成的一种水乳型防水涂料。它兼有橡胶和沥青的双重优点，具有防水、抗渗、耐老化、不易燃、无毒、抗基层变形能力强等优点，冷作业施工，操作方便。

1. 基层处理

与聚氨酯涂膜防水施工要求相同。

2. 施工工艺及要点

二布六油防水层的工艺流程：基层找平处理→满刮一遍氯丁胶沥青水泥腻子→满刮第一遍涂料→做细部构造加强层→铺贴玻璃布，同时刷第 2 遍涂料→刷第 3 遍涂料→铺贴玻纤网格布，同时刷第 4 遍涂料→涂刷第 5 遍涂料→涂刷第 6 遍涂料并及时撒砂粒→蓄水试验→按设计要求做保护层和面层→防水层二次试水→验收。

在清理干净的基层上满刮一遍氯丁胶乳沥青水泥腻子，管根和转角处要厚刮并抹平整，腻子的配制方法是将氯丁胶乳沥青防水涂料倒入水泥中，边倒边搅拌至稠浆状即可刮涂于基层，腻子厚度为 2～3mm，待腻子干燥后，满刷一遍防水涂料，但涂刷不能过厚，不得漏刷，表面均匀不流淌、不堆积，立面刷至设计标高。在细部构造部位，如阴阳角、管道根部、地漏、坐便器蹲坑等处分别附加一布二涂附加层。附加层干燥后，大面铺贴玻纤网格布的同时涂刷第 2 遍防水涂料，使防水涂料浸透布纹渗入下层，玻纤网格布搭接宽度不小于 100mm，立面贴到设计高度，顺水接槎，收口处贴牢。

上述涂料实干（约 24h）后满刷第 3 遍涂料，表干（约 4h）后铺贴第 2 层玻纤网格布的同时满刷第 4 遍防水涂料。第 2 层玻纤布与第 1 层玻纤布接槎要错开，涂刷防水涂料时，应均匀，将布展平无褶皱。上述涂层实干后，满刷第 5 遍、第 6 遍防水涂料，整个防水层实干后，可进行第 1 次蓄水试验，蓄水时间不少于 24h，无渗漏才合格，然后做保护层和饰面层。工程交付使用前应进行第 2 次蓄水试验。

3. 质量要求

水泥砂浆找平层做完后，应对其平整度、强度、坡度和干燥度进行预检验收。防水涂料应有产品质量证明书及现场取样的复检报告。施工完成的氯丁胶乳沥青涂膜防水层，不得有起鼓、裂纹、孔洞缺陷现象。末端收头部位应粘贴牢固、封闭严密，成为一个整体的防水层。做完防水层的卫生间，经 24h 以上的蓄水检验，无渗漏水现象方为合格。要提供检查验收记录，连同材料质量证明文件等技术资料一并归档备查。

工程 案例

LY 公馆卫生间外墙和地板起拱问题分析

位于山东省临沂市的 LY 公馆，2018 年房屋整体竣工，2020 年底装修完毕交付使用。2022 年业主反映发现卫生间外墙底大面积发黑、起拱，同时卫生间外木地板也出现了起拱现象。经现场勘察及打压闭水试验发现，水管无脱节或渗透。卫生间门槛石外墙发黑，颜色从墙底向上，逐渐变淡。墙角处墙皮起拱严重，部分已发霉腐烂。凿开墙皮后发现墙体使用的是混合砂浆。卫生间门槛石外木地板起拱，但不明显，起拱弧度从卫生间处向走廊外延伸，逐渐变小。检查发现蹲盆后塞渗水，地漏口周围被水泥堵死。试分析漏水原因。

7.3.3 卫生间渗漏与堵漏技术

卫生间用水频繁，防水处理不当就会发生渗漏。其主要表现在楼板管道滴漏水、地面积水、墙壁潮湿渗水，甚至下层顶板和墙壁也出现滴水等现象。治理卫生间的渗漏，必须先查找渗漏的部位和原因，然后采取有效的针对性措施。

1. 板面及墙面渗水

（1）原因

混凝土、砂浆施工的质量不良，存在微孔渗漏；板面、隔墙出现轻微裂缝；防水涂层施工质量不好或被损坏。

（2）堵漏措施

1）拆除卫生间渗漏部位的饰面材料，涂刷防水涂料。

2）如有开裂现象，则应对裂缝先进行增强防水处理，再刷防水涂料。增强处理一般采用贴缝法、填缝法和填缝加贴缝法。贴缝法主要适用于微小的裂缝，可刷防水涂料并加贴纤维材料或布条，做防水处理。填缝法主要用于较显著的裂缝，施工时要先进行扩缝处理，将缝扩展成 15mm×15mm 左右的 V 形槽，清理干净后刮填嵌缝材料。填缝加贴缝法除采用填缝处理外，还要在缝表面再涂刷防水涂料，并粘纤维材料处理。

当渗漏不严重、饰面拆除困难时，也可直接在其表面刮涂透明或彩色聚氨酯防水涂料。

2. 卫生洁具及穿楼板管道、排水管口等部位渗漏

（1）原因

细部处理方法欠妥，卫生洁具及管口周边填塞不严；管口连接件老化；由于振动及砂浆、混凝土收缩等原因出现裂隙；卫生洁具及管口周边未用弹性材料处理，或施工时嵌缝材料及防水涂料黏结不牢；嵌缝材料及防水涂层被拉裂或拉离黏结面。

（2）堵漏措施

1）将漏水部位彻底清理，刮填弹性嵌缝材料。

2）在渗漏部位涂刷防水涂料，并粘贴纤维材料增强。

3）更换老化管口连接件。

知识窗

卫生间涂膜防水施工注意事项

施工用材料可能具有毒性，因此存放材料的仓库和施工现场必须保持良好的通风，无通风条件的地方必须安装机械通风设备。同时，施工材料多为易燃物质，存放、配料及施工现场必须严禁烟火，并配备足够的消防器材。

在施工过程中，严禁踩踏未完全干燥的涂膜防水层。操作人员应穿平底胶布鞋，以免损坏涂膜防水层。凡需做附加补强层的部位，应先完成补强层施工，再进行大面防水层施工。

已完工的涂膜防水层，必须经蓄水试验，确保无渗漏现象后，方可进行刚性保护层的施工。在进行刚性保护层施工时，切勿损坏防水层，以免留下渗漏隐患。

工程案例

真功夫总部大楼防水工程

真功夫总部大楼（图 7-22）位于南沙的民营经济总部区，占地面积 1.6 万 m^2，建筑面积 6.6 万 m^2。该项目以“首席智慧型企业总部”为定位，涵盖了功夫集团总部、功夫大学、功夫数字化中心、功夫攀岩俱乐部、功夫餐饮集群、功夫创意厨房、功夫创意园、功夫创客交流中心、青年社区公寓及商务酒店公寓等多元业态。

图 7-22　真功夫总部大楼

此次项目工程类型为主动防水，因此对施工单位之间的配合要求极为重要，施工公司承接此项防水项目工程后，遵循“以防为主、防排结合、刚柔结合、多道设防、节点密封”的设计原则，对其开展一系列的施工安排。

主动防水施工工程如下：①地下室底板、侧壁、车库坡道、停车地面及顶板整体防水处理；②屋面整体防水处理；③瓷片内墙面、吸音墙面防水处理；④地面防水处理。

1. 地下室部分

（1）地下室侧墙

采用聚氨酯防水涂料作为防水层。施工工艺流程：施工前准备→找平基层施工→基层清理→测定基层含水率→防水节点增强层施工→配制材料及搅拌→大面积防水层施工→试水检查→质量验收→隔离层施工→刚性保护层施工。

（2）地下室底板、车库坡道、停车库地面部分

主要防水层采用高分子自粘胶膜防水卷材。

（3）地下室顶板部分

防水层采用聚氨酯防水涂料和聚氯乙烯耐根穿刺防水卷材。

聚氯乙烯耐根穿刺防水卷材施工工艺流程：处理基层→细部节点处理→铺贴自粘卷材→卷材密封收头→防水层质量检验→钢筋铺设→浇筑混凝土。

2. 屋面防水（平屋面、坡屋面）

防水层施工工艺流程：基面处理→涂刮聚氨酯防水涂料→铺设交叉层压膜自粘防水卷材→保护层施工。

种植屋面部分：防水层施工工艺流程：基面处理→涂刮聚氨酯防水涂料→铺设聚氯乙烯耐根穿刺防水卷材→铺设排水保护板→空铺无纺布过滤保护层→保护层施工。

3. 墙面（瓷片内墙面、吸音墙面）

（1）瓷片内墙面

采用涂刷水泥基渗透结晶防水材料。施工工艺流程：基面清理→加水搅拌→刷涂头遍涂料→刷涂两遍涂料→养护 2d。

（2）吸音墙面

采用厚聚合物水泥基防水涂料。施工工艺流程：基面清理→混合搅拌→刷涂头遍涂料→刷涂两遍涂料→养护 2d。

4. 地面（地面防水处理）

采用聚氨酯防水涂料作为防水层。

施工工艺流程：施工前准备→找平基层施工→基层清理→测定基层含水率→防水节点增强层施工→配制材料及搅拌→大面积防水层施工→试水检查→质量验收→刚性保护层施工。

5. 工程总结

（1）施工前期准备

在开工前，应对工程现场进行全面考察，以了解现场情况并为大面积防水层施工做准备。根据相关地下工程防水技术规范和验收标准，遵循“以防为主、防排结合、刚柔结合、多道设防、节点密封”的设计原则进行防水设计，在技术力量、施工措施、作业人员、资金计划等各个方面做好统筹安排。人员架构组织应由建筑防水经验丰富的管理人员和技术

人员组成。经过挑选的班组长、主要操作骨干和各级工作人员均已通过专业的系统培训，并持有相关证书上岗，具备熟练操作技能和丰富的现场施工经验。

（2）施工流程

地下室底整体防水——底板、车库坡道、停车库地面防水→地下室侧墙防水→地下室顶板防水→墙面——瓷片内墙面→吸音墙面→沉箱回填楼地面→屋面防水——平屋面（材料找坡）→平屋面（结构找坡）→坡屋面→种植屋面→清理现场→工程验收。

巩固与提升

1．常用的防水卷材有哪些种类？
2．试述高聚物改性沥青卷材的冷粘法和热熔法的施工过程。
3．简述合成高分子卷材防水施工的工艺过程。
4．卷材屋面保护层有哪几种做法？
5．试述涂膜防水屋面的施工过程。
6．刚性防水屋面的隔离层如何施工？分格缝如何处理？
7．补偿收缩混凝土防水层怎样施工？
8．简述屋面渗漏原因及其防治方法。
9．地下防水工程有哪几种防水方案？
10．地下构筑物的变形缝有哪几种形式？各有哪些特点？
11．地下防水层的卷材铺贴方案各具什么特点？
12．防水混凝土是如何分类的？各有哪些特点？
13．在防水混凝土施工中应注意哪些问题？
14．防水混凝土有哪几种堵漏技术？如何施工？
15．卫生间防水有哪些特点？
16．聚氨酯涂膜防水有哪些优缺点？有哪些施工工序？
17．卫生间涂膜防水施工应注意哪些事项？

项目8 装饰装修工程施工

项目导读

建筑装饰装修工程主要包括吊顶和隔墙工程、涂料及刷浆工程、门窗工程、保温工程、抹灰工程、饰面工程和楼地面工程等。装饰装修工程施工的主要特点是项目繁多、工程量大、工期长、用工量大、造价高、施工管理复杂。因此，从业人员必须提高自身的技术水平，不断改革装饰材料和施工工艺，这对提高工程质量、缩短工期、降低成本尤为重要。

学习目标

知识目标

1．掌握一般抹灰、装饰抹灰的施工要点与施工质量验收标准及检测方法。

2．掌握饰面工程、地面工程、吊顶工程、隔墙工程涂料与刷浆工程、门窗工程的施工工艺、施工要点与施工质量验收标准及检测方法。

3．掌握聚苯板薄抹灰外墙外保温系统、胶粉聚苯颗粒外保温浆料系统、现浇混凝土复合无网 EPS 板外保温系统、现浇混凝土 EPS 钢丝网架板外保温系统的施工质量标准、施工工艺及质量验收方法。

能力目标

1．能正确选择装修材料、装饰装修施工工艺和方法。

2．能对装饰视觉要求进行艺术加工和处理。

3．能对装饰装修工程进行质量检测。

素养目标

1．强化质量意识、环保意识、安全意识，树立人文意识、美学意识。

2．传承和发扬吃苦耐劳、专注执着的优良工作作风，提升工程素养。

3．培养踏实认真、不怕失败、积极探索的科学精神。

思维导图

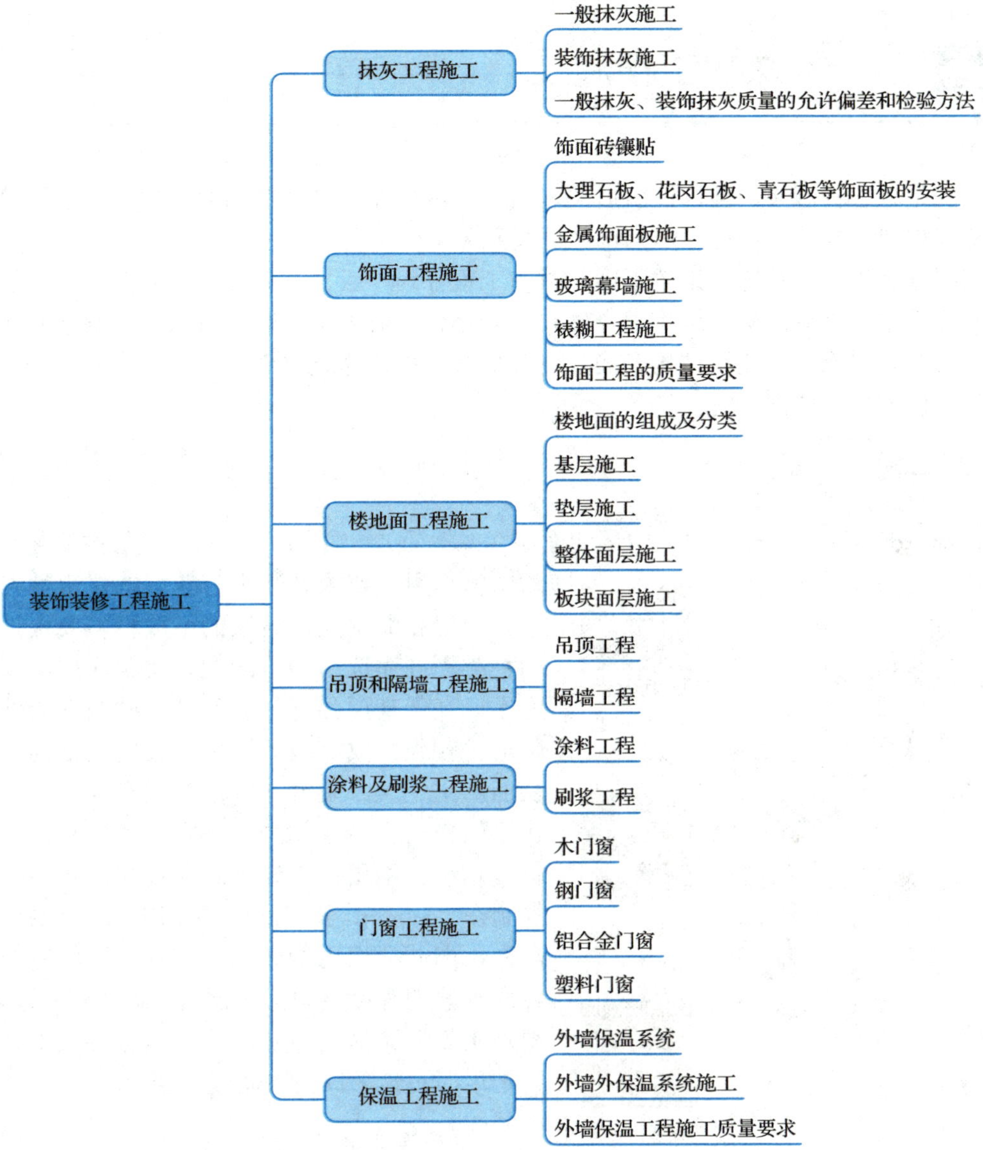
装饰装修工程施工
抹灰工程施工
一般抹灰施工
装饰抹灰施工
一般抹灰、装饰抹灰质量的允许偏差和检验方法
饰面工程施工
饰面砖镶贴
大理石板、花岗石板、青石板等饰面板的安装
金属饰面板施工
玻璃幕墙施工
裱糊工程施工
饰面工程的质量要求
楼地面工程施工
楼地面的组成及分类
基层施工
垫层施工
整体面层施工
板块面层施工
吊顶和隔墙工程施工
吊顶工程
隔墙工程
涂料及刷浆工程施工
涂料工程
刷浆工程
门窗工程施工
木门窗
钢门窗
铝合金门窗
塑料门窗
保温工程施工
外墙保温系统
外墙外保温系统施工
外墙保温工程施工质量要求

任务 8.1 抹灰工程施工

抹灰是将各种砂浆、装饰性石屑浆、石子浆涂抹在建筑物的墙面、顶棚、地面等表面上，除保护建筑物外，还可以作为饰面层起到装饰作用。

根据施工工艺和装饰效果的不同，抹灰工程分为一般抹灰和装饰抹灰两类。一般抹灰是将石灰砂浆、水泥砂浆、水泥混合砂浆、聚合物水泥砂浆和麻刀石灰浆、纸筋石灰浆、石膏灰浆等材料涂抹在建筑结构表面。装饰抹灰是指在建筑物墙面涂抹水刷石、干粘石、斩假石、假面砖等装饰材料。

8.1.1 一般抹灰施工

抹灰一般分 3 层，即底层、中层和面层（或罩面），如图 8-1 所示。底层主要起与基层黏结的作用，要求砂浆水有较好的保水性，其稠度较中层和面层大，砂浆的组成材料要根据基层的种类不同而选用相应的配合比。底层砂浆的强度不能高于基层强度，以免抹灰砂浆在凝结过程中产生较强的收缩应力，破坏强度较低的基层，从而产生空鼓、裂缝、脱落等质量问题。中层起找平的作用，砂浆的种类基本与底层相同，只是稠度稍小。中层抹灰较厚时应分层，每层厚度应控制在 5～9mm。面层起装饰作用，要求涂抹光滑、洁净，因此要求用细砂，或用麻刀、纸筋灰浆。各层砂浆的强度要求应为底层>中层>面层，并不得将水泥砂浆抹在石灰砂浆或混合砂浆上，也不得把罩面石膏灰抹在水泥砂浆层上。

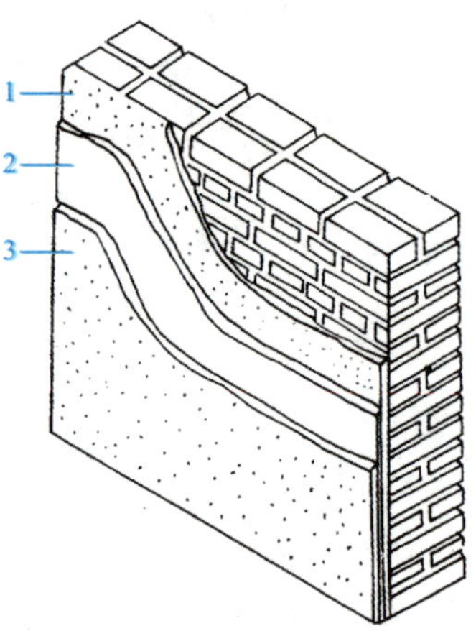

1—底层；2—中层；3—面层。

图 8-1 一般抹灰

微课：内墙抹灰施工

微课：外墙抹灰施工

微课：顶棚抹灰工艺

1. 抹灰层的平均总厚度

抹灰层的平均总厚度，不得大于下列规定：

1）顶棚：板条、空心砖、现浇混凝土为 15mm，预制混凝土为 18mm，金属网为 20mm。

2）内墙：普通抹灰为 18～20mm，高级抹灰为 25mm。

3）外墙为 20mm，勒脚及突出墙面部分为 25mm。

4）石墙为 35mm。

5）当抹灰厚度不小于 35mm 时，应采取加强措施。

涂抹水泥砂浆每遍厚度宜为 5～7mm；涂抹石灰砂浆和水泥混合砂浆每遍厚度宜为 7～9mm。面层抹灰经赶平压实后的厚度：麻刀石灰不得大于 3mm；纸筋石灰、石膏灰不得大于 2mm。

2. 质量要求

一般抹灰按质量要求分为普通抹灰和高级抹灰 2 个等级。

普通抹灰为一道底层和一道面层，或一道底层、一道中层和一道面层，要求表面光滑、洁净、接槎平整、分格缝清晰。

高级抹灰由一道底层、数层中层和一道面层组成，要求表面光滑、洁净，颜色均匀无抹纹，分格缝和灰线清晰美观。

抹灰层与基层之间及各抹灰层之间必须黏结牢固，抹灰层应无脱层、空鼓，面层应无爆灰和裂缝。

3. 材料准备

抹灰前准备材料时，石灰膏应用块状生石灰淋制，使用未经熟化的生石灰或过火石灰会发生爆灰和开裂（俗称“出天花”“生石灰泡”）的质量问题，因此石灰浆应在储灰池中常温熟化不少于 15d，罩面用的磨细石灰粉的熟化期不应少于 3d。在熟化期间，石灰浆表面应保留一层水，以使其与空气隔开而避免炭化。同时，应防止冻结和污染。生石灰不宜长期存放，保质期不宜超过一个月。

抹灰用的砂子应过筛，不得含有杂物。抹灰用砂一般用中砂，也可采用粗砂与中砂混合掺用，但对有抗渗性要求的砂浆，要求以颗粒坚硬洁净的细砂为好。

抹灰用的纸筋麻刀应坚韧、干燥、不含杂质。

4. 基层处理

（1）墙面抹灰的基层处理

1）抹灰前应对砖石、混凝土及木基层表面做处理，清除灰尘、污垢、油渍和碱膜等，并洒水湿润。表面凹凸明显的部位，应事先剔平或用 1∶3 水泥砂浆补平，对于平整光滑的混凝土表面，拆模时随即做凿毛处理，或用铁抹子满刮一遍水灰比为 0.37～0.4（内掺水重 3%～5%的 108 胶）的水泥浆，或用混凝土界面处理剂处理。

2）抹灰前应检查门、窗框位置是否正确，与墙连接是否牢固。连接处的缝隙应用水泥砂浆或水泥混合砂浆（加少量麻刀）分层嵌塞密实。

3）凡室内管道穿越的墙洞和楼板洞，凿剔墙后安装的管道，墙面的脚手孔洞均应用 1∶3 水泥砂浆填嵌密实。

4）不同基层材料（如砖石与木、混凝土结构）相接处应铺钉金属网并绷紧牢固，金属网与各结构的搭接宽度从相接处起每边不少于 100mm。

5）为控制抹灰层的厚度和墙面的平整度，在抹灰前应先检查基层表面的平整度，并用与抹灰层相同砂浆设置 50mm×50mm 的标志或宽约 100mm 的标筋。

6）抹灰工程施工前，对室内墙面、柱面和门洞的阳角，宜用 1∶2 水泥砂浆做护角，其高度不低于 2m，每侧宽度不少于 50mm。对外墙窗台、窗楣、雨篷、阳台、压顶和突出腰线等，上面应做成流水坡度，下面应做滴水线或滴水槽，滴水槽的深度和宽度均不应小于 10mm，要求整齐一致。

（2）顶棚抹灰的基层处理

预制混凝土楼板顶棚在抹灰前应检查其板缝大小，若板缝较大，应用细石混凝土灌实；

若板缝较小，可用 1∶0.3∶3 的水泥石灰混合砂浆勾实，否则抹灰后将顺缝产生裂缝。预制混凝土板或钢模现浇混凝土顶棚拆模后，构件表面较为光滑、平整，并常黏附一层隔离剂。当隔离剂为滑石粉或其他粉状物时，应先用钢丝刷刷除，再用清水冲干净；当隔离剂为油脂类时，先用质量分数为10%的大碱溶液洗刷干净，再用清水冲洗干净。

板条顶棚（单层板条）抹灰前，应检查板条缝是否合适，一般要求间隙为7～10mm。

5. 一般抹灰的施工要点

（1）墙面抹灰

待标筋砂浆有七八成干后，即可进行底层砂浆抹灰。

抹底层灰可用托灰板（大板）盛砂浆，用力将砂浆推抹到墙面上，一般应从上往下进行，在两标筋之间的墙面抹满砂浆后，即用长刮尺两头靠着标筋，从下往上进行刮灰，使抹上的底层灰与标筋面相平。再用木抹来回抹压，去高补低，最后再用铁抹压平一遍。

中层砂浆抹灰应待水泥砂浆（或水泥混合砂浆）底层凝结后或石灰砂浆底层灰七八成干后，方可进行。

中层砂浆抹灰时，应先在底层灰上洒水，待其收水后，即可将中层砂浆抹上去，一般应从上往下、自左向右涂抹，不用再做标志及标筋，抹满整个墙面后，用木抹来回搓抹，去高补低，再用铁抹压抹一遍，使抹灰层平整、厚度一致。

面层灰应待中层灰凝固后才能进行。先在中层灰上洒水湿润，将面层砂浆（或灰浆）均匀地抹上去，一般应从上往下、自左向右涂抹整个墙面，抹满后，即用铁抹分遍压抹，使面层灰平整、光滑，厚度一致。铁抹运行方向应注意：最后一遍抹压宜是垂直方向，各分遍之间应互相垂直抹压。墙面上半部与墙面下半部面层灰接头处应压抹理顺，不留抹印。

（2）两墙面相交的阴角、阳角抹灰方法

两墙面相交的阴角、阳角抹灰方法，一般按下述步骤进行。

1）先用阴角方尺检查阴角的直角度，再用阳角方尺检查阳角的直角度，然后用线锤检查阴角或阳角的垂直度。根据直角度及垂直度的误差，确定抹灰层厚薄。阴、阳角处洒水湿润。

2）将底层抹于阴角处，用木阴角器压住抹灰层并上下搓动，使阴角的抹灰基本达到直角。如靠近阴角处有已结硬的标筋，则木阴角器应沿着标筋上下搓动，基本搓平后，再用阴角抹子上下抹压，使阴角线垂直。

3）将底层灰抹于阳角处，用木阳角器压住抹灰层并上下搓动，使阳角处抹灰基本上达到直角。再用阳角抹子上下抹压，使阳角线垂直。

4）在阴角、阳角处底层灰凝结后，洒水湿润，将面层灰抹于阴角、阳角处，分别用阴角抹、阳角抹上下抹压，使中层灰达到平整光滑。

阴阳角找方应与墙面抹灰同时进行，即墙面抹底层灰时，阴、阳角抹底层找方。

（3）顶棚抹灰

钢筋混凝土楼板下的顶棚抹灰，应待上层楼板地面面层完成后才能进行。板条、金属网顶棚抹灰，应待板条、金属网装钉完成，并经检查合格后，方可进行。

顶棚抹灰不用做标志、标筋，只要在顶棚周围的墙面弹出顶棚抹灰层的面层标高线，此标高线必须从地面量起，不可从顶棚底向下量。

顶棚抹灰宜从房间里面开始，向门口进行，最后从门口退出。顶棚抹灰应搭设满堂里脚手架。脚手板面至顶棚的距离以操作方便为准。抹底层灰前，应扫尽钢筋混凝土楼板底的浮灰、砂浆残渣，去除油污及隔离剂剩料，并喷水湿润楼板底。

在钢筋混凝土楼板底抹底层灰，铁抹抹压方向应与模板纹路或预制板拼缝相垂直；在板条、金属网顶棚上抹底层灰，铁抹抹压方向应与板条长度方向相垂直。在板条缝处要用力压抹，使底层灰压入板条缝或网眼内，形成转脚以使结合牢固。底层灰要抹得平整。

抹中层灰时，铁抹抹压方向宜与底层灰抹压方向相垂直。高级顶棚抹灰，应加钉长 350～450mm 的麻束，间距为 400mm，并交错布置，分别按放射状梳理抹进中层灰内，所以中层灰应抹得平整、光洁。抹面层灰时，铁抹抹压方向宜平行于房间进光方向。面层灰应抹得平整、光滑，不见抹印。

顶棚抹灰应待前一层灰凝结后才能抹后一层灰，不可紧接进行。顶棚面积较小时，整个顶棚抹上灰后再进行压平、压光；顶棚面积较大时，可分段分块进行抹灰、压平、压光，但接合处必须理顺；底层灰全部抹压后，才能抹中层灰，中层灰全部抹压后，才能抹面层灰。

8.1.2　装饰抹灰施工

装饰抹灰与一般抹灰的区别在于两者具有不同的装饰面层，其底层和中层的做法与一般抹灰基本相同，下面介绍几种主要装饰面层的施工工艺。

1. 水刷石施工

水刷石饰面，是将水泥石子浆罩面中尚未干硬的水泥用水冲刷掉，使各色石子外露，形成具有“绒面感”的表面。水刷石是石粒类材料饰面的传统做法，这种饰面耐久性强，具有良好的装饰效果，造价较低，是传统的外墙装饰做法之一。

水刷石面层施工的操作方法和施工要点如下：

1）水泥石子浆大面积施工前，为防止面层开裂，须在中层砂浆六七成干时，按设计要求弹线、分格。钉分格条时，木分格条事先应在水中浸透。用以固定分格条的两侧八字形纯水泥浆，应抹成 45° 角。

水刷石面层施工前，应根据中层抹灰的干燥程度浇水湿润。紧接着用铁抹子满刮一道水灰比为 0.37～0.4 的水泥浆（内掺 3%～5%水重的 108 胶），随即抹水泥石子浆面层。面层厚度视石子粒径而定，通常为石子粒径的 2.5 倍。水泥石子浆的稠度以 5～7cm 为宜，用铁抹子一次抹平、压实。

每一块分格内抹灰顺序应自下而上，同一平面的面层要求一次完成，不宜留施工缝。必须留施工缝时，应留在分格条位置上。

2）修整。罩面灰收水后，用铁抹子溜一遍，将遗留的孔隙抹平。然后用软毛刷蘸水刷去表面灰浆，再拍平。阳角部位要往外刷，水刷石罩面应分遍拍平压实，石子应分布均匀、紧密。

3）喷刷、冲洗。喷刷、冲洗是水刷石施工的重要工序，喷刷、冲洗不净会使水刷石表面色泽灰暗或明暗不一致。

罩面灰浆初凝后，达到刷不掉石子程度时，即可开始喷刷，喷刷时可以两人配合操作：一人用毛刷蘸水轻轻刷掉罩面灰浆，另一人用喷雾器或用手压喷浆机紧跟着喷刷，先将分格四周喷湿，然后由上向下喷水，喷射要均匀，喷头至罩面距离 10～20cm，不仅要将表面的水泥浆冲掉，还要将石渣间的水泥冲出来，使得石渣露出灰浆表面 1～2mm，甚至露出粒径的 1/2，使之清晰可见，均匀密布。然后用清水从上往下全部冲洗干净。

4）起分格条。喷刷后，即可用抹子柄敲击分格条，用抹尖扎入木条上下活动，轻轻取出分格条。然后修饰分格缝并描好颜色。

水刷石是一项传统工艺，由于其操作技术要求较高，洗刷浪费水泥，墙面污染后不易清洗，故现较少采用。

2. 干粘石施工

干粘石是将干石子直接粘在砂浆层上的一种装饰抹灰做法。其装饰效果与水刷石差不多，但湿作业量小，节约原材料，又能明显提高工效。

干粘石面层施工的操作方法和施工要点如下：

1）抹黏结层。待中层水泥砂浆干至七成左右，洒水湿润后，粘分格条，待分格条粘牢后，在墙面刷水泥浆一遍，随后按格抹砂浆黏结层（1∶3 水泥砂浆，厚度为 4～6mm，砂浆稠度≤8cm），黏结层砂浆一定要抹平，不显抹纹，按分格大小一次抹一块或数块，应避免在块中甩槎。

2）甩石子。干粘石所选石子的粒径比水刷石要小些，一般为 4～6mm。黏结砂浆抹平后，应立即甩石子，先甩四周易干部位，然后甩中间，要做到大面均匀，边角和分格条两侧不漏粘，由上而下快速进行。石子使用前应用水冲洗干净晾干，甩时用托盘盛装，托盘底部用窗纱钉成，以便筛净石子中的残留粉末。如发现饰面上石子有不匀或过稀现象，则应用抹子或手直接补贴，否则会使墙面出现死坑或裂缝。

3）压石子。当黏结砂浆表面均匀地粘上一层石子后，用抹子或辊子轻轻压一下，使石子嵌入砂浆的深度不小于 1/2 的石子粒径。拍压后石子表面应平整坚实，拍压时用力不宜过大，否则容易翻浆糊面，出现抹子或滚子轴的印迹。阳角处应在角的两侧同时操作，否则当一侧石子粘上后再粘另一侧时不易粘上，出现明显的接槎黑边。

干粘石也可用机械喷石代替手工甩石，施工时利用压缩空气和喷枪将石子均匀有力地喷射到黏结层上。喷头对准墙面距墙 300～400mm，气压以 0.6～0.8MPa 为宜。在黏结层硬化期间，应洒水养护，保持湿润。

4）起分格条与修整。干粘石墙面达到表面平整、石子饱满后，即可将分格条取出，取分格条时应注意不要掉石子。如局部石子不饱满，则可立即刷 108 胶水溶液，再甩石子补齐。将分格条取出后，随用小溜子和素水泥浆将分格缝修补好，达到顺直、清晰。

干粘石操作简便，但日久经风吹雨打易产生脱粒现象，现在已不多采用。

3. 斩假石施工

斩假石又称剁斧石，是在水泥砂浆基层上涂抹水泥石子浆，待硬化后，用剁斧、齿斧及各种凿子等工具剁出有规律的石纹，使其类似天然花岗石、玄武石、青条石的表面形态。

斩假石面层施工的要点如下：

1）在凝固的底层灰上弹出分格线，洒水湿润，按分格线将木分格条用稠水泥浆粘贴在墙面上。

2）待分格条粘牢后，在各个分格区内刮一道水灰比为 0.37～0.4 的水泥浆（内掺水重 3%～5%的 108 胶），随即抹上 1∶1.25 的水泥石子浆，并压实抹平。隔 24h 后，洒水养护。

3）待面层水泥石子浆养护到试剁不掉石屑时，就可以开始斩剁。斩剁采用各式剁斧，从上往下进行。边角处应斩剁成横向纹道或留出窄条不剁。其他中间部位宜斩剁成竖向纹道。剁的方向应一致，剁纹要均匀，一般要斩剁两遍成活。已剁好的分格周围就可起出分格条。

4）全部斩剁完后，清扫斩假石表面。

4. 聚合物水泥砂浆的喷涂、滚涂与弹涂施工

（1）喷涂施工

喷涂是把聚合物水泥砂浆用砂浆泵或喷斗将砂浆喷涂于外墙面形成的装饰抹灰。

材料要求：浅色面层用白水泥，深色面层用普通水泥；细骨料用中砂或浅色石屑，含泥量不大于 3%，过 3mm 孔筛。

聚合物砂浆应用砂浆搅拌机进行拌和。先将水泥、颜料、细骨料干拌均匀，再边搅拌边顺序加入木质素磺酸钠（先溶于少量水中）、108 胶和水，直至全部拌匀。如是水泥石灰砂浆，则应先将石灰膏用少量水调稀，再加入水泥与细骨料的干拌料中。拌和好的聚合物砂浆，宜在 2h 内用完。

喷涂聚合物砂浆的主要机具设备有空气压缩机（$0.6m^3/min$）、加压罐、灰浆泵、振动筛（5mm 筛孔）、喷枪、喷斗、胶管（25mm）、输气胶管等。

波面喷涂使用喷枪（图 8-2）。第 1 遍喷到底层灰变色即可；第 2 遍喷至出浆不流为度；第 3 遍喷至全部出浆，表面均匀呈波状，不挂流，颜色一致。喷涂时，枪头应垂直于墙面，相距 30～50cm，其工作压力：在用挤压式灰浆泵时为 0.1～0.15MPa，空气压缩机压力为 0.4～0.6MPa。喷涂必须连续进行，不宜接槎。

粒状喷涂使用喷斗（图 8-3）。第 1 遍满喷盖住底层，收水后开足气门喷布碎点，快速移动喷斗，勿使出浆，第 2、3 遍应有适当间隔，以表面布满细碎颗粒、颜色均匀不出浆为原则。喷斗应与墙面垂直，相距 30～50cm。

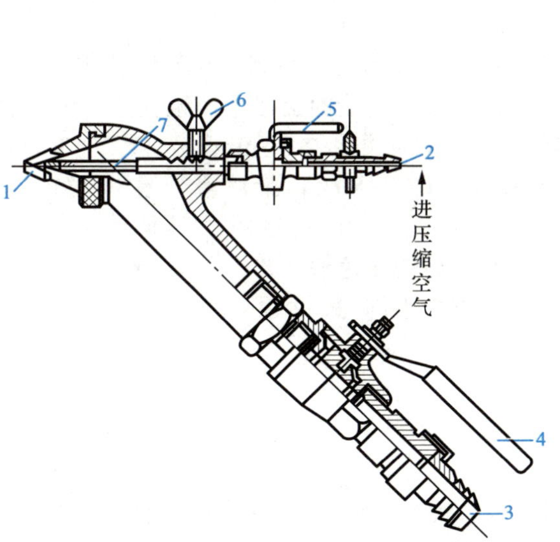

1—喷嘴；2—压缩空气接头；3—砂浆皮管接头；4—砂浆控制阀；5—压缩空气控制阀；6—顶丝；7—喷气管。

图 8-2　喷枪

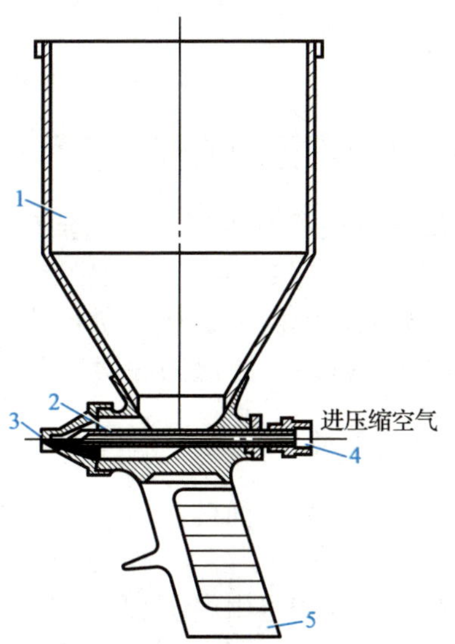

1—砂浆斗；2—喷管；3—喷嘴；4—压缩空气接头；5—手柄。

图 8-3　喷斗

喷涂时应注意：

1）门窗和不做喷涂的部位应事先遮盖，防止污染。

2）干燥的底层灰，在喷涂前应洒水湿润。在底层灰面上刷涂层 108 胶水溶液后应随即进行喷涂。

3）喷涂时环境温度不宜低于-5℃。

4）大面积喷涂，宜在墙面上预先粘贴分格条，分格区内喷涂应连续进行。面层结硬后取出分格条，用水泥砂浆勾缝。

5）喷涂面层的厚度宜控制在 3～4mm。面层干燥后应涂甲基硅醇钠憎水剂一遍。

（2）滚涂施工

滚涂是将 2～3mm 厚带色的聚合物水泥砂浆均匀地涂抹在底层上，用平面或刻有花纹的橡胶、泡沫塑料滚子在罩面层上直上直下施滚涂拉，并一次成活滚出所需花纹。

滚涂饰面的底、中层抹灰与一般抹灰相同。中层一般用 1∶3 水泥砂浆，表面搓平实。然后根据图纸要求，将尺寸分匀以确定分格条的位置，弹线后贴分格条。

抹灰面干燥后，喷涂机硅溶液一遍。滚涂操作有干滚和湿滚两种。干滚法是滚子不蘸水，滚子上下来回后再向下滚一遍，达到表面均匀拉毛即可。干滚法滚出的花纹较粗，但工效高。湿滚法为滚子蘸水上墙，并保持整个表面水量一致，滚出的花纹较细，但比较费工。

（3）弹涂施工

弹涂是利用弹涂器（图 8-4）将不同色彩的聚合物水泥砂浆弹在色浆面层上，形成有类似于干粘石效果的装饰面。

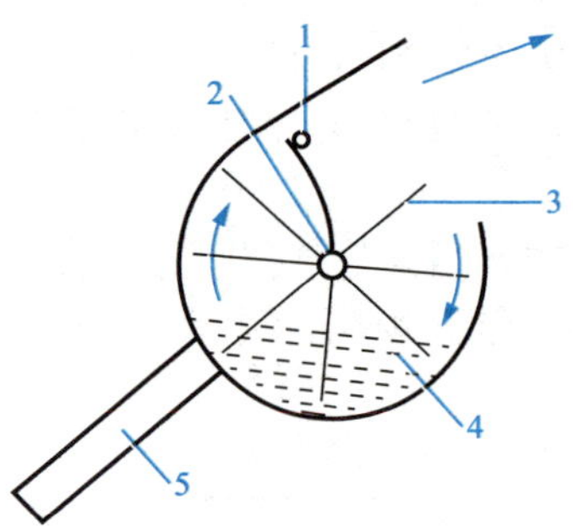

1—挡棍；2—中轴；3—弹棒；4—色浆；5—把手。

图 8-4 弹涂器的工作原理示意图

弹涂基层除砖墙基体应先用 1∶3 水泥砂浆抹找平层并搓平外，一般混凝土等表面较为平整的基体可直接刷底色浆后弹涂。弹涂前基体应干燥、平整、棱角规矩。

弹涂时，先将基层湿润刷（喷）底色浆，然后用弹涂器将色浆弹到墙面上，形成直径 1～3mm 的图形花点，弹涂面层厚 2～3mm，一般 2～3 遍成活，每遍色浆不宜太厚，不得流坠，第一遍应覆盖 60%～80%，最后罩一遍甲基硅醇钠憎水剂。

弹涂应自上而下、从左向右进行。先弹深色浆，后弹浅色浆。

喷涂、滚涂、弹涂饰面层，要求颜色一致、花纹大小均匀、不显接槎。

5. 假面砖

假面砖又称仿面砖，适用于装饰外墙面，远看像贴面砖，近看才是彩色砂浆抹灰层上分格。

假面砖抹灰层由底层灰、中层灰、面层灰组成。底层灰宜用 1∶3 水泥砂浆，中层灰宜用 1∶1 水泥砂浆，面层灰宜用 5∶1∶9 水泥石灰砂浆（水泥∶石灰膏∶细砂），按色彩需要掺入适量矿物颜料，成为彩色砂浆。面层灰厚 3～4mm。

待中层灰凝固后，洒水湿润，抹上面层彩色砂浆，要压实抹平。待面层灰收水后，用铁梳或铁辊顺着靠尺由上而下划出竖向纹，纹深约 1mm，竖向纹划完后，再按假面砖尺寸弹出水平线，将靠尺靠在水平线上，用铁刨或铁勾顺着靠尺划出横向沟，沟深 3～4mm。全部划好纹、沟后，清扫假面砖表面。

6. *仿石*

仿石适用于装饰外墙。仿石抹灰层由底层灰、结合层及面层灰组成。底层灰用 12mm 厚 1∶3 水泥砂浆，结合层用水泥浆（内掺水重 3%～5%的 108 胶），面层用 10mm 厚 1∶0.5∶4 水泥石灰砂浆。

仿石的施工要点：

1）底层灰凝固后，在墙面上弹出分块线，分块线按设计图案而定，使每一分块呈不同尺寸的矩形或多边形。

2）洒水湿润墙面，按照分块线将木分格条用稠水泥浆粘贴在墙面上。

3）在各分块涂刷水泥浆结合层，随即抹上水泥石灰砂浆面层灰，用刮尺沿分格条刮平，再用木抹搓平。

4）待面层稍收水后，用短直尺紧靠在分格条上，用竹丝帚将面灰扫出清晰的条纹。各分块之间的条纹应一块横向、一块竖向，竖横交替。若相邻两块条纹方向相同，则其中一块可不扫条纹。

5）扫好条纹后，应立即起出分格条，用水泥砂浆勾缝，进行养护。

6）面层干燥后，扫去浮灰，再用胶漆刷涂两遍，分格缝不刷漆。

8.1.3　一般抹灰、装饰抹灰质量的允许偏差和检验方法

一般抹灰、装饰抹灰质量的允许偏差和检验方法，应符合表 8-1 和表 8-2 的规定。

表 8-1　一般抹灰质量的允许偏差和检验方法

项次	项目	允许偏差/mm		检验方法
		普通抹灰	高级抹灰	
1	立面垂直度	4	3	用 2m 垂直检测尺检查
2	表面平整度	4	3	用 2m 靠尺和塞尺检查
3	阴、阳角方正	4	3	用直角检测尺检查
4	分格条（缝）直线度	4	3	拉 5m 线，不足 5m 拉通线，用钢直尺检查
5	墙裙、勒脚上口直线度	4	3	拉 5m 线，不足 5m 拉通线，用钢直尺检查

注：1. 普通抹灰，本表第 3 项阴角方正可不检查。

2. 顶棚抹灰，本表第 2 项表面平整度可不检查，但应顺平。

表 8-2　装饰抹灰质量的允许偏差和检验方法

项次	项目	允许偏差/mm				检验方法
		水刷石	斩假石	干粘石	假面砖	
1	立面垂直度	5	4	5	5	用 2m 垂直检测尺检查
2	表面平整度	3	3	5	4	用 2m 靠尺和楔形塞尺检查
3	阴、阳角方正	3	3	4	4	用直角检测尺检查
4	分格条（缝）直线度	3	3	3	3	拉 5m 线，不足 5m 拉通线，用钢直尺检查
5	墙裙、勒脚上口直线度	3	3	—	—	拉 5m 线，不足 5m 拉通线，用钢直尺检查

思政案例

火箭“心脏”焊接人——高凤林

高凤林是中国航天科技集团有限公司第一研究院首都航天机械有限公司特种熔融焊接工、高级技师，2018年荣获“大国工匠年度人物”称号。多年来，他几乎专注于同一件事，那就是为火箭焊接“心脏”——发动机喷管。有些试验需要在高温下持续操作，焊件表面温度达几百摄氏度，高凤林却咬牙坚持，双手被烤得鼓起一串串水疱。因为技艺高超，曾有人开出“高薪加两套北京住房”的诱人条件聘请他，高凤林却说：“我们的成果打入太空，这样的民族认可的满足感用金钱买不到。”他用多年的坚守诠释了一名航天匠人对理想信念的执着追求。

任务8.2 饰面工程施工

饰面工程是指将块料面层镶贴（或安装）在墙柱表面以形成装饰层。块料面层的种类基本可分为饰面砖和饰面板两大类。饰面砖分有釉和无釉两种，包括釉面瓷砖、外墙面砖、陶瓷马赛克、玻璃锦砖、劈离砖及耐酸砖等；饰面板包括天然石饰面板（如大理石、花岗石和青石板等）、人造石饰面板（如预制水磨石板、合成石饰面板等）、金属饰面板（如不锈钢板、涂层钢板、铝合金饰面板等）、玻璃饰面、木质饰面板（如胶合板、木条板）、裱糊墙纸饰面等。

8.2.1 饰面砖镶贴

1. 施工准备

微课：瓷砖墙面施工

饰面砖的基层处理和找平层砂浆的涂抹方法与装饰抹灰基本相同。

饰面砖在镶贴前，应根据设计对釉面砖和外墙面砖进行选择，要求挑选规格一致，形状平整方正，不缺棱掉角，不开裂和脱釉，无凹凸扭曲，颜色均匀的面砖及各种配件。按标准尺寸检查饰面砖，分出符合标准尺寸和大于或小于标准尺寸3种规格的饰面砖，同一类尺寸应用于同一层间或同一面墙上，以做到接缝均匀一致。陶瓷马赛克应根据设计要求选择好色彩和图案，统一编号，便于镶贴时依号施工。

釉面砖和外墙面砖镶贴前应先清扫干净，然后置于清水中浸泡。釉面砖浸泡到不冒气泡为止，一般为2～3h。外墙面砖则需隔夜浸泡、取出晾干。以饰面砖表面有潮湿感、手按无水迹为准。

饰面砖镶贴前应进行预排，预排时应注意同一墙面的横竖排列，均不得有一行以上的非整砖。非整砖应排在最不醒目的部位或阴角处，用接缝宽度调整。

外墙面砖预排时应根据设计图纸尺寸进行排砖分格并绘制详图。一般要求水平缝应与旋脸、窗台齐平，竖向要求阴角及窗口处均为整砖，分格按整块分匀，并根据已确定的缝子大小做分格条和划出皮数杆。对墙、墙垛等要求先测好中心线、水平分格线和阴阳角垂直线。

2. 釉面砖镶贴

（1）墙面镶贴方法

釉面砖的排列方法有对缝排列和错缝排列两种，如图 8-5 所示。

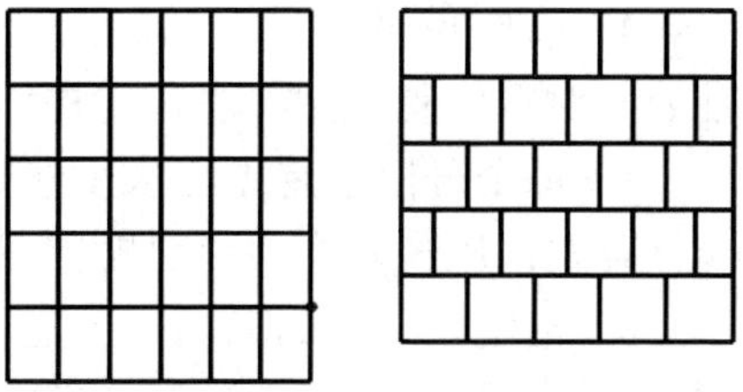

（a）矩形砖对缝　　（b）方形砖错缝

图 8-5　釉面砖镶贴形式

1）在清理干净的找平层上，依照室内标准水平线校核地面标高和分格线。

2）以所弹地平线为依据设置支撑釉面砖的地面木托板，加木托板的目的是防止釉面砖因自重向下滑移，木托板表面应加工平整，其高度为非整砖的调节尺寸。整砖的镶贴从木托板开始自下而上进行。每行的镶贴宜以阳角开始，把非整砖留在阴角。

3）调制糊状的水泥浆，其配合比为水泥∶砂=1∶2（体积比），另掺水泥质量为 3%～4%的 108 胶；掺时先将 108 胶用 2 倍的水稀释，然后加在搅拌均匀的水泥砂浆中，继续搅拌至混合。也可按水泥∶108 胶水∶水=100∶5∶26 的比例配制纯水泥浆进行镶贴。镶贴时，用铲刀将水泥砂浆或水泥浆均匀涂抹在釉面砖背面（以水泥砂浆厚度为 6～10mm，水泥浆厚度为 2～3mm 为宜），四周刮成斜面，按线就位后用手轻压，然后用橡皮锤或小铲把轻轻敲击，使其与中层贴紧，确保釉面砖四周砂浆饱满，并用靠尺找平。镶贴釉面砖宜先沿底尺横向贴一行，再沿垂直线竖向贴几行，然后从下往上从第二横行开始，在已贴的釉面砖上口间拉上准线（用细钢丝），横向各行釉面砖依准线镶贴。

釉面砖镶贴完毕后，用清水或棉纱将釉面砖表面擦洗干净。室外接缝应用水泥浆或水泥砂浆勾缝，室内接缝宜用与釉面砖相同颜色的石灰膏或白水泥色浆擦嵌密实，并将釉面砖表面擦净。全部完工后，根据污染的不同程度，用棉纱或稀盐酸刷洗并及时用清水冲净。

镶贴墙面时，应先贴大面，后贴阴阳角、凹槽等难度较大、耗工较多的部位。

（2）顶棚镶贴方法

镶贴前，应把墙上的水平线翻到墙顶交接处（四边均弹水平线），校核顶棚方正情况，阴阳角应找直，并按水平线将顶棚找平。如果墙与顶棚均贴釉面砖，则房间要求规方，阴阳角都须方正，墙与顶棚成 90° 直角，排砖时，非整砖应留在同一方向，使墙顶砖缝交圈。镶贴时应先贴标志块，间距一般为 1.2m，其他操作与墙面镶贴相同。

3. 外墙釉面砖镶贴

外墙釉面砖镶贴由底层灰、中层灰、结合层及面层组成。

外墙釉面砖的镶贴形式由设计而定。矩形釉面砖宜竖向镶贴；釉面砖的接缝宜采用离缝，缝宽不大于 10mm；釉面砖一般应对缝排列，不宜采用错缝排列。

1）外墙面贴釉面砖应自上而下分段，每段内应自下而上镶贴。

2）在整个墙面两头各弹一条垂直线，如墙面较长，则在墙面中间部位再增弹几条垂直线，垂直线之间的距离应为釉面砖宽的整倍数（包括接缝宽），墙面两头垂直线应距墙阳角（或阴角）为一块釉面砖的宽度。垂直线作为竖行标准。

3）在各分段分界处各弹一条水平线，作为贴釉面砖横行标准。各水平线的距离应为釉面砖高度（包括接缝）的整倍数。

4）清理底层灰面，并浇水湿润，刷一道素水泥浆，紧接着抹上水泥石灰砂浆，随即将釉面砖对准位置镶贴上去，用橡胶锤轻敲，使其贴实平整。

5）每个分段中宜先沿水平线贴横向一行砖，再沿垂直线贴竖向几行砖，从下往上第二横行开始，应在垂直线处已贴的釉面砖上口间拉上准线，横向各行釉面砖依准线镶贴。

6）阳角处正面的釉面砖应盖住侧面的釉面砖的端边，即将接缝留在侧面，或在阳角处留成方口，以后用水泥砂浆勾缝。阴角处应使釉面砖的接缝正对阴角线。

7）镶贴完一段后，立即把釉面砖的表面擦洗干净，用水泥细砂浆勾缝，待其干硬后，再擦洗一遍釉面砖面。

8）墙面上有突出的预埋件时，此处釉面砖的镶贴，应根据具体尺寸用整砖裁割后贴上去，不得用碎块砖拼贴。

9）同一墙面应用同一品种、同一色彩、同一批号的釉面砖，并注意花纹倒顺。

4. 外墙锦砖（马赛克）镶贴

外墙贴锦砖可采用陶瓷马赛克或玻璃锦砖。锦砖镶贴由底层灰、中层灰、结合层及面层等组成。

锦砖的品种、颜色及图案选择由设计而定。锦砖是成联供货的，所镶贴墙面的尺寸最好是砖联尺寸的整倍数，尽量避免将联拆散。

外墙镶贴锦砖施工要点：

1）外墙镶贴锦砖应自上而下进行分段，每段内自下而上镶贴。

2）底层灰凝固后，清理墙面使其干净。按砖联排列位置，在墙面上弹出砖联分格线。根据图案形式，在各分格内写上砖联编号，在砖联纸背上也写上砖联编号，以便对号镶贴。

3）清理各砖联的粘贴面（即锦砖背面），按编号顺序预排就位。

4）在底层灰面上洒水湿润，刷上水泥浆一道（中层灰），接着涂抹纸筋石灰膏水泥混合灰结合层，紧跟着将砖联对准位置镶贴上去并用木垫板压住，再用橡胶锤全面轻轻敲打一遍，使砖联贴实平整。砖联可预先放在木垫板上，连同木垫板一齐贴上去，敲打木垫板即可。砖联平整后即取下木垫板。

5）待结合层的混合灰能粘住砖联后，立即洒水湿润砖联的背纸，轻轻将其揭掉。要将背纸撕揭干净，不留残纸。

6）在混合灰初凝前，修整各锦砖间的接缝，如接缝不正、宽窄不一，则应予以拨正。如有锦砖掉粒，则应予以补贴。

7）在混合灰终凝后，用同色水泥擦缝（略洒些水）。以白色为主的锦砖应用白水泥擦缝；以深色为主的锦砖应用普通水泥擦缝。

8）擦缝水泥干硬后，用清水擦洗锦砖面。

9）非整砖联处，应根据所镶贴的尺寸，预先将砖联裁割，去掉不需要的部分（连同背纸），再镶贴上去，不可将锦砖块从背纸上剥下来，一块一块地贴上去。

10）如结合层所用的混合灰中未掺入 108 胶，则应在砖联的粘贴面随贴随刷一道混凝土界面处理剂，以增强砖联与结合层的黏结力。

11）每个分段内的锦砖宜连续贴完。

12）墙及柱的阳角处，不宜将一面锦砖边凸出去盖住另一面锦砖接缝，而应各自贴到阳角线处，缺口处用水泥细砂浆勾缝。

8.2.2　大理石板、花岗石板、青石板等饰面板的安装

1. 小规格饰面板的安装

小规格大理石板、花岗石板、青石板，板材尺寸小于300mm×300mm，板厚8～12mm，粘贴高度低于1m的踢脚线板、勒脚、窗台板等，可采用水泥砂浆粘贴的方法安装。

（1）踢脚线粘贴

用1∶3水泥砂浆打底，找规矩，厚约12mm，用刮尺刮平，划毛。待底子灰凝固后，将经过湿润的饰面板背面均匀地抹上厚2～3mm的素水泥浆，随即将其贴于墙面，用木锤轻敲，使其与基层黏结紧密。随后用靠尺找平，使相邻各块饰面板接缝齐平，高差不超过0.5mm，并将边口和挤出拼缝的水泥擦净。

（2）窗台板的安装

安装窗台板时，先校正窗台的水平，确定窗台的找平层厚度，在窗口两边按图纸要求的尺寸在墙上剔槽。多窗口的房屋剔槽时要拉通线，并将窗口找平。

清除窗台上的垃圾杂物，洒水润湿。用1∶3干硬性水泥砂浆或细石混凝土抹找平层，用刮尺刮平，均匀地撒上干水泥，待水泥充分吸水呈水泥浆状态后，再将湿润后的板材平稳地安上，用木锤轻轻敲击，使其平整并与找平层有良好的黏结。窗口两侧墙上的剔槽处要先浇水润湿，板材伸入墙面的尺寸（进深与左右）要相等。板材放稳后，应用水泥砂浆或细石混凝土将嵌入墙的部分塞密堵严。窗台板接槎处注意平整，并与窗下槛同一水平。

当有暗炉片槽，且窗台板长向由几块拼成，则在横向挑出墙面尺寸较大时，应先在窗台板下预埋角铁，要求角铁埋置的高度、进出尺寸一致，其表面应平整，并用较高强度等级的细石混凝土灌注，过一周后再安装窗台板。

（3）碎拼大理石

大理石厂生产光面和镜面大理石时，裁割的边角废料，经过适当的分类加工，可作为墙面的饰面材料，能取得较好的装饰效果。例如，矩形块料、冰裂状块料、毛边碎块等各种形体的拼贴组合，都会给人以乱中有序、自然优美的感觉。碎拼大理石主要采用不同的拼法和嵌缝处理，来求得一定的饰面效果。

1）矩形块料：对于锯割整齐而大小不等的正方形大理石边角块料，以大小搭配的形式镶拼在墙面上，缝隙间距1～1.5mm，镶贴后用同色水泥色浆嵌缝，可嵌平缝，也可嵌凸缝，擦净后上蜡打光。

2）冰状块料：将锯割整齐的各种多边形大理石板碎料搭配成各种图案。缝隙可做成凹凸缝，也可做成平缝，用同色水泥色浆嵌抹，擦净后上蜡打光。平缝的间隙可以稍小，凹凸缝的间隙可在10～12mm，凹凸2～4mm。

3）毛边碎料：选取不规则的毛边碎块，因不能密切吻合，故镶拼的接缝比以上两种块料为大，应注意大小搭配、乱中有序、生动自然。

2. 湿法铺贴工艺

湿法铺贴工艺适用于板材厚为20～30mm的大理石、花岗石或预制水磨石板，墙体为

砖墙或混凝土墙。

湿法铺贴工艺是传统的铺贴方法，即在竖向基体上预挂钢筋网（图 8-6），用铜丝或镀锌钢丝绑扎板材并灌水泥砂浆粘牢。这种方法的优点是牢固可靠，缺点是工序烦琐，卡箍多样，板材上钻孔易损坏，特别是灌注砂浆易污染板面和使板材移位。

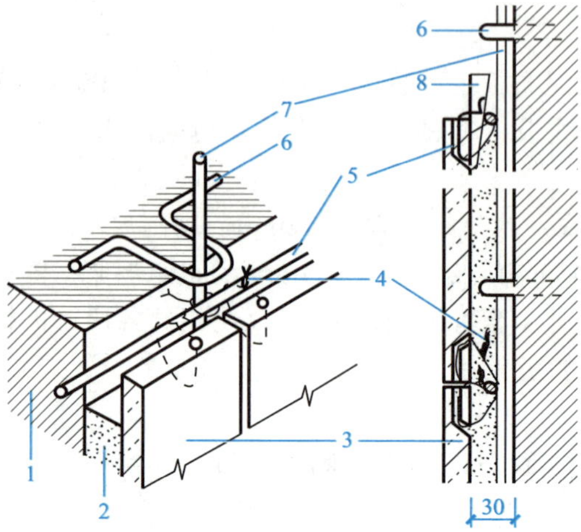

1—墙体；2—水泥砂浆；3—大理石板；4—铜丝；5—横筋；6—铁环；7—立筋；8—定位木楔。

图 8-6　饰面板钢筋网片的固定及安装方法

采用湿法铺贴工艺，墙体应设置锚固体。砖墙体应在灰缝中预埋ϕ6mm 钢筋钩，钢筋钩的中距为 500mm 或按板材尺寸，当挂贴高度大于 3m 时，钢筋钩改用ϕ10mm 钢筋，钢筋钩埋入墙体内的深度应不小于 120mm，伸出墙面 30mm，混凝土墙体可射入ϕ3.7mm×62mm 的射钉，中距亦为 500mm 或按板材尺寸，射钉打入墙体内 30mm，伸出墙面 32mm。

挂贴饰面板之前，将ϕ6mm 钢筋网焊接或绑扎于锚固件上。钢筋网双向中距为 500mm 或按板材尺寸。

在饰面板上、下边用电钻各钻不少于 2 个孔径为 5mm、孔深为 15mm 的孔，清理饰面板的背面。用双股 18 号铜丝穿过钻孔，把饰面板绑牢于钢筋网上。饰面板的背面距墙面应不小于 50mm。

饰面板的接缝宽度可垫木楔调整，应确保饰面板外表面平整、垂直及板的上沿平顺。

每安装好一行横向饰面板后，即进行灌浆。灌浆前，应浇水将饰面板背面及墙体表面湿润，在饰面板的竖向接缝内填塞 15～20mm 深的麻丝或泡沫塑料条以防漏浆（光面、镜面和水磨石饰面板的竖缝，可用石膏灰临时封闭，并在缝内填塞泡沫塑料条）。

拌和好 1∶2.5 的水泥砂浆，将砂浆分层灌注到饰面板背面与墙面之间的空隙内，每层灌注高度为 150～200mm，且不得大于板高的 1/3，并插捣密实。待砂浆初凝后，应检查板面位置，如有移动错位，则应拆除重新安装；若无移位，方可安装上一行板。施工缝应留在饰面板水平接缝以下 50～100mm 处，如图 8-6 所示。

突出墙面的勒脚饰面板安装，应待墙面饰面板安装完工后进行。

待水泥砂浆硬化后，将填缝材料清除，饰面板表面清洗干净。光面和镜面的饰面经清洗晾干后，方可打蜡擦亮。

3. 干法铺贴工艺

干法铺贴工艺通常称为干挂法施工，即在饰面板材上直接打孔或开槽，用各种形式的连接件与结构基体用膨胀螺栓或其他架设金属连接而不需要灌注砂浆或细石混凝土。饰面板与墙体之间留出 40～50mm 的空腔。这种方法适用于 30mm 以下的钢筋混凝土结构基体上，不适用于砖墙和加气混凝土墙。

干法铺贴工艺的主要优点如下：

1）在风力和地震作用时，允许产生适量的变位，而不致出现裂缝和脱落。

2）冬季照常施工，不受季节限制。

3）没有湿作业的施工条件，既改善了施工环境，也避免了浅色板材透底污染及空鼓、脱落等问题的发生。

4）可以采用大规格的饰面石材铺贴，提高施工效率。

5）可自上而下拆换、维修，无损于板材和连接件，使饰面工程拆改翻修方便。

干法铺贴工艺主要采用扣件固定法，如图 8-7 所示。

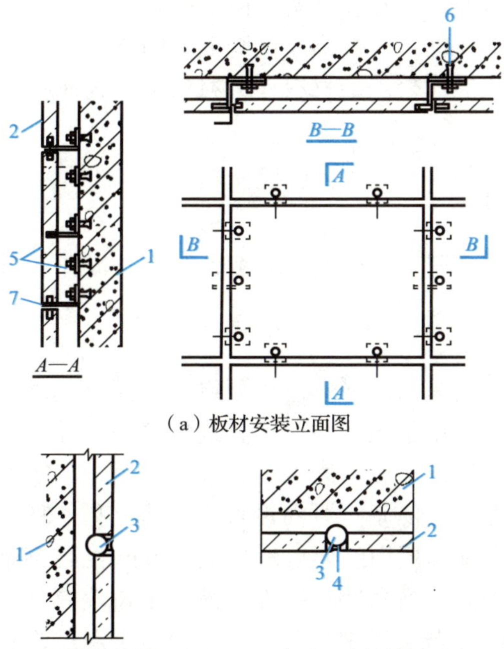

（a）板材安装立面图

（b）板块水平接缝剖面图　（c）板块垂直接缝剖面图

1—混凝土外墙；2—饰面石板；3—泡沫聚乙烯嵌条；4—密封硅胶；5—钢扣件；6—胀铆螺栓；7—销钉。

图 8-7 用扣件固定大规格石材饰面板的干作业做法

扣件固定法的安装施工步骤如下：

1）板材切割。按照设计图图样要求在施工现场进行切割，由于板块规格较大，宜采用石材切割机切割，注意保持板块边角的挺直和规矩。

2）磨边。板材切割后，为使其边角光滑，可采用手提式磨光机进行打磨。

3）钻孔。相邻板块采用不锈钢销钉连接固定，销钉插在板材侧面孔内。孔径为 5mm，深度为 12mm，用电钻打孔。因为它关系到板材的安装精度，所以要求钻孔位置准确。

4）开槽。因为大规格石板的自重大，所以除由钢扣件将板块下口托牢以外，还需在板块中部开槽设置承托扣件以支承板材的自重。

5）涂防水剂。在板材背面涂刷一层丙烯酸防水涂料，以增强外饰面的防水性能。

6）墙面修整。如果混凝土外墙表面有局部凸出处会影响扣件安装，则须进行凿平修整。

7）弹线。从结构中引出楼面标高和轴线位置，在墙面上弹出安装板材的水平和垂直控制线，并做出灰饼以控制板材安装的平整度。

8）墙面涂刷防水剂。因为板材与混凝土墙身之间不填充砂浆，所以为了防止因材料性能或施工质量可能造成的渗漏，在外墙面上涂刷一层防水剂，以加强外墙的防水性能。

9）板材安装。安装板块的顺序是自下而上，在墙面最下一排板材安装位置的上下口拉两条水平控制线，板材从中间或墙面阳角开始就位安装。先安装好第一块作为基准，其平整度以事先设置的灰饼为依据，将线锤吊直，经校准后加以固定。一排板材安装完毕，再进行上一排扣件的固定和安装。板材的安装要求四角平整、纵横对缝。

10）板材固定。钢扣件和墙身用胀铆螺栓固定，扣件为一块钻有螺栓安装孔和销钉孔的平钢板，根据墙面与板材之间的安装距离，在现场用手提式折压机将其加工成角型钢。扣件上的孔洞均呈椭圆形，以便安装时调节位置。

11）板材接缝的防水处理。石板饰面接缝处的防水处理采用密封硅胶嵌缝。嵌缝之前先在缝隙内嵌入柔性条状泡沫聚乙烯材料作为衬底，以控制接缝的密封深度和加强密封胶的黏结力。

8.2.3 金属饰面板施工

金属饰面板主要有彩色压型钢板复合墙板、铝合金板和不锈钢板等。

1. 彩色压型钢板复合墙板施工

彩色压型钢板复合墙板是以波形彩色压型钢板为面板，以轻质保温材料为芯层，经复合而成的轻质保温墙板，适用于工业与民用建筑物的外墙挂板。这种复合墙板的夹芯保温材料，可分别选用聚苯乙烯泡沫板、岩棉板、玻璃棉板、聚氨酯泡沫塑料等。其接缝构造基本上分两种：一种是在墙板的垂直方向设置企口边；另一种为不设企口边。如采用轻质保温板材做保温层，则在保温层中间要放两条宽 50mm 的带钢钢箍，在保温层的两端各放 3 块槽形冷弯连接件和两块冷弯角钢吊挂件，然后用自攻螺钉把压型钢板与连接件固定，钉距一般为 100～200mm。若采用聚氨酯泡沫塑料做保温层，则可以预先浇筑成形，也可在现场喷雾发泡。

彩色压型钢板复合板的安装，是用吊挂件把板材挂在墙身檩条上，再把吊挂件与檩条焊牢；板与板之间连接，水平缝为搭接缝，竖缝为企口缝。所有接缝处，除用超细玻璃棉塞缝外，还需用自攻螺钉钉牢，钉距为 200mm。门窗洞口、管道穿墙及墙面端头处，墙板均为异形复合墙板，用压型钢板与保温材料按设计规定尺寸进行裁割，然后照标准板的做法进行组装。女儿墙顶部、门窗周围均设防雨泛水板，泛水板与墙板的接缝处用防水油膏嵌缝。压型板墙转角处用槽形转角板进行外包角和内包角，转角板用螺栓固定。

2. 铝合金板墙面施工

铝合金板墙面装饰，主要用于与玻璃幕墙或大玻璃窗配套，或商业建筑的入口处的门口、柱面及招牌的衬底等部位，或用于内墙装饰，如大型公共建筑的墙裙等。

铝合金板有方形板和条形板，方形板有正方形板、矩形板及异形板。条形板一般是指宽度在 150mm 以内的窄条板材，长度为 6m 左右，厚度多为 0.5～1.5mm。根据其断面及安装形式的不同，通常又被分为铝合金板或铝合金扣板。条板断面的一般形式如图 8-8 所示。扣板断面的形式如图 8-9 所示。另外，还有铝合金蜂窝板，其断面呈蜂窝腔，如图 8-10 所示。

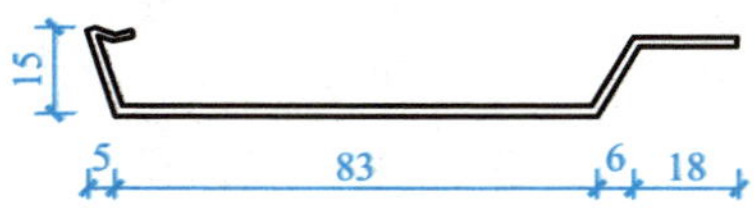

图 8-8　铝合金条板断面

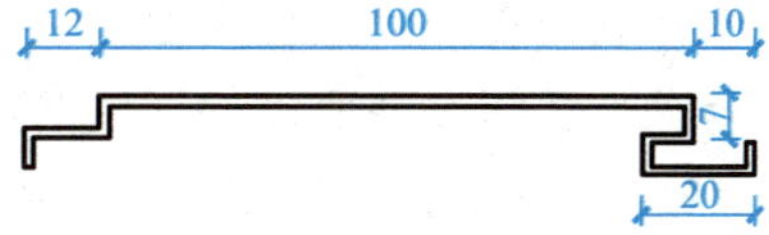

图 8-9　铝合金扣板断面

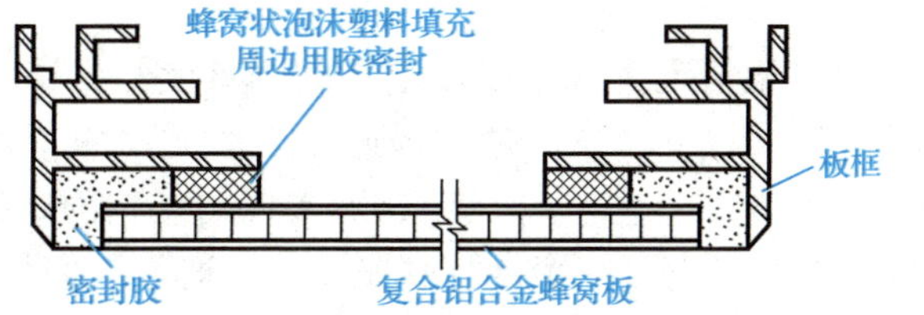

图 8-10　铝合金蜂窝板断面

（1）铝合金板的固定

铝合金板的固定方法较多，按其固定原理可分为两类：一类是配合特制的带齿形卡脚的金属龙骨，安装时将板条卡在龙骨上面，不需使用钉件；另一种固定方法是将铝合金板用螺栓或自攻螺钉固定于型钢或木骨架上。

1）铝合金扣板的固定。铝合金扣板多用于建筑首层的入口及招牌衬底等较为醒目的部位，其骨架可用角钢或槽钢焊成，也可用方木铺钉。骨架与墙面基层多用膨胀螺栓固定，扣板与骨架用自攻螺钉固定。

扣板的固定特点是螺钉头不外露，扣板的一边用螺钉固定，另一块扣板扣上后，恰好将螺钉盖住。

2）铝合金蜂窝板的固定。铝合金蜂窝板与骨架用连接板固定，连接件断面如图 8-11 所示。

3）铝合金成型板的简易固定。在铝合金板的上下各留两个孔，然后与内架上焊牢的钢销钉相配。安装时，只需将铝合金板的孔眼穿入销钉即可，在上下板之间的缝隙内填充聚氯乙烯泡沫，然后在其外侧注入硅酮密封胶。

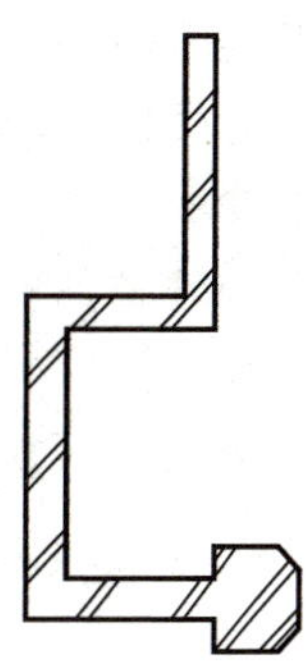

图 8-11　连接件断面

4）铝合金条板与特制龙骨的卡接固定。如图 8-12 所示的铝合金条板同以上介绍的几种板的固定方法截然不同。该条板卡在特制的龙骨上，龙骨与墙基层固定牢固。龙骨由镀锌钢板冲压而成，安装条板时，将条板卡在龙骨的顶面。此种固定方法简便可靠，拆换也较为方便。安装铝合金板的龙骨形式比较多，条板的断面也多种多样，在实际工程中应着重注意的是，龙骨与铝合金墙板应配套使用。

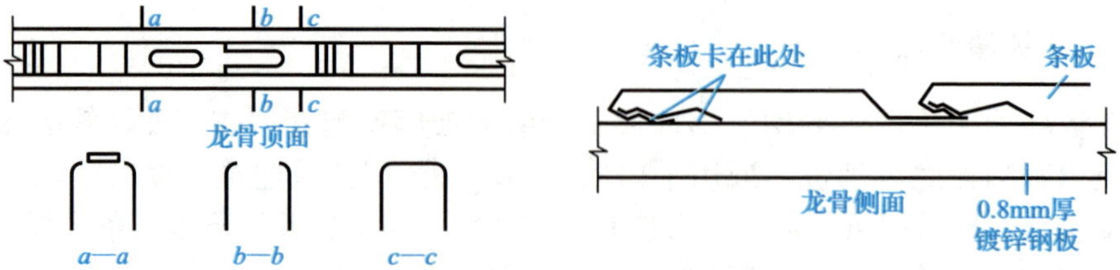

图 8-12　铝合金条板与特制龙骨的卡接固定

（2）铝合金板墙面施工

铝合金墙板安装的工程质量要求较高，其技术难度也比较大。在施工前应认真查阅图纸，领会设计意图，并需进行详细的技术交底，使操作者能够主动地做好每一道工序。

1）放线。铝合金板墙面，基本上由铝合金板和骨架组成。其骨架一般由横竖杆件拼装而成，可以是铝合金型材，也可以是型钢。固定骨架时，先在墙面上弹出骨架位置线，以保证骨架施工的准确性。

放线前要检查结构的质量情况，如果发现结构的垂直度与平整度误差较大，对骨架固定质量有影响，则应及时通知设计单位。放线最好一次放完，如有出入，则可进行调整。

2）固定骨架连接件。骨架的横竖杆件是通过连接件与结构固定的，而连接件与结构之间，可以同结构的预埋件焊牢，也可在墙上打膨胀螺栓。通常人们使用膨胀螺栓锚固较多，它较为灵活简便，尺寸误差也比较小，有利于保证骨架位置的准确性。

连接件的施工质量主要是要保证牢固可靠，在操作过程中要加强自检和互检，并将检查结果做好隐蔽记录。例如，焊缝的长度、高度，膨胀螺栓的埋入深度等最好做拉拔试验，看其是否符合设计要求。型钢一类的连接件，其表面应镀锌，焊缝处应刷防锈漆。

3）固定骨架。所有的骨架均应经防腐处理。骨架安装要牢固，位置要准确。待安装完毕后，应对中心线、表面标高做全面检查。高层建筑的大面积外墙板，宜用经纬仪对横竖杆件进行贯通检查，以保证饰面板的安装精度，在检查无误后，即可对骨架进行固定，同时对所有的骨架进行防腐处理。

4）安装铝合金板。铝合金板的安装固定方法较多，操作的要点也不尽相同，无论使用何种方法，都必须做到安全、牢固。特别是高层建筑的铝合金外墙板，更不能有丝毫疏忽。

板与板之间，一般应当留出 10～20mm 的间隙，最后用氯丁橡胶条或硅酮密封胶进行密封处理。

铝合金板的安装操作应注意施工安全，遇有大风大雨，不能使用吊篮；如果使用外墙脚手架，则应设安全网。铝合金板安装完毕后，须在易被碰撞及污染处采取保护措施。为防止碰撞，宜设安全保护栏；为防污染，多用塑料薄膜遮盖。

3. 不锈钢饰面板施工

不锈钢饰面板主要用于墙柱面装饰，具有强烈的金属质感和抛光的镜面效果。

（1）圆柱体不锈钢板包面焊接工艺

其主要施工工艺：柱体成型→柱面基层修整→不锈钢板滚圆→不锈钢板的定位、安装→焊接和打磨修光。

其操作要点如下：

1）柱体成型。在钢筋混凝土柱体浇筑时，预埋钢质或铜质垫板，或在柱体抹灰时将垫板固定于柱体的抹灰基层内。

2）柱面基层修整。安装不锈钢板前，应对柱面基层进行修整，以使柱面垂直、光圆。

3）不锈钢板滚圆。用卷板机或手工将不锈钢板卷成或敲打成所需直径的规则圆筒体。一般将板材滚成两个标准的半圆，以备包覆柱体后焊接固定。

4）不锈钢板的定位、安装。滚圆加工后的不锈钢板与圆柱体包覆就位时，其拼接缝处应与预设的施焊垫板位置相对应。安装时注意调整缝隙的大小，其间隙应符合焊接的规范要求（0～1.0mm），并须保持均匀一致；焊缝两侧板面不应出现高低差。可以用点焊或其他办法，先将板的位置固定，以利于下一步的正式焊接。

5）焊接。为了保证不锈钢板的附着性和耐腐性不受损失，避免其对碳的吸收或在焊接过程中混入杂质，应在施焊前对焊缝区进行脱脂、去污处理。常用三氯代乙烯、苯、汽油、中性洗涤剂或其他化学药品，用不锈钢丝细毛刷进行刷洗。必要时，还可采用砂轮机进行打磨，使焊接区金属表面暴露。此后，在焊缝两侧固定铜质或钢质压板，此压板与预设的垫板共同构成了防止不锈钢板在焊接时受热变形的防范措施。

对于厚度在 2mm 以内的不锈钢板的焊接，一般不开坡口，而是采用平口对焊方式。当设计要求焊缝开坡口时，其开口操作应在安装就位之前进行。对于不锈钢板的包柱施工，其焊接方法应以手工电弧焊或气焊为宜。特别是厚度在 1mm 以下的不锈钢薄板，应采用气焊。当采用手工电弧焊做薄板焊接时，须使用较细的不锈钢焊条及较小的焊接电流进行操作。

6）打磨修光。由于施焊，不锈钢板包柱饰面的拼缝处会不平整，而且黏附有一定量的熔渣，为此，须将其表面修平和清洁。在一般情况下，当焊缝表面并无太明显的凹痕或凸出粗粒焊珠时，可直接进行抛光。当表面有较大凹凸不平时，应使用砂轮机磨平后换上抛光轮做抛光处理，使焊缝痕迹不很显露，焊缝区表面应洁净、光滑。

（2）圆柱体不锈钢板镶包饰面施工

这种包柱镶固不锈钢板做法的主要特点是不用焊接，比较适于一般装饰柱体的表面装饰施工，操作较为简便、快捷。通常用木胶合板做柱体的表面，也是不锈钢饰面板的基层。其饰面不锈钢板的圆曲面加工，可采用上述手工滚圆或卷板机于现场加工制作，也可由工厂按所需曲度事先加工完成。其包柱圆筒形体的组合，可以由 2 片或 3 片加工好拼接。但安装的关键在于片与片之间的对口处理，其方式有直接卡口式和嵌槽压口式两种。

1）直接卡口式。安装直接卡口式是在两片不锈钢板对口处安装一个不锈钢卡口槽，将其用螺钉固定于柱体骨架的凹部。安装不锈钢包柱板时，将板的一端弯后勾入卡口槽内；再用力推按板的另一端，利用板材本身的弹性使其卡入另一卡口槽内，即完成了不锈钢板包柱的安装。

2）嵌槽压口式。安装时，先把不锈钢板在对口处的凹部用螺钉或铁钉固定，再将一条宽度小于接缝凹槽的木条固定于凹槽中间，两边空出的间隙相等，均宽为 1mm 左右。在木条上涂刷万能胶或其他黏结剂，即在其上嵌入不锈钢槽条。不锈钢槽条在嵌前应用酒精或汽油等将其内侧清洁干净，而后刷涂一层胶液。

嵌槽压口安装的要点是木条的尺寸与形状的准确性。既要保证木条与不锈钢槽条配合的松紧适度，安装时无须大力锤击，又要保证不锈钢槽的槽面与柱体饰面齐平。木条的形状准确还可使不锈钢槽条嵌入木条后胶结面接触均匀而黏结牢固。因此，在木条安装前应先与不锈钢槽条试配。木条的高度，一般不大于不锈钢槽条的槽内深度 0.5mm。

（3）方柱体不锈钢板饰面施工

1）柱面不锈钢板安装。方柱体上安装不锈钢薄板做饰面，其基层也应是木质胶合板，柱体骨架上装设胶合板基面的操作如前所述。将基表面清理洁净后即刷涂万能胶或其他胶粘剂，将不锈钢板粘贴在上面，然后在转角处用不锈钢成型角压边包角，如图 8-13 所示。在压边不锈钢成型角与饰面板接触处，可注入少量玻璃胶封口。

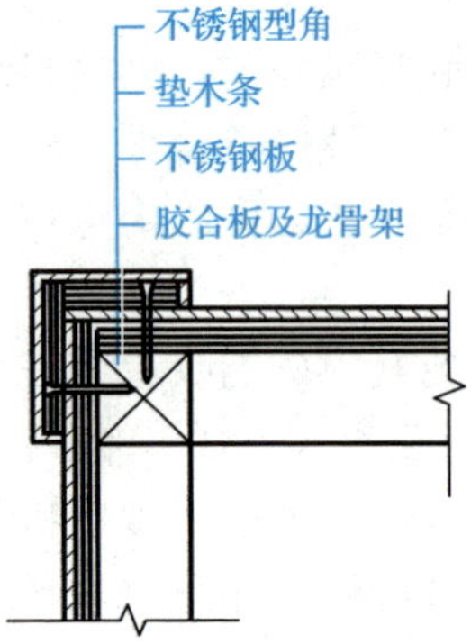

图 8-13　不锈钢板饰面的阳角处理

2）方柱角位的构造处理。方柱角位的造型形式较多，较常采用的是阳角形、阴角形和斜角形 3 种。其包角构造的材料多用不锈钢或黄铜，也可用铝合金及装饰木线等。

① 阳角构造：较多使用的角位构造。其两个面在角位处直角相交，用包角压边线条做封角处理，可用镜面黄铜角型材，也可用不锈钢角型材，用自攻螺钉或铆接法来进行固定，也可使用其他角型饰线粘贴与卡接。图 8-13 所示为常见的一种方柱阳角封口构造处理方式。

② 斜角构造：分为大斜角与小斜角，均可使用不锈钢型材处理。其中，大斜角的两个转角处，可按不锈钢板包圆柱时的对口方式处理，即采用直接卡口式或嵌槽压口式做角位的构造处理，如图 8-14 所示。

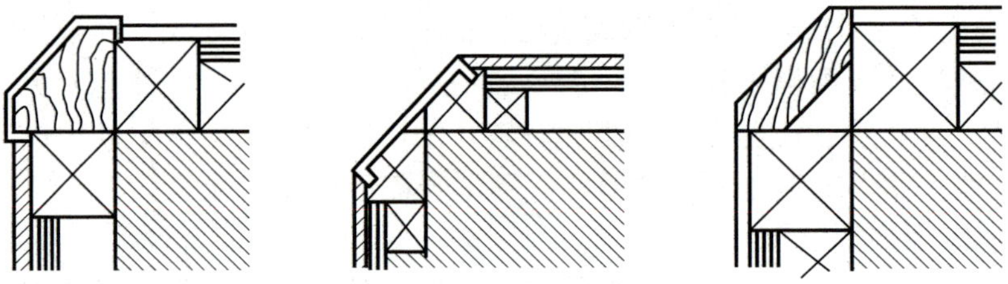
（a）金属角型材　（b）大斜角不锈钢板焊接或卡接　（c）采用装饰木线封角

图 8-14　方柱体不锈钢板饰面斜角处理方式示例

③ 阴角构造：在柱体的角位上做一个向内凹入的角，这种构造较多见于一些装饰造型柱体的角位处理。其包角形式可做不同尺度的两折或多折变化，由设计而定。阴角构造也使用不锈钢或黄铜等成型的型材来进行封角和压边，如图 8-15 所示。

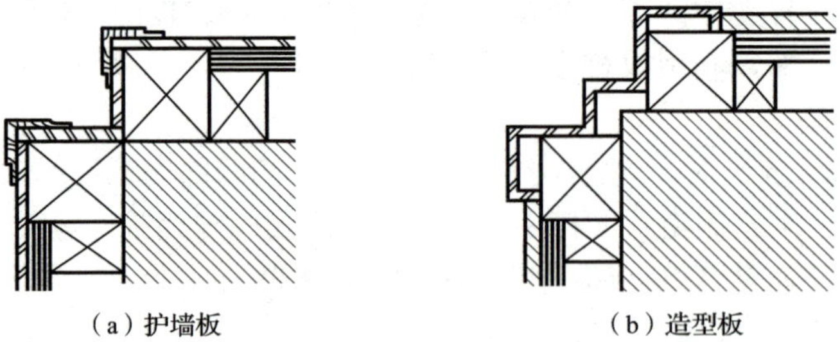
（a）护墙板　（b）造型板

图 8-15　方柱转角的阴角式处理

8.2.4　玻璃幕墙施工

玻璃幕墙是近代科学技术发展的产物，是高层建筑时代的显著特征，其主要部分由饰面玻璃和固定玻璃的骨架组成。其主要特点是建筑艺术效果好、自重小、施工方便、工期短。但玻璃幕墙造价高，抗风、抗震性能较弱，能耗较大，可能对周围环境造成光污染。

1. 玻璃幕墙的分类

（1）明框玻璃幕墙

其玻璃板镶嵌在铝框内，成为四边有铝框的幕墙构件，幕墙构件镶嵌在横梁上，形成横梁、主框均外露且铝框分格明显的立面。

明框玻璃幕墙构件的玻璃和铝框之间必须留有空隙，以满足温度变化和主体结构位移所必需的活动空间。空隙用弹性材料（如橡胶条）充填，必要时用硅酮密封胶（耐候胶）予以密封。

（2）隐框玻璃幕墙

隐框玻璃幕墙是将玻璃用结构胶黏结在铝框上，大多数情况下不再加金属连接件。因此，铝框全部隐蔽在玻璃后面，形成大面积全玻璃镜面。

隐框幕墙的节点大样如图 8-16 所示，玻璃与铝框之间完全靠结构胶黏结。结构胶要承受玻璃的自重及玻璃所承受的风荷载和地震作用、温度变化的影响，因此，结构胶的质量好坏是隐框幕墙安全性的关键环节。

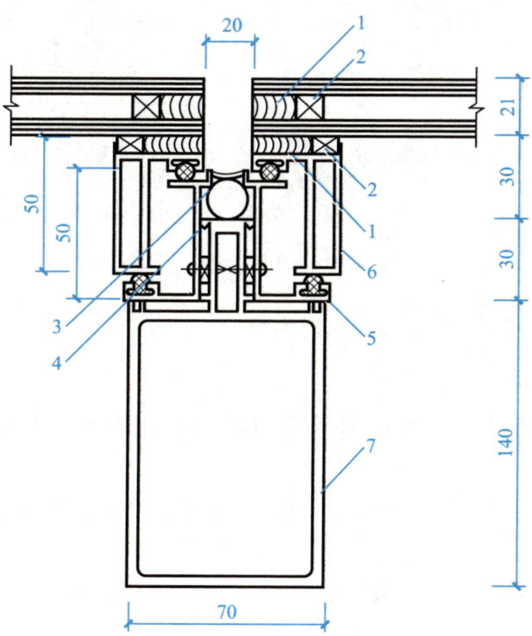

1—结构胶；2—垫块；3—耐候胶；4—泡沫棒；5—胶条；6—铝框；7—立柱。

图 8-16　隐框幕墙节点大样示例

（3）半隐框玻璃幕墙

半隐框玻璃幕墙是将玻璃两对边嵌在铝框内，另两对边用结构胶粘在铝框上，形成半隐框玻璃幕墙。立柱外露、横梁隐蔽的称为竖框横隐幕墙；横梁外露、立柱隐蔽的称为竖隐横框幕墙。

（4）全玻幕墙

因游览观光需要，所以在建筑物底层、顶层及旋转餐厅的外墙使用玻璃板，其支承结构用玻璃肋，称为全玻幕墙。

高度不超过 4.5m 的全玻幕墙，宜用上部悬挂方式安装，如图 8-17（a）所示；高度超过 4.5m 的全玻幕墙，可以用下部直接支承的方式来进行安装，如图 8-17（b）所示。

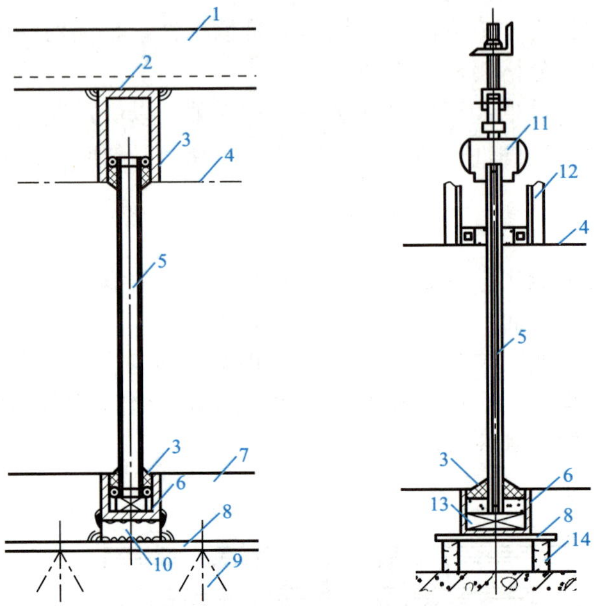

（a）整块玻璃不超过4.5m高时用　　（b）整块玻璃超过4.5m高时用

1—顶部角铁吊架；2—5mm 厚钢顶框；3—硅胶嵌缝；4—吊顶面；5—15mm 厚玻璃；6—钢底框；7—地平面；8—铁板；9—M12 螺栓；10—垫铁；11—夹紧装置；12—角钢；13—定位垫块；14—减震垫块。

图 8-17　全玻幕墙的构造

2. 玻璃幕墙的安装要点

（1）定位放线

玻璃幕墙的测量放线应与主体结构测量放线相配合，其中心线和标高点由主体结构单位提供并校核准确。

水平标高要逐层从地面基点引上，以免误差积累，由于建筑物随气温变化产生侧移，测量应每天定时进行。

放线应沿楼板外沿弹出墨线或用钢琴线定出幕墙平面基准线，从基准线测出一定距离为幕墙平面。以此线为基准确定立柱的前后位置，从而决定整片幕墙的位置。

（2）骨架安装

骨架安装在放线后进行。骨架的固定用连接件将骨架与主体结构相连，固定方式一般有两种：一种是在主体结构上预埋件，将连接件与预埋件焊牢；另一种是在主体结构上钻孔，然后用膨胀螺栓将连接件与主体结构相连。

连接件一般用型钢加工而成，其形状可因不同的结构类型、不同的骨架形式、不同的安装部位而有所不同，但无论何种形状的连接件，均应固定在牢固、可靠的位置上，然后安装骨架。骨架一般是先安竖向杆件（立柱），待竖向杆件就位后，再安装横向杆件。

1）立柱的安装。立柱先连接好连接件，再将连接件（铁码）点焊在主体结构的预埋钢板上，然后调整位置，立柱的垂直度可用锤球控制，位置调整准确后，将支撑立柱的钢牛腿焊牢在预埋件上。

立柱一般根据施工运输条件，可以是一层楼高或二层楼高为一整根。接头应有一定空隙，采用套筒连接法。

2）横梁的安装。横向杆件的安装，宜在竖向杆件安装后进行。如果横竖杆件均是型钢一类的材料，则可以采用焊接，也可以采用螺栓或其他方法连接。当采用焊接时，大面积骨架需焊接的部位较多，由于受热不均，容易引起骨架变形，故应注意焊接的顺序及操作。如有可能，则应尽量减少现场的焊接工作量。当采用螺栓连接时，将横向杆件用螺栓固定在竖向杆件的铁码（用来连接或固定构件的金属连接件或金属支架）上。

铝合金型材骨架，其横梁与竖框的连接，一般通过铝拉铆钉与连接件进行固定。连接件多为角铝或角钢。其中一条肢固定在横梁上，另一条肢固定竖框。对不露骨架的隐框玻璃幕墙，其立柱与横梁往往采用型钢，使用特制的铝合金连接板与型钢骨架用螺栓连接，型钢骨架的横竖杆件采用连接件连接，隐蔽于玻璃背面。

（3）玻璃安装

在安装前，应清洁玻璃，四边的铝框也要清除污物，以保证嵌缝耐候胶可靠黏结。

玻璃的镀膜面应朝室内方向。

当玻璃在 3m^2 以内时，一般可采用人工安装。玻璃面积过大、质量很大时，应采用真空吸盘等机械安装。

玻璃不能与其他构件直接接触，四周必须留有空隙，下部应有定位垫块，垫块宽度与槽口相同，长度不小于 100mm。

隐框幕墙构件下部应设两个金属支托，支托不应凸出到玻璃的外面。

（4）耐候胶嵌缝

玻璃板材或金属板材安装后，板材之间的间隙必须用耐候胶嵌缝，予以密封，防止气体渗透和雨水渗漏。

3. 玻璃幕墙安装的允许偏差和检验方法

玻璃幕墙安装的允许偏差和检验方法应符合表 8-3 和表 8-4 所示的规定。

表 8-3　明框玻璃幕墙安装的允许偏差和检验方法

项次	项目		允许偏差/mm	检验方法
1	幕墙垂直度	幕墙高度≤30m	10	用经纬仪检查
		30m <幕墙高度≤60m	15	
		60m <幕墙高度≤90m	20	
		幕墙高度>90m	25	
2	幕墙水平度	幕墙幅宽≤35m	5	用水平尺检查
		幕墙幅宽>35m	7	

续表

项次	项目		允许偏差/mm	检验方法
3	构件直线度		2	用 2m 靠尺和塞尺检查
4	构件水平度	构件长度≤2m	2	用水平仪检查
		构件长度>2m	3	
5	相邻构件错位		1	用钢直尺检查
6	分格框对角线长度差	对角线长度≤2m	3	用钢直尺检查
		对角线长度>2m	4	

表 8-4　隐框、半隐框玻璃幕墙安装的允许偏差和检验方法

项次	项目		允许偏差/mm	检验方法
1	幕墙垂直度	幕墙高度≤30m	10	用经纬仪检查
		30m <幕墙高度≤60m	15	
		60m <幕墙高度≤90m	20	
		幕墙高度>90m	25	
2	幕墙水平度	幕墙幅宽≤35m	3	用水平尺检查
		幕墙幅宽>35m	5	
3	幕墙表面平整度		2	用 2m 靠尺和塞尺检查
4	幕墙立面垂直度		2	用垂直检测尺检查
5	板材上沿水平度		2	用 1m 水平尺和钢直尺检查
6	相邻板材板角错位		1	用钢直尺检查
7	阳角方正		2	用直角检测尺检查
8	接缝直线度		3	拉 5m 线，不足 5m 拉通线，用钢直尺检查
9	接缝高低差		1	用钢直尺和塞尺检查
10	接缝宽度		1	用钢直尺检查

8.2.5　裱糊工程施工

裱糊施工是目前国内外使用较为广泛的施工方法，可用在墙面、顶棚、梁柱等上做贴面装饰。墙纸的种类较多，工程中常用的有普通墙纸、塑料墙纸和玻璃纤维墙纸。从表面装饰效果看，有仿锦缎、静电植绒、印花、压花、仿木、仿石等墙纸。

按照装饰施工的规范要求，在不同基层上的复合墙纸、塑料墙纸、墙布及带背胶墙纸裱糊的主要工序如表 8-5 所示。

表 8-5　裱糊的主要工序

项次	工作名称	抹灰面、混凝土面				石膏板面				木料面			
		复合墙纸	塑料墙纸	墙布	带背胶墙纸	复合墙纸	塑料墙纸	墙布	带背胶墙纸	复合墙纸	塑料墙纸	墙布	带背胶墙纸
1	清扫基层、填补缝隙、用砂纸磨平	+	+	+	+	+	+	+	+	+	+	+	+
2	接缝处糊条					+	+	+	+	+	+	+	+

续表

项次	工作名称	抹灰面、混凝土面				石膏板面				木料面			
		复合墙纸	塑料墙纸	墙布	带背胶墙纸	复合墙纸	塑料墙纸	墙布	带背胶墙纸	复合墙纸	塑料墙纸	墙布	带背胶墙纸
3	找补腻子、磨砂纸					+	+	+	+	+	+	+	+
4	满刮腻子、磨平	+	+	+	+								
5	涂刷涂料一遍									+	+	+	+
6	涂刷底胶一遍	+	+	+	+	+	+	+	+				
7	墙面画准线	+	+	+	+	+	+	+	+	+	+	+	+
8	墙纸浸水湿润		+		+		+		+		+		+
9	墙纸涂刷胶粘剂	+			+								
10	基层涂刷胶粘剂	+	+	+		+	+	+		+	+	+	
11	纸上墙、裱糊	+	+	+	+	+	+	+	+	+	+	+	+
12	拼缝、搭接、对花	+	+	+	+	+	+	+	+	+	+	+	+
13	赶压胶粘剂、气泡	+	+	+	+	+	+	+	+	+	+	+	+
14	裁边		+				+				+		
15	擦净挤出的胶液	+	+	+	+	+	+	+	+	+	+	+	+
16	清理修整	+	+	+	+	+	+	+	+	+	+	+	+

注：1. 表中“+”号表示应进行的工序。
2. 不同材料的基层相接处应糊条。
3. 混凝土表面和抹灰表面必要时可增加满刮腻子遍数。
4. 裁边工序，在使用宽为 920mm、1000mm、1100mm 等需重叠对花的塑料压延墙纸时进行。

1. 基层处理

要求基层平整、洁净，有足够的强度并适宜与墙纸牢固粘贴。基层应基本干燥，混凝土和抹灰层含水率不高于 8%，木制品不高于 12%。对局部麻点、凹坑须先用腻子找平，再满刮腻子、砂纸磨平，然后在表面满刷一遍底胶或底油，作为对基体表面的封闭，其作用是以免基层吸水太快，引起胶粘剂脱水，影响墙纸粘结。底胶或底油所用材料应视装饰部位及等级和环境情况而定，一般是涂刷 1∶（0.5～1）的 108 胶水溶液。南方地区做室内高级装饰时用酚醛清漆或光油效果更好。

2. 弹分格线

底胶干燥后，在墙面基层上弹水平、垂直线，作为操作时的标准。取线位置从墙的阴角起，用粉线在墙面上弹出垂直线，宽度以小于墙纸幅 10～20mm 为宜。为使墙纸花纹对称，应在窗口弹好中心线，由中心线往两边分线，如窗口不在中间，则应弹窗间墙中心线，再向其两侧分格弹线，在墙纸粘贴前，应先预拼试贴，观察其接缝效果，以决定裁纸边沿尺寸及对好花纹图案。

3. 裁纸

根据墙纸规格及墙面尺寸统筹规划裁纸，纸幅应编号，按顺序粘贴。墙面上下要预留裁制尺寸，一般两端应多留 30～40mm。当墙纸有花纹、图案时，要预先考虑完工后的花纹、图案、光泽，且应对接无误，不要随便裁割。同时还应根据墙纸花纹、纸边情况采用对口或搭口裁割接缝。

4. 焖水

纸基塑料墙纸遇到水或胶液开始自由膨胀，在 5～10min 时胀足，之后自行收缩，干纸刷胶立即上墙裱贴必定会出现大量气泡、皱褶而不能成活。因此，必须先将墙纸在水槽中浸泡几分钟，或在墙纸背后刷清水一道，或墙纸刷胶后叠起静置 10min，使墙纸湿润，然后裱糊，水分蒸发后，墙纸便会收缩、绷紧。

5. 刷胶

墙面和墙纸各刷黏结剂一道，阴阳角处应增刷 1～2 遍，刷胶应满而匀，不得漏刷。墙面涂刷黏结剂的宽度应比墙纸宽 20～30mm。墙纸背面刷胶后，应将胶面与胶面反复对叠，以免胶干得太快，也便于上墙，并使裱糊的墙面整洁平整。

6. 裱贴

1）裱贴墙纸时，首先要垂直，后对花纹拼缝，再用刮板用力抹压平整。先贴长墙面，后贴短墙面。每个墙面从显眼的墙角以整幅纸开始，将窄条纸的裁边留在不明显的阴角处。墙面裱糊原则是先垂直面后水平面，先细部后大面。贴垂直面时先上后下，贴水平面时先高后低。

2）裱糊墙纸时，阳角处不得拼缝。墙纸应绕过墙角，宽度不超过 12mm。包角要压实，阴角墙纸搭接时，应先裱糊压在里面的转角墙纸，再粘贴非转角的墙纸，搭接宽度一般不小于 2～3mm，且保持垂直无毛边。

采用搭口拼缝时，要待胶粘剂干到一定程度后，才用刀具裁割墙纸，小心地撕去割出部分，再刮压密实。

3）粘贴的墙纸应与挂镜线、门窗贴脸板和踢脚板等紧接，不得有缝隙。

4）在吊顶面上裱贴墙纸，第一段通常要贴靠近主窗、与墙壁平行的部位。长度小于 2m 时，则可与窗户成直角粘贴。

在裱贴第一段前，须先弹出一条直线。其方法为，在距吊顶面两端的主窗墙角 10mm 处用铅笔等做两个记号，在其中的一个记录处敲一枚钉子，在吊顶上弹出一道与主窗墙面平行的粉线。

裁纸、浸水、刷胶后，将整条墙纸反复折叠。然后用一卷未开封的墙纸卷或长刷撑起折叠好的一段墙纸，展开顶折的端头部分，并将边缘靠齐弹线，用排笔敷平一段，再展开下折，沿着弹线敷平，直到整截贴好为止。

5）墙纸粘贴后，若发现空鼓、气泡，则可用针刺放气，再注射挤进黏结剂，也可用墙纸刀切开泡面，加涂黏结剂后，用刮板压实。

7. 成品保护

1）为避免成品被损坏、污染，裱贴墙纸应尽量放在施工作业的最后一道工序，特别应放在塑料踢脚板铺贴之后。

2）裱贴墙纸时，空气相对湿度不应过高，一般应低于 85%，湿度不应剧烈变化。

3）在潮湿季节，裱贴墙纸工程竣工后，应在白天打开门窗，加强通风，夜晚关闭门窗，防止潮湿气体侵蚀。

4）基层抹灰层宜具有一定吸水性。混合砂浆和纸筋灰罩面的基层，较为适宜裱贴墙纸。若用石膏罩，面则效果更佳。水泥砂浆抹光基层的裱贴效果较差。

8. 裱糊工程的质量要求

裱糊工程材料品种、颜色、图案应符合设计要求。裱糊工程的质量应符合下列规定：

1）墙纸和墙必须粘贴牢固，表面色泽一致，不得有气泡、空鼓、裂缝、翘边、皱褶和斑污，斜视时无胶痕。

2）表面平整，无波纹起伏。墙纸、墙布与挂镜线、贴脸板和踢脚板紧接，不得有缝隙。

3）各幅拼接应横平竖直，拼接处花纹、图案吻合，不离缝，不搭接，在距墙面 1.5m 处正视，不显拼缝。

4）阴阳转角垂直，棱角分明，阴角处搭接顺光，阳角处无接缝。

5）墙纸、墙布边缘平直整齐，不得有纸毛。

6）不得有漏贴、补贴和脱层等缺陷。

8.2.6　饰面工程的质量要求

饰面所用材料的品种、规格、颜色、图案及镶贴方法应符合设计要求；饰面工程的表面不得有变色、起碱、污点、砂浆流痕和显著的光泽受损处；突出的管线、支承物等部位镶贴的饰面砖，应套割吻合；饰面板和饰面砖不得有歪斜、翘曲、空鼓、缺楞、掉角、裂缝等缺陷；镶贴墙裙、门窗贴脸的饰面板、饰面砖，其凸出墙面的厚度应一致。

饰面工程质量允许偏差应符合表 8-6 所示的规定。

表 8-6　饰面工程质量允许偏差

项次	项目	允许偏差/mm									检验方法
		饰面板安装							饰面砖粘贴		
		天然石			瓷板	木材	塑料	金属	外墙面砖	内墙面砖	
		光面	斩假石	蘑菇石							
1	立面垂直度	2	3	3	2	1.5	2	2	3	2	用 2m 垂直检测尺检查
2	表面平整度	2	3	—	1.5	1	3	3	4	3	用 2m 靠尺和塞尺检查
3	阴阳角方正	2	4	4	2	1.5	3	3	3	3	用直角件检查尺检查
4	接缝直线度	2	4	4	2	1	1	1	3	2	拉 5m 线，不足 5m 拉通线，用钢直尺检查
5	墙裙、勒脚上口直线度	2	3	3	2	2	2	2	—	—	拉 5m 线，不足 5m 拉通线，用钢直尺检查
6	接缝高低差	0.5	3	—	0.5	0.5	1	1	1	0.5	用钢直尺和塞尺检查
7	接缝宽度	1	2	2	1	1	1	1	1	1	用钢直尺检查

思政案例

"绿水青山就是金山银山"理念的践行者——徐州市贾汪区

徐州市贾汪区素有"百年煤城"之称，因煤而兴，因矿设区，也因煤而困。作为资源枯竭型城市，贾汪区积极谋求转型发展，坚定不移践行习近平生态文明思想，下大力气实施生态修复再造，坚持"生态立区、产业强区、旅游旺区、文明兴区"的发展战略，探索出资源枯竭城市生态发展的特色之路。贾汪区始终坚持以生态修复再造为主线，积极打造新时代资源枯竭城市高质量转型发展的"贾汪样板"。在生态方面，实现了从"一城煤灰半城土"到"一城青山半城湖"的转变；在产业方面，实现了从传统产业减量提质到新兴产业蓬勃兴起的转变。

任务8.3 楼地面工程施工

8.3.1 楼地面的组成及分类

1. 楼地面的组成

楼地面是房屋建筑底层地坪与楼层地坪的总称，主要由面层、垫层和基层构成。

2. 楼地面的分类

楼地面的分类按面层材料分为土、灰土、三合土、菱苦土、水泥砂浆混凝土、水磨石、陶瓷马赛克、木、砖和塑料地面等。

按面层结构分为整体面层（如灰土、菱苦土、三合土、水泥砂浆、混凝土、现浇水磨石、沥青砂浆和沥青混凝土等）、板块面层（如缸砖、塑料地板、陶瓷马赛克、水泥花砖、预制水磨石块、大理石板材、花岗石板材等）和木、竹面层（实木地板、复合木地板、竹地板等）。

8.3.2 基层施工

微课：水泥地面施工

1）抄平弹线，统一标高。检测各个房间的地坪标高，并将同一水平标高线弹在各房间四壁上，离地面500mm处。

2）楼面的基层是楼板，应做好楼板板缝灌浆、堵塞工作和板面清理工作。

3）地面下的填土应采用素土分层夯实。土块的粒径不得大于50mm，每层虚铺厚度：用机械压实不应大于300mm，用人工夯实不应大于200mm，每层夯实后的干密度应符合设计要求。回填土的含水率应按照最佳含水率进行控制，太干的土要洒水湿润，太湿的土应晾干后使用，遇有橡皮土必须挖除更换，或将其表面挖松100～150mm，掺入适量的生石灰（其粒径小于5mm，每平方米掺6～10kg），然后夯实。

用碎石、卵石或碎砖等做地基表面处理时，直径应为40～60mm，并应将其铺成一层，采用机械压进适当湿润的土中，其深度不应小于400mm，在不能使用机械压实的部位，可采用夯打压实。

淤泥、腐殖土、冻土、耕植土、膨胀土和有机含量大于8%的土，均不得用作地面下的填土。

地面下的基土，经夯实后的表面应平整，用2m靠尺检查，要求其土表面凹凸不大于15mm，标高应符合设计要求，其偏差应控制在0～-50mm。

8.3.3 垫层施工

1. 刚性垫层

刚性垫层指用水泥混凝土、水泥碎砖混凝土、水泥炉渣混凝土和水泥石灰炉渣混凝土等各种低强度等级混凝土做的垫层。

混凝土垫层的厚度一般为60～100mm。混凝土强度等级不宜低于C10，粗骨料粒径不应超过50mm，并不得超过垫层厚度的2/3，混凝土配合比按普通混凝土配合比设计进行试配。其施工要点如下：

1）清理基层，检测弹线。

2）浇筑混凝土垫层前，基层应洒水湿润。

3）浇筑大面积混凝土垫层时，应纵横每6～10m设中间水平桩，以控制厚度。

4）大面积浇筑宜采用分仓浇筑的方法，要根据变形缝位置、不同材料面层的连接部位或设备基础位置情况进行分仓，分仓距离一般为3～4m。

2. 柔性垫层

柔性垫层包括用土、砂、石、炉渣等散状材料经压实的垫层。砂垫层厚度不小于60mm，应适当浇水并用平板振动器振实；砂石垫层的厚度不小于100mm，要求粗细颗粒混合摊铺均匀，浇水使砂石表面湿润，碾压或夯实不少于3遍至不松动为止。

根据需要可在垫层上做水泥砂浆、混凝土、沥青砂浆或沥青混凝土找平层。

8.3.4 整体面层施工

1. 水泥砂浆面层

水泥砂浆面层的厚度应不小于20mm，一般用硅酸盐水泥、普通硅酸盐水泥和中砂或粗砂配制，配合比应为1∶2（体积比）。

面层施工前，先按设计要求测定地平面层标高，校正门框，将垫层清扫干净并洒水湿润，表面比较光滑的基层应进行凿毛，并用清水冲洗干净。铺抹砂浆前，应在四周墙上弹出一道水平基准线，作为确定水泥砂浆面层标高的依据。面积较大的房间，应根据水平基准线在四周墙角处每隔1.5～2m用1∶2水泥砂浆抹标志块，以标志块的高度做出纵横方向通长的标筋来控制面层厚度。

面层铺抹前，先刷一道含4%～5%的108胶水泥浆，随即铺抹水泥砂浆，用刮尺赶平，并用木抹子压实，在砂浆初凝后终凝前，用铁抹子反复压光3遍。砂浆终凝后铺盖草袋、锯末等浇水养护。当施工大面积的水泥砂浆面层时，应按设计要求留分格缝，防止砂浆面层产生不规则裂缝。

水泥砂浆面层强度未达到 5MPa 之前，不准上人行走或进行其他作业。

2. 细石混凝土面层

细石混凝土面层可以克服水泥砂浆面层干缩较大的弱点。这种面层强度高，干缩值小，与水泥砂浆面层相比，它的耐久性更好，但厚度较大，一般为 30～40mm。混凝土强度等级不低于 C20，所用粗骨料要求级配适当，粒径不大于 15mm，且不大于面层厚度的 2/3，用中砂或粗砂配制。

细石混凝土面层施工的基层处理和找规矩的方法与水泥砂浆面层施工相同。

铺细石混凝土时，应由里向门口方向进行铺设，按标志筋厚度刮平拍实后稍待收水，即用钢抹子预压一遍，待进一步收水，即用铁滚筒交叉滚压 3～5 遍或用表面振动器振捣密实，直到表面泛浆为止，然后进行抹平压光。细石混凝土面层与水泥砂浆面层基本相同，必须在水泥初凝前完成抹平工作，终凝前完成压光工作，要求其表面色泽一致，光滑、无抹子印迹。

钢筋混凝土现浇楼板或强度等级不低于 C15 的混凝土垫层兼面层时，可用随捣随抹的方法施工，在混凝土楼地面浇捣完毕，表面略有吸水后即进行抹平压光。混凝土面层的压光、养护时间和方法与水泥砂浆面层相同。

3. 现制水磨石面层

水磨石地面构造层次如图 8-18 所示。

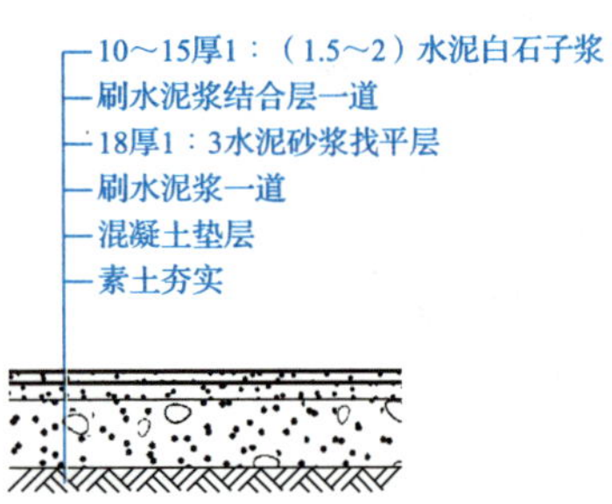

图 8-18　水磨石地面构造层次

水磨石面层施工，一般在完成顶棚、墙面等抹灰后进行。也可以在水磨石地面磨光两遍后再进行顶棚、墙面抹灰，但对水磨石面层应采取保护措施。

水磨石面层施工工艺流程：基层清理→浇水冲洗湿润→设置标筋→铺水泥砂浆找平层→养护→嵌分格条→铺抹水泥石子浆→养护→研磨→打蜡抛光。

水磨石面层所用的石子质地密实、磨面光亮，如硬度不大的大理石、白云石、方解石或质地较硬的花岗石、玄武岩、辉绿岩等。石子应洁净、无杂质，石子粒径一般为 4～12mm；白色或浅色的水磨石面层应采用白色硅酸盐水泥，深色的水磨石面层应采用普通硅酸盐水泥或矿渣硅酸盐水泥，水泥中掺入的颜料应选用遮盖力强、耐光性、耐候性、耐水性和耐酸碱性好的矿物颜料。掺量一般为水泥用量的 3%～6%，也可由试验确定。

（1）嵌分格条

在找平层上按设计要求的图案弹出墨线，然后按墨线固定分格条（铜条或玻璃条），如图 8-19 所示。嵌条宽度与水磨石面层厚度相同，分格条正确的粘嵌方法是纯水泥浆粘嵌玻璃条成八分角，略大于分格条的 1/2 高度，水平方向以 30° 角为准。分格条交叉处应留出 15～20mm 的空隙不填水泥浆，这样在铺设水泥石子浆时，石粒能靠近分格条交叉处。分格条应平直、牢固、接头严密。

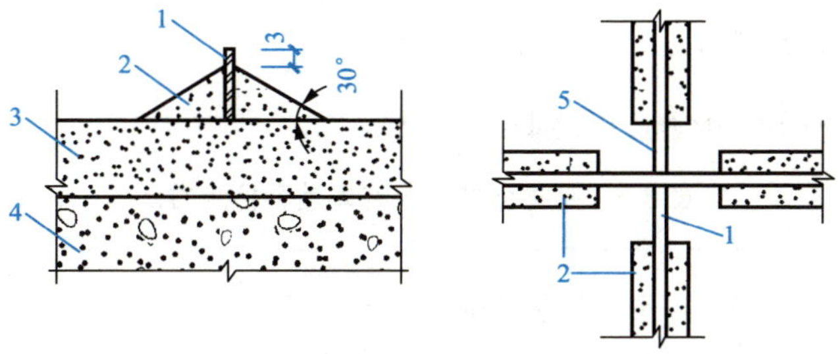

1—分格条；2—素水泥浆；3—水泥砂浆找平层；4—混凝土垫层；5—40～50mm 内不抹素水泥浆。

图 8-19　分格嵌条设置

（2）铺水泥石子浆

分格条粘嵌养护 3～5d 后，将找平层表面清理干净，刷水泥浆一道，随刷随铺面层水泥石子浆。水泥石子浆的虚铺厚度比分格条高 3～5mm，以防在滚压时压弯铜条或压碎玻璃条。铺好后，用滚筒滚压密实，待表面出浆后，再用抹子抹平。在滚压过程中，若发现表面石子偏少，则可补撒石子并拍平。若在同一平面上有几种颜色的水磨石，则应先做深色，后做浅色；先做大面，后做镶边。待前一种色浆凝固后，再抹后一种色浆。

（3）研磨

水磨石的开磨时间与水泥强度和气温高低有关，应先试磨，在石子不松动时方可开磨。一般水磨石面层开磨参考时间如表 8-7 所示。

表 8-7　水磨石面层开磨参考时间

平均温度/℃	开磨时间/d	
	机磨	人工磨
20～30	2～3	1～2
10～20	3～4	1.5～2.5
5～10	5～6	2～3

大面积施工宜用磨石机研磨，小面积、边角处可用小型湿式磨光机研磨或手工研磨，研磨时应边磨边加水，对磨下的石浆应及时清除。

水磨石面一般采用“二浆三磨”法，即整修研磨过程中磨光 3 遍，补浆 2 次。第一遍先用 60～80 号粗金刚石粗磨，磨石机走“8”字形，边磨边加水冲洗，要求磨匀磨平，随时用 2m 靠尺板进行平整度检查。磨后把水泥浆冲洗干净，并用同色水泥浆涂抹，填补研磨过程中出现的小孔隙和凹痕，洒水养护 2～3d。第 2 遍用 120～150 号金刚石再平磨，方法同第一遍，磨光后再补一次浆，第 3 遍用 180～240 号油石精磨，要求打磨光滑，无砂眼细孔，石子颗颗显露。高级水磨石面层应适当增加磨光遍数及提高油石的号数。

（4）抛光

在影响水磨石面层质量的其他工序完成后，将地面冲洗干净，涂上 10%浓度的草酸溶液，随即用 280～320 号油石进行细磨或把布卷固定在磨石机上进行研磨，直到表面光滑。用水冲洗、晾干后，在水磨石面层上满涂一层蜡，稍干后再用磨光机研磨，或用钉有细帆布的木块代替油石，装在磨石机上研磨出光亮后，再涂蜡研磨一遍，直到光滑、洁亮为止。

4. 整体面层的允许偏差和检验方法

整体面层的允许偏差和检验方法如表 8-8 所示。

表 8-8　整体面层的允许偏差和检验方法

项次	项目	允许偏差/mm						检验方法
		水泥混凝土面层	水泥砂浆面层	高级水磨石面层	普通水磨石面层	硬化耐磨面层	防油渗混凝土和不防火（防爆）面层	
1	表面平整度	5	4	3	2	4	5	用 2m 靠尺和塞尺检查
2	踢脚线上口平直	4	4	3	3	4	4	拉 2m 线和用钢直尺检查
3	缝格平直	3	3	3	2	3	3	

8.3.5　板块面层施工

板块面层是在基层上用水泥砂浆或水泥浆、胶粘剂铺设块料面层（如水泥花砖、预制水磨石板、花岗石板、大理石板、马赛克等）形成的楼面面层，如图 8-20 所示。

微课：大理石楼面施工

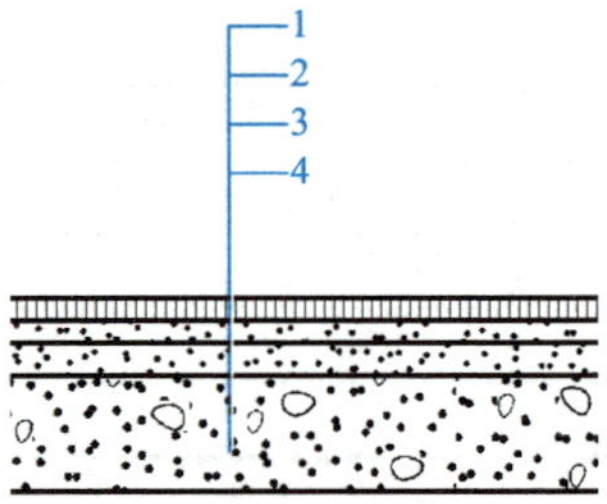

1—块材面层；2—结合层；3—找平层；4—基层（混凝土垫层或钢筋混凝土楼板）。

图 8-20　板块面层

1. 施工准备

铺贴前，应先挂线检查地面垫层的平整度，弹出房间中心“十”字线，然后由中央向四周弹出分块线，同时在四周墙壁上弹出水平控制线。按照设计要求进行试拼试排，在块材背面编号，以便安装时对号入座，根据试排结果，在房间的主要部位弹上互相垂直的控制线并引至墙上，用以检查和控制板块的位置。

2. 大理石板、花岗石板及预制水磨石板地面铺贴

1）板材浸水。施工前应将板材（特别是预制水磨石板）浸水湿润，并阴干、码好备用，铺贴时，板材的底面以内潮外干为宜。

2）摊铺结合层。先在基层或找平层上刷一遍掺有 4%～5%的 108 胶的水泥浆，水灰比为 0.4～0.5。随刷随铺水泥砂浆结合层，厚度为 10～15mm，以每次铺 2～3 块板面积为宜，并对照拉线将砂浆刮平。

3）铺贴。正式铺贴时，要将板块四角同时坐浆，四角平稳下落，对准纵横缝后，用木槌敲击中部使其密实、平整，准确就位。

4）灌缝。要求嵌铜条的地面板材铺贴，先将相邻两块板铺贴平整，留出嵌条缝隙，然后向缝内灌水泥砂浆，将铜条敲入缝隙内，使其外露部分略高于板面即可，然后擦净挤出的砂浆。

对于不设镶条的地面，应在铺完 24h 后洒水养护，2d 后进行灌缝，灌缝力求达到紧密。

5）上蜡磨亮。板块铺贴完工，待结合层砂浆强度达到 60%～70%时即可打蜡抛光，3d 内禁止上人走动。

3. 水泥花砖和混凝土板地面施工

铺贴方法与预制水磨石板铺贴基本相同，板材缝隙宽度为水泥花砖不大于 2mm，预制混凝土板不大于 6mm。

4. 陶瓷马赛克地面施工

1）铺贴结合层砂浆。养护 2～3d 后开始铺贴，先将结合层表面用清水湿润，刷素水泥浆一道，边刷边按控制线铺陶瓷马赛克。从房屋地面中间向两边铺贴。

2）拍实。整个房间铺完后，由一端开始用木槌或拍板依次拍实、拍平所铺陶瓷马赛克，拍至水泥浆填满陶瓷马赛克缝隙为宜。

3）揭纸。面层铺贴完毕 30min 后，用水润湿背纸，15min 后，即可把纸揭掉并用铲刀清理干净。

4）灌缝、拨缝。揭纸后应及时进行灌缝、拨缝，先用 1∶1 水泥细砂（砂要过窗纱筛）把缝隙灌满扫严。适当淋水后，用橡皮锤和拍板拍平。拍板要前后左右平移找平，将陶瓷马赛克拍至要求高度。然后用刀先调整竖缝后拨横缝，边拨边拍实。地漏处必须将陶瓷马赛克剔裁镶嵌顺平。最后用板拍一遍并局部调拨不均匀的缝隙，然后用棉纱轻轻擦掉余浆，如湿度太大，则可用干水泥扫一遍，用锯木屑擦净。

5）养护面层铺贴 24h 后应铺锯木屑等养护，4～5d 后方可上人。

5. 陶瓷铺地砖与墙地砖面层施工

铺贴前应先将地砖浸水湿润后阴干备用，阴干时间一般为 3～5d，以地砖表面有潮湿感但手按无水迹为准。

1）铺结合层砂浆。提前 1d 在楼地面基体表面浇水湿润后，铺 1∶3 的水泥砂浆结合层。

2）弹线定位。根据设计要求弹出标高线和平面中线，施工时用尼龙线或棉线在墙地面拉出标高线和垂直交叉的定位线。

3）铺贴地砖。用 1∶2 的水泥砂浆摊抹于地砖背面，按定位线的位置铺于地面结合层上，用木槌敲击地砖表面，使之与地面标高线吻合、贴实，边贴边用水平尺检查平整度。

4）擦缝。整幅地面铺贴完成后，养护 2d 后进行擦缝，擦缝时用水泥（或白水泥）调成干团，在缝隙上擦抹，使地砖的拼缝内填满水泥，再将砖面擦净。

6. 地毯面层施工

（1）地毯的分类

按地毯的材质分类，其可分为以下几类：

1）纯毛地毯：分为手工编织、机织和无纺羊毛地毯，是我国传统的手工艺品之一，历史悠久，图案优美，色彩鲜艳，质地厚实，经久耐用，驰名中外。

2）混纤地毯：在羊毛中加入化学纤维织成的地毯，其品种较多。

3）化纤地毯：即合成纤维地毯，以化学纤维为原料，经簇绒法和机织法制作面层，再以麻布背衬加工而成，其外表和触感与羊毛地毯相似，耐磨而富有弹性，让人有舒适感，主要有锦纶、腈纶地毯等。

4）塑料地毯：采用聚氯乙烯树脂增塑剂等多种辅助材料，经均匀混炼塑制而成的一种新型软质地毯。它具有质地柔软、色彩鲜艳、舒适耐用、不会燃烧、污染后易清洗等特点。

（2）地毯的铺设方法

地毯的铺设方法分为活动式与固定式两种。

活动式是将地毯明摆浮搁在地面基层上，无须将地毯同基层固定的一种铺设形式。固定式则相反，一般是用倒刺板条或胶粘剂将地毯固定在基层上。这里主要介绍倒刺法施工。

用倒刺板条固定地毯，如图 8-21 所示。将平整、干燥的基层表面清扫干净，先在室内四周沿踢脚板的边缘将倒刺板条钉在基层上，倒刺板厚度应比补垫材料的厚度小 1～2mm，板条上的倒刺钉凸出板条 3～4mm，钉子间距 40～50mm。倒刺钉要略倒向墙一侧，与水平面成 60°～75°，倒刺板条距墙边 8～10mm，然后从房间一边开始，将裁好的地毯向一边展开，用撑平器双向撑开地毯，在墙边用木锤敲打，使木条上的倒刺钉尖刺入地毯。地毯铺完后，固定收口条或门口压条后，用吸尘器清扫干净，如图 8-22 所示。

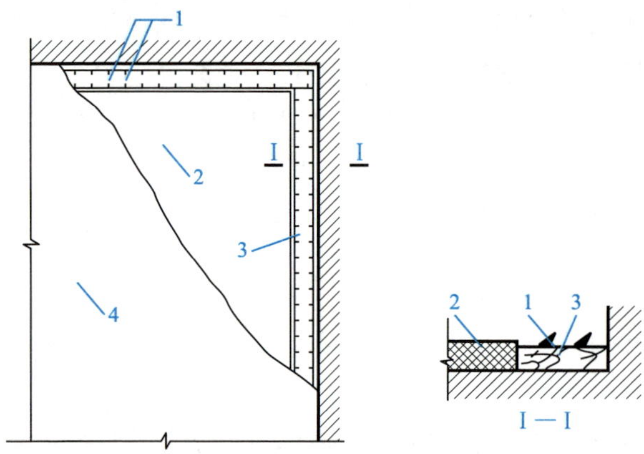

1—倒刺钉@40；2—泡沫塑料衬垫厚 10；3—木条 25×8；4—尼龙地毯。

图 8-21　倒刺板条固定地毯

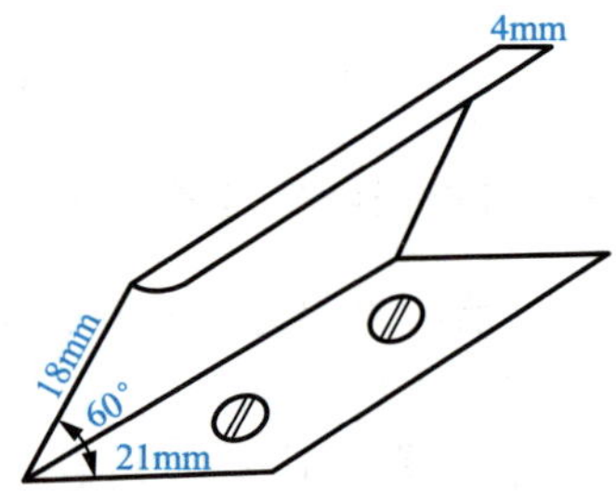

图 8-22　铝合金门口压条

地毯的铺设质量如何，主要从以下几个方面考核。

1）选用的地毯材料及衬垫材料，应符合设计上的要求。

2）地毯固定牢固，不能有卷边与翻起的现象。

3）地毯表面平整，不能有打皱、鼓包现象。

4）地毯拼缝处平整、密实，在视线范围内不显拼缝。

5）地毯同其他地面的收口或拼接，应顺直，视不同部位选择合适的收口或交接材料。

6）地毯的绒毛应理顺，表面应洁净，无油污及杂物。

7. 木质地面施工

木质地面施工通常有实铺和架铺两种。实铺是在建筑地面上直接拼铺木地板，如图 8-23（a）所示。架铺是在地面上先做出木搁栅，然后在木搁栅上铺贴基面板，最后在基面板上镶铺面层木地板，如图 8-23（b）所示。

微课：木地板实铺施工

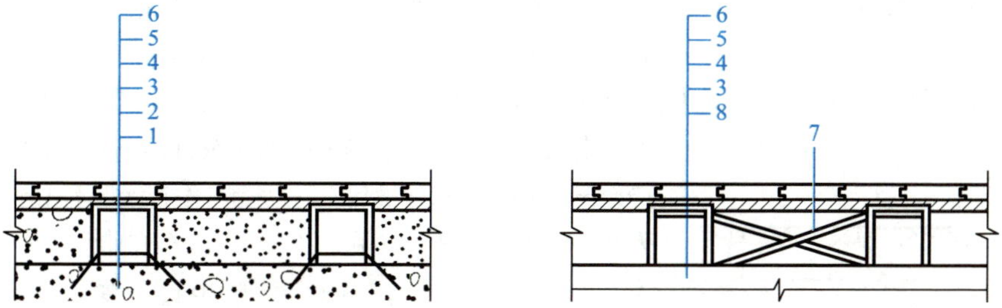

（a）实铺法　（b）架铺法

1—混凝土基层；2—预埋铁（钢丝或钢筋）；3—木搁栅；4—防腐剂；5—毛地板；6—企口硬木地板；7—剪刀撑；8—垫木。

图 8-23　双层企口硬木地板构造

（1）基层施工

1）高架木地板基层施工。

① 地垄墙或砖墩。地垄墙应用水泥砂浆砌筑，砌筑时要根据地面条件设地垄墙的基础。每条地垄墙、内横墙和散热器沟墙均需预留 120mm×120mm 的通风洞两个，而且要在一条直线上，以利通风。散热器沟墙的通风洞口可采用缸瓦管与外界相通。外墙每隔 3～5m 应预留不小于 180mm×180mm 的通风孔洞，洞口下皮距室外地坪标高不小于 200mm，孔洞应安设箅子。如果地垄不易做通风处理，则需在地垄顶部铺设防潮油毡。

② 木搁栅。木搁栅通常是方框或长方框结构。制作木搁栅时，与木地板基板接触的表面一定要刨平，主、次木方的连接可用榫结构或钉、胶结合的固定方法。无主次之分的木搁栅，木方的连接可用半槽式扣接法。通常在砖墩上预留木方或铁件，然后用螺栓或骑马铁件将木搁栅连接起来。

2）一般架铺地板基层施工。一般架铺地板是在楼面上或已有水泥地坪的地面上进行的。

① 地面处理。检查地面的平整度，做水泥砂浆找平层，然后在找平层上刷两遍防水涂料或乳化沥青。

② 木搁栅。直接固定于地面的木搁栅所用的木方，可采用截面尺寸为 30mm×40mm 或 40mm×50mm 的木方。组成木搁栅的木方统一规格，其连接方式通常为半槽扣接，并在两木方的扣接处涂胶加钉。

③ 木搁栅与地面的固定。木搁栅直接与地面的固定常用埋木楔的方法，即用ϕ16mm 的冲击电钻在水泥地面或楼板上钻洞，孔洞深 40mm 左右，钻孔位置应在地面弹出的木搁栅位置线上，两孔间隔 0.8m 左右，然后向孔洞内打入木楔。固定木方时可用长钉将木搁栅固定在打入地面的木楔上。

④ 实铺木地板的基层要求。木地板直接铺贴在地面时，对地面的平整度要求较高，一般地面应采用防水水泥砂浆找平或在平整的水泥砂浆找平层上刷防潮层。

（2）面层木地板铺设

木地板铺在基面或基层板上，铺设方法有钉接式和黏结式两种。

1）钉接式。木地板面层有单层和双层两种。单层木地板面层是在木搁栅上直接钉直条企口板；双层木地板面层是在木搁栅架上先钉一层毛地板，再钉一层企口板。

双层木地板的下层毛地板，其宽度不大于 120mm，铺设时必须清除其下方空间内的刨花等杂物。毛地板应与木搁栅成 30° 或 45° 斜面钉牢，板间的缝隙不大于 3mm，以免起鼓，毛地板与墙之间留 8～12mm 的缝隙，每块毛地板应在其下的每根木搁栅上各用两个钉固结，钉的长度应为板厚的 2.5 倍；面板铺钉时，其顶面要刨平，侧面带企口，板宽不大于 120mm；地板应与木搁栅或毛地板垂直铺钉，并顺进门方向。接缝均应在木搁栅中心部位，且间隔错开。木板应材心朝上铺钉。木板面层距墙 8～12mm，以后逐块紧铺钉，缝隙不超过 1mm，圆钉长度为板厚的 2.5 倍，钉帽砸扁，钉从板的侧边凹角处斜向钉入（图 8-24），板与搁栅交处至少钉一颗。钉到最后一块，可用明铺钉牢，钉帽砸扁冲入板内 30～50mm。硬木地板面层铺钉前应先钻圆钉直径 0.7～0.8 倍的孔，然后铺钉。双层板面层铺钉前应在毛板上先铺一层沥青油纸或油毡隔潮。

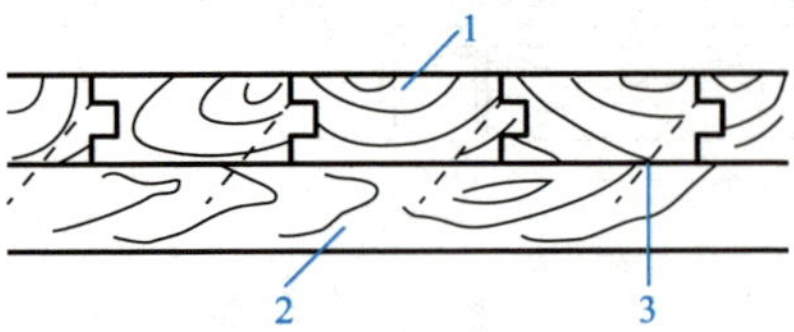

1—毛地板；2—木搁栅；3—圆钉。

图 8-24　企口板钉设

木板面层铺完后，清扫干净。先按垂直木纹方向粗刨一遍，再顺木纹方向细刨一遍，然后磨光，待室内装饰施工完毕后再进行油漆并上蜡。

2）黏结式。黏结式木地板面层，多用实铺式，将加工好的硬木地板块材用黏结材料直接粘贴在楼地面基层上。

拼花木地板粘贴前，应根据设计图案和尺寸进行弹线。对于成块制作好的木地板块材，应按所弹施工线试铺，以检查其拼缝高低、平整度、对缝等。符合要求后进行编号，施工时按编号从房中间向四周铺贴。

① 沥青胶铺贴法。先将基层清扫干净，用大号鬃板刷在基层上涂刷一层薄而匀的冷底子油待一昼夜后，将木地板背面涂刷一层薄而匀的热沥青，同时在已涂刷冷底子油的基层上涂刷热沥青一道，厚度一般为 2mm，随涂随铺。木地板应水平状态就位，同时要用力与相邻的木地板压得严密、无缝隙，相邻两块木地板的高差不应超过-1～+1.5mm，缝隙不大于 0.3mm，否则重铺。铺贴时要避免热沥青溢出表面，如有溢出应及时刮除并擦拭干净。

② 胶粘剂铺贴法。先将基层表面清扫干净，用鬃刷在基层上涂刷一层薄而匀的底子胶。底子胶应采用原粘剂配制。待底子胶干燥后，按施工线位置沿轴线由中央向四面铺贴。其方法是按预排编号顺序在基层上涂刷一层厚约 1mm 的胶粘剂，再在木地板背面涂刷一层厚约 0.5mm 的胶粘剂，待表面不粘手时，即可铺贴。铺贴时，人员随铺贴随往后退，要用力推紧、压平，并随即用砂袋等物压 6～24h，其质量要求与前述沥青胶黏结法相同。

目前，可用于粘贴木地板的胶粘剂较多，可根据实际需要选择，如专用的木地板胶水、万能胶、白乳胶等。

地板粘贴后应自然养护，养护期内严禁上人走动。养护期满后，即可进行刮平、磨光、油漆和打蜡工作。

（3）木踢脚板的施工

木地板房间的四周墙脚处应设木踢脚板，踢脚板一般高 100～200mm，常用 150mm，厚 20～25mm。所用木板一般也应与木地板面层所用的材质品种相同。踢脚板应预先刨光，上口刨成线条。为防止翘曲，在靠墙的一面应开成凹槽，当踢脚板高 100mm 时开一条凹槽，150mm 时开两条凹槽，超过 150mm 时开 3 条凹槽，凹槽深度为 3～5mm。为了防潮通风，木踢脚板每隔 1～1.5m 设一组通风孔，一般采用ϕ6mm 孔。在墙内每隔 400mm 砌入防腐木砖，在防腐木砖上钉防腐木垫块。一般木踢脚板与地面转角处安装木压条或安装圆角成品木条，其构造做法如图 8-25 所示。

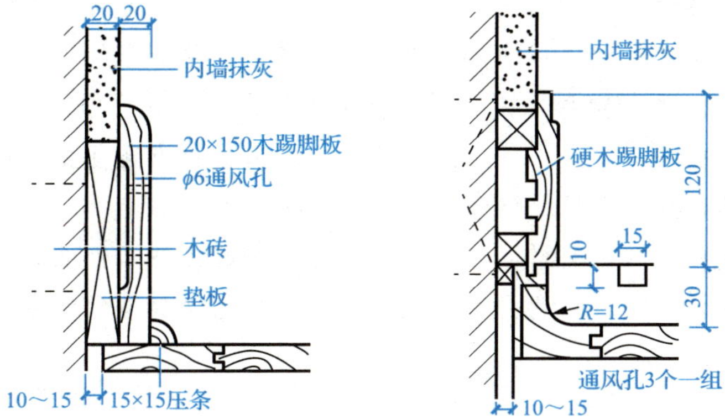

（a）压条做法　（b）圆角做法

图 8-25　木踢脚板做法示意图

木踢脚板应在木地板刨光后安装。木踢脚板接缝处应做暗榫或斜坡压槎，在 90° 转角处可做成 45° 斜角接缝。接缝一定要在防腐木块上。安装时木踢脚板与立墙贴紧，上口要平直，用明钉钉牢在防腐木块上，钉帽要砸扁并冲入板内 2～3mm。

（4）木质地面面层的允许偏差和检验方法

竹、木质地面面层的允许偏差和检验方法如表 8-9 所示。

表 8-9　竹、木质地面面层的允许偏差和检验方法

项次	项目	允许偏差/mm				检验方法
		实木地板面层			实木复合地板、中密度（强化）复合地板面层、竹地面层	
		松木地板	硬木地板	拼花地板		
1	板面缝隙宽度	1.0	0.5	0.2	0.5	用钢直尺检查
2	表面平整度	3.0	2.0	2.0	2.0	用 2m 靠尺和塞尺检查
3	踢脚线上口平齐	3.0	3.0	3.0	3.0	拉 5m 线，不足 5m 拉通线，用钢直尺检查
4	板面拼缝平直	3.0	3.0	3.0	3.0	
5	相邻板材高差	0.5	0.5	0.5	0.5	用钢直尺和塞尺检查
6	踢脚线与面层的接缝	1.0				用塞尺检查

思政案例

传承工匠技艺，重塑百年经典

坐落于上海市黄浦区汉口路 50 号外滩金融集聚带内的中国银行大楼，原为大清银行旧址，是一座兼具巴洛克特征和古典主义风格的建筑，也是上海第四批优秀历史建筑保护单位。该大楼由当时著名的外籍设计单位通和洋行负责设计，华商协盛营造厂承建。

1912 年 2 月 5 日，经孙中山先生批准，中国银行在这座建筑内正式成立。

2015 年，这座矗立百年的历史建筑启动修缮工程，力求以传承创新的工匠技艺、“修旧如旧”的修缮理念和极致卓越的品质追求，还原这座百年经典。

在施工前期，利用 BIM 技术对建筑立面进行纵向三段式划分，甚至对每个细小的菠萝格柱头和宝瓶栏杆都进行了严谨细致的建模。随后进行方案优化和样板工艺施工，反复修正、反复试验、反复熔炼，恪守严谨求实的精神。

经过近一年时间的精细打磨，修缮工程才悉数完成，建筑外立面的泛光工程也同时安装完毕。每当夜幕降临，灯光亮起，这座百年银行大楼显得分外璀璨，宛如外滩风景线上的一颗夜明珠。

任务 8.4 吊顶和隔墙工程施工

8.4.1 吊顶工程

吊顶采用悬吊方式将装饰顶棚支承于屋顶或楼板下面。

微课：轻钢龙骨吊顶

1. 吊顶的构造组成

吊顶主要由支承、基层和面层 3 个部分组成。

（1）支承

支承由吊杆（吊筋）和主龙骨组成。

1）木龙骨吊顶的支承。木龙骨吊顶的主龙骨又称为大龙骨或主梁，传统木质吊顶的主龙骨，多采用 50mm×70mm～60mm×100mm 方木或薄壁槽钢、L60×6～L70×7mm 角钢制作。龙骨间距按设计，如设计无要求，则一般按 1m 设置。主龙骨一般用ϕ8～10mm 的吊顶螺栓或 8 号镀锌钢丝与屋顶或楼板连接。木吊杆和木龙骨必须做防腐和防火处理。

2）金属龙骨吊顶的支承部分。轻钢龙骨与铝合金龙骨吊顶的主龙骨截面尺寸取决于荷载大小，其间距尺寸应考虑次龙骨的跨度及施工条件，一般采用 1～1.5m。其截面形状较多，主要有 U 形、T 形、C 形、L 形等。主龙骨与屋顶结构、楼板结构多通过吊杆连接，吊杆与主龙骨用特制的吊杆件或套件连接。金属吊杆和龙骨应做防锈处理。

（2）基层

基层由木材、型钢或其他轻金属材料制成的次龙骨组成。吊顶面层所用材料不同，其基层部分的布置方式和次龙骨的间距大小也不一样，但一般不应超过 600mm。

吊顶的基层要结合灯具位置、风扇或空调透风口位置等进行布置，留好预留洞穴及吊挂设施等，同时应配合管道、线路等安装工程施工。

（3）面层

木龙骨吊顶，其面层多用人造板（如胶合板、纤维板、木丝板、刨花板）面层或板条

（金属网）抹灰面层。轻钢龙骨、铝合金龙骨吊顶，其面板多用装饰吸声板（如纸面石膏板、钙塑泡沫板、纤维板、矿棉板、玻璃丝棉板等）制作。

2. 吊顶施工工艺

（1）木质吊顶施工

1）弹水平线。将楼地面基准线弹在墙上，并以此为起点，弹出吊顶高度水平线。

2）主龙骨的安装。主龙骨与屋顶结构或楼板结构的连接主要有 3 种方式：用屋面结构或楼板内预埋件固定吊杆；用射钉将角铁等固定于楼底面固定吊杆；用金属膨胀螺栓固定铁件再与吊杆连接。吊杆固定如图 8-26 所示。

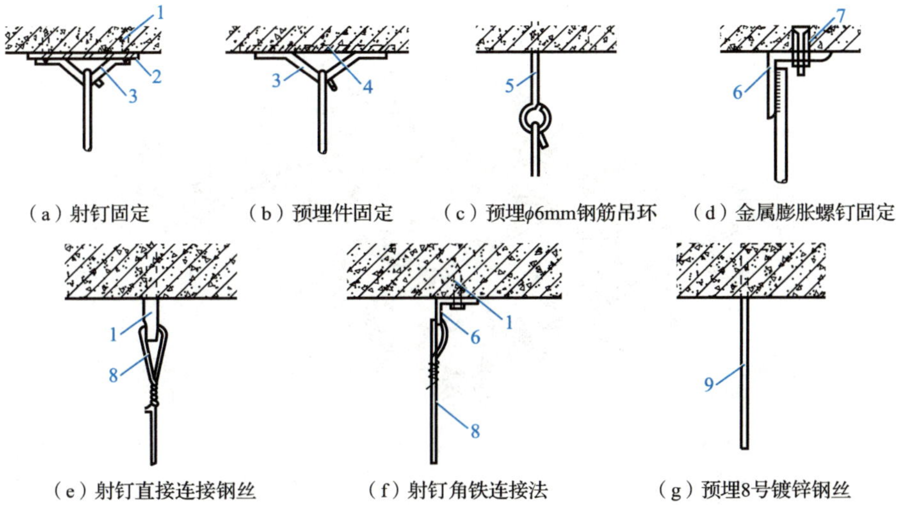

1—射钉；2—焊板；3—ϕ10mm 钢筋吊环；4—预埋钢板；5—ϕ6mm 钢筋；6—角钢；7—金属膨胀螺钉；8—镀锌钢丝（8 号、12 号、14 号）；9—8 号镀锌钢丝。

图 8-26 吊杆固定

主龙骨安装后，沿吊顶标高线固定沿墙木龙骨，木龙骨的底边与吊顶标高线齐平。

吊顶施工一般是用冲击电钻在标高线以上 10mm 处墙面打孔，孔内塞入木楔，将沿墙龙骨钉固于墙内木楔上，然后将拼接组合好的木龙骨架托到吊顶标高位置，整片调正调平后，将其与沿墙龙骨和吊杆连接（图 8-27）。

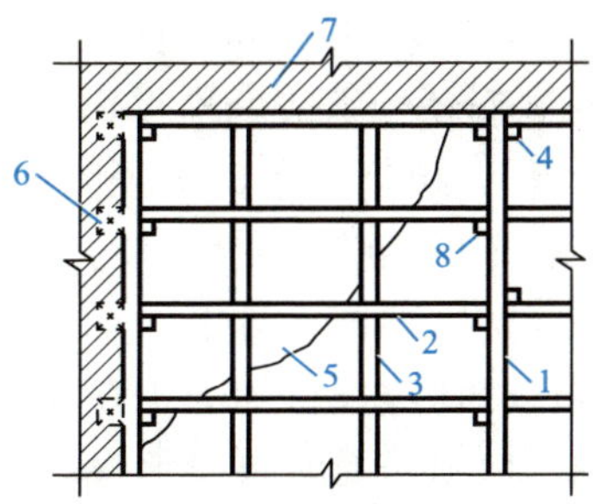

1—吊筋横梁；2—纵撑横龙骨；3—横撑龙骨；4—吊筋；5—罩面板；6—木砖；7—砖墙；8—吊木。

图 8-27 木龙骨吊顶

3）罩面板的铺钉。罩面板多采用人造板，应按设计要求切成方形、长方形等。板材安装前，按分块尺寸弹线，安装时由中间向四周呈对称排列，顶棚的接缝与墙面交圈应保持一致。

面板应安装牢固且不得出现折裂、翘曲、缺棱掉角和脱层等缺陷。

（2）轻金属龙骨吊顶施工

轻金属龙骨按材料分为轻钢龙骨和铝合金龙骨。

1）轻钢龙骨装配式吊顶施工。利用薄壁镀锌钢板带经机械冲压而成的轻钢龙骨即为吊顶的骨架型材。轻钢吊顶龙骨有 U 型和 T 型两种。

U 型上人轻钢龙骨的安装方法如图 8-28 所示。

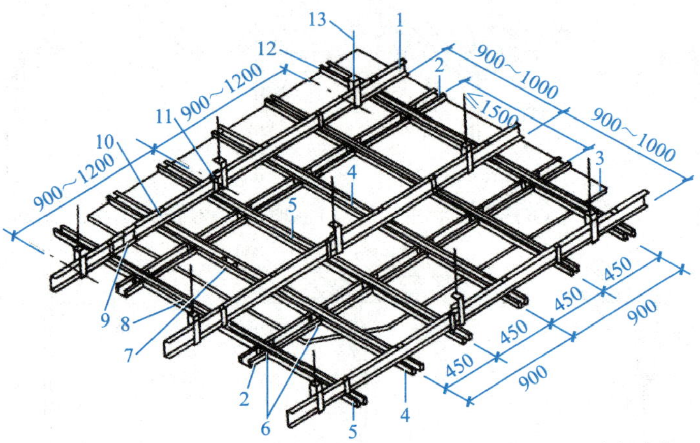

1—BD 大龙骨；2—UZ 横撑龙骨；3—吊顶板；4—UZ 龙骨；5—UX 龙骨；6—UZ3 支托连接；7—UZ2 连接件；8—UX2 连接件；9—BD2 连接件；10—UX1 吊挂；11—UX2 吊件；12—BD1 吊件；13—UX3 吊杆$\phi 8$～10mm。

图 8-28　U 型上人轻钢龙骨的安装方法

施工前，先按龙骨的标高在房间四周的墙上弹出水平线，再根据龙骨的要求按一定间距弹出龙骨的中心线，找出吊点中心，将吊杆固定在埋件上。吊顶结构未设埋件时，要按确定的节点中心用射钉固定螺钉或吊杆，吊杆长度计算好后，在一端套丝，丝口的长度要考虑紧固的余量，并分别配好紧固用的螺母。

主龙骨的吊顶挂件连在吊杆上校平调正后，拧紧固定螺母，然后根据设计和饰面板尺寸要求确定的间距，用吊挂件将次龙骨固定在主龙骨上，调平、调正后安装饰面板。

饰面板的安装方法如下：

搁置法：将饰面板直接放在 T 型龙骨组成的格框内。有些轻质饰面板，考虑刮风时会被掀起（包括空调口、通风口附近），可用木条、卡子固定。

嵌入法：将饰面板事先加工成企口暗缝，安装时将 T 型龙骨两肢插入企口缝内。

粘贴法：将饰面板用胶粘剂直接粘贴在龙骨上。

钉固法：将饰面板用钉、螺钉、自攻螺钉等固定在龙骨上。

卡固法：多用于铝合金吊顶，板材与龙骨直接卡接固定。

2）铝合金龙骨装配式吊顶施工。铝合金龙骨吊顶按罩面板的要求不同，分为龙骨底面不外露和龙骨底面外露两种形式；按龙骨结构型式的不同，分 T 型和 TL 型。TL 型龙骨属于安装饰面板后龙骨底面外露的一种，TL 型铝合金吊顶、不上人吊顶分别如图 8-29 和

图 8-30 所示。

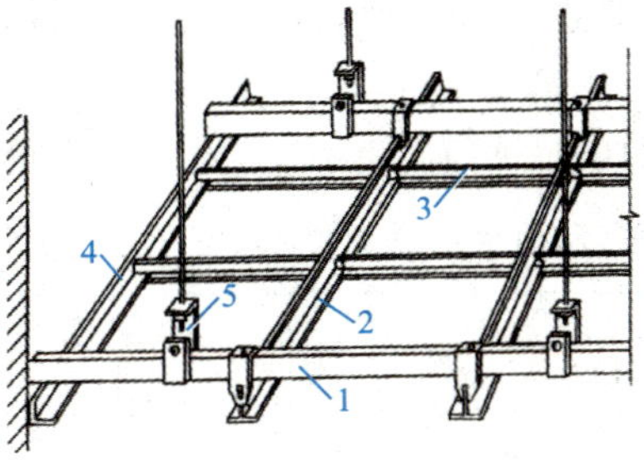

1—大龙骨；2—大 T；3—小 T；4—角条；5—大吊挂件。

图 8-29　TL 型铝合金吊顶

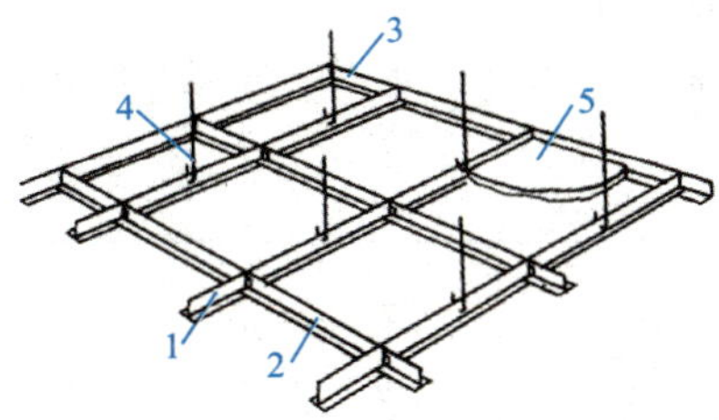

1—大 T；2—小 T；3—吊件；4—角条；5—饰面板。

图 8-30　TL 型铝合金不上人吊顶

铝合金吊顶龙骨的安装方法与轻钢龙骨吊顶基本相同。

3）常见饰面板的安装。铝合金龙骨吊顶与轻钢龙骨吊顶饰面板的安装方法基本相同。石膏饰面板的安装可采用钉固法、粘贴法和暗式企口胶接法。U 型轻钢龙骨采用钉固法安装石膏板时，使用镀锌自攻螺钉与龙骨固定。钉头要求嵌入石膏板内 0.5～1mm，钉眼用腻子刮平，并用石膏板与同色的色浆腻子涂刷一遍。螺钉规格为 M5×25 或 M5×35。螺钉与板边距离应不大于 15mm，螺钉间距以 150～170mm 为宜，均匀布置，并与板面垂直。石膏板之间应留出 8～10mm 的安装缝。待石膏板全部固定好后，用塑料压缝条或铝压缝条压缝，钙塑泡沫板的主要安装方法有钉固和粘贴两种。钉固法即用圆钉或木螺钉将面板钉在顶棚的龙骨上，要求钉距不大于 150mm，钉帽应与板面齐平，排列整齐，并用与板面颜色相同的涂料装饰。钙塑板的交角处，用木螺钉将塑料小花固定，并在小花之间沿板边按等距离加钉固定。用压条固定时，压条应平直，接口严密，不得翘曲。钙塑泡沫板用粘贴法安装时，胶粘剂可用 401 胶或氧丁胶浆（10∶1），涂胶后应待稍干，方可把板材粘贴压紧。胶合板、纤维板的安装应用钉固法：要求胶合板钉距 80～150mm，钉长 25～35mm，钉帽应打扁，并进入板面 0.5～1mm，钉眼用油性腻子抹平；纤维板钉距 80～120mm，钉长 20～30mm，钉帽进入板面 0.5mm，钉眼用油性腻子抹平；硬质纤维板应用水浸透，自然阴干后安装。矿棉板安装的方法主要有搁置法、钉固法和粘贴法。顶棚为轻金属 T 型龙骨吊顶时，在顶棚龙骨安装放平后，将矿棉板直接平放在龙骨上，矿棉板每边应留有板材安装缝，缝宽不宜大于 1mm。顶棚为木龙骨吊顶时，可在矿棉板每 4 块的交角处和板的中心用专门的塑料花托脚，用木螺钉固定在木龙骨上；混凝土顶面可按装饰尺寸做出平顶木条，然后选用适宜的粘胶剂将矿棉板粘贴在平顶木条上。金属饰面板主要有金属条板、金属方板和金属格栅。板材的安装方法有卡固法和钉固法。卡固法要求龙骨形式与条板配套；钉固法采用螺钉固定时，后安装的板块压住前安装的板块，将螺钉遮盖，拼缝严密。方形板可用搁置法和钉固法，也可用铜丝绑扎固定。格栅的安装方法有两种：一种是将单体构件先用卡具连成整体，然后通过钢管与吊杆相连接；另一种是用带卡口的吊管将单体物体卡住，然后将吊管用吊杆悬吊。金属板吊顶与四周墙面空隙，应用同材质的金属压缝条找齐。

3. 吊顶工程质量要求

吊顶工程所用的材料品种、规格、颜色及基层构造、固定方法等应符合设计要求。罩面板与龙骨应连接紧密，表面应平整，不得有污染、折裂、缺棱掉角、锤伤等缺陷，接缝应均匀一致，粘贴的罩面不得有脱层，胶合板不得有刨透之处，搁置的罩面板不得有漏、透、翘角现象。

吊顶工程安装的允许偏差和检验方法应符合表 8-10 的规定。

表 8-10　吊顶工程安装的允许偏差和检验方法

<table>
<tr><th rowspan="3">项次</th><th rowspan="3">项目</th><th colspan="8">允许偏差/mm</th><th rowspan="3">检验方法</th></tr>
<tr><th colspan="4">暗龙骨吊顶</th><th colspan="4">明龙骨吊顶</th></tr>
<tr><th>纸面石膏板</th><th>金属板</th><th>矿棉板</th><th>木板、塑料板、格栅</th><th>石膏板</th><th>金属板</th><th>矿棉板</th><th>塑料板、玻璃板</th></tr>
<tr><td>1</td><td>表面平整度</td><td>3</td><td>2</td><td>2</td><td>2</td><td>3</td><td>2</td><td>3</td><td>2</td><td>用 2m 靠尺和塞尺检查</td></tr>
<tr><td>2</td><td>接缝直线度</td><td>5</td><td>1.5</td><td>3</td><td>3</td><td>3</td><td>2</td><td>3</td><td>3</td><td>拉 5m 线，不足 5m 拉通线，用钢直尺检查</td></tr>
<tr><td>3</td><td>接缝高低差</td><td>1</td><td>1</td><td>1.5</td><td>1</td><td>1</td><td>1</td><td>2</td><td>1</td><td>用钢直尺和塞尺检查</td></tr>
</table>

思政案例

古代建筑中天花吊顶的文化内涵

古代建筑天花吊顶的文化内涵体现了与自然的和谐、身心的和谐，以及中庸、统一、心物交融的理念，个人隐匿于集体之中，追求整体与部分的和谐统一。天花图案或造型的文化内涵强调人文与自然状态的和谐统一，人工设计的图案与自然环境的协调一致，以及人与天地之间的自然协调和同频共振。

此外，还要注重整体装饰设计的和谐统一，主要包括天花的空间分割、图案的大小、形状、色彩运用及图案选择等方面，以实现身心的和谐统一。其中，空间分割以正、方为主，空间的大小与图案的大小相对应；形状方位以北为出发点、南为目标点，或者以中心为点向四周辐射；色彩运用和图案选择则要依据主人身份的高低来确定。

8.4.2　隔墙工程

1. 隔墙的构造类型

隔墙依其构造方式，可分为砌块式、骨架式和板材式。砌块式隔墙与构砖墙相似，装饰工程中主要为骨架式和板材式隔墙。骨架式隔墙骨架多为木材或型钢（轻钢龙骨、铝合金骨架），其饰面板多用纸面石膏板、人造板（如胶合板、纤维板、木丝板、刨花板、水泥纤维板）。板材式隔墙采用高度等于室内净高的条形板材进行拼装，常用的板材有复合轻质墙板、石膏空心条板、预制或现制钢丝网水泥板等。

2. 轻钢龙骨纸面石膏板隔墙施工

轻钢龙骨纸面石膏板墙体具有施工速度快、成本低、劳动强度小、装饰美观及防火、隔声性能好等特点。因此其应用广泛，具有代表性。

微课：轻钢龙骨隔断施工

用于隔墙的轻钢龙骨有 3 种系列：C50、C75、C100。各系列轻钢龙骨由沿顶龙骨、沿地龙骨、竖向龙骨、加强龙骨和横撑龙骨及配件组成，如图 8-31 所示。

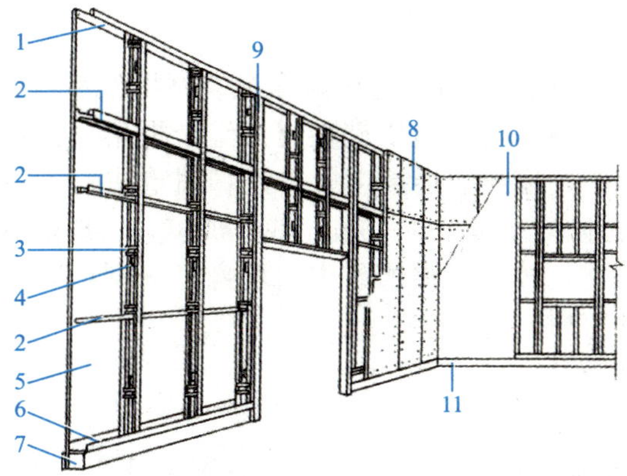

1—沿顶龙骨；2—横撑龙骨；3—支撑卡；4—贯通孔；5—石膏板；6—沿地龙骨；7—混凝土踢脚座；8—石膏板；9—加强龙骨；10—塑料墙纸；11—踢脚板。

图 8-31　轻钢龙骨纸面石膏板隔墙

轻钢龙骨墙体的施工操作工序：弹线→固定沿地、沿顶和沿墙龙骨→龙骨架装配及校正→石膏板固定→饰面处理。

1）弹线。根据设计要求确定隔墙的位置、隔墙门窗的位置，包括地面位置、墙面位置、高度位置及隔墙的宽度，并在地面和墙面上弹出隔墙的宽度线和中心线，按所需龙骨的长度尺寸对龙骨进行划线、配料。按先配长料后配短料的原则进行。量好尺寸后，用粉饼或记号笔在龙骨上画出切截位置线。

2）固定沿地、沿顶和沿墙龙骨。沿地、沿顶和沿墙龙骨固定前，将固定点与竖向龙骨的位置错开，用膨胀螺栓和木楔钉、铁钉与结构固定，或直接与结构预埋件连接。

3）骨架连接。按设计要求和石膏板尺寸进行骨架分格设置，然后将预选切裁好的竖向龙骨装入沿地、沿顶龙骨内，校正其垂直度后，将竖向龙骨与沿地、沿顶龙骨固定起来，固定方法用点焊将两者焊牢，或者用连接件与自攻螺钉固定。

4）石膏板固定。固定石膏板用平头自攻螺钉，其规格通常为 M4×25 或 M5×25，螺钉间距为 200mm 左右。安装时，将石膏板竖向放置贴在龙骨上，用电钻同时对板材与龙骨一起打孔，再拧上自攻螺钉，螺钉要沉入板材平面 2～3mm。

石膏板之间的接缝分为明缝和暗缝两种做法。明缝是用专门工具和砂浆胶合剂勾成立缝。明缝如果加嵌压条，装饰效果较好。暗缝的做法首先要求石膏板有斜角，在两块石膏板拼缝处用嵌缝石膏腻子嵌平，然后贴上 50mm 的穿孔纸带，再用腻子补一道，与墙面刮平。

5）饰面处理。待嵌缝腻子完全干燥后，即可在石膏板隔墙表面裱糊墙纸、织物或进行涂料施工。

3. 铝合金隔墙施工技术

铝合金隔墙由铝合金型材组成框架，再配以玻璃等其他材料装配而成。其主要施工工序：弹线→划线、下料→组装框架→安装玻璃。

1）弹线。根据设计要求确定隔墙在室内的具体位置、墙高、竖向型材的间隔位置等。

2）划线、下料。在平整、干净的平台上，用钢直尺和钢划针对型材划线，要求长度误差为±0.5mm，同时不要碰伤型材表面。下料时先长后短，并将竖向型材与横向型材分开。

沿顶、沿地型材要划出与竖向型材的各连接位置线。划连接位置线时，必须划出连接部位的宽度。

3）组装框架。半高铝合金隔墙通常先在地面组装好框架后再竖立起来固定，全封铝合金隔墙通常是先固定竖向型材，再安装横档型材来组装框架。铝合金型材相互连接主要用铝角和自攻螺钉，它与地面、墙面的连接主要用铁脚固定法。

4）安装玻璃。先按框洞尺寸缩小 3～5mm 裁好玻璃，将玻璃就位后，用与型材同色的铝合金槽条在玻璃两侧夹定，校正后将槽条用自攻螺钉与型材固定。安装活动窗口上的玻璃，应与制作铝合金活动窗口同时安装。

4. 隔墙的质量要求

1）隔墙所用材料的品种、规格、性能、颜色应符合设计要求。有隔声、隔热、阻燃、防潮等特殊要求的工程，板材应有相应性能等级的检测报告。

2）板材隔墙安装所需预埋件、连接件的位置、数量及连接方法应符合设计要求，与周边墙体连接应牢固。隔墙骨架与基体结构连接牢固，并应平整、垂直、位置正确。

3）隔墙板材安装应垂直、平整、位置正确，板材不应有裂缝或缺损；表面应平整光滑、色泽一致、洁净，接缝应均匀，顺墙体表面应平整、接缝密实、光滑、无凸凹现象、无裂缝。

4）隔墙上的孔洞、槽、盒应位置正确、套割方正、边缘整齐。

5）隔墙安装的允许偏差和检验方法应符合表 8-11 所示的要求。

表 8-11　隔墙安装的允许偏差和检验方法

项次	项目	允许偏差/mm						检验方法
		板材隔墙				骨架隔墙		
		金属夹芯板	其他复合板	石膏空心板	钢丝网水泥板	纸面石膏板	人造木板、水泥纤维板	
1	立面垂直度	2	3	3	3	3	4	用 2m 垂直检测尺检查
2	表面平整度	2	3	3	3	3	3	用 2m 直尺和塞尺检查
3	阴阳角方正	3	3	3	4	3	3	用直角检测尺检查
4	接缝直线度	—	—	—	—	—	3	拉 5m 线，不足 5m 拉通线，用钢直尺检查
5	压条直线度	—	—	—	—	—	3	
6	接缝高低差	1	2	2	3	1	1	用钢直尺和塞尺检查

思政案例

一起墙体坍塌事故

2021 年 9 月 8 日上午 10 时 40 分左右，某公司组织人员在某小区对 31#楼一层墙体进行拆除时，未按规定程序操作，也未充分考虑墙体结构的稳定性，导致墙体失稳坍塌，造成 1 人死亡，1 人受伤，直接经济损失约 101 万元。

事故调查组通过现场勘验、调查取证、查阅资料、综合分析，查明了事故发生的经过、原因和直接经济损失情况。事故调查组认定，该事故是一起责任事故，主要原因是施工单位和相关人员未严格遵守安全施工规程和管理职责。根据调查结果，事故调查组提出了对有关责任人员和责任单位的处理建议，并提出了防范措施和整改建议。

任务8.5　涂料及刷浆工程施工

8.5.1　涂料工程

涂料涂刷于建筑物表面并能与基体材料很好地黏结，干结成膜后，既对建筑物表面起到一定的保护作用，又能起到建筑装饰的效果。

微课：外墙涂料施工

涂料主要由胶粘剂、颜料、溶剂和辅助材料等组成。涂料的品种繁多，按装饰部位的不同有内墙涂料、外墙涂料、顶棚涂料、地面涂料；按成膜物质的不同有油性涂料（也称油漆）、有机高分子涂料、无机高分子涂料、有机无机复合涂料；按涂料分散介质的不同有溶剂型涂料、水性涂料、乳液涂料（乳胶漆）。

涂料工程施工技术如下。

1. 基层处理

混凝土和抹灰表面：基层表面必须坚实，无酥板、脱层、起砂、粉化等现象，否则应铲除。基层表面要求平整，如有孔洞、裂缝，则须用同种涂料配制的腻子批嵌，除去表面的油污、灰尘、泥土等，清洗干净。对于施涂溶剂型涂料的基层，其含水率应控制在8%以内；对于施涂乳液型涂料的基层，其含水率应控制在10%以内。

木材基层表面：应先将木材表面上的灰尘、污垢清除，并把木材表面的缝隙、毛刺等用腻子填补磨光，木材基层的含水率不得大于12%。

金属基层表面：将灰尘、油渍、锈斑、焊渣、毛刺等清除干净。

2. 涂料施工

涂料施工主要操作方法：刷涂、滚涂、喷涂、刮涂、弹涂、抹涂等。

（1）刷涂

刷涂是指人工用刷子蘸上涂料直接涂刷于被饰涂面。要求：不流、不挂、不皱、不漏、不露刷痕。刷涂一般不少于两道，应在前一道涂料表面干后再涂刷下一道。两道施涂间隔时间由涂料品种和涂刷厚度确定，一般为2～4h。

（2）滚涂

滚涂是利用涂料辊子蘸上少量涂料，在基层表面上下垂直来回滚动施涂。阴角及上下口一般需先用排笔、鬃刷刷涂。

（3）喷涂

喷涂是指一种利用压缩空气将涂料制成雾状（或粒状）喷出，涂于被饰涂面的机械施工方法。其操作过程如下：

1）将涂料调至施工所需黏度，将其装入储料罐或压力供料筒中。

2）打开空气压缩机，调节空气压力，使其达到施工压力，一般为0.4～0.8MPa。

3）喷涂时，手握喷枪要稳，涂料出口应与被涂面保持垂直，喷枪移动时应与喷涂面保持平行。喷距500mm左右为宜，喷枪运行速度应保持一致。

4）喷枪移动的范围不宜过大，一般直接喷涂700～800mm后折回，再喷涂下一行，也可选择横向或竖向往返喷涂。

5）涂层一般两遍成活，横向喷涂一遍，竖向再涂一遍。两遍之间间隔时间由涂料品种及喷涂厚度而定，要求涂膜应厚薄均匀、颜色一致、平整光滑，不出现露底、皱纹、流挂、钉孔、气泡和失光现象。

（4）刮涂

刮涂是指利用刮板，将涂料厚浆均匀地批刮于涂面上，形成厚度为1～2mm的厚涂层。这种施工方法多用于地面等较厚层涂料的施涂。

刮涂施工的方法如下：

1）腻子一次刮涂厚度一般不应超过0.5mm，孔眼较大的物面应将腻子填嵌实，并高出物面，待干透后再进行打磨。待批刮腻子或者厚浆涂料全部干燥后，再涂刷面层涂料。

2）刮涂时应用力按刀，使刮刀与饰面成50°～60°角刮涂。刮涂时只能来回刮1～2次，不能往返多次刮涂。

3）遇有圆、棱形物面可用橡皮刮刀进行刮涂。刮涂地面施工时，为了增加涂料的装饰效果，可用划刀或记号笔刻出席纹、仿木纹等各种图案。

（5）弹涂

弹涂是指先在基层刷涂1～2道底涂层，待其干燥后通过机械的方法将色浆均匀地溅在墙面上，形成1～3mm的圆状色点。弹涂时，弹涂器的喷出口应垂直正对被饰面，距离300～500mm，按一定速度自上而下、由左至右弹涂。选用压花型弹涂时，应适时将彩点压平。

（6）抹涂

抹涂是指先在基层刷涂或滚涂1～2道底涂料，待其干燥后，使用不锈钢抹灰工具将饰面涂料抹到底层涂料上。一般抹1～2遍，间隔1h后再用不锈钢抹子压平。涂抹厚度：内墙为1.5～2mm，外墙为2～3mm。

在工厂制作组装的钢木制品和金属构件，其涂料宜在生产制作阶段施工，最后一遍安装后在现场施涂。现场制作的构件，组装前应先施涂一遍底子油（干油性且防锈的涂料），安装后再施涂。

3. 喷塑涂料施工

（1）喷塑涂料的涂层结构

按喷塑涂料层次的作用不同，其涂层构造分为封底涂料、主层涂料、罩面涂料。按使用材料的不同，其涂层构造分为底油、骨架和面油。喷塑涂料质感丰富、立体感强，具有乳雕饰面的效果。

1）底油是涂布在基层上的涂层。它的作用是渗透到基层内部，增强基层的强度，同时又对基层表面进行封闭，并消除基层表面有损于涂层附着的因素，增加骨架涂料与基层之间的结合力。作为封底涂料，可以防止硬化后的水泥砂浆抹灰层可溶性盐渗出而破坏面层。

2）骨架是喷塑涂料特有的一层成型层，是喷塑涂料的主要构成部分。使用特制大口径喷枪或喷斗喷涂在底油之上，再经过滚压，即形成质感丰富、新颖美观的立体花纹图案。

3）面油是喷塑涂料的表面层。面油内加入各种耐晒彩色颜料，使喷塑涂层具有理想的色彩和光感。面油分为水性和油性两种，水性面油无光泽，油性面油有光泽，但目前大多采用水性面油。

（2）喷塑涂料施工

喷涂程序：刷底油→喷点料（骨架材料）→滚压点料→喷涂或刷涂面层。

底油的涂刷用漆刷进行，要求涂刷均匀不漏刷。

喷点施工的主要工具是喷枪，喷嘴有大、中、小 3 种，分别可喷出大点、中点和小点。施工时可按饰面要求选择不同的喷嘴。喷点操作的移动速度要均匀，其行走路线可根据施工需要由上向下或左右移动。在正常情况下，喷枪的喷嘴以距墙 50～60cm 为宜，喷头与墙面成 60°～90°夹角，空气压缩机的压力为 0.5MPa。如果喷涂顶棚，则可采用顶棚喷涂专用喷嘴。

如果需要将喷点压平，则在喷点后 5～10min 便可用胶辊蘸松节水，在喷涂的圆点上均匀地轻轻滚，将圆点压扁，使之成为具有立体感的压花图案。

喷涂面油应在喷点施工 12min 后进行，第一道滚涂水性面油；第二道可用油性面油，也可用水性面油。

如果基层有分格条，则面油涂饰后即行揭去，对分格缝可按设计要求的色彩重新描绘。

4. 多彩喷涂施工

多彩喷涂具有色彩丰富、技术性能好、施工方便、维修简单、防火性能好、使用寿命长等特点，因此运用广泛。

多彩喷涂的工艺可按底涂→中涂→面涂或底涂→面涂的顺序进行。

底涂：底层涂料的主要作用是封闭基层，提高涂膜的耐久性和装饰效果。底层涂料为溶剂性涂料，可用刷涂、滚涂或喷涂的方法进行操作。

中涂：中层为水性涂料，涂刷 1～2 遍，可用刷涂、滚涂及喷涂施工。

面涂（多彩）喷涂：中层涂料干燥 4～8h 后开始施工。操作时可采用专用的内压式喷枪，喷涂压力为 0.15～0.25MPa，喷嘴距墙 300～400mm，一般一遍成活，如涂层不均匀，则应在 4h 内进行局部补喷。

5. 聚氨酯仿瓷涂料层施工

聚氨酯仿瓷涂料是以聚氨酯-丙烯酸树脂溶液为基料，加入优质大白粉、助剂等配制而成的双组分固化型涂料。涂膜外观呈瓷质状，其耐沾污性、耐水性及耐候性等性能均较优异，可以涂刷在木质、水泥砂浆及混凝土饰面上，具有优良的装饰效果。

聚氨酯仿瓷复层涂料一般分为底涂、中涂和面涂 3 层，其操作要点如下：

1）基层表面应平整、坚实、干燥、洁净，表面的蜂窝、麻面和裂缝等缺陷应采用相应的腻子嵌平。金属材料表面应除锈，有油渍斑污者，可用汽油、二甲苯等溶剂清理。

2）底涂施工。底涂施工可采用刷涂、滚涂、喷涂等方法进行。

3）中涂施工。中涂一般要求采用喷涂，喷涂压力依照材料使用说明，喷嘴口径一般为 ϕ4mm。根据不同品种，将其甲乙组分进行混合调制或直接采用配套中层涂料均匀喷涂，如果涂料太稠，则可加入配套溶液或醋酸丁酯进行稀释。

4）面涂施工。面涂可用喷涂、滚涂或刷涂的方法施工，涂层施工的间隔时间一般在2～4h。

仿瓷涂料施工要求环境温度不低于5℃，相对湿度不大于85%，面涂完成后保养3～5d。

6. 质量要求和检验方法

涂料工程应待涂层完全干燥后，方可进行验收。验收时，应检查所用的材料品种、型号和性能，应符合设计要求；施工后的颜色、图案应符合设计要求；涂料在基层上涂饰应均匀、黏结牢固，不得漏涂、透底、起皮和反锈。

施涂薄涂料的涂饰质量和检验方法，应符合表8-12的规定；施涂厚涂料、复层涂料的涂饰质量和检验方法，应符合表8-13的规定；施涂色漆的涂饰质量和检验方法，应符合表8-14的规定；清漆的涂饰质量和检验方法，应符合表8-15的规定。

表8-12 薄涂料的涂饰质量和检验方法

项次	项目	普通涂饰	高级涂饰	检验方法
1	颜色	均匀一致	均匀一致	观察
2	泛碱、咬色	允许少量轻微	不允许	
3	流坠、疙瘩	允许少量	不允许	
4	砂眼、刷纹	允许少量轻微砂眼，刷纹通顺	无砂眼、无刷纹	
5	装饰线、分色线直线度允许偏差/mm	2	1	拉5m线，不足5m拉通线，用钢直尺检查

表8-13 厚涂料、复层涂料的涂饰质量和检验方法

项次	项目	普通厚涂料	厚涂料	复层涂料	检验方法
1	颜色	均匀一致	均匀一致	均匀一致	观察
2	泛碱、咬色	允许少量、轻微	不允许	不允许	
3	点状分布	—	疏密均匀	—	
4	喷点疏密程度	—	—	均匀、不允许连片	

表8-14 色漆的涂饰质量和检验方法

项次	项目	普通涂饰	高级涂饰	检验方法
1	颜色	均匀一致	均匀一致	观察
2	光泽、光滑	光泽基本均匀，光滑、无挡手感	光泽均匀一致，光滑	观察，手模检查
3	刷纹	刷纹通顺	无刷纹	观察
4	裹棱、流坠、皱皮	明显处不允许	不允许	观察
5	装饰线、分色线直线度允许偏差/mm	2	1	拉5m线，不足5m拉通线，用钢直尺检查

表 8-15　清漆的涂饰质量和检验方法

项次	项目	普通涂饰	高级涂饰	检验方法
1	颜色	基本一致	均匀一致	观察
2	木纹	棕眼刮平、木纹清楚	棕眼刮平、木纹清楚	观察
3	光泽、光滑	光泽基本均匀，光滑、无挡手感	光泽均匀一致，光滑	观察，手摸检查
4	刷纹	无刷纹	无刷纹	观察
5	裹棱、流坠、皱皮	明显处不允许	不允许	观察

7. 涂料工程的安全技术

涂料材料和所用设备，必须要由经过安全教育的专人保管，设置专用库房，各类储油原料的桶必须封盖。

涂料库房与建筑物必须保持一定的安全距离，一般在 2m 以上。库房内严禁烟火，且有足够的消防器材。

施工现场必须具有良好的通风条件，通风不良时须安置通风设备，喷涂现场的照明灯应加保护罩。

使用喷灯，加油不得过满，打气不能过足，使用时间不宜过长，点火时火嘴不准对人。

使用溶剂时，应做好眼睛、皮肤等的防护，以防中毒。

8.5.2　刷浆工程

1. 刷浆材料

刷浆所用材料主要是指石灰浆、水泥色浆、大白浆和可赛银浆等，石灰浆和水泥浆可用于室内外墙面，大白浆和可赛银浆只用于室内墙面。

1）石灰浆。用生石灰块或淋好的石灰膏加水调制而成，可在石灰浆内加 0.3%～0.5%的食盐或明矾，或 20%～30%的 108 胶，其目的在于提高其附着力。如需配色浆，则应先将颜料用水化开，再将其加入石灰浆内拌匀。

2）水泥色浆。由于素水泥浆易粉化、脱落，因此一般用聚合物水泥浆，其组成材料有白水泥、高分子材料、颜料、分散剂和憎水剂。高分子材料采用 108 胶时，一般为水泥用量的 20%；分散剂一般采用六偏磷酸钠（掺量约为水泥用量的 1%）或木质素磺酸钙（掺量约为水泥用量的 0.3%）；憎水剂常用甲基硅醇钠。

3）大白浆。由大白粉加水及适量胶结材料制成，加入颜料，可制成各种色浆。胶结材料常用 108 胶（掺入量为大白粉的 15%～20%）或聚醋酸乙烯液（掺入量为大白粉的 8%～10%），大白浆适于喷涂和刷涂。

4）可赛银浆。可赛银浆由可赛银粉加水调制而成。可赛银粉由碳酸钙、滑石粉和颜料研磨，再加入干酪素胶粉等混合配制而成。

2. 施工工艺

1）基层处理和刮腻子。刷浆前应清理基层表面的灰尘、污垢、油渍和砂浆流痕等。在基层表面的孔眼、缝隙、凸凹不平处应用腻子找补并打磨齐平。

对室内中、高级刷浆工程，在局部找补腻子后，应满刮1～2道腻子，干后用砂纸打磨表面。大白浆和可赛银粉要求墙面干燥，为增加大白浆的附着力，在抹灰面未干前应先刷一道石灰浆。

2）刷浆。刷浆一般用刷涂法、滚涂法和喷涂法施工。其施工要点同涂料工程的涂饰施工。

聚合物水泥浆刷浆前，应先用乳胶水溶液或聚乙烯醇缩甲醛胶水溶液湿润基层。

室外刷浆在分段进行时，应以分格缝、墙角或雨水管等处为分界线。同一墙面应用相同的材料和配合比，浆料必须搅拌均匀。

刷浆工程的质量要求和检验方法应符合薄涂料的涂饰质量和检验方法（表8-12）的规定。

思政案例

丹麦零排放生态建筑——“绿色灯塔”

“绿色灯塔”项目是迄今为止丹麦第一个依照碳中和理念设计的公共建筑，位于哥本哈根市内的哥本哈根大学校园内。该建筑为3层的圆形建筑，总建筑面积950m^2，主要用作哥本哈根大学科学系学生的学习、生活和就业监管咨询中心。“绿色灯塔”项目致力于实现零碳排放，是一座生态型建筑。

任务8.6 门窗工程施工

门窗按材料分为木门窗、钢门窗、铝合金门窗和塑料门窗四大类。木门窗应用最早且最普通，但现在越来越多地被钢门窗、铝合金门窗和塑料门窗所代替。

8.6.1 木门窗

微课：成品木门安装施工

木门窗大多在木材加工厂内制作。

施工现场一般以安装木门窗框及内扇为主要施工内容。安装前应按设计图纸检查核对好型号，按图样对号分发到位。安门框前，要用对角线相等的方法复核其兜方程度。

木门窗的安装一般有立框安装和塞框安装两种方法。立框安装是先立好门窗框，再砌筑两边的墙。

1）立框安装。在墙砌到地面时立门樘，砌到窗台时立窗樘。立框时应先在地面（或墙面）划出门（窗）框的中线及边线，而后按线将门窗框立上，用临时支撑撑牢，并校正门窗框的垂直度及上、下槛水平。

立门窗框时要注意门窗的开启方向和墙面装饰层的厚度，各门框进出一致，上、下层窗框对齐。在砌两旁墙时，墙内应砌经防腐处理的木砖。垂直间隔0.5～0.7m一块，木砖大小为 115mm×115mm×53mm。

2）塞框安装。塞框安装是在砌墙时先留出门窗洞口，然后塞入门窗框尺寸要比门窗框尺寸每边大 20mm。门窗框塞入后，先用木楔临时塞住，要求横平竖直。校正无误后，将门窗框钉牢在砌于墙内的木砖上。

3）门窗扇的安装。安装前要先测量一下门窗樘洞口净尺寸，根据测得的准确尺寸来修刨门窗扇。扇的两边要同时修刨。门窗冒头的修刨是先刨平下冒头，以此为准再修刨上冒头。修刨时要注意留出风缝，一般门窗扇的对口处及扇与樘之间的风缝需留出 20mm 左右。门窗扇安装时，应保持冒头、窗芯水平，双扇门窗的冒头要对齐，开关灵活，但不准出现自开或自关的现象。

4）玻璃安装。清理门窗裁口，在玻璃底面与门窗裁口之间，沿裁口的全长均匀涂抹 1～3mm 的底灰，用手将玻璃摊铺平正，轻压玻璃使部分底灰挤出槽口，待油灰初凝后，顺裁口刮平底灰，然后用长 1/3～1/2 寸（1 寸≈0.33cm）的小圆钉沿玻璃四周固定玻璃，钉距 200mm，最后抹表面油灰即可。油灰与玻璃、裁口接触的边缘平齐，四角成规则的八字形。

5）木门窗安装的留缝限值、允许偏差和检验方法应符合表 8-16 的规定。

表 8-16　木门窗安装的留缝限值、允许偏差和检验方法　　单位：mm

<table>
<tr><th rowspan="2">项次</th><th colspan="2" rowspan="2">项目</th><th colspan="2">留缝限值</th><th colspan="2">允许偏差</th><th rowspan="2">检验方法</th></tr>
<tr><th>普通</th><th>高级</th><th>普通</th><th>高级</th></tr>
<tr><td>1</td><td colspan="2">门窗槽口对角线长度差</td><td>—</td><td>—</td><td>3</td><td>2</td><td>用钢直尺检查</td></tr>
<tr><td>2</td><td colspan="2">门窗框的正、侧面垂直度</td><td>—</td><td>—</td><td>2</td><td>1</td><td>用垂直检测尺检查</td></tr>
<tr><td>3</td><td colspan="2">框与扇、扇与扇接缝高度差</td><td>—</td><td>—</td><td>2</td><td>1</td><td>用钢直尺和塞尺检查</td></tr>
<tr><td>4</td><td colspan="2">门窗扇对口缝</td><td>1～1.25</td><td>1.5～2</td><td>—</td><td>—</td><td rowspan="6">用塞尺检查</td></tr>
<tr><td>5</td><td colspan="2">工业厂房双扇大门对口缝</td><td>2～5</td><td>—</td><td>—</td><td>—</td></tr>
<tr><td>6</td><td colspan="2">门窗扇与上框间留缝</td><td>1～2</td><td>1～1.5</td><td>—</td><td>—</td></tr>
<tr><td>7</td><td colspan="2">门窗扇与侧框间留缝</td><td>1～2.5</td><td>1～1.5</td><td>—</td><td>—</td></tr>
<tr><td>8</td><td colspan="2">窗扇与下框间留缝</td><td>2～3</td><td>2～2.5</td><td>—</td><td>—</td></tr>
<tr><td>9</td><td colspan="2">门扇与下框间留缝</td><td>3～5</td><td>3～4</td><td>—</td><td>—</td></tr>
<tr><td>10</td><td colspan="2">双层门窗内外框间距</td><td>—</td><td>—</td><td>4</td><td>3</td><td>用钢直尺检查</td></tr>
<tr><td rowspan="4">11</td><td rowspan="4">无下框时门扇与地面间的留缝</td><td>外门</td><td>4～7</td><td>5～6</td><td>—</td><td>—</td><td rowspan="4">用塞尺检查</td></tr>
<tr><td>内门</td><td>5～8</td><td>6～7</td><td>—</td><td>—</td></tr>
<tr><td>卫生间门</td><td>8～12</td><td>8～10</td><td>—</td><td>—</td></tr>
<tr><td>厂房大门</td><td>10～20</td><td>—</td><td>—</td><td>—</td></tr>
</table>

8.6.2　钢门窗

建筑中应用较多的钢门窗有薄壁空腹钢门窗和实腹钢门窗。钢门窗在工厂加工制作后被整体运到现场进行安装。

钢门窗现场安装前应按照设计要求，核对型号、规格、数量、开启方向及所带五金零件是否齐全，凡有翘曲、变形者，在调直、修复后方可安装。

钢门窗采用后塞口方法安装。可在洞口四周墙体预留孔埋设铁脚连接件固定，或在结构内预埋件，安装时将铁脚焊在预埋件上。

钢门窗制作时将框与扇连成一体，安装时用木楔临时固定。然后用线锤和水准尺校正垂直与水平，做到横平竖直，成排门窗应上、下高低一致，进出一致。

门窗位置确定后，将铁脚与预埋件焊接或埋入预留墙洞，用 1∶2 水泥砂浆或细石混凝土将洞口缝隙填实。铁脚尺寸及间隙按设计要求留设，但每边不得少于 2 个，铁脚离端角距离约 180mm。

大面组合钢窗可在地面上先拼装好，为防止吊运过程中变形，可在钢窗外侧用木方或钢管加固。

砌墙时门窗洞口应比钢门窗框每边大 15～30mm，作为嵌填砂浆的留量。其中，清水砖墙不小于 15mm；水泥砂浆抹面混水墙不小于 20mm；水刷石墙不小于 25mm；贴面砖或板材墙不小于 30mm。

玻璃安装：清理槽口，先在槽口内涂小于 4mm 厚的底灰，用双手将玻璃揉平放正，挤出油灰，然后将油灰与槽口、玻璃接触的边缘刮平、刮齐。安卡子间距不小于 300mm，且每边不少于 2 个，卡脚长短适当，用油灰填实抹光，卡脚以不露出油灰表面为准。

钢门窗安装的留缝限值、允许偏差和检验方法应符合表 8-17 的规定。

表 8-17　钢门窗安装的留缝限值、允许偏差和检验方法

项次	项目		留缝限值/mm	允许偏差/mm	检验方法
1	门窗槽口宽度、高度	≤1500mm	—	2.5	用钢直尺检查
		>1500mm	—	3.5	
2	门窗槽口对角线长度差	≤2000mm	—	5	用钢直尺检查
		>2000mm	—	6	
3	门窗框的正、侧面垂直度		—	3	用 1m 垂直检测尺检查
4	门窗横框的水平度		—	3	用 1m 水平尺和塞尺检查
5	门窗横框标高		—	5	用钢直尺检查
6	门窗竖向偏离中心		—	4	用钢直尺检查
7	双层门窗内外框间距		—	5	用钢直尺检查
8	门窗框、扇配合间隙		≤2	—	用塞尺检查
9	无下框时门扇与地面间的留缝		4～8	—	用塞尺检查

8.6.3 铝合金门窗

铝合金门窗是用经过表面处理的型材，通过下料、打孔、铣槽、攻螺纹和制窗等加工过程而制成的门窗框料构件，再与连接件、密封件和五金配件一起组装而成。其安装要点如下。

1. 弹线铝合金门、窗框的安装

弹线铝合金门、窗框一般用后塞口方法安装。

在结构施工期间，应根据设计将洞口尺寸留出。门窗框加工的尺寸应比洞口尺寸略小，门窗框与结构之间的间隙，应视不同的饰面材料而定。抹灰面一般为 20mm；大理石、花岗石等板材，厚度一般为 50mm。以饰面层与门窗框边缘正好吻合为准，不可让饰面层盖住门窗框。

弹线时应注意：

1）同一立面的门窗在水平与垂直方向应做到整齐一致。安装前，应先检查预留洞口的偏差。对于尺寸偏差较大的部位，应剔凿或填补处理。

2）在洞口弹出门、窗位置线。安装前一般将门窗立于墙体中心线部位，也可将门窗立在内侧。

3）门安装时，须注意室内地面的标高。地弹簧的表面，应与室内地面饰面的标高一致。

2. 门窗框就位和固定

按弹线确定的位置将门窗框就位，先用木楔临时固定，待检查立面垂直、左右间隙、上下位置等符合要求后，用射钉将铝合金门窗框上的铁脚与结构固定。

3. 填缝

铝合金门窗安装固定后，应按设计要求及时处理窗框与墙体缝隙。若设计未规定具体堵塞材料，则应采用矿棉或玻璃棉毡分层填塞缝隙，外表面留 5～8mm 深槽口，槽内填嵌缝油膏或在门窗两侧做防腐处理后填 1∶2 水泥砂浆。

4. 门、窗、扇的安装

门、窗、扇的安装，需在土建施工基本完成后进行，框装上扇后应保证框扇的立面在同一平面内，窗扇就位准确，启闭灵活。平开窗的窗扇安装前应先固定窗，然后将窗扇与窗铰固定在一起；推拉式门窗扇，应先装室内侧门窗扇，后装室外侧门窗扇；固定扇应装在室外侧，并固定牢固，确保使用安全。

5. 玻璃的安装

平开窗的小块玻璃用双手操作就位。若单块玻璃尺寸较大，则可使用玻璃吸盘就位。玻璃就位后，即以橡胶条固定。型材凹槽内装饰玻璃，可用橡胶条挤紧，然后在橡胶条上注入密封胶；也可以直接用橡胶衬条封缝、挤紧，表面不再注胶。

为防止因玻璃的胀缩而造成型材的变形，型材下凹槽内可先放置橡胶垫块，以免因玻璃自重而直接落在金属表面上，并且也要使玻璃的侧边及上部不得与框、扇及连接件相接触。

6. 清理

铝合金门窗交工前，将型材表面的保护胶纸撕掉，如有胶迹，则可用香蕉水清理干净。擦净玻璃。

7. 铝合金门窗安装的允许偏差和检验方法

铝合金门窗安装的允许偏差和检验方法应符合表 8-18 的规定。

表 8-18　铝合金门窗安装的允许偏差和检验方法

项次	项目		允许偏差/mm	检验方法
1	门窗槽口宽度、高度	≤1500mm	1.5	用钢直尺检查
		>1500mm	2	
2	门窗槽口对角线长度差	≤2000mm	3	用钢直尺检查
		>2000mm	4	
3	门窗框的正、侧面垂直度		2.5	用垂直检测尺检查
4	门窗横框的水平度		2	用 1m 水平尺和塞尺检查
5	门窗横框标高		5	用钢直尺检查
6	门窗竖向偏离中心		5	用钢直尺检查
7	双层门窗内外框间距		4	用钢直尺检查
8	推拉门窗扇与框搭接量		1.5	用钢直尺检查

8.6.4 塑料门窗

仿真视频：塑钢窗安装施工

塑料门窗及其附件应符合国家标准，按设计选用。塑料门窗不得有开焊、断裂等损坏现象，如有损坏，应予以修复或更换。塑料门窗进场后应存放在有靠架的室内，并与热源隔开，以免受热变形。

在安装塑料门窗前，先装五金配件及固定件。由于塑料型材是中空多腔的，材质较脆，因此不能用螺钉直接锤击拧入，应先用手电钻钻孔，后用自攻螺钉拧入。钻头直径应比所选用自攻螺钉直径小 0.5～1.0mm，这样可以防止塑料门窗出现局部凹隐、断裂和螺钉松动等质量问题，从而保证零附件及固定件的安装质量。

与墙体连接的固定件应使用自攻螺钉等将其紧固于门窗框上。安装完五金配件及固定件并检查合格后，将塑料门窗框放入洞口内，调整至横平竖直后，用木楔将塑料框料四角塞牢做临时固定。不宜塞得过紧，以免外框变形。用尼龙胀管螺栓将固定件与墙体连接牢固。

塑料门窗框与洞口墙体的缝隙，用软质保温材料（如泡沫塑料条、泡沫聚氨酯条、油毡卷条等）填充饱满。不能填塞过紧，否则会使框架受压发生变形；也不能填塞过松，否则会使缝隙密封不严，在门窗周围形成冷热交换区而产生结露现象，进而影响门窗防寒、防风的正常功能和墙体寿命。将门窗框四周的内外接缝用密封材料嵌缝严密。

塑料门窗安装的允许偏差和检验方法应符合表 8-19 的规定。

表 8-19　塑料门窗安装的允许偏差和检验方法

项次	项目		允许偏差/mm	检验方法
1	门窗槽口宽度、高度	≤1500mm	2	用钢直尺检查
		>1500mm	3	
2	门窗槽口对角线长度差	≤2000mm	3	用钢直尺检查
		>2000mm	5	
3	门窗框的正、侧面垂直度		3	用垂直检测尺检查
4	门窗横框的水平度		3	用 1m 水平尺和塞尺检查
5	门窗横框标高		5	用钢直尺检查

续表

项次	项目	允许偏差/mm	检验方法
6	门窗竖向偏离中心	5	用钢直尺检查
7	双层门窗内外框间距	4	用钢直尺检查
8	同樘平开窗相邻扇高度差	2	用钢直尺检查
9	平开门窗铰链部位配合间隙	+2；−1	用塞尺检查
10	推拉门窗扇与框搭接量	+1.5；−2.5	用钢直尺检查
11	推拉门窗扇与竖框平行度	2	用 1m 水平尺和塞尺检查

思政案例

工艺传承与文化典籍

匠人们通过工艺技术的传承做出精美的门窗，并且为它们各个部件赋予了名称和具体功能。相关的工艺传承主要通过口口相传和文字记录来实现。在我国建筑文化史上，春秋战国时期的《考工记》、宋代的《营造法式》、清代雍正年间颁布的《工程做法则例》等文献，都是我国非常宝贵的建筑文化典籍。

任务 8.7 保温工程施工

随着社会经济的发展，人们的生活水平不断提高，为改善建筑室内热环境，对夏季降温、冬季取暖的要求越来越高。我国建筑能耗已占社会总能耗的 20%～25%，且呈逐步上升之势，所以建筑能耗问题是影响社会经济发展全局的重要问题。在建筑中，外围护结构的热损耗较大，采暖居住建筑物的 73%～77%热量均通过围护结构散失，因此，围护结构成为节能的重点部位。在外围护结构中，墙体又占了较大份额，所以建筑墙体改革与墙体节能技术的发展是建筑节能技术的重要环节，发展外墙保温技术及节能材料是建筑节能的主要方式之一。

对于墙体的保温隔热，不仅要提出不同温度带的热阻值指标，而且要规定墙体不得超过相应的厚度，以促进节能材料和技术的顺利应用，实现墙体节能和墙体革新。此外，在可能的条件下，要合理选择有利的建筑朝向，严格控制建筑物体形系数，并加强围护结构和屋面系统的保温措施，以减少传热耗热量。通过提高建筑外围护结构的保温隔热性能，可以减少建筑保温隔热的能源消耗。

如何提高新材料的施工质量，是当前建筑保温节能的重要研究内容，也是建筑施工技术需要解决的重要课题之一。

8.7.1　外墙保温系统

1．外墙保温系统的基本构造及特点

外墙保温系统按保温层的位置分为外墙内保温系统和外墙外保温系统两大类，其基本构造做法如图 8-32 所示。

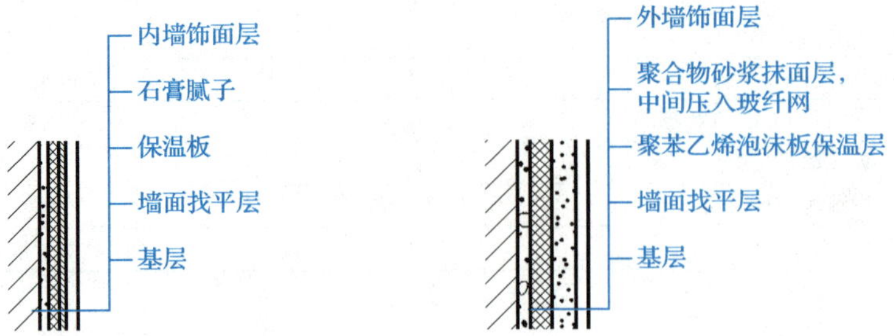

（a）复合聚苯保温板外墙内保温　　（b）聚苯乙烯泡沫板（简称EPS）外墙外保温

图 8-32　外墙保温系统的基本构造

（1）外墙内保温系统的构造及特点

外墙内保温系统主要由基层、保温层和饰面层构成，其构造如图 8-32（a）所示。

外墙内保温施工是在外墙结构的内部加做保温层，内保温施工速度快，操作方便灵活，可以保证施工进度。内保温已有较长的使用时间，施工技术成熟，检验标准较为完善。在 2001 年前，外墙保温中约有 90%以上的工程应用了内保温技术。

目前，使用较多的内保温材料和技术有增强石膏复合聚苯保温板、聚合物砂浆、复合聚苯保温板、增强水泥复合聚苯保温板、内墙贴聚苯板、粉刷石膏抹面及聚苯颗粒保温料浆加抗裂砂浆压入网格布抹面等施工方法。

但内保温要占用室内使用面积，热桥问题不易解决，容易引起开裂，还会影响施工速度，影响居民的二次装修，且内墙悬挂和固定物件也容易破坏内保温结构。内保温在技术上的不合理性决定了其必然要被外保温所替代。

（2）外墙外保温系统的构造及特点

1）外墙外保温系统的构造。外墙外保温主要由基层、保温层、抹面层、饰面层构成，其构造如图 8-32（b）所示。

基层：指外保温系统所依附的外墙。

保温层：由保温材料组成，在外保温系统中起保温作用的构造层。

抹面层：抹在保温层上，中间夹有增强网，保护保温层，并起防裂、防水和抗冲击作用的构造层。抹面层可分为薄抹面层和厚抹面层。用于 EPS 板和胶粉 EPS 颗粒保温浆料时为薄抹面层，用于 EPS 钢丝网架板时为厚抹面层。对于具有薄抹面层的系统，保护层厚度应不小于 3mm 并且不宜大于 6mm。对于具有厚抹面层的系统，厚抹面层厚度应为 25～30mm。

饰面层：外保温系统的外装饰层。

抹面层和饰面层总称为保护层。

2）外墙外保温系统的特点。外保温是目前大力推广的一种建筑保温节能技术。外保温与内保温相比较，技术合理，有明显的优越性。使用同样规格、同样尺寸和性能的保温材料，外保温比内保温的保温效果好。外保温技术不仅适用于新建的结构工程，还适用于旧楼改造。外墙外保温适用范围广，技术含量较高；外墙外保温是当前大力推广的节能保温应用技术。外墙外保温有如下特点。

① 节能：由于采用导热系数较低的聚苯板，整体将建筑物外面包起来，所以消除了热桥，减少了外界自然环境对建筑的冷热冲击，可达到较好的保温节能效果。

② 牢固：由于外保温材料与墙体采用了可靠的连接技术，所以使外保温材料与墙面具有可靠的附载效果，耐候性、耐久性更好、更强。

③ 防水：外墙保温系统具有高弹性和整体性，解决了墙面开裂、表面渗水的通病，特别对陈旧墙面局部裂纹有整体覆盖作用。

④ 体轻：采用该材料可将建筑房屋外墙厚度减小，不但可以减小砌筑工程量、缩短工期，而且可以减小建筑物自重。

⑤ 阻燃：外墙保温材料所用的聚苯板为阻燃型，具有隔热、无毒、自熄、防火功能。

⑥ 易施工：施工简单，具有一般抹灰水平的技术工人，经短期培训，即可进行现场操作施工。对建筑物基层混凝土、红砖、砌块、石材、石膏板等有广泛的适用性。目前比较成熟的外墙外保温技术主要有聚苯板（EPS 板）薄抹灰面外保温系统、胶粉聚苯（EPS）颗粒保温浆料外保温系统、现浇混凝土复合无网 EPS 板外保温系统、现浇混凝土 EPS 钢丝网架板外保温系统、机械固定 EPS 钢丝网架板外保温系统等。

在选用外保温系统时，不得更改系统构造和组成材料，同时应做好外保温工程的密封和防水构造设计，确保水不会渗入保温层及基层，重要部位应有详图。水平或倾斜的出挑部位及延伸至地面以下的部位应做防水处理。在外墙外保温系统上安装的设备或管道应固定于基层上，并应做密封和防水设计。下面将重点介绍外墙外保温系统。

2. 外墙外保温系统的基本要求

（1）外墙外保温工程的基本规定

外墙外保温工程应能适应基层的正常变形而不产生裂缝或空鼓；应能长期承受自重而不发生有害的变形；当地震发生时不应从基层上脱落；外保温复合墙体的保温、隔热和防潮性能应符合国家现行标准；应能承受风荷载的作用而不产生破坏；应能耐受室外气候的长期反复作用而不产生破坏；高层建筑外保温工程应采取防火构造措施；应具有防水渗透性能；外墙外保温工程各组成部分应具有物理和化学稳定性，所有组成材料应彼此相容并应具有防腐性；在可能受到生物侵害（鼠害、虫害等）时，外墙外保温工程还应具有防生物侵害性能；在正确使用和正常维护的条件下，外墙外保温工程的使用年限不应少于 25 年。

（2）外墙保温工程的性能要求

1）外墙外保温系统的性能要求。外墙外保温系统应按规定进行耐候性试验，经耐候性试验后，不得出现饰面层起泡或剥落、保护层空鼓或脱落等破坏，不得产生渗水裂缝。对于具有薄抹面层的外保温系统，抹面层与保温层的拉伸黏结强度不得小于 0.1MPa，并且破坏部位应位于保温层内。

胶粉 EPS 颗粒保温浆料外墙外保温系统应按规定进行抗拉强度检验，抗拉强度不得小于 0.1MPa，并且破坏部位不得位于各层界面上。

EPS 板现浇混凝土外墙外保温系统应按规定做现场黏结强度检验，其现场黏结强度不得小于 0.1MPa，并且破坏部位应位于 EPS 板内。

外墙外保温系统应按规定对胶粘剂进行拉伸黏结强度检验，胶粘剂与水泥砂浆的拉伸黏结强度在干燥状态下不得小于 0.6MPa，浸水 48h 后不得小于 0.4MPa；与 EPS 板的拉伸黏结强度在干燥状态和浸水 48h 后均不得小于 0.1MPa，并且破坏部位应位于 EPS 板内。

外墙外保温系统应按规定对玻纤网进行耐碱拉伸断裂强力检验，增强玻纤网经向和纬向耐碱拉伸断裂强力均不得小于 750N/50mm，耐碱拉伸断裂强力保留率均不得小于 50%。

外墙外保温系统的其他性能要求及试验方法应符合表 8-20 的规定。

表 8-20　外墙外保温系统的其他性能要求及试验方法

检验项目	性能要求	试验方法
抗风荷载性能	系统抗风压值 Rd 不小于风荷载设计值 EPS 板薄抹灰外墙外保温系统、胶粉、EPS 颗粒保温外墙外保温系统、EPS 板现浇混凝土外墙外保温系统和 EPS 钢丝网架板现浇混凝土外墙外保温系统安全系数 K 应不小于 1.5，机械固定 EPS 钢丝网架板外墙外保温系统安全系数 K 应不小于 2	按规范规定方法试验；由设计要求值降低 1kPa 作为试验起始点
抗冲击性	建筑物首层墙面及门窗口等易碰撞部位：10J 级。建筑物二层以上墙面等不易受碰撞部位：3J 级	按规范规定方法试验
吸水量	水中浸泡 1h，只带有抹面层和带有全部保护层的系统的吸水量均不得大于或等于 1.0kg/m^2	
耐冻融性能	30 次冻融循环后保护层无空鼓、脱离、无渗水裂缝、保护层与保温层的拉伸黏结强度不小于 0.1MPa，破坏部位应位于保温层	
热阻	复合墙体热阻符合设计要求	
抹面层不透水性	2h 不透水	
保护层	水蒸气渗透阻符合设计要求	

注：水中浸泡 24h，只带有抹面层和带有全部保护层的系统的吸水量均小于 0.5kg/m^2 时，不检验耐冻融性能。

2）主要组成材料的性能要求。外墙外保温系统主要组成材料的性能要求及试验方法应符合表 8-21 的规定。

表 8-21　外墙外保温系统主要组成材料的性能要求及试验方法

检验项目			性能要求		试验方法（按以下规范、规程规定方法试验）
			EPS 板	胶粉 EPS 颗粒、保温浆料	
保温材料	密度/（kg/m^3）		18～22	—	GB/T 6343—2009
	干密度/（kg/m^3）		—	180～250	GB/T 6343—2009（70℃横重）
	导热系数/［W/（m·K）］		≤0.041	≤0.060	GB/T 10294—2008
	水蒸气渗透系数/［ng/（Pa·m·s）］		符合设计要求	符合设计要求	JGJ 144—2019 附录 A 第 A.10 节
	压缩性能/MPa（形变 10%）		≥0.10	≥0.25（养护 28d）	GB/T 8813—2020
	抗拉强度/MPa	干燥状态	≥0.10	≥0.10	JGJ 144—2019 附录 A 第 A.6 节
		浸水 48h，取出后干燥 7d	—		
	线性收缩率/%		—	≤0.3	GB/T 50082—2009
	尺寸稳定性		≤0.3	—	GB/T 8811—2008
	软滑系数		—	≥0.5（养护 28d）	JGJ/T 12—2019
	燃烧性能		阻燃性	—	GB/T 10801.1—2021
	燃烧性能级别		—	B1	GB 8624—2012

续表

<table>
<tr><th colspan="3" rowspan="2">检验项目</th><th colspan="2">性能要求</th><th rowspan="2">试验方法
（按以下规范、规程规定方法试验）</th></tr>
<tr><th>EPS 板</th><th>胶粉 EPS 颗粒、保温浆料</th></tr>
<tr><td rowspan="3">EPS 钢丝网架板</td><td rowspan="2">热阻/（m^2·K/W）</td><td>腹丝穿透型</td><td colspan="2">≥0.73（50mm 厚 EPS 板）
≥1.5（100mm 厚 EPS 板）</td><td></td></tr>
<tr><td>腹丝非穿透型</td><td colspan="2">≥1.0（50mm 厚 EPS 板）
≥1.6（80mm 厚 EPS 板）</td><td>JGJ 144—2019 附录 A 第 A.8 节</td></tr>
<tr><td colspan="2">腹丝镀锌层</td><td colspan="3">符合 QB/T 3897—1999（已作废，但无替代标准）规定</td></tr>
<tr><td>抹在胶浆、抗裂砂浆、界面砂浆</td><td colspan="2">与 EPS 板或胶粉、EPS 颗粒保温浆料拉伸黏结强度/MPa</td><td colspan="2">干燥状态和浸水 48h 后≥0.1，破坏界面应位于 EPS 板或胶粉 EPS 颗粒保温浆料</td><td>JGJ 144—2019 附录 A 第 A.7 节</td></tr>
<tr><td>饰面材料</td><td colspan="4">必须与其他系统组成材料相容，应符合设计要求和相关标准规定</td><td></td></tr>
<tr><td>锚栓</td><td colspan="4">符合设计要求和相关标准规定</td><td></td></tr>
</table>

3. 外墙外保温系统施工的一般规定

除采用现浇混凝土外墙外保温系统外，外保温工程的施工应在基层施工质量验收合格后进行；外保温工程施工前，外门窗洞口应通过验收，洞口尺寸、位置应符合设计要求和质量要求，门窗框或辅框应安装完毕。伸出墙面的消防梯、雨水管、各种进户管线和空调器等预埋件、连接件应安装完毕，并按外保温系统厚度留出间隙。

保温隔热材料的厚度必须符合设计要求。保温板材与基层及各构造层之间的黏结或连接必须牢固。黏结强度和连接方式应符合设计要求。保温板材与基层的黏结强度应做现场拉拔试验。保温浆料应分层施工。当采用保温浆料做外保温时，保温层与基层之间及各层之间的黏结必须牢固，不应脱层、空鼓和开裂。当墙体节能工程的保温层采用预埋或后置锚固件固定时，锚固件数量、位置、锚固深度和拉拔力应符合设计要求，并且后置锚固件应进行锚固力现场拉拔试验。

基层应坚实、平整。保温层施工前，应进行基层处理。

外保温工程的施工应具备完整的施工方案，施工人员应经过培训并经考核合格。

思政案例

人与自然和谐共生

元阳梯田位于云南省元阳县的哀牢山南部，是哈尼族人世世代代开垦耕作留下的杰作。梯田的开垦随山势地形变化，因地制宜，坡缓地大则开垦大田，坡陡地小则开垦小田，甚至沟边坎下石隙也开田，因而梯田大者有数亩，小者仅有簸箕大，往往一坡就成千上万亩。元阳梯田规模宏大，气势磅礴，绵延整个元江南岸，包括红河、元阳、绿春及金平等县，构成了壮丽的自然景观。

8.7.2 外墙外保温系统施工

1. EPS板薄抹灰外墙外保温系统施工

EPS板薄抹灰外墙外保温系统（简称EPS板薄抹灰系统）由EPS板保温层、薄抹面层和饰面涂层构成，EPS板用胶粘剂固定在基层上，薄抹面层中满铺玻纤网，当建筑物高度在20m以上时，在受负风压作用较大的部位宜使用锚栓辅助固定。其构造如图8-33所示。

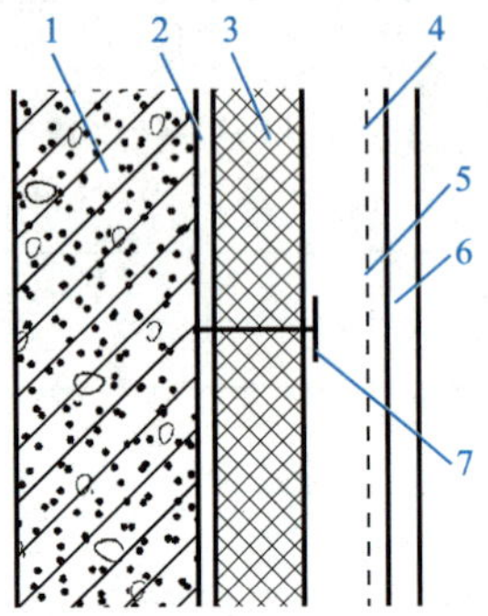

1—基层；2—胶粘剂；3—EPS板；4—玻纤网；5—薄抹面层；6—饰面涂层；7—锚栓。

图8-33 EPS板薄抹灰系统

（1）施工准备

1）材料的准备及要求。聚苯乙烯板采用密度为18～20kg/m^{3}的自熄型板材；储存时应摆放平整，防止雨淋及阳光暴晒。

水泥为32.5普通硅酸盐水泥和425铝酸盐水泥，水泥必须有出厂日期，凡有结块现象或出厂日期超过3个月的必须根据化验结果确定如何使用；采用细度模数为2.0～2.8的砂，并筛除大于2.5mm颗粒的砂子，其含泥量小于1%；聚合物砂浆配合比为黏结剂∶32.5普通硅酸盐水泥∶砂子=1∶1.88∶4.97（质量比）；玻纤布必须放在干燥处，地面必须平整，摆放宜立放平整，避免相互交错摆放。进入工地的原材料必须有出厂合格证或化验单。

2）施工工具的准备。外挂式外保温聚苯乙烯泡沫板（EPS）施工主要机具有锯条或刀锯、打磨EPS板的粗砂纸锉子或专用工具、小压子或铁勺、铝合金靠尺、钢卷尺、线绳、线锤、墨斗、铁灰槽、小铁平锹、提漏（1kg/个或5kg/个）、塑料桶（建议能装15kg水泥作为量桶）、铁筛网（16目）。

（2）基层的要求

基层表面应光滑、坚固、干燥、无污染或其他有害的材料；墙外的消防梯、雨水管、防盗窗预埋件或其他预埋件、进口管线或其他预留洞口，应按设计图纸或施工验收规范要求提前施工并验收；墙面应进行墙体抹灰找平，墙面平整度用2m靠尺检测，其平整度不大于3mm，局部不平整超限度部位用1∶2水泥砂浆找平；阴、阳角方正；抹找平层前，抹灰部位根据情况提前半小时浇水。

（3）施工工艺

EPS板薄抹灰外墙外保温系统施工工艺流程：基面检查或处理→工具准备→阴阳角、门窗膀挂线→基层墙体湿润→配制聚合物砂浆，挑选EPS板→粘贴EPS板→EPS板塞缝，打磨、找平墙面→配制聚合物砂浆→EPS板面抹聚合物砂浆，门窗洞口处理，粘贴玻纤网，面层抹聚合物砂浆→找平修补，嵌密封膏→外饰面施工。

1）粘贴聚苯乙烯板（EPS板）的施工要点：

① 配制聚合物砂浆时必须有专人负责，以确保搅拌质量；将水泥、砂子用量桶称好后倒入铁灰槽中进行混合，搅拌均匀后按配合比加入黏结液进行搅拌，搅拌必须均匀，避免

出现离析。根据和易性可适当加水，加水量为黏结剂的 5%。聚合物砂浆应随用随配，配好的聚合物砂浆最好在 1h 之内用光。聚合物砂浆应在阴凉处放置，避免阳光暴晒。

② EPS 板薄抹灰系统的基层表面应清洁，无油污、脱模剂等妨碍黏结的附着物。凸起、空鼓和疏松部位应剔除并找平。找平层应与墙体黏结牢固，不得有脱层、空鼓、裂缝，面层不得有粉化、起皮、爆灰等现象。

③ 粘贴 EPS 板时，应将胶粘剂涂在 EPS 板背面，涂胶粘剂面积不得小于 EPS 板面积的 40%。EPS 板应按顺砌方式粘贴，竖缝应逐行错缝。EPS 板应粘贴牢固，不得有松动和空鼓。墙角处 EPS 板应交错互锁，如图 8-34（a）所示。

④ 门窗洞口四角处 EPS 板不得拼接，应采用整块 EPS 板切割成形，EPS 板接缝应离开角部至少 200mm，如图 8-34（b）所示。

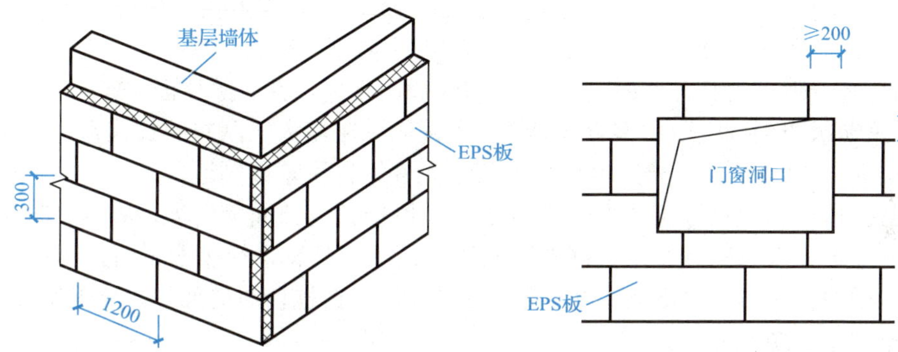

（a）墙角处EPS板应交错互锁　　（b）门窗洞口EPS板排列

图 8-34　EPS 板排板图

⑤ 应做好系统在檐口、勒脚处的包边处理。装饰缝、门窗四角和阴阳角等处应做好局部加强网施工。变形缝处应做好防水和保温构造处理。

⑥ 基层上粘贴的聚苯板，板与板之间的缝隙不得大于 2mm，对下料尺寸偏差或切割等原因造成的板间小缝，应用聚苯板裁成合适的小片塞入缝中。EPS 板安装的允许偏差及检验方法如表 8-22 所示。

表 8-22　外保温隔热板安装的允许偏差及检验方法

序号	项目	允许偏差/mm	检验方法
1	表面平整度	4	用 2m 靠尺和塞尺检查
2	立面平整度	4	用 2m 垂直检测尺检查
3	阴、阳角垂直	4	用 2m 托线板检查
4	阴、阳角方正	4	用直角检测尺检查
5	接槎高低差	1	用直尺和塞尺检查

⑦ 聚苯板粘贴 24h 后方可进行打磨，用粗砂纸、锤子或专用工具对整个墙面打磨一遍，打磨时不要沿板缝平行方向，而是做轻柔圆周运动将不平处磨平，墙面打磨后，应将聚苯板碎屑清理干净，随磨随用 2m 靠尺检查平整度。

⑧ 网布必须在聚苯板粘贴 24h 后进行施工，应先安排朝阳面贴布工序；女儿墙压顶或

凸出物下部，应预留 5mm 缝隙，便于网格布嵌入。

⑨ EPS 板板边处有翻包网格布的可以在 EPS 板侧面涂抹聚合物砂浆，其他情况均不得在 EPS 板侧面涂抹聚合物砂浆。

⑩ 装饰分格条须在 EPS 板粘贴 24h 后用分隔线开槽器挖槽。

2）粘贴玻纤网格布的施工方法和要点：

① 配制聚合物砂浆必须专人负责，以确保搅拌均匀；聚合物砂浆配合比为黏结剂：425 硫铝酸盐水泥：砂子=1：（1.8～2.0）：（3.0～3.4）。

② 聚合物砂浆应随用随配，配好的聚合物砂浆最好在 1h 之内用完。聚合物砂浆应于阴凉处放置，避免阳光暴晒。

③ 在干净、平整的地方按预先需要长度、宽度从整卷玻纤网布上剪下网片，留出必要的搭接长度，下料必须准确，剪好的网布必须卷起来，不允许折叠、踩踏。

④ 在建筑物阳角处做加强层，加强层应贴在最内侧，每边 150mm。

⑤ 涂抹第一遍聚合物砂浆时，应保持 EPS 板面干燥，并去除板面有害物质或杂质。

⑥ 在聚苯板表面刮上一层聚合物砂浆，所刮面积应略大于网布的长或宽，厚度应一致（约 2mm），除有包边要求者外，聚合物砂浆不允许涂在聚苯板侧边。

⑦ 刮完聚合物砂浆后，应将网布置于其上，网布的弯曲面朝向墙，从中央向四周抹压平整，使网布嵌入聚合物砂浆中，网布不应皱褶，不得外露，待表面干后，再在其上施抹一层聚合物砂浆。网布周边搭接长度不得小于 70mm，在被切断的部位，应采用补网搭接，搭接长度不得小于 70mm。

⑧ 门窗周边应做加强层，加强层网格布贴在最内侧，若门窗框外皮与基层墙体表面大于 50mm，则网格布与基层墙体粘贴。若小于 50mm，则需做翻包处理。大墙面铺设的网格布应嵌入门窗框外侧粘牢。

⑨ 门窗口四角处，在标准网施抹完后，再在门窗口四角加盖一块 200mm×300mm 标准网，与窗角平分线成 90° 角放置，贴在最外侧，用以加强；在阴角处加盖一块 200mm 长、与窗膀同宽的标准网片，贴在最外侧。一层窗台以下，为了防止撞击带来的伤害，应先安置加强型网布，再安置标准型网布，加强网格布应对接。

⑩ 网布自上而下施抹，同步施工先施抹加强型网布，再做标准型网布。墙面粘贴的网格布应覆盖在翻包的网格布上。

⑪ 网布粘完后应防止雨水冲刷或撞击，容易碰撞的阳角、门窗应采取保护措施，上料口应采取防污染措施，发生表面损坏或污染必须立即处理。

⑫ 施工后保护层 4h 内不能被雨琳，保护层终凝后应及时喷水养护，养护时间昼夜平均气温高于 15℃时不得少于 48h，低于 15℃时不得少于 72h。

2. 胶粉 EPS 颗粒保温浆料外保温系统施工

（1）胶粉 EPS 颗粒保温浆料外保温系统的构造

胶粉 EPS 颗粒保温浆料外墙外保温系统（以下简称保温浆料系统）应由界面层、胶粉 EPS 颗粒保温浆料保温层、抗裂砂浆薄抹面层和饰面层组成，如图 8-35 所示。胶粉 EPS 颗粒保温浆料经现场拌和后喷涂或抹在基层上形成保温层。薄抹面层中应满铺玻纤网；胶粉 EPS 颗粒保温浆料保温层设计厚度不宜超过 100mm，必要时应设置抗裂分隔缝。

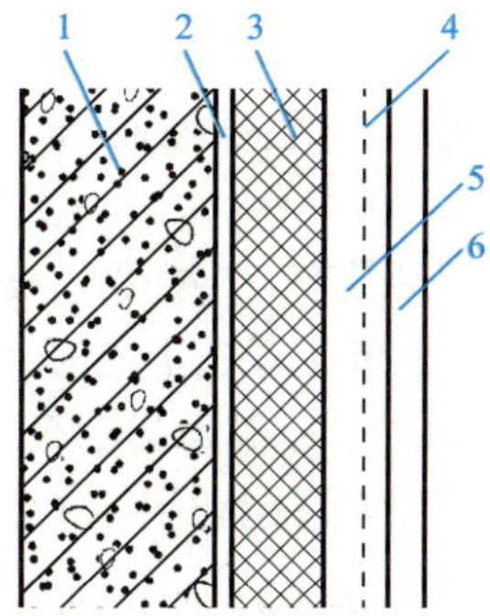

1—基层；2—界面砂浆；3—胶粉 EPS 颗粒保温浆料；4—抗裂砂浆薄抹面层；5—玻纤网；6—饰面层。

图 8-35　胶粉 EPS 颗粒保温浆料外保温系统的构造

胶粉 EPS 颗粒保温浆料外墙外保温系统的性能指标应符合表 8-23 所示的要求。

表 8-23　胶粉 EPS 颗粒保温浆料外墙外保温系统的性能指标

试验项目		性能指标
耐候性		经 80 次高温（70℃）淋水循环和 20 次加热（50℃）、冷冻（-20℃）循环后不得出现开裂、空鼓或脱落。抗裂防护层与保温层的拉伸黏结强度不应小于 0.1MPa
吸水量/（g/m^3），浸水 1h		≤1000
抗冲击强度	C 型普通型（单网）	3J 冲击合格
	T 型加强型（双网）	10J 冲击合格
抗风压值		小于工程项目的风荷载设计值
水蒸气湿流密度/［g/（m^3·h）］		≥0.85
耐冻融		严寒及寒冷地区经 30 次循环、夏热地区经 10 次循环后表面无裂纹、空鼓、起泡、剥离现象
不透水性		试样防护层内侧无水渗透
耐磨损，500L 砂		无开裂、龟裂，或表面保护层剥落、损伤
系统抗拉强度/MPa		≥0.1 并且破坏部位不得位于各层界面
抗震性能		设防烈度等级下面砖饰面及外保温系统无脱落
耐火反应		不应被点燃，试验结束后试件厚度变化不超过 10%

（2）施工准备

1）施工条件。胶粉 EPS 颗粒保温浆料外保温系统的施工应具备下列条件：

① 基层墙体应符合《混凝土结构工程施工质量验收规范》（GB 50204—2015）和《砌体结构工程施工质量验收规范》（GB 50203—2011）的要求。

② 门窗框及墙身上各种进户管线、雨水管支架、预埋管件等按设计安装完毕，并预留出外保温层的厚度。

③ 施工中环境温度不应低于 5℃，风力应不大于 5 级，风速不宜大于 10m/s。严禁雨期施工，雨期施工时应采取防雨措施。

2）施工机械准备。胶粉 EPS 颗粒保温浆料外保温系统施工所需机具设备与内保温系统的机具设备相同。

3）胶粉颗粒保温浆料外保温系统的界面砂浆的配制、胶粉聚苯颗粒保温浆料的配制、抗裂砂浆的配制方法及要求与内保温系统的配制方法相似，这里不再重述。下面主要介绍其不同点。

① 柔性腻子的配制。柔性腻子胶：白色硅酸盐水泥=1∶0.4（质量比），用电动搅拌器搅拌均匀即可使用；应在2h内用完。

② 面砖黏结砂浆的配制。面砖专用胶：中细砂（细度模数2.8～2.0）：水泥=（0.7～0.8）：1∶1（质量比），用砂浆搅拌机或电动搅拌器搅拌。先加入面砖专用胶液、中细砂搅拌均匀，再加入水泥继续搅拌3min。面砖黏结砂浆配制及使用过程中均不得加水，并应在配制好后2h内用完。面砖黏结砂浆的性能指标应符合表8-24所示的要求。

表8-24 面砖黏结砂浆的性能指标

项目		单位	性能指标
拉伸黏结强度		MPa	≥0.60
压折比		—	≤3.0
压剪黏结强度	原强度	MPa	≥0.6
	耐温7d	MPa	≥0.5
	耐水7d	MPa	≥0.5
	耐冻融30次	MPa	≥0.5
线性收缩率		%	≤0.3

注：水泥应采用强度等级42.5的普通硅酸盐水泥，并应符合GB 175—2023的要求；砂应符合JGJ 52—2006的规定，筛除大于2.5mm的颗粒，含泥量少于3%。面砖勾缝材料的配制面砖勾缝胶粉：水=4∶1（质量比），用电动搅拌器搅拌均匀，并应在配制好后2h内用完。面砖勾缝材料的性能指标应符合表8-25所示的要求。

表8-25 面砖勾缝材料的性能指标

项目		单位	性能指标
外观		—	均已一致
颜色		—	与标准一致
凝固时间		h	大于2h，小于24h
拉伸黏结强度	常温常态14d	MPa	0.60
	耐水（常温常态14d，浸水48d，放置24d）	MPa	0.50
压折比		—	3.0
透水性（24h）		mL	3.0

（3）胶粉聚苯颗粒外墙外保温系统施工工艺流程

胶粉聚苯颗粒外墙外保温系统施工工艺流程如图8-36所示。

（4）施工操作要求

1）基层墙面处理。保温施工前应会同相关部门做好结构验收，外墙面基层的垂直度和平整度应符合现行国家施工验收规范要求。进行保温层隐蔽施工前应做好如下检查工作，确认墙体的平整度、垂直度的允许偏差在验收标准规定范围内。

① 外墙面的阳台栏杆、雨水管托架、外挂消防梯等处应安装完毕并验收合格，墙面的暗埋管线、线盒、预埋件、空调孔等应提前安装完毕并验收合格。

② 外窗辅框应安装完毕并验收合格。

③ 墙面脚手架孔、模板穿墙孔及墙面缺损处用水泥砂浆修补完毕并验收合格。

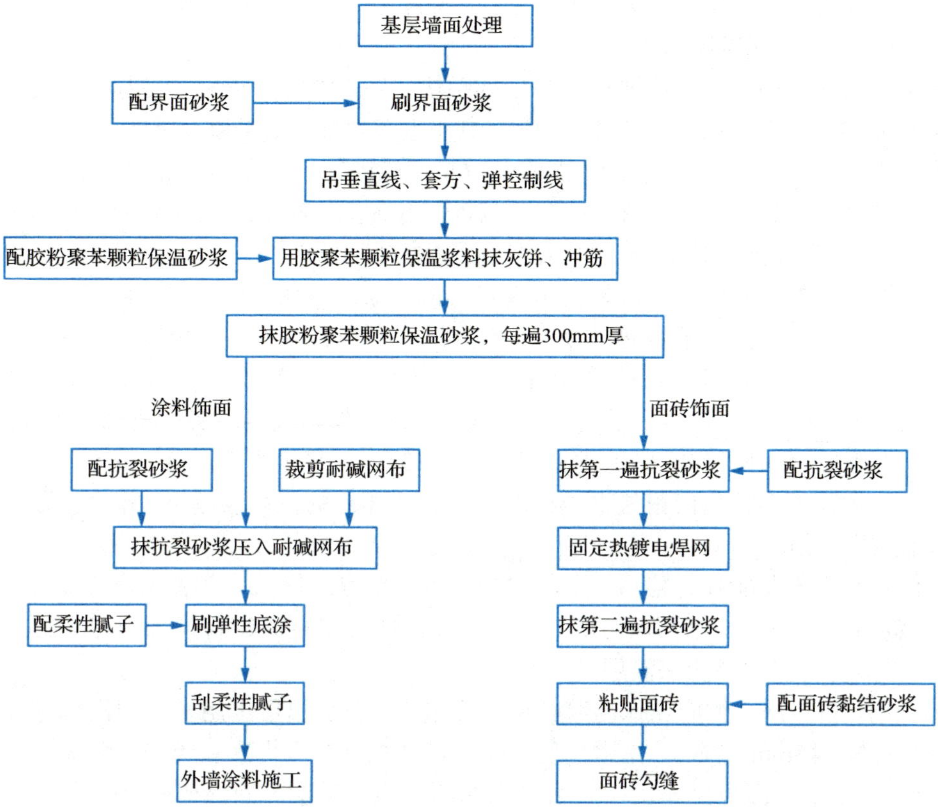

图 8-36　胶粉聚苯颗粒外墙外保温系统施工工艺流程

④ 主体结构的变形缝、伸缩缝应提前做好处理。

⑤ 彻底清除基层墙体表面附尘、油污、隔离剂、空鼓、风化物等影响墙面施工的物质。墙体表面凸起物≥10mm 时应剔除。

⑥ 各种材料的基层墙面均应用涂料滚刷、满刷界面砂浆。注意：界面砂浆不宜施工过厚。

2）吊垂直线、弹控制线，贴饼。保温浆料施工前应在墙面做好施工厚度标志，应按如下步骤进行：

① 每层首先用 2m 杠尺检查墙面平整度，用 2m 托线板检查墙面垂直度。

② 在距每层顶部约 100mm 处，同时距大墙阴、阳角约 100mm 处，根据大墙角已挂好的垂直控制线厚度，用界面砂浆粘贴 50mm×50mm 聚苯板块作为标准贴饼。

③ 待标准贴饼固定后，在两水平贴饼间拉水平控制线。

④ 用线锤吊垂直，在距楼层底部约 100mm 处，大墙阴、阳角 100mm 处粘贴标准贴饼后，按间隔 1.5m 左右沿垂直方向粘贴标准贴饼。

⑤ 每层贴饼施工作业完成后，水平方向用 2～5m 小线拉线检查贴饼的一致性，垂直方向用 2m 托线板检查垂直度，并测量贴饼厚度，做好记录。

3）保温层施工。

① 保温浆料应分层作业施工完成，每次抹灰厚度宜控制在 20mm 左右，分层抹灰至设计保温层厚度，每层施工时间间隔 24h。

② 保温浆料底层抹灰顺序为从上至下、从左至右，在压实的基础上可尽量加大施工抹灰厚度，抹至距保温标准贴饼差 1mm 左右为宜。

③ 保温浆料中层抹灰厚度要抹至与标准贴饼平齐。中层抹灰后，应用大杠在墙面上来回搓抹，去高补低，最后用铁抹子抹压一遍，使保温浆料层表面平整，厚度与标准贴饼一致。

④ 保温浆料面层抹灰应在中层抹灰 4～6h 之后进行。施工前应用杠尺检查墙面平整度，偏差应控制在±2mm。保温面层抹灰时应以修补为主，对于凹陷处用稀浆料抹平，对于凸起处可用抹子立起来将其刮平，最后用抹子分遍赶压平整。

⑤ 保温浆料施工时要注意清理落地浆料，落地浆料在 4h 内重新搅拌即可使用。

⑥ 阴阳角找方应按以下步骤进行：用木方尺检查基层墙角的直角度，将线锤吊垂直检查墙角的垂直度；保温浆料的中层抹灰后应用木方尺压住墙角保温浆料层上下搓动，使墙角保温浆料基本达到垂直，然后用阴、阳角抹子压光；保温浆料面层大角抹灰时要用方尺、抹子反复测量抹压修补操作，确保垂直度偏差为±2mm，直角度偏差为±2mm。

⑦ 门窗侧口的墙体与门窗边框连接处应预留出相应的保温层厚度，并对已做好的门窗边框表面进行成品保护。

⑧ 门窗辅框安装验收合格后，方可进行门窗口部位的保温抹灰施工。门窗口施工时应先抹门窗侧口、窗上口部分的保温层，再抹大墙面的保温层。窗台口部分应先抹大墙面的保温层，再抹窗台口部分的保温层。

⑨ 做门、窗口滴水槽应在保温浆料施工完成后，在保温层上用墙纸刀沿线划开设定宽度的凹槽（槽深 15mm 左右），先用抗裂砂浆填满凹槽，然后将滴水槽嵌入预先划好的凹槽中，并保证与抗裂砂浆黏结牢固，收去滴水槽两侧檐口浮浆，滴水槽应镶嵌牢固、水平。

⑩ 保温浆料施工完成后应按检验批的要求做全面的质量检验，在自检合格的基础上，整理好施工质量记录和隐蔽工程检查验收记录。

4）抗裂防护层和饰面层施工。

① 涂料饰面施工要点：涂料饰面应待保温层施工结束 3～7d，且保温层厚度、平整度隐蔽验收合格后，方可进行抗裂层施工。

② 抗裂层施工前应先将耐碱涂塑玻纤网格布按楼层高度分段裁好，将网格布裁成长度 3m 左右的布块，网格布包边应剪掉。

③ 按施工配合比要求配制搅拌抗裂砂浆，注意砂浆应随搅随用。抹抗裂砂浆时，厚度应控制在 3～5mm，抹完宽度、长度相当于网格布面积的抗裂砂浆后，应立即用铁抹子将网格布压入新抹的抗裂砂浆中。最后沿网格布纵向用铁抹子再压一遍收光，消除面层的抹子印。网格布压入程度以可见暗露网眼，但表面看不到裸露的网格布为宜。

④ 阴角处耐碱网格布要单面压槎，其宽度不小于 150mm；阳角处应双向包角压槎搭接，其宽度不小于 200mm。网格布施工时要注意顺槎顺水搭接，严禁逆槎逆水搭接。网格布铺贴要紧贴墙面保证平整、无褶皱，砂浆饱满度应达到 100%，不应出现大面积露布之处，大墙面要抹平、找直，阴阳角处要保证方正和垂直度。

⑤ 首层墙面应铺贴双层耐碱网格布。先铺贴第一层网格布，网格布之间应采用对接方法进行铺贴，第一层铺贴施工完成后，再进行第二层网格布的铺贴，方法同前，两层网格布之间的抗裂砂浆应饱满，严禁干贴。

⑥ 建筑物首层外保温应在阳角处双层网格布之间设专用金属护角，护角高度一般为

2m。在第一层网格布铺贴好后，应放好金属护角，用抹子在护角孔处拍压出抗裂砂浆，抹第二遍抗裂砂浆压网格布，用网格布覆盖住护角，保证护角部位坚实、牢固、抗冲击。大面积铺贴网格布之前，应在门窗洞口处沿 45° 角方向先粘贴一道网格布，尺寸宜为 300mm×400mm。

⑦ 抗裂砂浆抹完后，严禁在面层上抹普通水泥砂浆腰线、套口线或刮涂刚性腻子等达不到柔性指标的外装饰材料；抗裂砂浆施工 2h 后刷弹性底涂，使其表面形成防水透气层；待抗裂砂浆基层干燥后，保温抗裂层验收合格后开始进行饰面层施工，对平整度达不到装饰要求的部位应刮涂柔性耐水腻子进行找补。刮涂柔性耐水腻子找平施工时，用靠尺对墙面及找平部位进行检验，对于局部不平整处，先用 0 号粗砂纸在柔性耐水腻子未干前进行打磨、刮涂、修复。大面积刮涂腻子应在局部修补后进行，宜分两遍进行，但两遍刮涂方向应相互垂直。

⑧ 浮雕涂料可直接在弹性底涂上进行喷涂，其他涂料在腻子层干燥后进行涂刷或喷涂。若干挂石材，则根据设计要求直接在保温层上进行干挂即可。

5）面砖饰面施工要点。面砖饰面应待保温层施工结束 3～7d，且保温层厚度、平整度隐蔽验收合格后，方可进行抗裂层施工。

① 抗裂层施工前应先将热镀锌四角焊网按楼层高度用克丝钳子分段裁好，将热镀锌四角焊网裁成长度约 3m 的网片，并尽量将网片整平。

② 抹第一遍抗裂砂浆时，厚度控制在 3mm 左右，要求满抹，不得有漏抹之处。按楼层分层施工，第一层抗裂砂浆固化后，开始铺钉热镀锌四角焊网，要求第一层抗裂层的平整度不低于保温浆料层的平整度。

③ 铺钉热镀锌四角焊网应自上而下、从左至右的顺序进行。首先将热镀锌四角焊网在墙面就位，弯曲面朝向墙面；其次用 50～60mm 长的弯成 U 形的 12 号钢丝插入保温层将热镀锌四角焊网临时固定；再次将热镀锌四角焊网固定于保温墙面上后用冲击钻在临时固定的焊网上部打孔，在孔中插入塑料膨胀螺栓；最后用手锤将胀钉钉牢。注意：控制膨胀螺栓密度为 5～6 个/m^2，锚固膨胀螺栓要钉入结构墙体，深度不小于 25mm。铺钉热镀四角焊网要紧贴墙面，确保平整度达到±2mm 的要求。

④ 热镀锌四角焊网平整度检验合格后方可进行第二层抗裂砂浆的罩面施工，第二层抗裂砂浆抹灰层的厚度应控制在 5～7mm，热镀锌四角焊网要求 100%被抗裂砂浆覆盖，抗裂砂浆面层平整度、垂直度偏差应控制在±2mm 之内。

⑤ 抗裂砂浆抹灰 2～3h 后可用木抹子在热镀锌四角焊网格上将抗裂砂浆面层搓毛，为下一层的连接提供相应的界面。

⑥ 抗裂砂浆施工完成后，应按检验批的要求对施工质量进行全面检查，在自检合格的基础上，整理施工质量记录和进行隐蔽检查验收。

⑦ 抗裂砂浆抹完后，严禁在面层上涂抹普通水泥砂浆腰线及做水泥砂浆套口等。

⑧ 粘贴面砖按一般面砖粘贴施工工艺进行，应采用保温层专用面砖粘贴砂浆。其程序为弹线分格→排面砖→浸面砖→贴面砖→面砖勾缝等。

3. EPS 板现浇混凝土外墙外保温系统施工

（1）EPS 板现浇混凝土外墙外保温系统的构造

EPS 板现浇混凝土外墙外保温系统（简称无网现浇系统）以现浇混凝土外墙作为基层，

以阻燃型聚苯乙烯泡沫塑料板（EPS 板）作为保温层。EPS 板内表面（与现浇混凝土接触的表面）沿水平方向开有矩形齿槽，内、外表面均满涂界面砂浆。在施工时将 EPS 板置于外模板内侧，并安装锚栓作为辅助固定件。浇筑混凝土后，墙体与 EPS 板及锚栓结合为一体，拆模后外保温与墙体同时完成。EPS 板表面抹抗裂砂浆薄抹面层，外表以涂料为饰面层，其构造如图 8-37 所示。

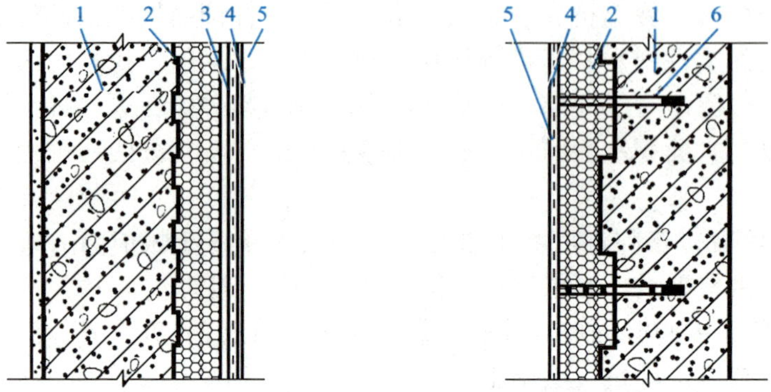

（a）带胶粉聚苯颗粒保温浆料找平　（b）不带胶粉聚苯颗粒保温浆料找平

1—基层墙体；2—带槽聚苯保温板；3—胶粉聚苯颗粒找平层；4—抗裂砂浆复合耐碱网布；5—弹性底涂、柔性腻子及涂料面层；6—锚栓。

图 8-37　EPS 板现浇混凝土外墙外保温系统的基本构造

EPS 板现浇混凝土外墙外保温系统具有施工简单、安全、省工、省力、经济、与墙体结合紧密，并能在冬期施工的特点，并摆脱了人贴手抹的手工操作安装方式，实现了外保温安装的工业化和减轻了工人的劳动强度，有很好的经济效益和社会效益。它适用于现浇混凝土剪力墙结构的外保温系统。

（2）材料性能要求

1）膨胀聚苯板的主要性能。膨胀聚苯板应为阻燃型。其性能指标除应符合表 8-26 所示的要求外，还应符合《绝热用模塑聚苯乙烯泡沫塑料（EPS）》（GB/T 10801.1—2021）第Ⅱ类的其他要求，膨胀聚苯板出厂前应在自然条件下陈化 42d 或在 60℃蒸汽中陈化 5d。

表 8-26　膨胀聚苯板的主要性能指标

项目	单位	性能指标
导热系数	W/（m·K）	≤0.041
表观密度	kg/m^3	18.0～22.0
垂直于板面方向的抗拉强度	MPa	≥1.0
尺寸稳定性	%	≤0.30

2）聚苯板界面砂浆的性能指标应符合表 8-27 所示的要求。

表 8-27　聚苯板界面砂浆的性能指标

项目			性能指标
拉伸黏结强度	与水泥砂浆试块	标准状态 7d	≥0.30MPa
		标准状态 14d	≥0.50MPa
		浸水后	≥0.30MPa
	与 $18kg/m^3$ 聚苯板块（标准状态或浸水）		≥0.10MPa 或聚苯板破坏
	与胶粉聚苯颗粒找浆料试块（标准状态）		≥0.10MPa 或胶粉聚苯颗粒找浆料试块破坏

3）尼龙锚栓的技术性能指标如表 8-28 所示。

表 8-28　尼龙锚栓的技术性能指标

项目		测试值/kg	测试条件
握紧力	ϕ8 系列	≥300	钻孔直径 8mm，进入墙体宽度 40mm
	ϕ10 系列	≥400	钻孔直径 10mm，进入墙体宽度 50mm
吊挂力	ϕ8 系列	≥300	
	ϕ10 系列	≥400	

（3）EPS 板现浇混凝土外墙外保温系统的施工工艺流程

其施工工艺流程：绑扎垫块、聚苯板加工→安装聚苯板→立内侧模板、穿穿墙螺栓→立外侧模板、紧固螺栓、调垂直→混凝土浇筑→拆除模板→聚苯板面清理、配胶粉聚苯颗粒保温浆料→抹胶粉聚苯颗粒并找平→配抗裂砂浆、裁剪耐碱网格布、抹抗裂砂浆压入耐碱网布→配弹性底涂、涂弹性底涂→配柔性腻子、刮涂柔性腻子→外墙饰面施工。

（4）施工机具准备

施工机具主要有切割聚苯板操作平台、电热丝、接触式调压器、电烙铁、强制式搅拌机、垂直运输机械、水平运输机械、手提式搅拌器、喷枪、手提式电动打磨机；常用抹灰工具及抹灰专用检测工具、水桶、剪刀、滚刷、铁锹、锤子、方尺、靠尺等。

（5）施工要点

1）聚苯板的加工。

① 带企口聚苯板的加工要求：带企口聚苯板应按设计尺寸加工聚苯板，板的长、宽、对角线尺寸误差不应大于 2mm，厚度、企口误差不大于 1mm。板的双面采用聚苯板涂刷界面砂浆进行处理，注意不要漏刷，对破坏部位应及时修补；聚苯板在运输及现场堆放过程中应平放，不宜立摆。

② 带有凸凹形齿槽聚苯板的加工要求：带有凸凹形齿槽聚苯板按设计要求尺寸进行加工，其尺寸误差应符合要求；一般板宽 1.22m，板高按楼层，厚度按设计要求，背面凸凹槽宽度为 100mm，深度为 10mm，周边高低槽槽宽 25mm，深度为 1/2 板厚，外喷界面剂。

2）模板与聚苯板组合安装。

① 按施工设计图做好聚苯板的排板方案。墙身钢筋绑扎完毕，水电箱盒、门窗洞口预埋完毕，保护层厚度应符合设计要求，办完隐蔽工程验收手续。

② 弹好墙身线。在 EPS 板外墙模板系统支模时，首先将 EPS 板按外墙身线就位于外墙钢筋的外侧，先根据建筑物平面图及其形状排列聚苯板，安装时首先安装阴阳角处聚苯板，然后安装大墙面聚苯板，并且根据其特殊节点的形状预先将聚苯板裁好，将聚苯板的接缝处涂刷上黏结胶，板与板之间的企口缝在安装前先涂刷聚苯板黏结胶，再安装。然后将聚苯板黏结上，黏结完成的聚苯板不要再移动，在板的专用竖缝处用塑料夹子将两块聚苯板连接在一起，基本拉住聚苯板。用工程塑料卡穿透聚苯板，就位时可用绑扎钢丝把卡子与墙体钢筋绑扎固定，绑扎时注意聚苯板底部应绑扎紧一些，使底部内收 3～5mm，以保证拆模后聚苯板底部与上口平齐。

③ 绑扎垫块。外墙钢筋验收合格后，绑扎按混凝土保护层厚度要求制作好的水泥砂浆

垫块。每平方米不少于 4 个，首层的聚苯板必须严格控制在统一水平上，保证以后上面聚苯板的缝隙严密和垂直。在板缝处用聚苯板胶填塞。

④ 在外侧聚苯板安装完毕后，安装门窗洞口模板，安装内模板之前要检查钢筋、各种水电预埋件位置是否正确，并清除模内杂物。

⑤ 立模的精度要符合标准要求，并固定牢固，使该模板成为基准模板。

⑥ 从内模板穿墙孔处插穿墙拉杆及塑料套管和管堵，并在穿墙拉杆的端部套上一节镀锌铁皮圆桶。插入聚苯板但此时暂不穿透聚苯板模板。

⑦ 组合外模板时，首先将外模板放在三脚架上，按照大模板穿墙螺栓的间距，用电烙铁给聚苯板开孔，使模板与聚苯板的孔洞吻合，孔洞不宜太大，以免漏浆。此时二次插穿墙螺栓，利用镀锌圆铁皮筒将 EPS 板切出一个圆孔，使穿墙螺栓完全穿透墙体外模板，用穿墙螺栓使外墙外侧组合模板就位。

⑧ 穿墙螺栓穿透墙体后，将端头套的镀锌铁皮圆筒摘掉，然后完成相应的外模板的调整和紧固作业。

⑨ 聚苯板在开孔或裁小块时，应注意防止碎块掉进墙体。

3）混凝土浇筑。

① 在外墙外侧安装聚苯板时，将企口缝对齐，墙宽不合模数的用小块保温板补齐，门窗洞口处保温板可不开洞，待墙体拆模后再开洞。门窗洞口及外墙阳角处聚苯板外侧的缝隙，用楔形聚苯板条塞堵，深度 10～30mm。

② 在浇筑混凝土时，注意振动棒在插、拔过程中，不要损坏保温层。

③ 在整理下层甩出的钢筋时，要特别注意下层保温板边槽口，以免受损。

④ 墙体混凝土浇筑完毕后，如槽口处有砂浆存在，则应立即清理。

⑤ 穿墙螺栓孔，应以干硬性砂浆捻实填补（厚度小于墙厚），随即用保温浆料填补至保温层表面。

⑥ 墙体混凝土浇筑在常温条件下完成，间隔 12h 后且混凝土强度不小于 1MPa 即可拆除墙体内、外侧面的大模板。

4）找平及抗裂防护层和饰面层施工。需要找平时，用胶粉聚苯颗粒保温浆料找平，并用胶粉聚苯颗粒对浇筑的缺陷进行处理。胶粉聚苯颗粒保温浆料的施工方法及抗裂防护层和饰面层的施工参见本章相关内容。

4. EPS 钢丝网架板现浇混凝土外保温系统施工

（1）EPS 钢丝网架板现浇混凝土外保温系统的构造

EPS 钢丝网架板现浇混凝土外保温以 EPS 单面钢丝网架板为保温材料，在现场浇灌混凝土时将 EPS 单面钢丝网架板置于外模板内侧，保温材料与混凝土基层一次浇筑成型。钢丝网架板表面抹水泥抗裂砂浆并可粘贴面砖材料的外墙外保温系统，如图 8-38 所示。

EPS 钢丝网架板现浇混凝土外保温系统是在外墙的钢筋绑扎完毕后，将由工厂预制的聚苯保温板置放在墙体钢筋外侧（聚苯板外表面有横向齿槽，中间斜插若干ϕ2.5mm 穿过板材的镀锌钢丝，并与板材外的一层钢丝网片焊接，构件表面喷有界面剂），并与墙体钢筋固定，再支设墙体内、外钢模板（此时保温板位于外钢模板内侧），然后浇筑混凝土墙，拆模后保温板和混凝土墙体结合为一体，牢固可靠。为确保保温板与墙体结合的可靠性，在聚苯板保温构件上有镀锌斜插钢丝伸入混凝土墙内，并通过聚苯板插入经防锈处理的

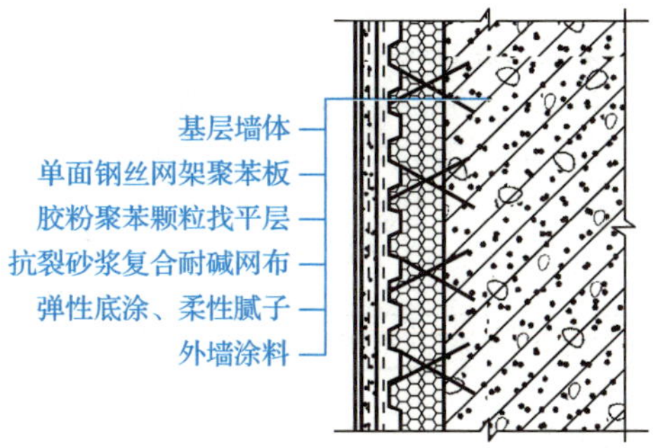

（a）涂料饰面

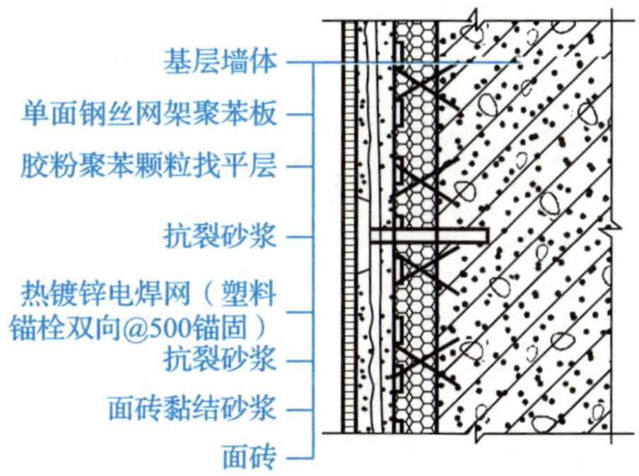

（b）面砖饰面

图 8-38　EPS 钢丝网架板现浇混凝土外保温系统基本构造

ϕ6mm L 形钢筋，每平方米 3～4 个，然后在钢丝网架上抹抗裂水泥砂浆找平层或胶粉聚苯颗粒保温浆料找平层复合抗裂防护面层，最后用弹性黏结剂粘贴面砖。如在表面做涂料面层，则在抗裂水泥砂浆找平层或胶粉聚苯颗粒保温浆料找平层上抹 4～5mm 的聚合物水泥砂浆玻纤网格布防护层和弹性腻子防裂层，最后在表面上做有机弹性涂料。

EPS 钢丝网架板现浇混凝土外保温系统具有施工速度快，可大大缩短工期；与主体结构连接可靠，施工安全；能在冬期施工（因保温板置于钢模板内侧，相当于保温模扳），不受气候影响；造价低等优点。它适用于现浇混凝土剪力墙体体系面层粘贴面转的外保温系统。

（2）材料性能要求

斜嵌入式钢丝网架聚苯板的性能要求如表 8-29～表 8-31 所示。

表 8-29　斜嵌入式钢丝网架聚苯板的质量要求

项目	质量要求
凹槽	钢丝网片一侧的聚苯板图上凹槽宽 20～30mm，凹槽深 12mm±2mm，并且间距均匀
企口	聚苯板两长边设高低槽，宽 20～25mm，深 1/2 板厚，要求尺寸准确
界面处理	聚苯板的网面及钢丝网架上均匀喷涂聚苯板界面砂浆，聚苯板界面砂浆与聚苯板黏结牢固，涂层均匀一致，不得露底，干擦不掉粉
镀锌低碳钢丝	用于钢丝网片的镀锌低碳钢丝的直经为 2.00mm、2.20mm，用于斜插丝的镀锌低碳钢丝的直径为 2.20mm、2.50mm，误差为±0.05mm，其性能指标应符合《钢丝网架夹芯板用钢丝》（YB/T 126—1997）的要求
焊点强度	抗拉力不小于 330N，无过烧现象
焊点质量	网片漏焊、脱焊点不超过焊点数的 8%，且不应集中在一处，连续脱焊点不应多于 2 点，板端 200mm 区段内的焊点不允许脱焊、虚焊，斜插丝脱焊点不超过 2%
斜插钢丝（腹丝）密度	（100～150）根/m^2
斜插钢线与钢丝网片所夹锐角	60°±5°
钢丝挑头	网边挑头长度不大于 6mm，插丝挑头不大于 5mm
穿透聚苯板挑头	聚苯板厚度≤50mm，穿透聚苯板挑头离板面垂直距离≥30mm；50mm<聚苯板厚度<80mm，穿透聚苯板挑头离板面垂直距离≥35mm；80mm≤聚苯板厚度≤150mm，穿透聚苯板挑头离板面垂直距离≥40mm
聚苯板对接	不大于 3000mm 长板中聚苯板对接不得多于两处，且对接处须用聚氨酯胶粘牢
钢丝钢片与聚苯板的最短距离	5mm±1mm

注：横向钢丝应对准凹槽中心。

表 8-30 斜嵌入式钢丝网架聚苯板的规格 单位：mm

层高	长	宽	厚
2800	2825～2850	1220	40～150
2900	2935～2950		
3000	3025～3050		
其他	其他规格可根据实际层高协商确定		

注：1. 斜嵌入式钢丝网架聚苯板的钢丝网片尺寸略小于聚苯板的尺寸。

2. 聚苯板的厚度包括梯形槽部分的厚度，厚度根据保温要求计算确定。

表 8-31 斜嵌入式钢丝网架聚苯板的规格尺寸允许偏差 单位：mm

项目		允许偏差	项目		允许偏差
长度、宽度	<1000	±5	宽度	50	±2
	1000～2000	±8		5075	±3
	2000～4000	±10		75150	±4
	>4000	正偏差不限，-10		含钢丝网时	±5
两对角线偏差		≤10	钢丝网对角线偏差		≤10

（3）施工准备

1）技术准备。施工前应熟悉各方有关图纸资料，参阅有关施工工艺，做好内业；同时应了解材料性能，掌握施工要领，明确施工顺序；做好对工人的技术培训和技术交底工作。

2）材料准备。

① 斜嵌入式钢丝网架聚苯板的厚度应满足设计要求，其表观密度应在 18～22kg/m^3，表面应喷涂界面剂。

② 保温板与墙体连接应采用经防锈处理的 L 型ϕ6mm 钢筋或尼龙锚栓。

③ 抗裂抹灰砂浆材料一般采用 32.5 级普通硅酸盐水泥，砂应采用干净的中砂，干粉料或聚合物乳液，防裂外加剂，耐碱涂塑型玻纤网格布及聚苯颗粒保温浆料、泡沫塑料棒、塑料滴水线槽、分格条和嵌缝油膏等的性能应符合要求。

④ 饰面层面砖或弹性有机涂料应按设计要求。

⑤ 机具设备：施工机具主要有切割聚苯板操作平台、电热丝、接触式调压器、电烙铁、强制式搅拌机、垂直运输机械、水平运输机械、手提式搅拌器、喷枪、瓷砖切割器、手提式电动打磨机、电动冲击钻；常用抹灰工具及抹灰专用检测工具、水桶、剪刀、滚刷、铁锹、锤子、方尺、靠尺等。

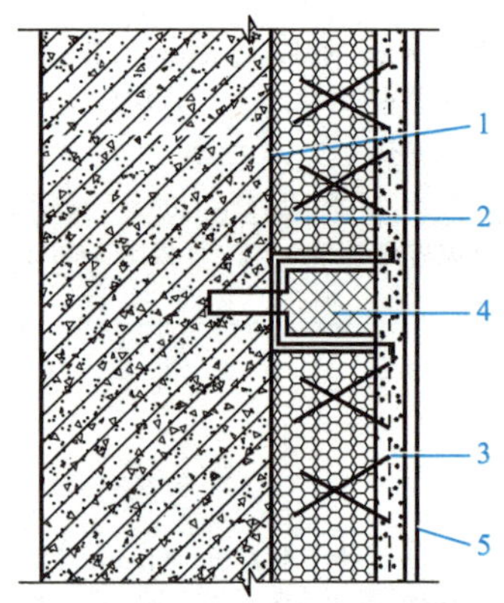

1—基层；2—EPS 钢丝网架板；3—掺外加剂的水泥砂浆抹面层；4—机械固定装置；5—饰面层。

图 8-39 机械固定 EPS 钢丝网架板外墙外保温系统基本构造

5. 机械固定 EPS 钢丝网架板外墙外保温系统施工

（1）机械固定 EPS 钢丝网架板外墙外保温系统的构造

机械固定 EPS 钢丝网架板外墙外保温系统由基层、机械固定装置、EPS 钢丝网架板、掺外加剂的水泥砂浆抹面层和饰面层构成，其构造如图 8-39 所示。以涂料做饰面层时，应加抹玻纤网抗裂砂浆薄抹面层。

机械固定 EPS 钢丝网架板外墙外保温系统符合建筑节能需要，适用于砌体、框架填充墙和现浇剪力墙建筑。该系统施工简单，易于操作，钢丝网抹灰层 25mm 厚，耐火性能超过 1.2h；钢丝网抹灰基层可靠，适合粘贴面砖饰面。该系统适用于寒冷地区，不适用于夏热冬冷地区和夏热冬暖地区，在严寒地区使用会受到一定限制。该系统不适用于加气混凝土和轻骨料混凝土基层。外墙外保温用 EPS 钢丝网架板（简称 SB 板），它以阻燃型聚苯乙烯板为保温芯材，配有双向斜插入的高强度钢丝，并与单面覆以网目 50mm×50mm 的 ϕ2.0mm 钢丝网片焊接，成为带有整体焊接钢丝网架的保温板材，根据保温需要斜插丝不穿透 EPS 板，按照国家建材行业标准《钢丝网架水泥聚苯乙烯夹芯板》（JC/T 623—1996）的要求，SB 板必须由机械连续自动焊接而成，严禁手工焊接钢丝网。

（2）材料要求

1）钢丝。SB 板板面网片的冷拔钢丝为 ϕ（2.0±0.05）mm，用于斜插的镀锌冷拔钢丝为 ϕ（2.0±0.05）mm，其抗拉强度不小于 550N/mm^2，钢网脱焊、漏焊点不得超过 2%，连续脱焊点不应多于 2 个，斜插丝脱焊点不得超过 2%。

2）芯板。阻燃型聚苯乙烯芯板密度为 15～20kg/m^3，其余应符合《绝热用模塑聚苯乙烯泡沫塑料（EPS）》（GB/T 10801.1—2021）的规定。

3）抹灰砂浆。抹灰砂浆用于 SB 板砂浆面层，宜采用不低于 M10 的抗裂水泥砂浆。饰面层为弹性涂料时，为避免墙体开裂，应在山墙中层抹灰后压入耐碱玻纤网格布，网格布应符合《耐碱玻璃纤维网布》（JC/T 841—2007）的规定。

（3）SB 板安装施工要点

1）施工准备。

① 材料：SB 板、各种宽度的冷拔镀锌钢丝网片（平网、角网、U 型网等）、ϕ6mm 钢筋、锚固铁件、膨胀螺栓和 22 号镀锌钢丝、承托角钢、预埋件。

② 工具：冲击钻、锤子、扳手、断丝剪、钢直尺、钢锯及常用工具。

③ 作业条件：施工前应检查 SB 板的质量，对在运输、堆放时造成的变形，必须予以校正，脱焊点必须补焊或用钢丝扎紧；同时应清理墙面，清除墙面上的灰渣，并将墙面上的不平整处补平。

2）施工操作要点。

① 实心墙体先在墙内预埋 ϕ6mm 拉结钢筋，筋长 320mm，预埋端设 20mm 弯钩，外露 160mm，拉结钢筋双向中距不应大于 500mm，多孔砖墙体预埋拉结钢筋构造同实心墙体；混凝土墙体用 ϕ6mm 胀管螺钉固定，每平方米不少于 7 个固定胀管螺钉。拉结钢筋或胀管螺钉呈梅花形布置，外露拉结钢筋预刷两道防锈漆，沿门窗洞的拉结钢筋距洞边宜为 75mm。

② 在圈梁或框架梁上预埋连接件，其中距不大于 1200mm，SB 板承托角钢与预埋连接件焊接。

③ SB 板按设计裁板，拼装后安装就位。砌体墙体拉结钢筋穿透 SB 板后扳倒，把钢丝网片压紧，并用钢丝绑扎牢固。

④ 门窗洞口四角应铺 L 形 SB 板，不应采用直缝拼板，并在门窗洞口四角 SB 板上附加 45°斜铺 40mm×200mm 钢丝网。

⑤ 板与板之间挤紧，保证保温层塞实严密。

⑥ 外墙阴阳角及门窗口、阳台底边处等须附加钢丝网（平网、角网、U 型网）。

⑦ 钢筋混凝土墙上复合 SB 板，可用ϕ6mm 膨胀螺栓通过锚固件固定在墙体上。锚固件为镀锌薄钢板，槽深根据保温板厚度确定。

⑧ 大墙面超过 15m^{2}时，宜设置水平和垂直变形缝，变形缝净宽 20m，内填聚乙烯棒形背衬，外嵌填弹性密封膏。变形缝两侧 SB 板应用 U 型钢丝网包边，砂浆抹平后缝宽 20mm。

3）外墙面抹灰。

① 抹灰前准备。抹灰前要认真清除板面灰尘、污垢、油渍等；检查加固阴阳角及拼缝网片，应顺直、平整、牢固。

② 原材料。抹面砂浆用水泥：P.O32.5 级普通硅酸盐水泥。砂：中砂，含泥量不大于 3%。底层和中层用水泥砂浆按 1∶4 比例配制。界面处理剂：聚合物水泥浆，内掺 4%的抗裂剂和适量熟石灰粉，28d 抗压强度应达到 10MPa。面层为细砂水泥砂浆，内掺 8%抗裂剂和 1%甲基纤维素、耐碱玻纤网格布。

③ 抹灰。抹灰前，在 SB 板面未涂刷界面剂的部分，均匀喷涂或刷涂一层界面处理剂。抹灰分 3 层：底层、中层和罩面层，底层厚 12～15m，中层厚 8～10mm，罩面层厚 3～5mm，总厚度不小于 25mm。山墙应在中层抹灰后，压入一层玻纤网格布，再抹罩面层灰。做涂料饰面时，应在罩面层上先刮一层专用罩面腻子，不平处应用砂纸磨平；做面砖饰面时，在罩面层上用专用黏结砂浆粘贴面砖，专用胶粉勾缝。

思政案例

安全重于泰山

在某年春节前夕，某铁路建设项目某隧道工程因劳动力短缺暂停施工，随后该隧道监理工程师被监理站安排休假。春节过后，施工队在未经监理站批准的情况下擅自复工。2 月 14 日，在开挖下台阶时，发生了上台阶下沉、初期支护混凝土掉块的险情，施工队未向任何相关单位报告，而是自行进行加固。2 月 17 日上午 10 时 30 分左右，隧道发生坍塌，导致两人被埋于塌方体内。直到下午 6 时 25 分才发现被困人员，经医院确认已经死亡。

8.7.3 外墙保温工程施工质量要求

1. 建筑节能工程验收的基本规定

1）建筑节能工程设计变更不得降低建筑节能效果。当设计变更涉及建筑节能效果时，应经原施工图设计审查机构审查，在实施前应办理设计变更手续，并获得监理或建设单位的确认。

2）单位工程的施工组织设计应包括建筑节能工程施工内容。建筑节能工程施工前，施工单位应编制建筑节能工程施工方案并经监理（建设）单位审查批准。施工单位应对从事建筑节能工程施工作业的人员进行技术交底和必要的实际操作培训。

3）建筑节能工程使用的材料、设备等，必须符合设计要求及国家有关标准的规定。严禁使用国家明令禁止使用与淘汰的材料和设备。

4）材料和设备进场验收应遵守以下规定：

对材料和设备的品种、规格、包装、外观和尺寸等进行检查验收，并应经监理工程师（建设单位代表）确认，形成相应的验收记录。

对材料和设备的质量证明文件进行核查，并应经监理工程师（建设单位代表）确认，纳入工程技术档案。

进入施工现场用于节能工程的材料和设备均应具有出厂合格证、中文说明书及相关性能检测报告；定型产品和成套技术应有型式检验报告，进口材料和设备应按规定进行出入境商品检验。

对材料和设备应按照相关规范的规定在施工现场抽样复检，复检应为见证取样送检。

5）现场配制的材料，如保温浆料、聚合物砂浆等，应按设计要求或实验室给出的配合比配制。当未给出要求时，应按照施工方案和产品说明书配制。

6）建筑节能工程应按照经审查合格的设计文件和经审查批准的施工方案施工。

7）建筑节能工程施工前，对于采用相同建筑节能设计的房间和构造做法，应在现场采用相同材料和工艺制作样板间或样板件，经有关各方确认后方可进行施工。

2. 墙体节能工程施工质量验收一般规定

1）除采用聚苯板现浇混凝土外墙保温系统外，主体结构完成后进行施工的墙体节能工程，应在基层质量验收合格后施工，施工过程中应及时进行质量检查、隐蔽工程验收和检验批验收，施工完成后应进行墙体节能分项工程验收。与主体结构同时施工的墙体节能工程，应与主体结构一同验收。

2）墙体节能工程应对下列部位或内容进行隐蔽工程验收，并应有详细的文字记录和必要的图像资料：

① 保温层附着的基层及其表面处理。

② 保温板黏结或固定。

③ 锚固件。

④ 增强网铺设。

⑤ 墙体热桥部位处理。

⑥ 预置保温板或预制保温墙板的板缝及构造节点。

⑦ 现场喷涂或浇筑有机类保温材料的界面。

⑧ 被封闭的保温材料厚度。

⑨ 保温隔热砌块填充墙体。

3）墙体节能工程验收的检验批划分应符合以下规定：相同材料、工艺和施工做法的墙面，每 500～1000m^2 划分为一个检验批，不足 500m^2 也为一个检验批；检验批的划分也可根据与施工流程相一致且方便施工与验收的原则，由施工单位与监理（建设）单位共同商定。

4）外墙饰面层施工质量应符合《建筑装饰装修工程质量验收标准》（GB 50210—2018）、《外墙外保温工程技术标准》（JGJ 144—2019）的规定。

3. 墙体节能工程施工质量验收

墙体节能工程施工质量按主控项目和一般项目进行验收，检查验收内容及方法如下。

（1）主控项目

1）用于墙体节能工程的材料、构件等。其品种、规格应符合设计要求和相关标准的规定。

检查数量：按进场批次，每批随机抽取 3 个试样进行检查；质量证明文件应按照其出厂检验批进行核查。

检验方法：观察、尺量检查；核查质量证明文件。

2）墙体节能工程使用的保温隔热材料。其导热系数、密度、抗压强度或压缩强度、燃烧性能应符合设计要求。

检查数量：全数检查。

检验方法：核查质量证明文件及进场复验报告。

3）墙体节能工程采用的保温材料和黏结材料等，进场时应对其下列性能进行复验，复验应为见证取样送检：

① 保温材料的导热系数、密度、抗压强度或压缩强度。

② 黏结材料的黏结强度。

③ 增强网的力学性能、耐腐蚀性能。

检查数量：同一厂家同一品种的产品，当单位工程建筑面积在 20000m^2 以下时，各抽查不少于 3 次；当单位工程建筑面积在 20000m^2 以上时，各抽查不少于 6 次。

检验方法：随机抽样送检，核查复验报告。

4）严寒和寒冷地区外保温使用的黏结材料，其冻融试验结果应符合该地区最低气温环境的使用要求。

检查数量：全数检查。

检验方法：核查质量证明文件。

5）墙体节能工程施工前应按照设计和施工方案的要求对基层进行处理，处理后的基层应符合保温层施工方案的要求。

检查数量：全数检查。

检验方法：对照设计和施工方案观察检查；核查隐蔽工程验收记录。

6）墙体节能工程各层构造做法应符合设计要求，并应按照经过审批的施工方案施工。

检查数量：全数检查。

检验方法：对照设计和施工方案观察检查；核查隐蔽工程验收记录。

7）墙体节能工程的施工，应符合下列规定：

① 保温隔热材料的厚度必须符合设计要求。

② 保温板材与基层及各构造层之间的黏结或连接必须牢固。黏结强度和连接方式应符合设计要求。保温板材与基层的黏结强度应做现场拉拔试验。

③ 保温浆料应分层施工。当采用保温浆料做外保温时，保温层与基层之间及各层之间的黏结必须牢固，不应脱层、空鼓和开裂。

④ 当墙体节能工程的保温层采用预埋或后置锚固件固定时，锚固件数量、位置、锚固深度和拉拔力应符合设计要求。后置锚固件应进行锚固力现场拉拔试验。

检查数量：每个检验批抽查不少于 3 处。

检验方法：观察；手扳检查；保温材料厚度采用钢针插入或剖开尺量检查；黏结强度和锚固力核查试验报告；核查隐蔽工程验收记录。

8）外墙采用预置保温板现场浇筑混凝土墙体时，保温板的验收应符合相关规范的规定；保温板的安装位置应正确、接缝严密，保温板在浇筑混凝土过程中不得移位、变形，保温板表面应采取界面处理措施，与混凝土黏结应牢固。

混凝土和模板的验收，应按《混凝土结构工程施工质量验收规范》（GB 50204—2015）的相关规定执行。

检查数量：全数检查。

检验方法：观察检查；核查隐蔽工程验收记录。

9）当外墙采用保温浆料做保温层时，应在施工中制作同条件养护试件，检测其导热系数、干密度和压缩强度。保温浆料的同条件养护试件应见证取样送检。

检查数量：每个检验批应抽样制作同条件养护试块不少于 3 组。

检验方法：核查试验报告。

10）墙体节能工程各类饰面层的基层及面层施工，应符合设计和《建筑装饰装修工程质量验收标准》（GB 50210—2018）的要求，并应符合下列规定：

① 饰面层施工的基层应无脱层、空鼓和裂缝，基层应平整、洁净，含水率应符合饰面层施工的要求。

② 外墙外保温工程不宜采用粘贴饰面砖做饰面层；当采用时，其安全性与耐久性必须符合设计要求。饰面砖应做黏结强度拉拔试验，试验结果应符合设计和有关标准的规定。

③ 外墙外保温工程的饰面层不得渗漏。当外墙外保温工程的饰面层采用饰面板开缝安装时，保温层表面应具有防水功能或采取其他防水措施。

④ 外墙外保温层及饰面层与其他部位交接的收口处，应采取密封措施。

检查数量：全数检查。

检验方法：观察检查；核查试验报告和隐蔽工程验收记录。

11）保温砌块砌筑的墙体，应采用具有保温功能的砂浆砌筑。砌筑砂浆的强度等级应符合设计要求。砌体的水平灰缝饱满度不应低于 90%，竖直灰缝饱满度不应低于 80%。

检查数量：每楼层的每个施工段至少抽查一次，每次抽查 5 处，每处不少于 3 个砌块。

检验方法：对照设计核查施工方案和砌筑砂浆强度试验报告。用百格网检查灰缝砂浆饱满度。

12）采用预制保温墙板现场安装的墙体，应符合下列规定：

① 保温墙板应有型式检验报告，型式检验报告中应包含安装性能的检验。

② 保温墙板的结构性能、热工性能及与主体结构的连接方法应符合设计要求，与主体结构连接必须牢固。

③ 保温墙板的板缝处理、构造节点及嵌缝做法应符合设计要求。

④ 保温墙板板缝不得渗漏。

检查数量：型式检验报告、出厂检验报告全数核查；其他项目每个检验批抽查 5%，并不少于 3 块（处）。

检验方法：核查型式检验报告、出厂检验报告，对照设计观察和淋水试验检查；核查隐蔽工程验收记录。

13）当设计要求在墙体内设置隔气层时，隔气层的位置、使用的材料及构造做法应符合设计要求和相关标准的规定。隔气层应完整、严密，穿透隔气层处应采取密封措施。隔气层冷凝水排水构造应符合设计要求。

检查数量：每个检验批抽查 5%，并不少于 3 处。

检验方法：对照设计观察检查；核查质量证明文件和隐蔽工程验收记录。

14）外墙或毗邻不采暖空间墙体上的门窗洞口四周的侧面、墙体上凸窗四周的侧面，应按设计要求采取节能保温措施。

检查数量：每个检验批抽查 5%，并不少于 5 个洞口。

检验方法：对照设计观察检查，必要时抽样剖开检查；核查隐蔽工程验收记录。

15）严寒和寒冷地区外墙热桥部位，应按设计要求采取节能保温等隔断热桥措施。

检查数量：按不同热桥种类，每种抽查 20%，并不少于 5 处。

检验方法：对照设计和施工方案观察检查；核查隐蔽工程验收记录。

（2）一般项目

1）进场节能保温材料与构件的外观和包装应完整无破损，符合设计要求和产品标准的规定。

检查数量：全数检查。

检验方法：观察检查。

2）当采用加强网作为防止开裂的措施时，加强网的铺贴和搭接应符合设计和施工方案的要求。砂浆抹压应密实，不得空鼓，加强网不得皱褶、外露。

检查数量：每个检验批抽查不少于 5 处，每处不少于 $2m^2$。

检验方法：观察检查；核查隐蔽工程验收记录。

3）设置空调的房间，其外墙热桥部位应按设计要求采取隔断热桥措施。

检查数量：按不同热桥种类，每种抽查 10%，并不少于 5 处。

检验方法：对照设计和施工方案观察检查；核查隐蔽工程验收记录。

4）施工产生的墙体缺陷，如穿墙套管、脚手眼、孔洞等，应按照施工方案采取隔断热桥措施，不得影响墙体热工性能。

检查数量：全数检查。

检验方法：对照施工方案观察检查。

5）墙体保温板材接缝方法应符合施工方案要求。保温板接缝应平整、严密。

检查数量：每个检验批抽查 10%，并不少于 5 处。

检验方法：观察检查。

6）墙体采用保温浆料时，保温浆料层宜连续施工；保温浆料厚度应均匀，接槎应平顺、密实。

检查数量：每个检验批抽查 10%，并不少于 10 处。

检验方法：观察、尺量检查。

7）墙体上容易碰撞的阳角、门窗及不同材料基体的交接处等特殊部位，其保温层应采取防止开裂和破损的加强措施。

检查数量：按不同部位，每类抽查 10%，并不少于 5 处。

检验方法：观察检查；核查隐蔽工程验收记录。

8）采用现场喷涂或模板浇筑的有机类保温材料做外保温时，有机类保温材料应达到陈化时间后方可进行下道工序施工。

检查数量：全数检查。

检验方法：对照施工方案和产品说明书进行检查。

思政案例

上海市“天安千树”

说起上海近年来有特色的新建筑，位于苏州河畔的天安千树一定榜上有名。这座建筑远观像一片郁郁葱葱的悬浮森林，其设计灵感来源于黄山的雄奇险峻。令人叹为观止的是，整个建筑在400多个露台上种植了1000多棵不同品种的树木，将景观和建筑自然地融合在一起，体现了生态、环保、低碳的理念。

工程 案例

某装饰施工中发生的三个事件

某装饰公司承接了寒冷地区某商场的室内、外装饰工程。其中，室内地面采用地面砖镶贴，吊顶工程部分采用木龙骨，室外部分墙面为铝板幕墙，采用进口硅酮结构密封胶、铝塑复合板，其余外墙为加气混凝土外镶贴陶瓷砖。在施工过程中，发生了如下事件：

事件一：因木龙骨为甲方供应的材料，施工单位未经过检验和处理就直接将这些木龙骨用于工程。施工单位对新进场外墙陶瓷砖和内墙砖的吸水率进行了复试，对铝塑复合板核对了产品质量证明文件。

事件二：在送交待检品时，为了赶工期，施工单位未经监理工程师许可就进行了外墙饰面砖镶贴施工。待复验报告出来，部分指标未能达到要求。

事件三：在外墙面砖施工前，工长安排工人在陶粒空心砖墙面上做了外墙饰面砖样板件，并对其质量验收进行了允许偏差的检验。

巩固与提升

1. 简述装饰工程的作用及施工特点。
2. 简述装饰工程的合理施工顺序。
3. 一般抹灰分几级？具体有哪些要求？
4. 一般抹灰各抹灰层的厚度如何确定？为什么不宜过厚？
5. 简述水刷石的施工要点。
6. 简述水磨石的施工要点。
7. 简述斩假石的施工要点。
8. 简述喷涂、滚涂、弹涂的施工要点。
9. 简述釉面砖镶贴施工要点。

10．简述大理石、花岗石饰面的施工方法和要点。

11．简述彩色压型钢板复合墙板的施工要点。

12．简述铝合金板墙的施工要点。

13．试述不锈钢饰面板的施工要点。

14．试述玻璃幕墙的施工要点。

15．试述裱糊工程的主要施工工序。

16．试述水泥砂浆地面、细石混凝土地面的施工方法和要点。

17．试述木地板的施工要点。

18．试述木龙骨吊顶、铝合金龙骨吊顶、轻钢龙骨吊顶的构造和施工要点。

19．试述轻钢龙骨纸面石膏板隔墙的施工要点。

20．试述室内刷浆的主要施工工序。

21．试述室外刷浆的主要施工工序。

22．试述喷塑涂料的施工过程。

23．试述木门窗的安装方法及注意事项。

24．试述钢门窗的安装方法及注意事项。

25．试述铝合金门窗的安装方法及注意事项。

26．什么是外墙内保温施工？外墙内保温有什么优缺点？

27．新型聚苯板外墙外保温有哪些特点？

28．外墙外保温有哪些优点？列举几个本地区的外墙外保温工程的例子。

29．简要回答薄抹灰系统外保温工程的施工工序和施工方法。

30．胶粉颗粒保温浆料外墙外保温系统是如何定义的？画出面砖胶粉聚苯颗粒外保温构造图。

31．什么是现浇混凝土复合无网 EPS 板外保温系统？简述其施工要点。

32．钢丝网架板现浇混凝土外墙外保温工程是如何定义的？简述其施工要点。

33．什么是机械固定 EPS 钢丝网架板外墙外保温系统？简述其施工要点。

34．什么是抗裂砂浆？抗裂砂浆如何配制？

35．简述外墙外保温工程的验收方法。

36．外墙外保温工程的验收主控项目、一般项目有哪些内容？

参 考 文 献

危道军，2021．建筑施工技术[M]．3 版．北京：科学出版社．
张厚先，王志清，2017．建筑施工技术[M]．3 版．北京：机械工业出版社．
郑传明，宁仁岐，2015．建筑施工技术[M]．3 版．北京：高等教育出版社．